建筑电气设计实例图册

医院建筑篇

中国照明学会咨询工作委员会
北京照明学会设计专业委员会 组织编写

中国建筑工业出版社

图书在版编目(CIP)数据

建筑电气设计实例图册．医院建筑篇/中国照明学会咨询工作委员会，北京照明学会设计专业委员会组织编写．—北京：中国建筑工业出版社，2003
ISBN 7-112-05951-8

Ⅰ．建…　Ⅱ．①中…②北…　Ⅲ．①房屋建筑设备：电气设备—建筑设计—图集②医院—房屋建筑设备：电气设备—建筑设计—图册　Ⅳ．TU85-64

中国版本图书馆CIP数据核字(2003)第064802号

责任编辑：李　坚
责任设计：刘向阳
责任校对：赵明霞

建筑电气设计实例图册
医院建筑篇
中国照明学会咨询工作委员会
北京照明学会设计专业委员会　组织编写
*
中国建筑工业出版社出版、发行(北京西郊百万庄)
新华书店经销
伊诺丽杰设计室制版
北京同文印刷有限责任公司印刷
*
开本：880×1230毫米　横1/8　印张：37½　字数：1327千字
2004年2月第一版　2004年2月第一次印刷
印数：1—3,000册　定价：**95.00**元
ISBN 7-112-05951-8
TU·5229 (11590)

本社网址：http://www.china-abp.com.cn
网上书店：http://www.china-building.com.cn

前　言

本图册主要以工程实例的形式，较详细地介绍了医院建筑电气工程的设计原则，设计程序，设计方法及典型工程的设计实例。

本图册编入了四个实际工程例子，来反映医院建筑电气在工程设计中的实际做法，实例一为门诊医技楼工程设计项目，实例二为综合病房楼工程设计项目，实例三为外科病房楼工程设计项目，实例四为传染病房楼工程设计项目。力求通过这四个工程实例为广大工程设计人员、施工安装人员、大专院校教学以及从事有关方面工作的工程技术人员提供较为实际的参考例子。

本图册通过典型工程实例的形式，反映医院建筑电气的设计内容，对类似的工程项目设计也具一定的参考价值。

本图册在编写过程中，得到很多专家的关心和支持，谨表示深深的谢意。限于编者水平，不足之处难免，敬请读者指正。

编写组

编 委 会 名 单

主要编写人员：

第一章　总则……………………………………………………邴树奎

第二章　工程实例

工程实例(一)　门诊医技楼……………………………杨　萍　杨明轲

工程实例(二)　综合病房楼……………………………刘佩智　王　权　余道鸿

工程实例(三)　外科病房楼……………………………王　劲

工程实例(四)　传染病房楼……………………………孙　鹏　葛福余

目　　录

第一章　总　　则

第一节 设计依据及基本规定

一、设计依据

1. 《民用建筑电气设计规范》JGJ/T16－92

2. 《高层民用建筑设计防火规范》GB50045－95

3. 《火灾自动报警系统设计规范》GB50116－98

4. 《建筑设计防火规范》GBJ16－87

5. 《火灾自动报警系统施工验收规范》GB50166－92

6. 《汽车库修车库停车场设计防火规范》GB50067－97

7. 《人民防空工程设计防火规范》GB50098－98

8. 其他相关规范、标准、图集

9. 建设单位提供的设计资料

二、设计基本规定及要求

1. 医院建筑电气在工程设计时，必须严格遵守国家有关技术规范、标准、规定，做到安全适用、技术先进、经济合理。

2. 正确地选择最佳设计参数，合理选择节能设备，采用安全可靠的配电控制方式。

3. 医院照明不但具有宾馆住宅的特性，还具有极高功能性。照明设计时应正确地选择光源、光色、满足照度标准的要求。

第二节 设计基本程序

熟练掌握设计规范、规定，遵循设计规律，遵守设计程序，积累设计经验，是保障设计质量的重要环节。一个工程项目，无其论规模大小都应该按照其等级严格按设计程序进行。特别是国家和省部级重点工程项目以及大型工程项目，从方案设计、扩初设计，到施工图设计，都应该认真执行有关设计规范、规定，达到规定的设计深度和要求。设计程序如图 1－1 所示。

设计基本程序

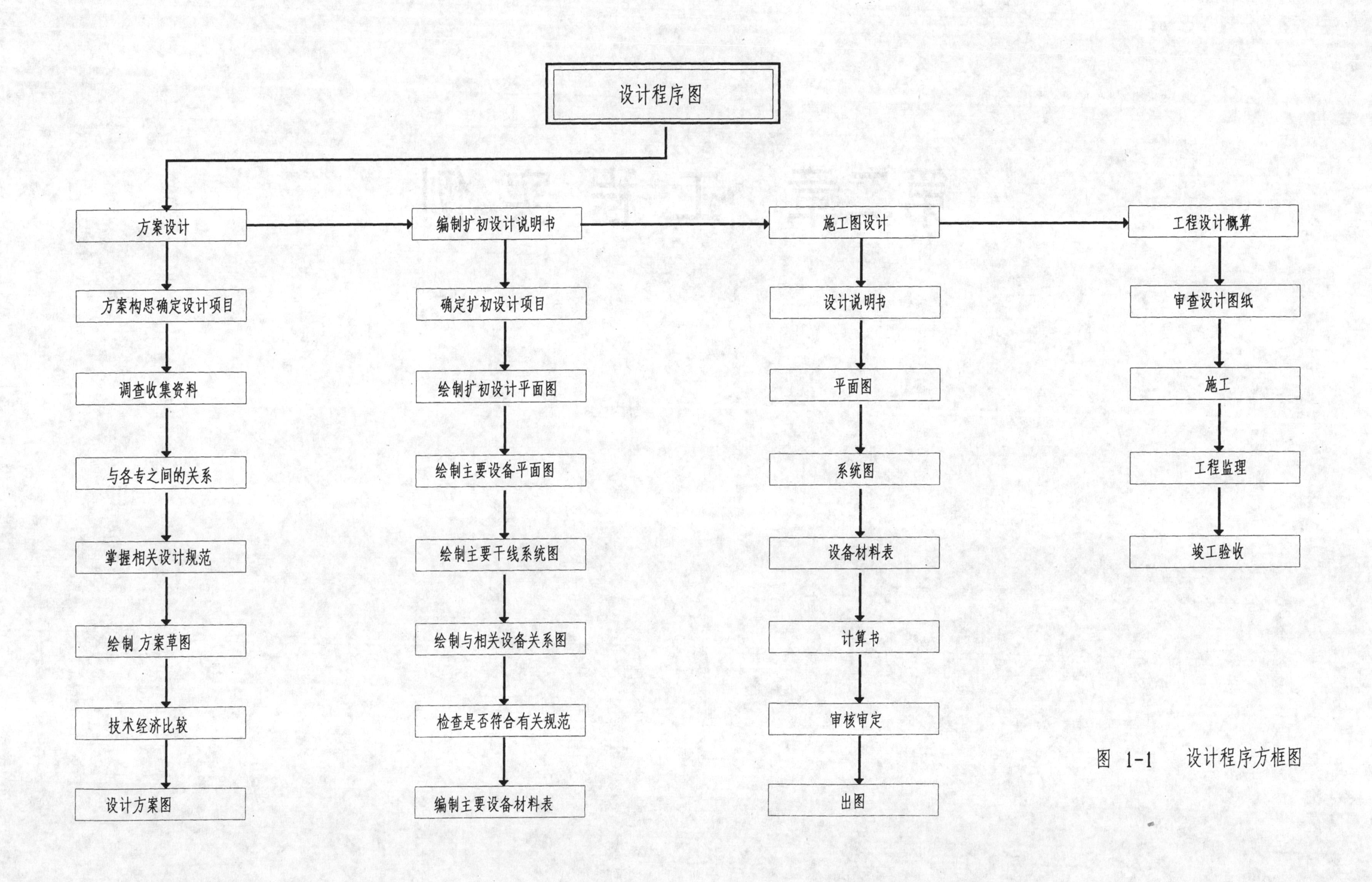

图 1-1　设计程序方框图

第二章　工 程 实 例

工程实例(一)

门诊医技楼

门诊医技楼电气设计说明

一、概况

本工程为医疗建筑，总建筑面积约为37000m²，建筑物的总高为55m，由医技门诊和教学部分组成。地上12层，地下2层。地下一层高为3.75m，由取药、病案室和放射科组成；地下二层为设备用房，层高5.2m。地上一层至十层为医技门诊，十一层以上为教学部分；其层高除首层层高为5.15m外，其他层的层高均为3.75m。另外在屋顶层设有层高为2.2m的设备层、3m高的电梯机房和3.3m高的水箱间。变电所设在地下一层。人防设在地下二层。

本工程的结构形式为框架剪力墙结构，现浇混凝土楼板厚为120mm，混凝土承重墙厚为250mm，陶粒空芯砖内隔墙厚为100mm，地面做法均为9cm。

本楼的公共部分、走道、卫生间、诊室、教学和办公室均设置了吊顶，其吊顶高度约为2.6m，局部约为3.0m。

二、设计依据

1.《民用建筑电气设计规范》JGJ/T16－92；2.《建筑电气专业设计技术措施》（北京市建筑设计研究院编）；3.《高层民用建筑设计防火规范》GB50045－95；4.《建筑物防雷设计规范》GB50057－94；5.《火灾自动报警设计规范》GB50116－98；6.《人民防空工程设计防火规范》GB50098－98；7.《建筑电气通用图集》92DQ系列。

三、设计内容

强电包括配电系统、应急动力、普通动力、普通照明、应急照明、空调配电、医疗配电；弱电包括综合布线（语音和数据传输）、楼宇自控、医用对讲、闭路电视、消防报警和防盗保安监视系统、财务专用保安监视及报警系统；接地部分包括防雷接地、保护接地、等电位联结及专用接地系统。

四、电源情况

1. 负荷等级及电源：本工程的消防用电设备、公共部分的照明、客梯的电力、门诊手术、X光机、CT机、化验等医疗用电为一级负荷，其余为三级负荷。其电源为两路高压10kV独立供电，采用电缆直埋的引入方式，将双路电源引至本楼的变电所内。

2. 供配电系统：由本单位变电所高压柜的不同母线段引来双路10kV电源电缆，经本楼的高压负荷开关柜将电源引至变压器，每路10kV的电缆各带两台变压器。低压部分按二路进线电源设计，在正常情况下，重要负荷的电源为双路市电同时供给，末端切换，其重要负荷的电源由其中一路市电供给。当双路市电失去一路时，其另一路市电可经过末端自投供电。为提高供电质量，在低压进线处设置谐波滤波器。

3. 计量：根据甲方的要求，在本楼变电所不设高压计量柜，在低压柜上装设动力子表。

4. 接地保护：变压器二次侧中性点直接接地，采用TN－S系统，共用接地电阻$R<1\Omega$。

五、照明系统

设有市网供电电源的一般照明、两路电源互投的应急照明，设在走道和重要出入口的疏散照明（内装蓄电池，放电时间大于45min）。除注明者外的所有照明光源，均为高效节能气体放电光源，配三次谐波小于10%的低谐波电子镇流器。

照明干线选用全程镀银的插接母线或阻燃电缆在竖井中敷设，在竖井内安装层照明箱（柜），再从层照明箱（柜）引至各个照明用电点。

六、医疗用电系统

根据各科室的使用要求，在医疗负荷较集中的科室内设置医用电源配电箱，专门提供医疗用电设备的电源。

七、动力系统

对建筑物内部电梯、水泵等动力用电设备采取放射式供电，其中消防用电设备采用双回路供电，末端互投。当电机容量超过15kW时，采用减压启动方式。

八、防雷系统

本建筑物按二级防雷保护设计。沿屋顶各突出边缘采用直径10mm的镀锌圆钢做避雷带，在屋面做小于15m×15m的避雷网，并与屋面的钢网架、屋面板及现浇梁、板、柱内的钢筋与柱内作为防雷引下线的两根柱子主筋做有效的连接。在每隔不大于20m及建筑物外廓的各个角上，利用结构柱子内两根直径为16mm²的主筋做防雷引下线，并在室外地坪下埋深0.8m处，甩出1.5m长与柱子主筋焊接的直径10mm的镀锌圆钢，并与室外护坡桩相连接。

超过30m的金属门窗等大型构件应与结构柱或圈梁主筋连接。所有进出建筑物的金属管道外皮均应与结构柱或圈梁主筋连接。

九、闭路电视天线系统

在楼顶预留安装卫星电视接收天线位置，并预留出与室外连接的有线电视网的通路，在演播室内设前端箱，其余各层设分支分配器箱。在门诊候诊厅、挂号厅、办公室和教室等处设置电视天线出线口。出口电平值不低于80dB，元件选择满足1000MHz的邻频传输的要求。系统为双向传输系统。

十、综合布线系统

本综合布线系统为丙级标准，暂时配置一个2M传输速率的一次群接口；建立传输速率为10Mbit/s以上的计算机局域网，并具有广域网连接能力的网络系统。

自楼外本单位的电话机房引来电话电缆，沿电话线槽经弱电竖井将电话电缆送至十一层的综合布线总机房内，在综合布线总机房预留出服务器、配线架、主机等设备的位置条件，在各层的弱电间设置分配线架，再由此配出经弱电线槽或电线管将讯号送至各个信息点。在进出建筑物处，预留出光缆通道，所有支线均采用超五类线。

信息点的设置：在各办公室、诊疗室、各值班室、病案室、会议室、护士站、收费处及药房等处按实际需要量设置信息出口。

各层的电气竖井内均设置带漏电保护的电源插座和接地端子，其接地端子经接地线引至室外接地极。

十一、楼宇自控系统

本大楼的楼宇为二类系统，在大楼的控制中心，可根据全楼各类机电设备的运行、安全、节能等要求进行实时自动监测、控制和管理。涉及到对部分普通照明的开关控制，普通水泵及通风设备的启、停及状态故障报警，污水池高水位报警，公共大厅的照明及个别开关通断情况的监测。本楼宇控制为集散式系统，每个子站均能独立工作，具备通讯接口，总站对DDC子站进行监测管理。系统支线采用屏蔽双绞线。系统干线采用数据线UTP－5。

十二、保安监控部分

在门厅和楼内各个出入口处、收费厅、电梯轿箱等处设置监视头，由监控中心对各处进行保安监控，在各收费处及挂号处均设置了专用监示器及紧急报警按钮，专用监视器由院财务处进行保安监控，紧急报警按钮信号送至保安中心，要求监视器的图像水平清晰度不低于400线，图像标准为五级，输入端电平值为EVp－p＋3dBVBS。

十三、管线选择及线路敷设

1. 强电线路的干线采用密集型插接母线或ZR－VV－1kV铜芯电力电缆沿线槽敷设。BV－500V线暗敷设，穿SC管。光、力及医用电的分支线路，除注明者外均采用BV－500V－2.5mm²的导线，穿SC20暗敷设（地上部分的支路线穿JDG管）。

2. 保安监控系统的视频线采用TVEKC－75－5型同轴电缆，其电源线采用BV－500V－2.5mm²导线。楼宇自控系统采用UTP－5类线和RVVP型导线。综合布线系统采用UTP－5类线。闭路电视系统采用TVEKC－75型同轴电缆。所有弱电线路除沿线槽敷设外，其余均穿SC管暗敷设(地上部分的弱电线路穿JDG管)。

3.除图中注明者外的线路均暗敷设在吊顶内，无吊顶处均暗敷于地面及现浇楼板内。敷设于楼板内的SC管±0.00以下不允许有三个以上的交叉，首层以上不允许有二个以上的交叉。

十四、接地保护

本医院的工程采用TN－S系统，采用“三相五线制”供电，其保护接地电阻 $R_d<1\Omega$。

本工程采用联合接地。本工程的各弱电机房、变电所及电气竖井等房间均设置接地端子，并将接地线引出楼外至共用接地极，其接地电阻≤1Ω。

十五、安全保护

诊室内设置的普通电源插座及儿童走动区内的电源插座，其距地高度为1.8m。

医院内的所有插座回路均采用漏电保护断路器，距地高度小于2.4m的灯具配线均加穿接地线。对于一般医疗用电回路采用漏电开关保护。

理疗、检验、X光机房、CT机房等均做等电位联结；治疗室内预留接地端子，以便治疗室内有接地需要的设备连接，接地引下线采用独立回路穿绝缘管引至室外共用接地极。

十六、火灾报警及消防联动

1.本工程为一类高层建筑，按一类防火建筑有关规范要求设计，消防中心控制室设于首层。消防泵及喷淋泵、备用照明、疏散照明、消防排烟风机、正压送风机、火灾自动报警控制设备、消防电梯等均按一级负荷供电。正常情况下，消防负荷的电源为双路市电同时供给，末端切换，其应急电源由其中一路市电供给。当双路电失去一路时，其另一路电可经过末端自投供电。

2.在消防控制室、疏散楼梯、电梯前室、走道、门厅、电梯机房、消防泵房、配电室等场所设置备用照明。

3.在走道、楼梯间出入口、门厅、人防及通往室外的出入口和走道出入口设置疏散照明。疏散照明灯具内自带蓄电池，连续供电时间>40min。

4.火灾自动报警系统：

在首层消防中心控制室内设置集中报警控制器。系统采用微电脑全智能型，具有独立处理信息，点对点相互通信的技术，控制主机为双CPU工作的两线制闭合环路探测系统。消防主机仅对报告新情况的设备作出响应，再由此发出信号，联动控制各个消防设备。

在设备机房、值班室、办公室、配电室、诊疗室、电梯前室及走道等场所设感烟探测器。

在防火卷帘门两侧设置感温探测器和感烟式探测器。

在消火栓旁设置智能型手动报警按钮和应急电话插孔。

5.水灭火系统：

在各个消火栓旁设有手动报警按钮，用来向消防中控室报警并联动启动消防泵，消防中控室设消防泵自动/手动控制按钮，并有状态反馈信号显示。

各个水流指示器和湿式报警阀处设监视模块向消防中控室报警，压力开关动作后与喷淋泵联动，消防中控室设喷淋泵自动/手动按钮远控泵的启停，并有状态反馈信号显示。

6.正压送风及排烟系统：

排烟口的开启装置设有监视模块和控制模块，当排烟口附近感烟探测器报警及同一防火分区内其他感烟探测器报警时自动打开排烟口，同时联动启动相应的排烟风机和正压送风机、停排风机及空调风机，并将信号送回消防中控室。280℃防火阀熔断时，停排烟机电源，并将信号送回消防中控室。

排烟口开启装置还可就地手动打开，并联动启动排烟机运行。

正压送风机与各层楼梯间及电梯前室、走道的感烟探测器联动，停相应的排风机及空调风机，并将信号送回消防中控室，还可由消防中控室远控启停正压送风机。

在本工程中，正压送风系统及排烟系统的防火阀为常开式，280℃时自动关闭，并联动切断排烟机电源。

7.空调系统防火阀关闭显示：

在送风和排风系统中，防火阀设有监视模块，其防火阀70℃自动关闭，信号送至消防中控室。

8.防火卷帘门控制：

在防火卷帘门两侧各设一组感烟、差定温感温探测器，卷帘门附近设监视模块和控制模块，用来监视和控制卷帘门的半降(距地1.8m)和全降(落地)，并将位置信号送回消防中控室，消防中控室同时还设有遥控控制按钮，卷帘门两侧设置手动控制按钮。

9.停照明和其他非消防电源：

火灾确认后，在消防中控室和配电室手动切断非消防电源。

10.消防电梯及电梯：

火灾发生后，根据火情强制所有电梯依次停于首层，并切断其电源(消防电梯除外)，消防中控室内设电梯运行状态显示，在消防控制室可手动控制消防电梯返回首层。

11.消防广播及通讯系统：

各层的大厅、走道等处的公共场所均设3W广播扬声器，平时视需要播放重要通知和背景音乐，火灾时强切做事故广播，可分层插放，也可相关几层同时播放，广播机总功率300W。

12.所有由消防中控室引出的控制信号及引入的状态反馈信号电压均应为DC24V。

13.消防泵、喷淋泵、水幕泵、排烟机、正压送风机、消防电梯、普通电梯、防火卷帘门均采用“硬线”直接控制，消防中心可以实现自动/手动控制功能。

14.消防联动部分：

火灾时消防值班人员可根据消防报警信号联动控制启动消防泵、喷淋泵、正压送风机、排烟风机，关闭空调机、送风机，并接收动作返回信号。

火灾时消防主机可启动控制防火卷帘门，并接收卷帘门的动作信号；使所有电梯降落至首层，并切断非消防电梯的电源；切断非消防照明电源；强制点燃应急照明灯；打开相关区域的消防疏散广播；切断非消防电源。

在消防中控室、消防泵房、电梯机房、保卫室、主要配电室和通风机房设置专用对讲电话。在消防中心控制室设专用的119火警外线电话。

15.管线及其敷设说明：

报警回路线为RVS－2×1.5(S)；紧急广播线为RVS－2×1.0－SC15(G)；联动控制线为BV－1.5mm²(N)的导线，4根以下穿SC15管，6根以下穿SC20管，6～9根穿SC25管。

10～16根穿SC32管，详见图纸标注。

电话线用RVS－2×1.0(H)，联动电源线用BV－2.5(D)，“硬线”控制线用BV－1.5(N)。

16.其他

火灾报警系统集中报警控制器主机同时与打印机及图文电脑联接。

当有事故发生时，在主机的显示屏上以中文文字形式显示故障报警信息，在图文电脑上以图形和中文文字两种形式显示故障报警信息，同时输出打印，报警与故障采用不同的颜色或字体打印。

火灾报警系统设置DC24V(蓄电池组)直流备用电源，容量要求支持全负荷工作一小时。

十七、其他

1.本工程的有关图例符号、图纸上的标号及施工做法均详见华北标办编写的《建筑电气通用图集》92DQ。

2.本工程所涉及的内容是依据甲方的文件要求进行的。

3.所有荧光灯均采用电子镇流器或可达到同等指标要求的镇流设备，其灯具均采用超薄型灯具。

4.弱电部分只预留管、槽、箱位及出线口，导线的规格及箱体尺寸可由专业厂家进行调整，各弱电系统的安装、调试等均由甲方委托专业单位进行。

5.施工时注意与各专业密切配合，所有设备在进行技术交底后方可加工定货。

6.所有线槽均采用内置阻燃板的金属阻燃线槽，线槽内应急线路的电缆和普通线路的电缆用隔板隔开。

补充图例符号

序号	图例	名称	规格型号	备注
01		壁灯	1X60W	距地 2.5m
02		筒灯	1X18W	节能管
03		嵌入式双管荧光灯	2X36W	无吊顶处吸顶
04		嵌入式三管荧光灯	3X36W	无吊顶处吸顶
05		嵌入式单管荧光灯	36W	无吊顶处吸顶
06	B	黑板灯	36W	距地 2.5m
07		紫外线消毒灯	30W	吸顶
08		楼梯灯	1X60W	灯型待定
09		疏散出口指示灯	1X8W 应急点燃时间>40min	门上 0.2m
10		疏散方向指示灯	1X8W 应急点燃时间>40min	吸顶
11		疏散方向指示灯	1X8W 应急点燃时间>40min	吸顶
12		防潮筒灯	1X60W	嵌入安装
13		金属卤化物灯	1X250W	吸顶
14		防水防潮灯	1X60W	吸顶
15		普通白炽灯	1X60W	吸顶
16		环形日光灯	1X36W	吸顶
17		普通白炽灯　放射科用	1X60W	距地 2.5m 壁装
18		人防灯	1X60W	吊链安装
19		钢板喷塑嵌入式格栅荧光灯具	3X20W	嵌入安装
20		钢板喷塑嵌入式格栅组合荧光灯具	4(3X20)W	嵌入安装
21		楼层指示灯	1X8W 应急点燃时间>40min	距地 2.5m 壁装
22		单相五孔插座,边框为白色	250V,10A	距地 1.8m
23	D	吸顶电源插座,边框为白色	250V,10A	吸顶
24	Y	医用多功能电源插座,边框为白色	250V,10A	距地 1.8m
25	H	烘手器电源插座,边框为白色	250V,10A	距地 1.4m
26	W	电热水器三相电源插座,边框为白色	380V,20A	距地 1.8m
27	Y Y	医用多功能电源插座,边框为白色	380V,20A 250V,10A	距地 1.8m
28		插座箱		距地 1.4m
29		地面出线口		
30		卫生间排气扇	220V,<100W	嵌入式安装
31		电源出线口		吸顶
32	F	嵌入式白炽筒灯		翻译间
33		固定式摄像头		吸顶安装
34		带云台摄像头		吸顶安装
35		信息插座(电话出口+计算机出口)	86系列(电话4芯+计算机8芯)	距地 0.3m
36		地面信息插座(电话出口+计算机出口)	86系列(电话4芯+计算机8芯)	距地 0.3m
37	TV	电视天线出口	86系列(TV+FM+PD)	吸顶安装
38	TV D	吸顶电视天线插座	86系列(TV+FM+PD)	嵌入在吊顶内安装
39		风机盘管接线盒		吊顶内 风机盘管旁
40		综合布线端子箱(配线架)		落地安装(竖井内)
41	VP	电视天线分配分支器箱		暗装下皮距地 1.4m(或落地) 明装下皮距地 1.2m
42		照明配电箱(柜)		暗装下皮距地 1.4m(或落地) 明装下皮距地 1.2m
43		动力配电箱(柜)		暗装下皮距地 1.4m(或落地) 明装下皮距地 1.2m
44		应急照明配箱(柜)		明装下皮距地 1.2m
45	SX	保安监控接线箱		暗装下皮距地 1.4m
46	VH	电视天线前端箱		下皮距地 1.4m
47	HJ	医用呼叫箱		距地 1.2m
48		医用呼叫器		距地 1.2m
49		金属阻燃线槽		内置阻燃线板
50		紧急报警按钮		距地300mm
51		金属卤化物灯	1X75W	门头吸顶安装

序号	图例	名称	规格型号	备注
01	S	感烟探测器	9200 系列	吸顶
02	S 2	感烟光电复合探测器	9200 系列	吸顶
03		感温探测器	9200 系列	吸顶
04	788613	4输入/2输出模块	待甲方确定厂家 由消防厂方配给 (模块箱内)	
05	788614	1输入模块	待甲方确定厂家 由消防厂方配给 (模块箱内)	
06	JM	卷帘门控制模块箱		吊顶内距吊顶200mm
07		湿式报警阀	详设备专业图纸	
08		水流指示器与检修阀	详设备专业图纸	
09	70°C	70℃ 防火阀	详设备专业图纸	熔断关闭输出电讯号
10	70°C B	70℃ 防火阀	详设备专业图纸	熔断关闭输出电讯号 电动关闭输出电讯号
11	280°C	280℃防火阀	详设备专业图纸	熔断或手动关闭输出电讯号
12	280°C B	280℃防火阀	详设备专业图纸	熔断或电动关闭输出电讯号
13	280°C KB	280℃防火阀	详设备专业图纸	熔断关闭输出电讯号 电动开闭输出电讯号
14	280°C K	280℃防火阀	详设备专业图纸	熔断或电动开启输出电讯号
15		智能手报按钮	762671	距地1.5m
16	F	火警专用电话插孔		距地1.5m
17	S	火灾报警扬声器	3W	吸顶
18		火灾报警扬声器	3W	嵌入
19		消防接线箱		弱电井内
20	119	实装119火警直通电话		消防中控室内
21		火警实装应急电话		距地 1.5m
22		照明配电箱(柜)		距地 1.4m
23		应急照明配电箱		距地 1.4m
24		应急动力配电箱		距地 1.4m
25		广播切换箱		距地 1.4m
26	S	正压送风口		详平面图
27	P	常闭排烟口		详平面图
28		挡烟垂壁控制箱(信号控制)	由挡烟垂壁厂方配给	吊顶内距吊顶200mm
29				
30				
31				
32				

电气专业外线施工设计说明

1. 设计依据及设计内容:

根据中华人民共和国行业标准《民用建筑电气设计规范》JGJ/T 16-92, 本工程的外线部分包括室外路灯线路、电视线路、通信线路、保安监控线路、消防报警线路、配电系统线路及楼宇控制系统线路。

2. 电源:

由本单位总变电所引来二路10kV高压电力电缆, 经楼内的分变电所配出将电源送至各个用电点.

3. 线路敷设:

除平面图中注明者外的所有室外照明线路均采用YJV-1kV(3x10)SC25暗敷设, 室外线路均敷设在地面内. 强电线路、有线电视线路、楼宇线路、电话(综合布线)线路、消防线路、监控线路均预留了路由管路及相应的井位, 其相应的线路由市政各专业部门负责, 室外的所有线路均穿厚铁管做防腐处理, 埋深均在室外地坪0.7m 以下.

各电缆敷设前应检查是否有机械损伤, 电缆盘是否完好. 对电力电缆可用1kV的绝缘表遥测绝缘, 其绝缘阻值不低于10MΩ, 电缆的弯曲半径不得小于电缆直径的10倍. 电缆敷设凡经过人孔井时, 每条电缆均应拴扎塑料制的标志牌, 用油漆注明电缆的用途、路别、电缆规格型号以及敷设日期. 电缆穿管直接埋的做法详92DQ4-59, 电缆人孔井内的支架做法详92DQ4-78, 电缆与管道等交叉做法详92DQ4-62—65。

各电缆井内的电缆支架均镀锌, 并用100×5的镀锌扁铁穿人人孔井内的电缆支架, 预埋地管外皮等做焊接, 并与建筑物的重复接地极连成一体.

4. 关于各人孔井:

所有人孔井盖均为防水井盖, 人孔井井底高度(除图中注明者外)均为室外地坪下2.2m。(DQ)电气井和(RD)弱电通讯井由市供电部门和电话部门提供图纸做法外, 四通型人孔井做法详92DQ4-99—101, 三通井做法详 92DQ4-94—96, 直通井和弱电直通井做法详92DQ-4-91—93。

5. 其他:

草坪灯、庭园灯电源线采用YJV-1kV(3×10)SC25直埋, 其出线断路器带漏电保护, 整定值调整为20A. 漏电电流为500mA, 其灯具金属杆应做好接地, 其接地电阻要求小于10Ω。立面照明室外仅预留管到路灯井。

本工程除注明者外的施工做法及图例符号均详《建筑电气通用图集》92DQ。

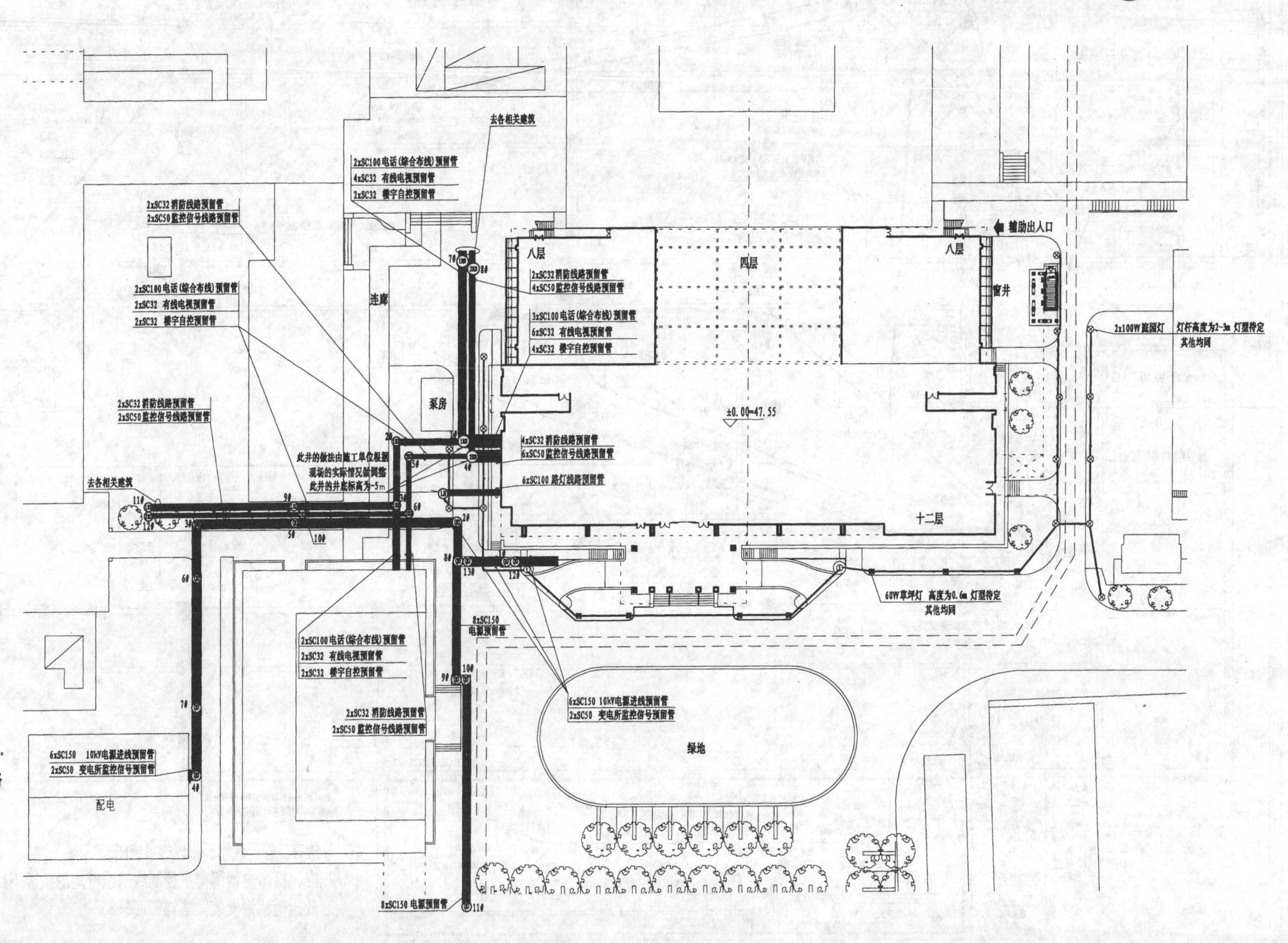

图 名	电气外线总平面图	图 号	1-1

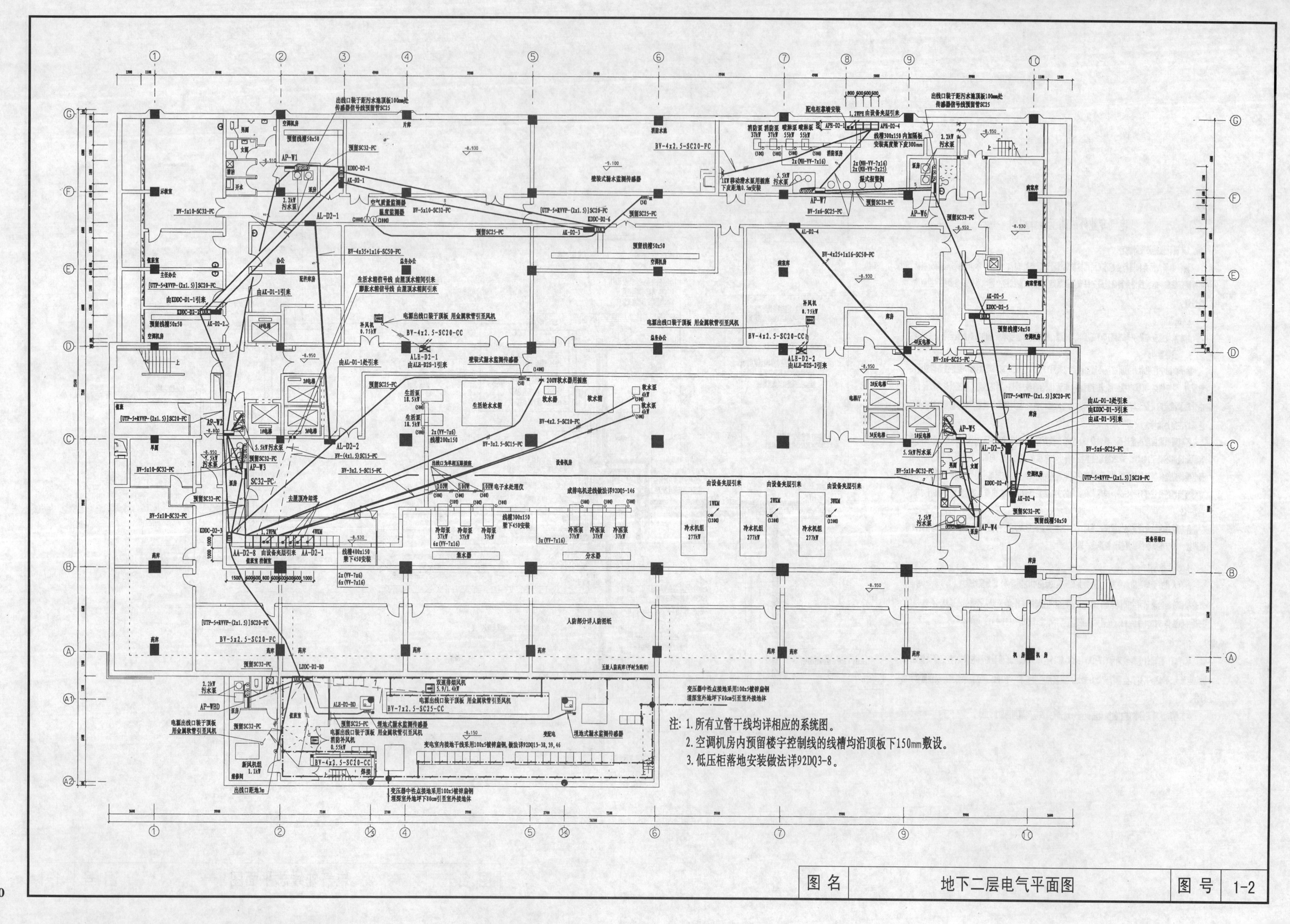
注：1. 所有立管干线均详相应的系统图。
2. 空调机房内预留楼宇控制线的线槽均沿顶板下150mm敷设。
3. 低压柜落地安装做法详92DQ3-8。
图名
地下二层电气平面图
图号
1-2

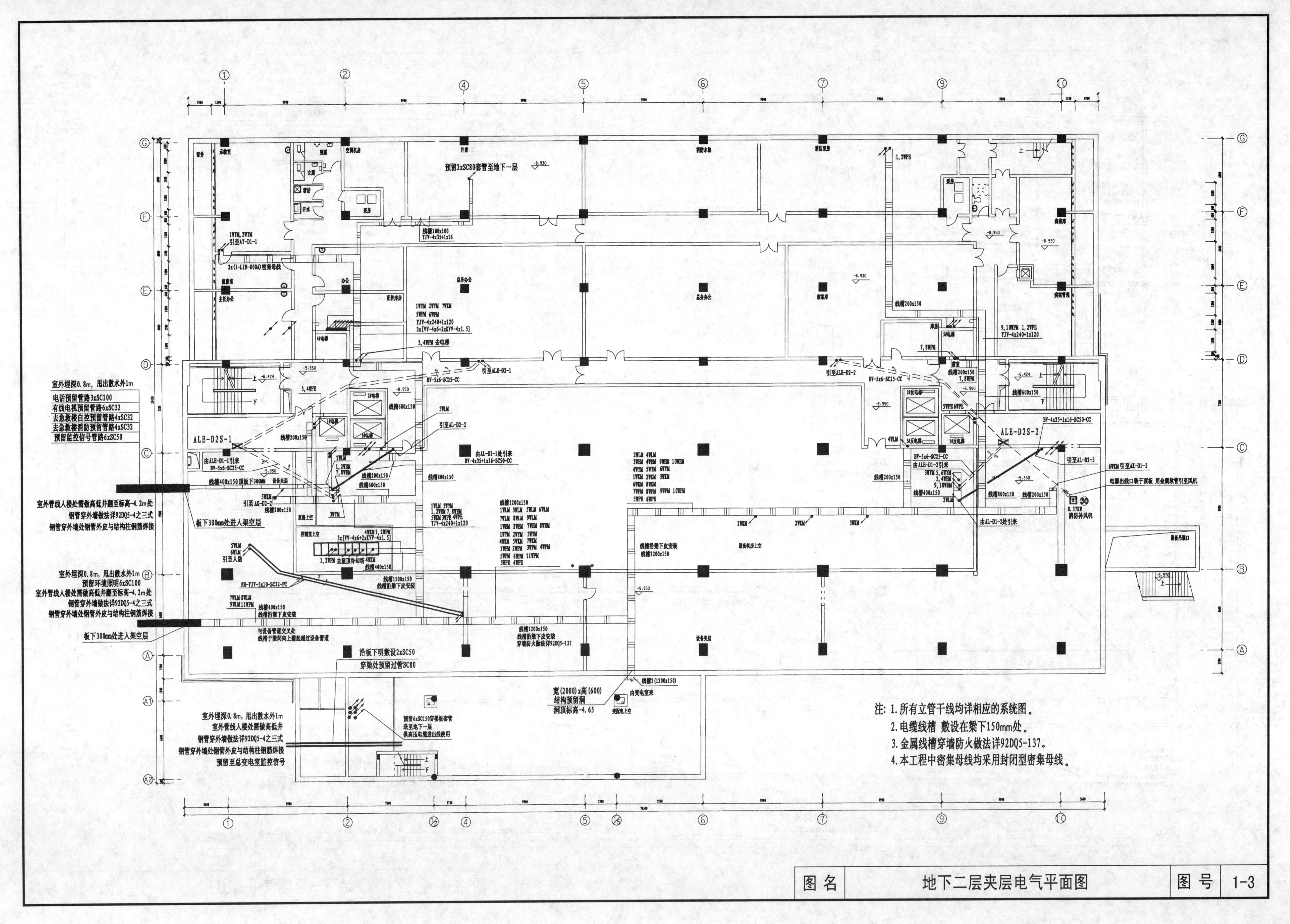
室外埋深0.8m，甩出散水外1m
电话预留管路3xSC100
有线电视预留管路6xSC32
去急救楼自控预留管路4xSC32
去急救楼消防预留管路4xSC32
预留监控信号管路6xSC50
室外管线入楼处需做高低井翻至标高-4.2m处
钢管穿外墙做法详92DQ5-4之三式
钢管穿外墙处钢管外皮与结构柱钢筋焊接
板下300mm处进入架空层
室外埋深0.8m，甩出散水外1m
预留环境照明6xSC100
室外管线入楼处需做高低井翻至标高-4.2m处
钢管穿外墙做法详92DQ5-4之三式
钢管穿外墙处钢管外皮与结构柱钢筋焊接
板下300mm处进入架空层
预留2xSC80套管至地下一层
ALE-D2S-1
ALE-D2S-2
沿板下明敷设2xSC50
穿梁处预留过管SC80
宽(2000)x高(600)
结构预留洞
洞顶标高-4.65
室外埋深0.8m，甩出散水外1m
室外管线入楼处需做高低井
钢管穿外墙做法详92DQ5-4之三式
钢管穿外墙处钢管外皮与结构柱钢筋焊接
预留至总变电室监控信号
注：1.所有立管干线均详相应的系统图。
2.电缆线槽 敷设在梁下150mm处。
3.金属线槽穿墙防火做法详92DQ5-137。
4.本工程中密集母线均采用封闭型密集母线。
图名
地下二层夹层电气平面图
图号
1-3

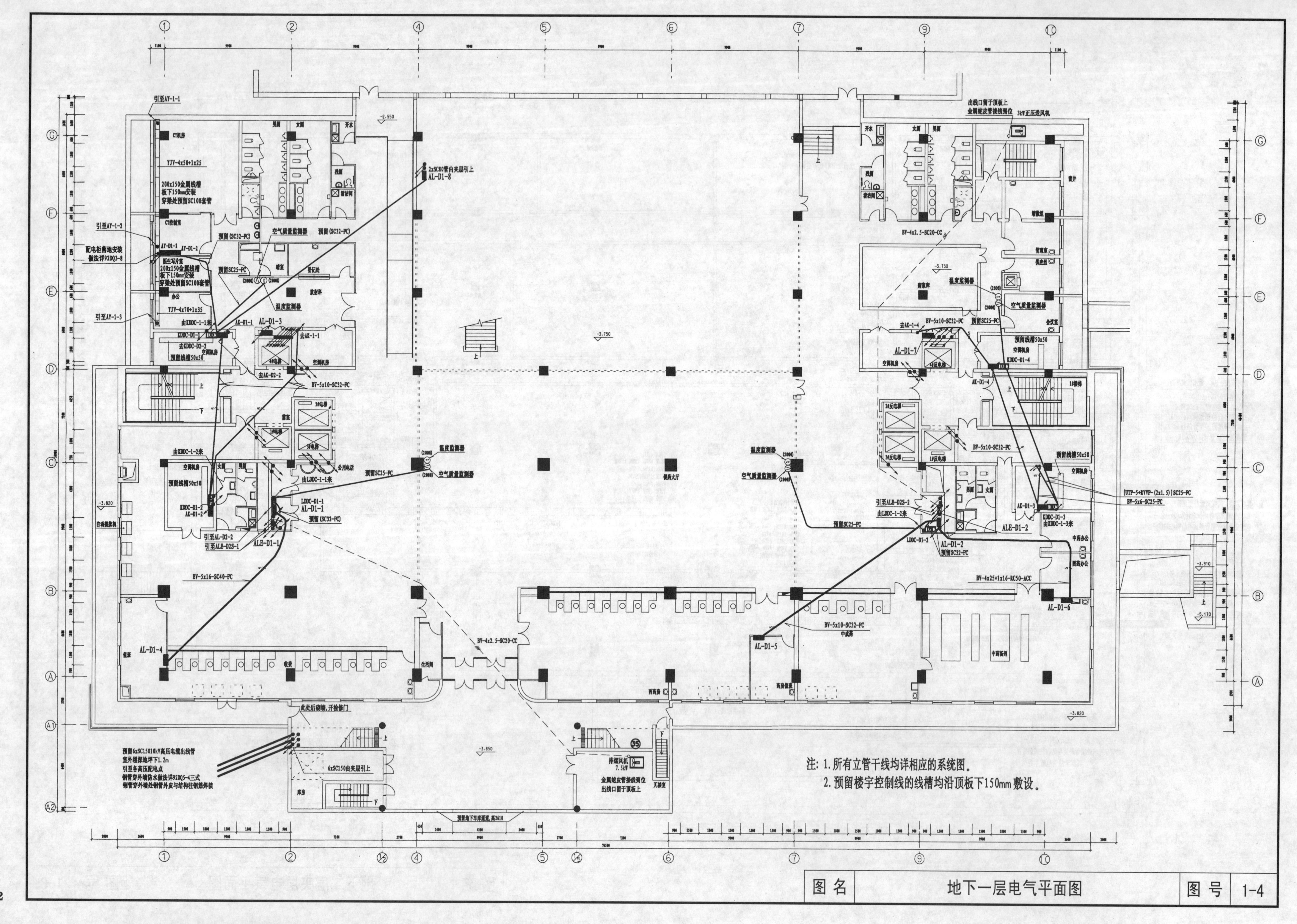

注: 1. 所有立管干线均详相应的系统图。
2. 预留楼宇控制线的线槽均沿顶板下150mm 敷设。
引至AY-1-1
引至AY-1-2
引至AY-1-3
YJV-4x50+1x25
YJV-4x70+1x35
AL-D1-1
AL-D1-2
AL-D1-3
AL-D1-4
AL-D1-5
AL-D1-6
AL-D1-7
AL-D1-8
ALE-D1-1
ALE-D1-2
BV-5x16-SC40-FC
BV-5x10-SC32-FC
BV-4x2.5-SC20-CC
BV-4x25+1x16-RC50-ACC
BV-5x6-SC25-FC
温度监测器
空气质量监测器
预留SC25-FC
预留(SC32-FC)
预留线槽50x50
6xSC150由夹层引上
排烟风机 7.5kW
图 名
地下一层电气平面图
图 号
1-4

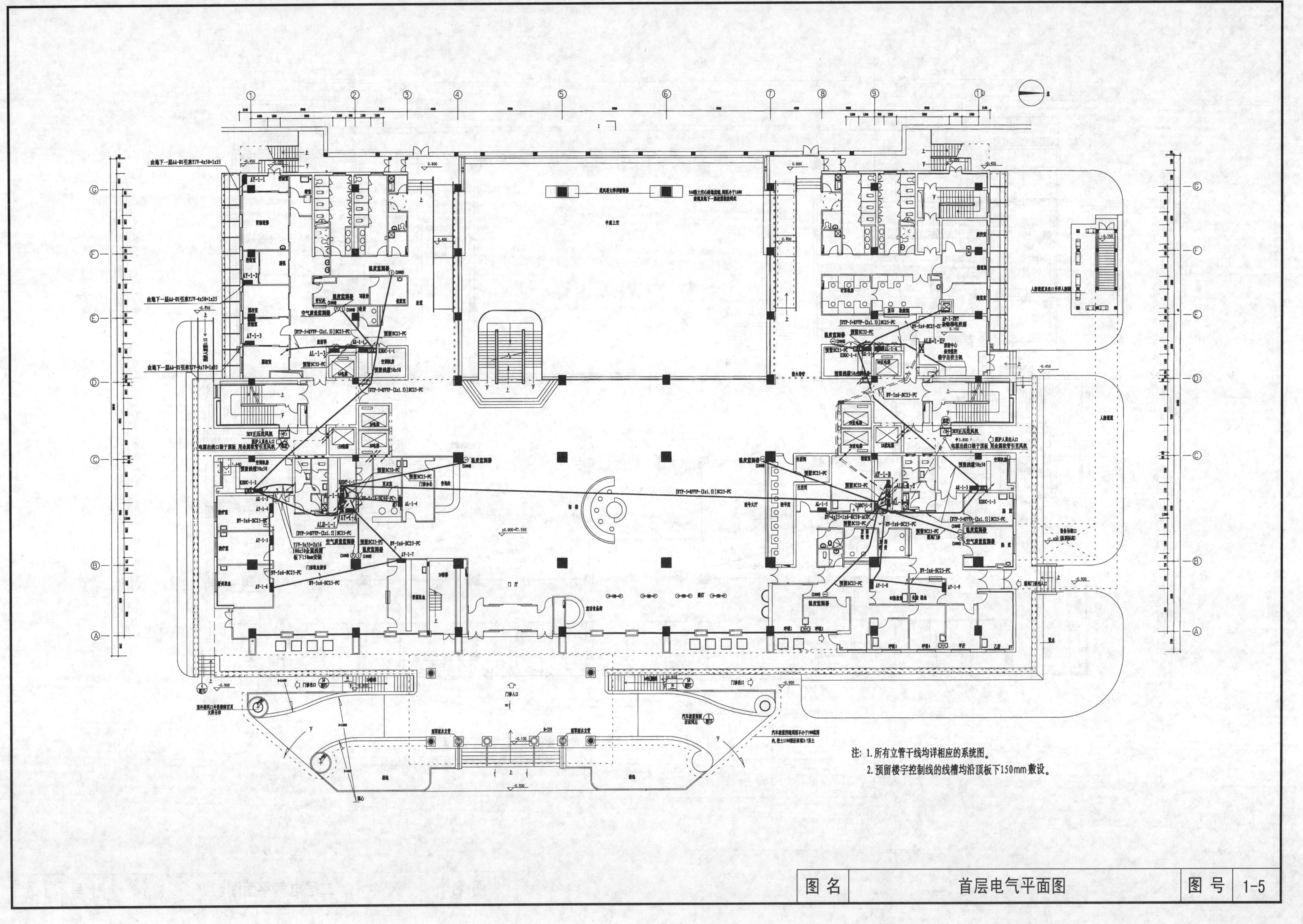
注：1. 所有立管干线均详相应的系统图。
2. 预留楼宇控制线的线槽均沿顶板下150mm敷设。
图名
首层电气平面图
图号
1-5

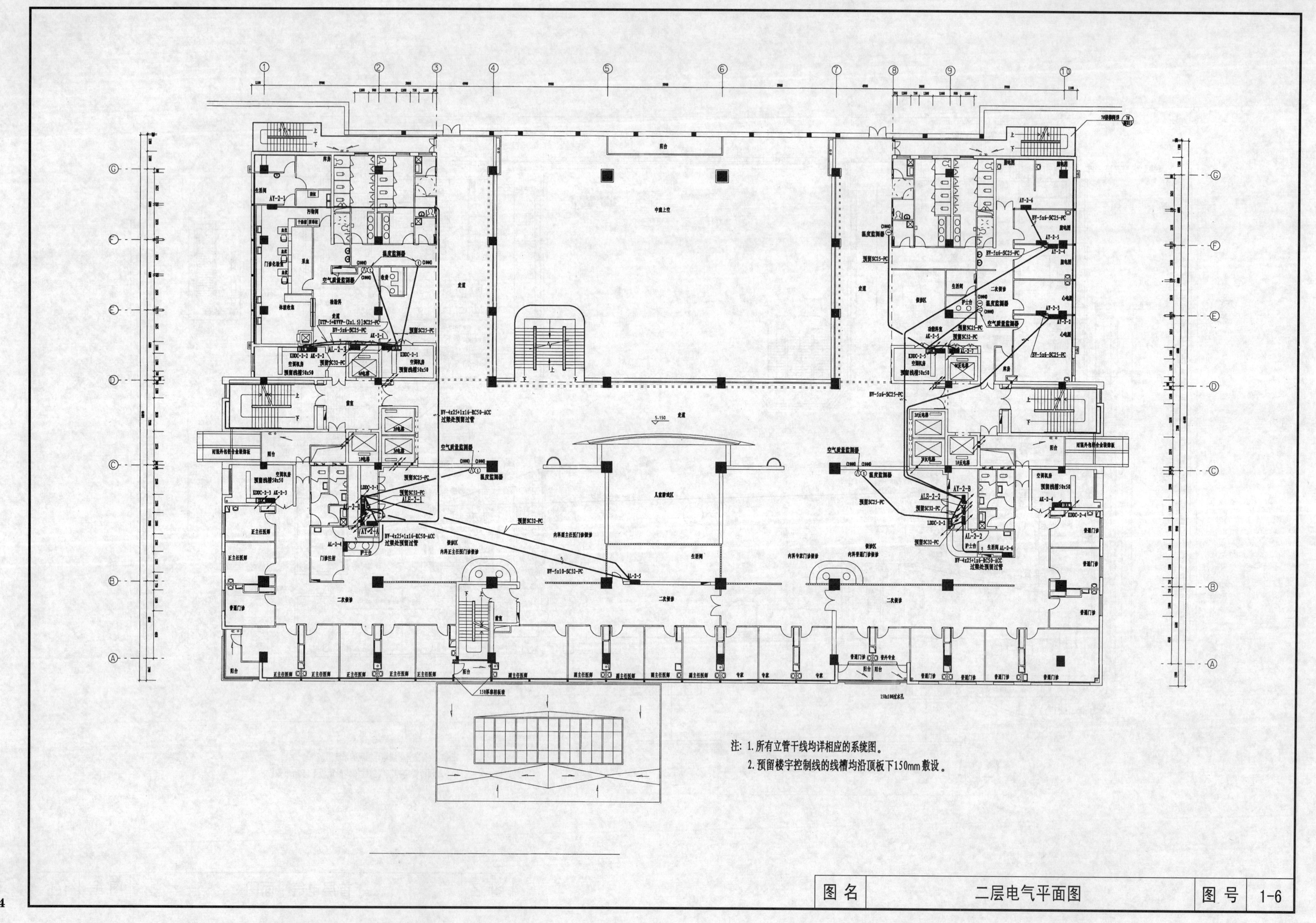
注: 1. 所有立管干线均详相应的系统图。
2. 预留楼宇控制线的线槽均沿顶板下150mm敷设。
图名
二层电气平面图
图号
1-6

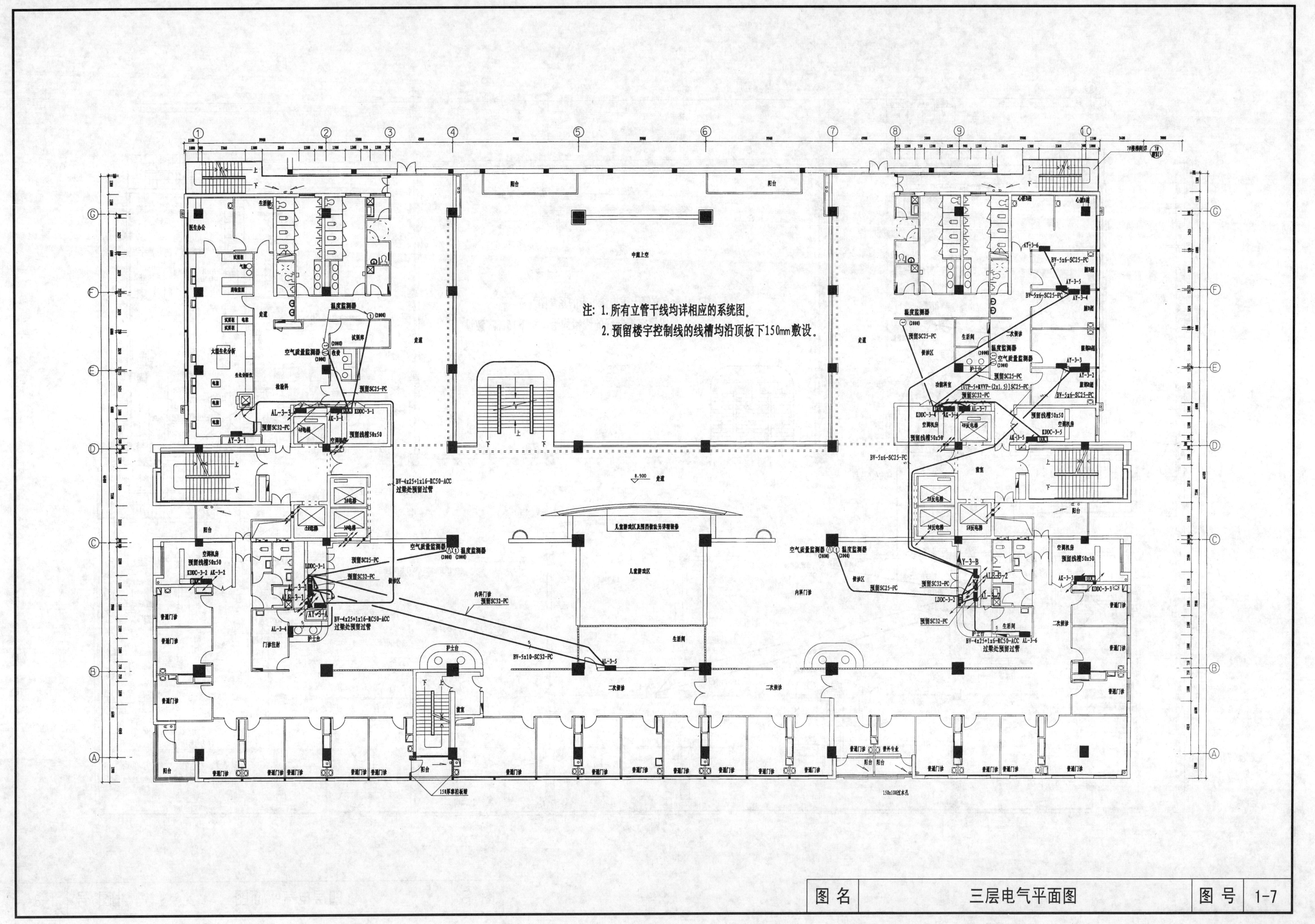
注: 1. 所有立管干线均详相应的系统图。
2. 预留楼宇控制线的线槽均沿顶板下150mm敷设。
图名
三层电气平面图
图号
1-7

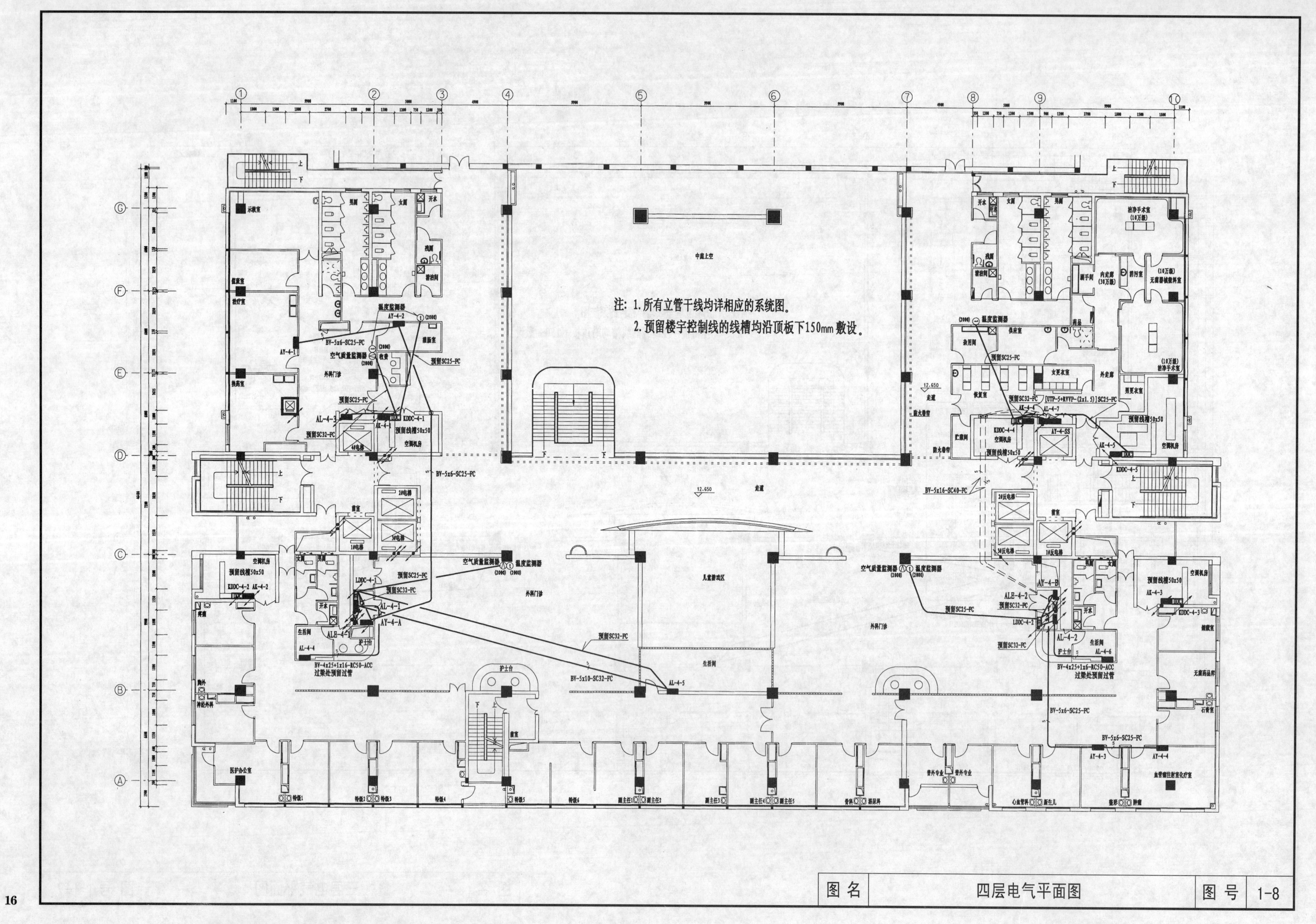
注：1. 所有立管干线均详相应的系统图。
2. 预留楼宇控制线的线槽均沿顶板下150mm敷设。
图名
四层电气平面图
图号
1-8

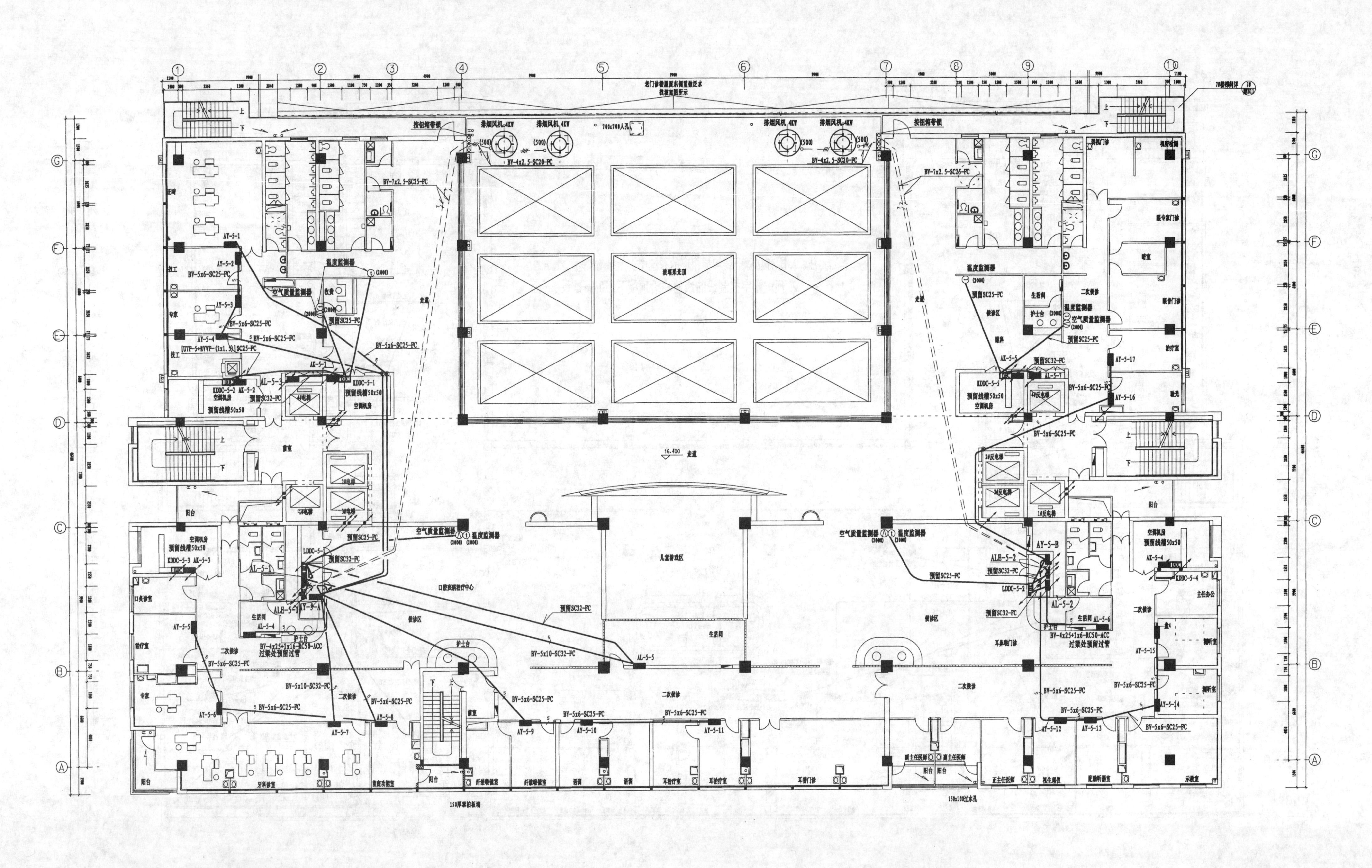

注: 1. 所有立管干线均详相应的系统图。

2. 预留楼宇控制线的线槽均沿顶板下150mm敷设。

图名	五层电气平面图	图号	1-9

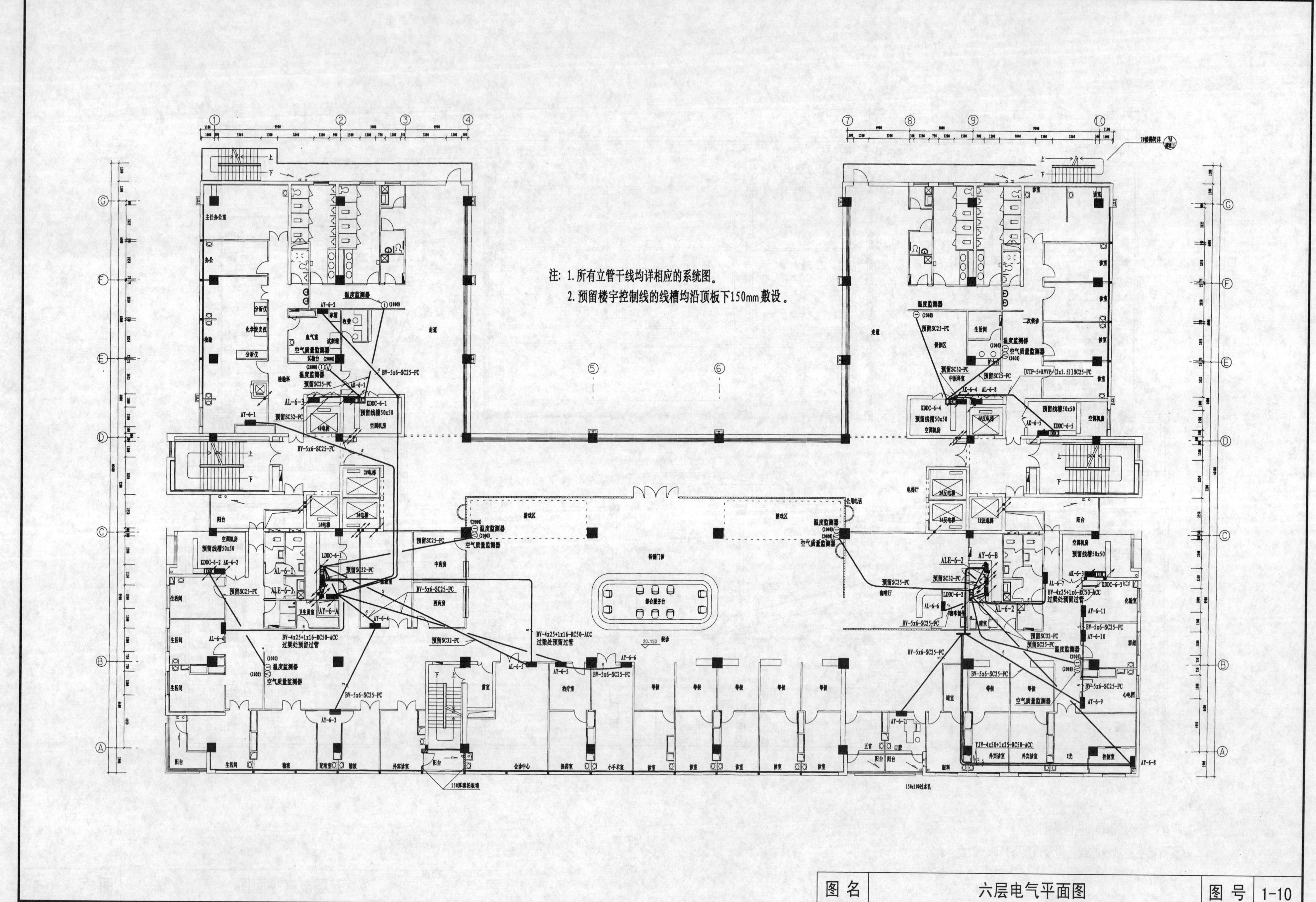
注: 1.所有立管干线均详相应的系统图。
2.预留楼宇控制线的线槽均沿顶板下150mm敷设。
图名
六层电气平面图
图号
1-10

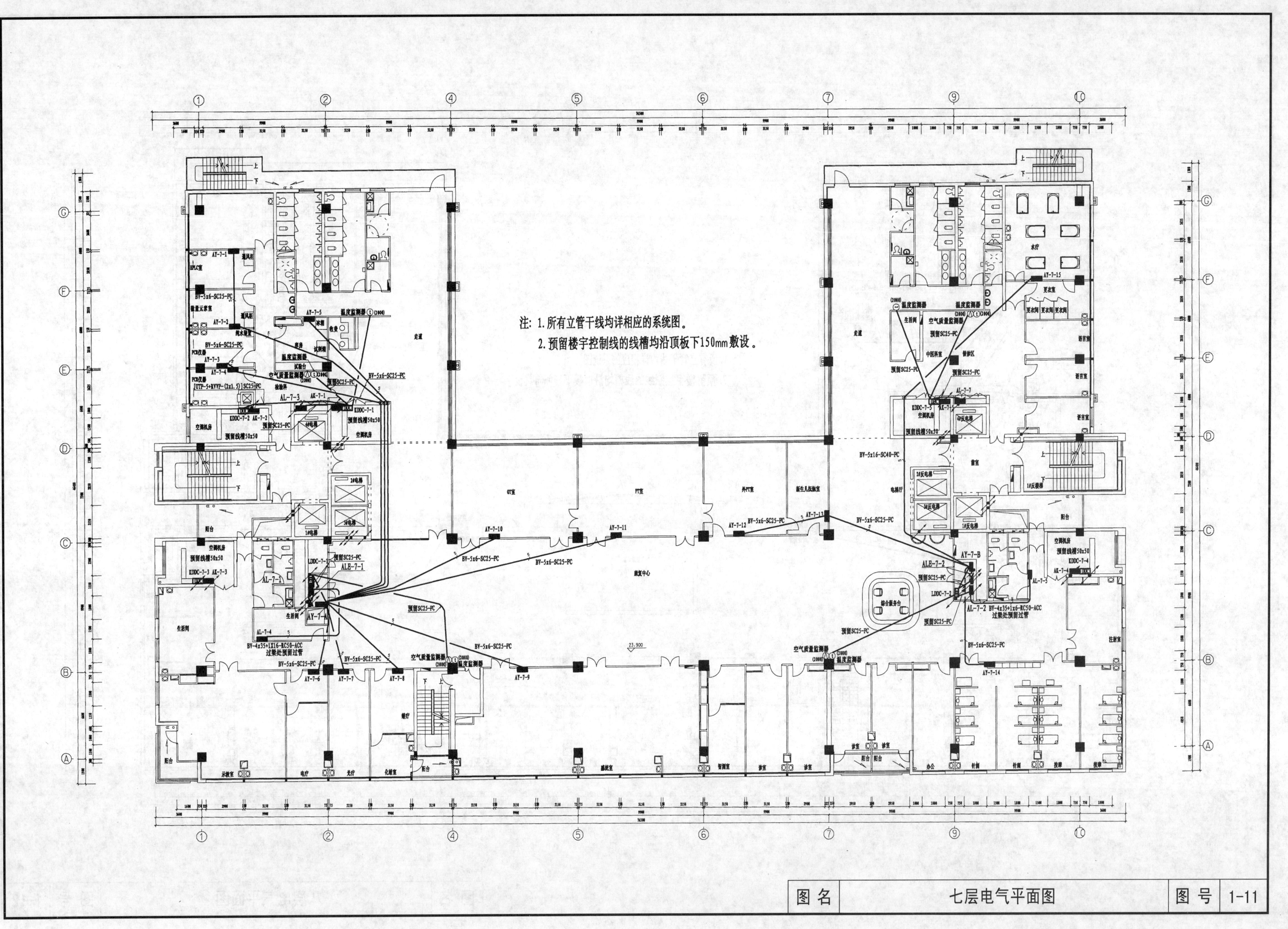
注: 1.所有立管干线均详相应的系统图。
2.预留楼宇控制线的线槽均沿顶板下150mm敷设。
图名
七层电气平面图
图号
1-11

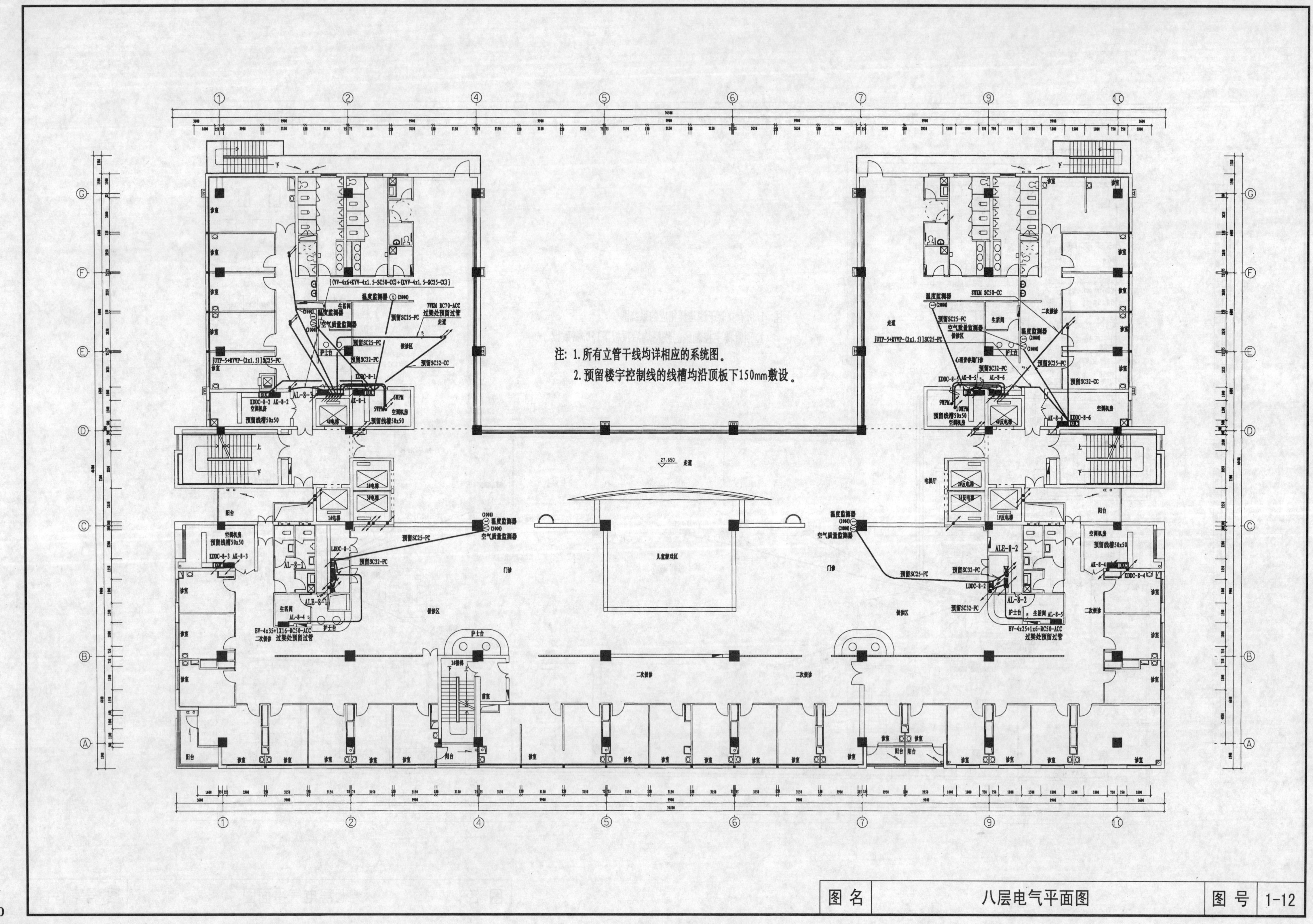
注：1. 所有立管干线均详相应的系统图。
2. 预留楼宇控制线的线槽均沿顶板下150mm敷设。
图名
八层电气平面图
图号
1-12

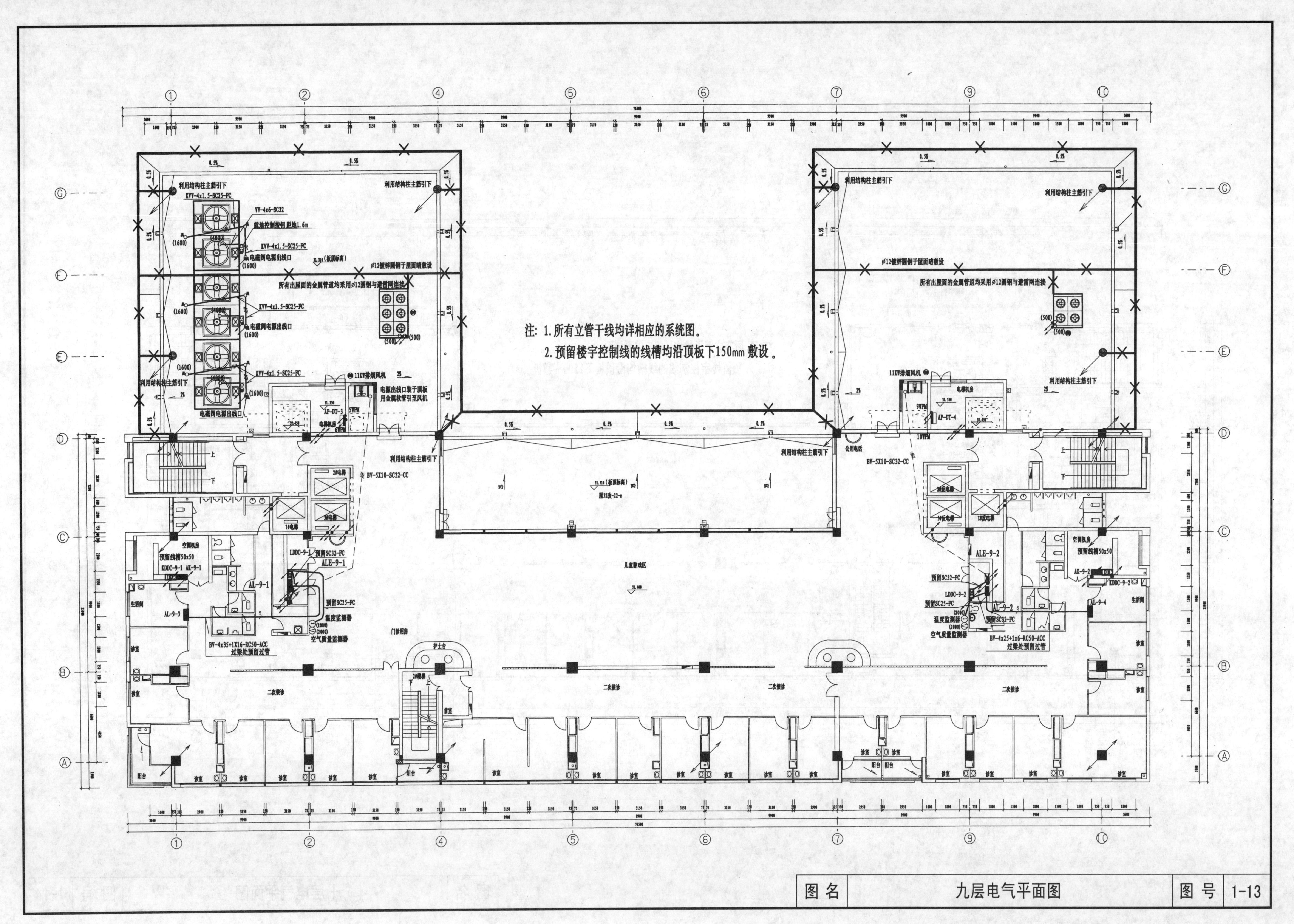
注：1. 所有立管干线均详相应的系统图。
2. 预留楼宇控制线的线槽均沿顶板下150mm 敷设。
利用结构柱主筋引下
所有出屋面的金属管道均采用ø12圆钢与避雷网连接
ø12镀锌圆钢于屋面暗敷设
KVV-4x1.5-SC25-FC
VV-4x6-SC32
电磁阀电源出线口
11KW排烟风机
电源出线口装于顶板用金属软管引至风机
电磁阀电源出线口
AP-DT-3
AP-DT-4
BV-5X10-SC32-CC
公用电话
LDDC-9-1
预留SC32-FC
ALE-9-1
AL-9-1
KDDC-9-1
AK-9-1
空调机房
预留线槽50x50
AL-9-3
预留SC25-FC
温度监测器
空气质量监测器
BV-4x35+1X16-RC50-ACC
过梁处预留过管
ALE-9-2
LDDC-9-2
AL-9-2
AK-9-2
KDDC-9-2
AL-9-4
BV-4x25+1x6-RC50-ACC
过梁处预留过管
儿童游戏区
门诊用房
护士台
二次候诊
诊室
阳台
生活间
电梯机房
图名
九层电气平面图
图号
1-13

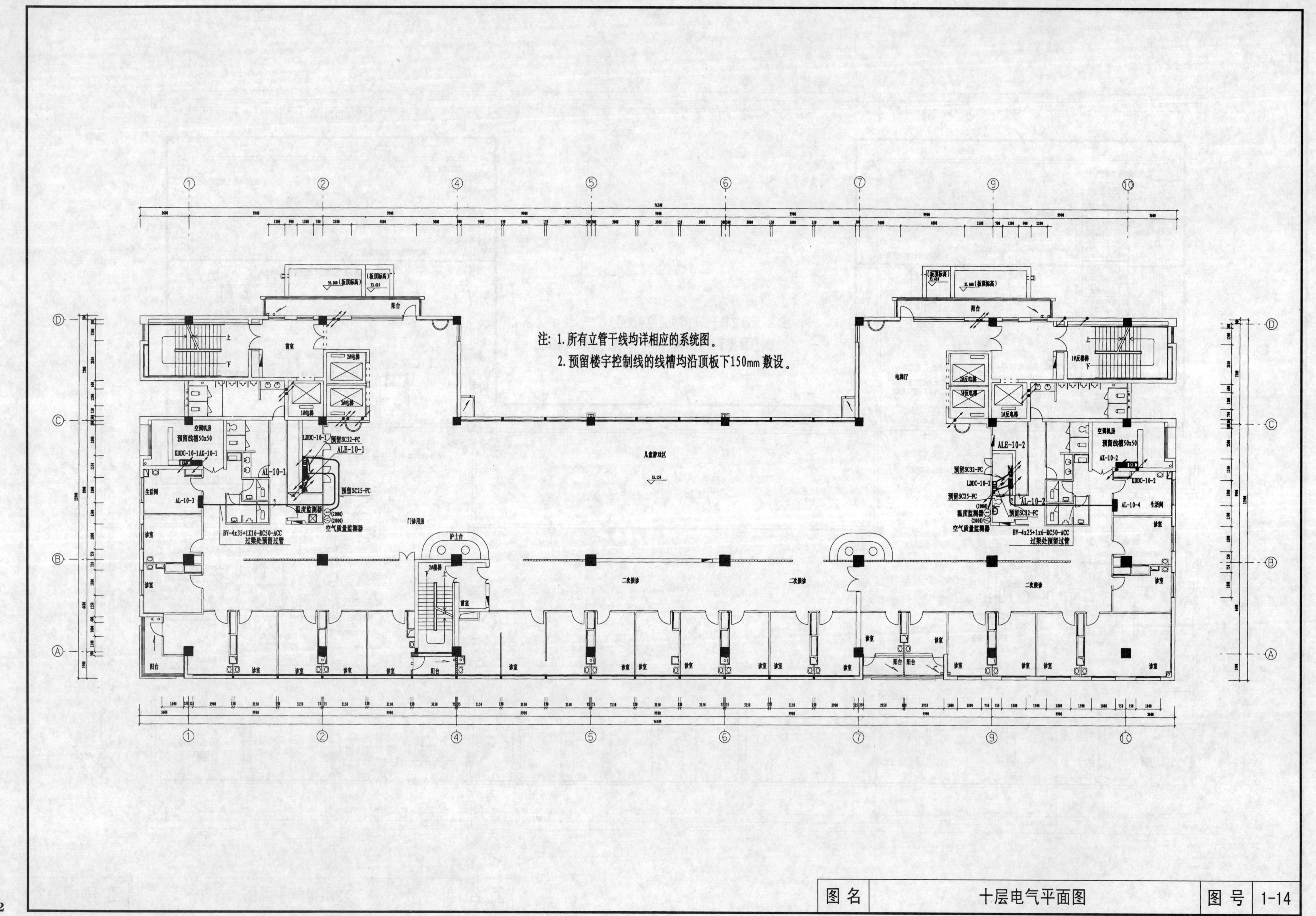
注：1.所有立管干线均详相应的系统图。
2.预留楼宇控制线的线槽均沿顶板下150mm敷设。
阳台
前室
空调机房
预留线槽50x50
LDDC-10-1
预留SC32-FC
ALE-10-1
AL-10-1
AL-10-3
预留SC25-FC
温度监测器
空气质量监测器
BV-4x35+1X16-RC50-ACC
过梁处预留过管
门诊用房
护士台
生活间
诊室
二次候诊
ALE-10-2
AL-10-2
AL-10-4
AK-10-2
KDDC-10-2
BV-4x25+1x6-RC50-ACC
图名
十层电气平面图
图号
1-14

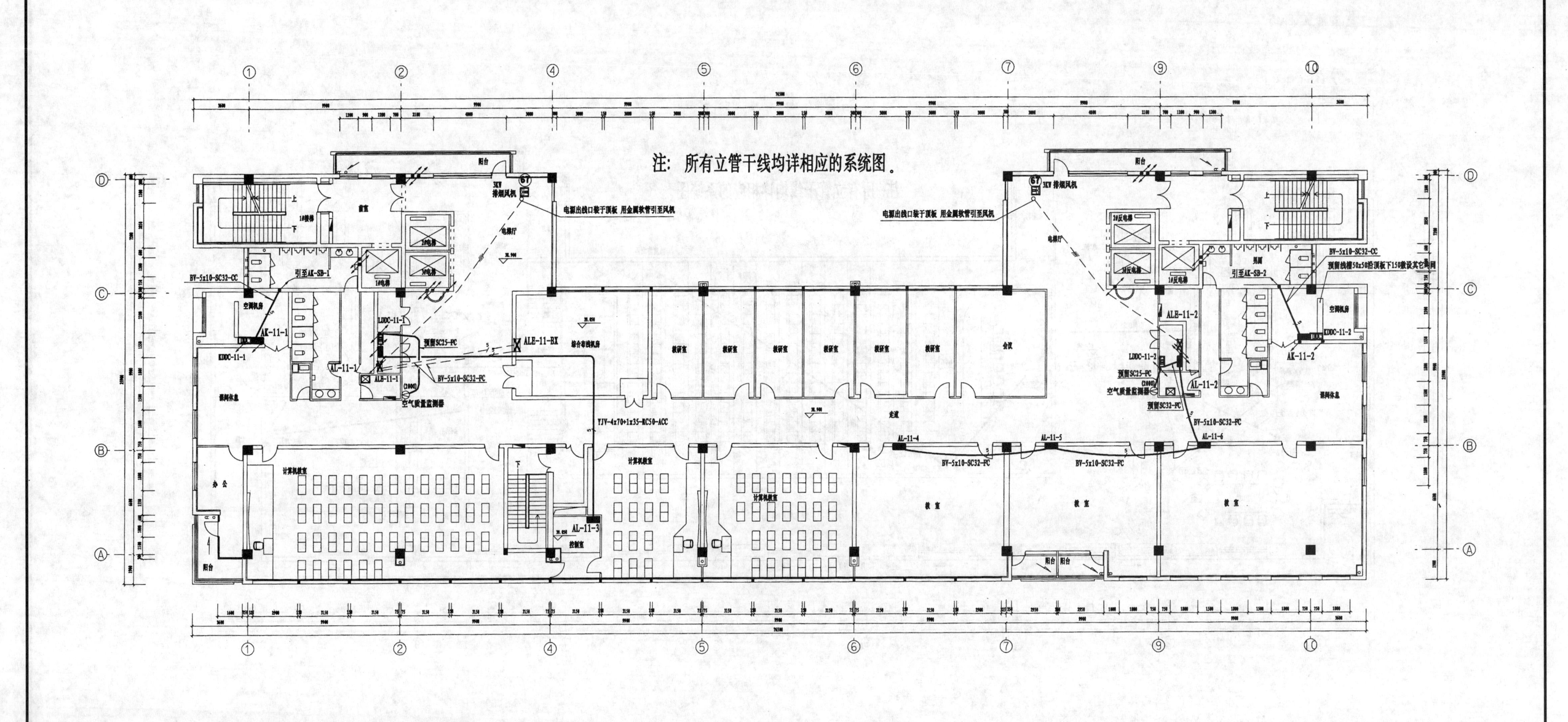

图名	十一层电气平面图	图号	1-15

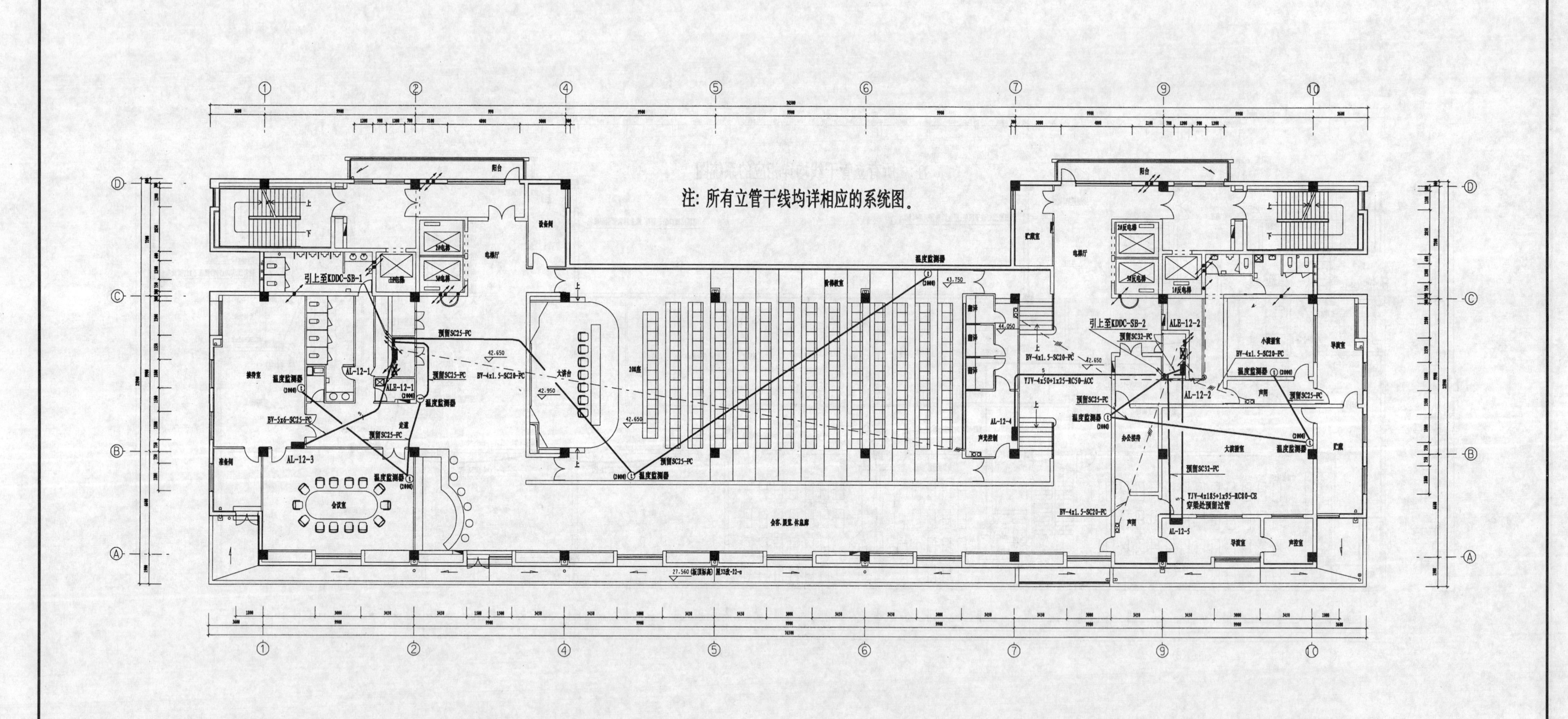

图 名	十二层电气平面图	图 号	1-16

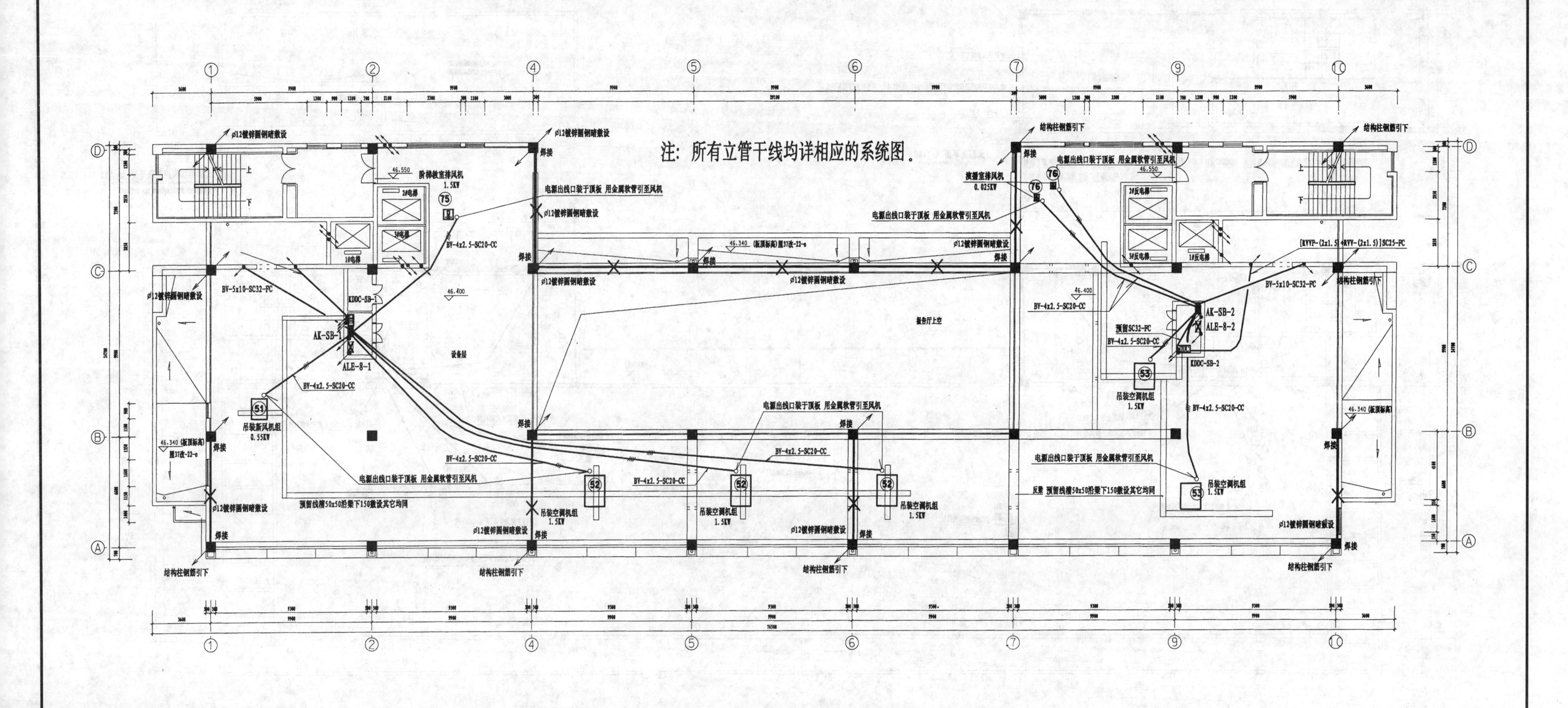

图名	设备层电气平面图	图号	1-17

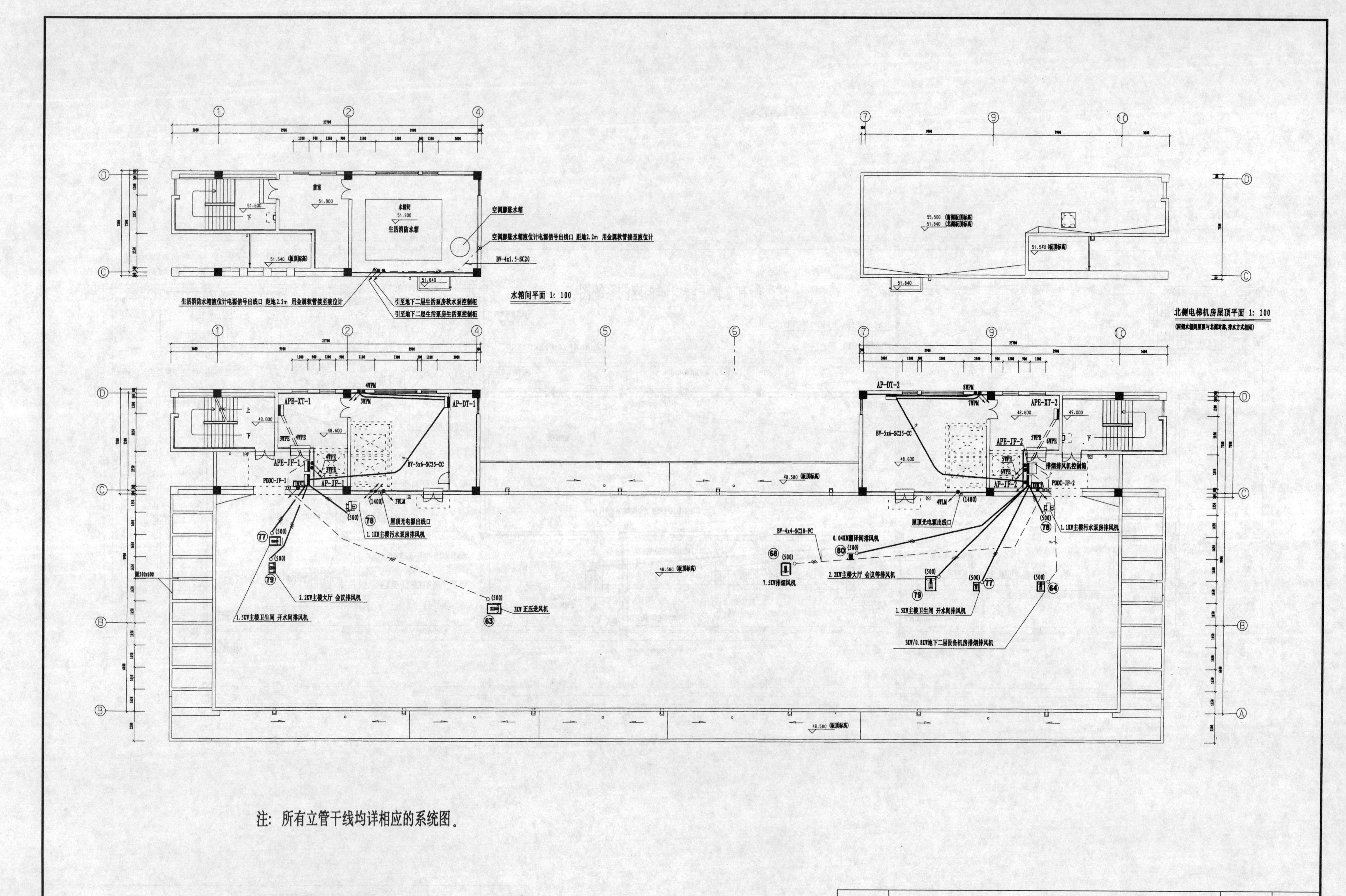

图名 电梯机房 水箱间电气平面图 图号 1-18

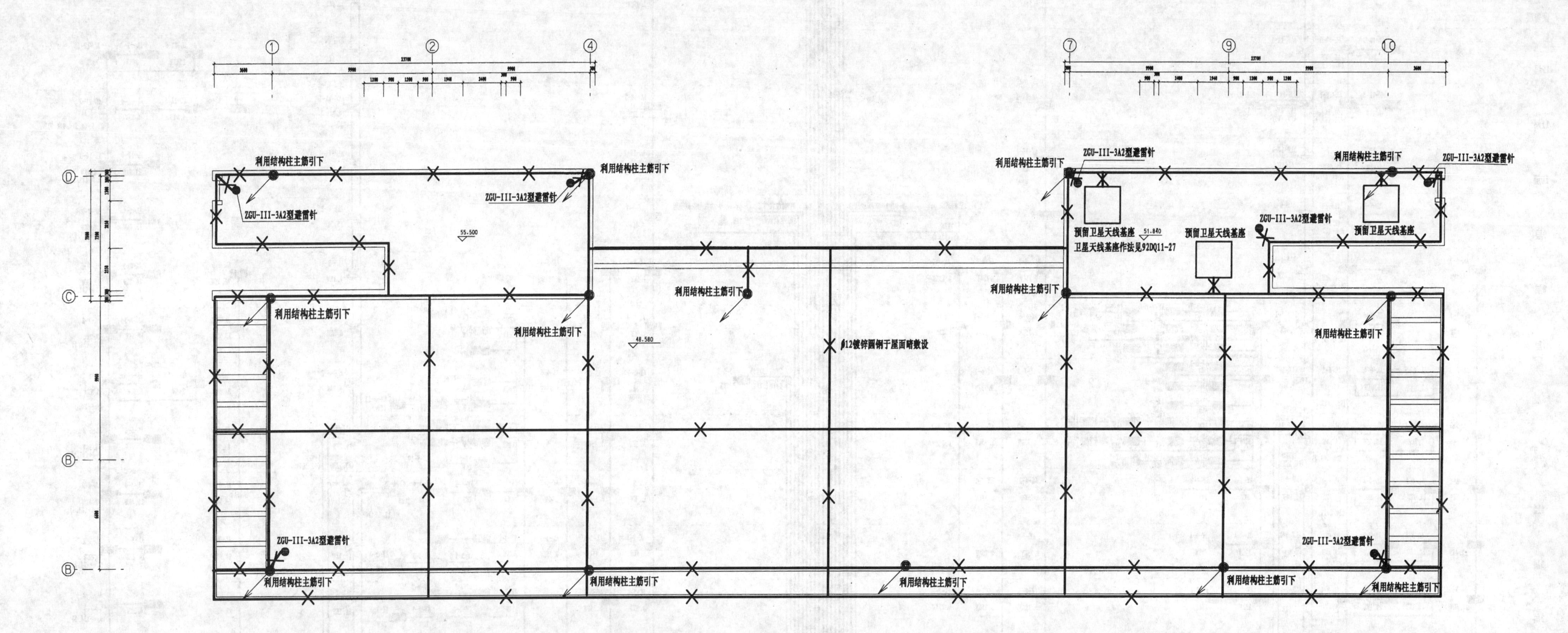

注:

1. 所有出屋面的金属管道均采用ø12圆钢与避雷网连接。
2. 平屋面防雷装置做法见92DQ13-12。
3. 利用柱内主筋做引下线引出防水层做法见92DQ13-22。
4. 利用护坡桩内钢筋做接地体做法见92DQ13-26。
5. 30m以上金属窗门等大型金属物应与接构柱或圈梁主筋连接,做法见92DQ13-28。
6. 暗装断接卡子做法见92DQ13-30。
7. 避雷针基础做法详国标990562(4-11)。
8. 为防止浪涌过电压,本工程于电源进线处、楼层配电间处、各弱电机房、演播室内均装设ZGB系列电源避雷器,
   做法详国标990562-1-18/19,安装于电源配电柜旁墙上距地30cm处。

图名	防雷接地平面图	图号	1-19

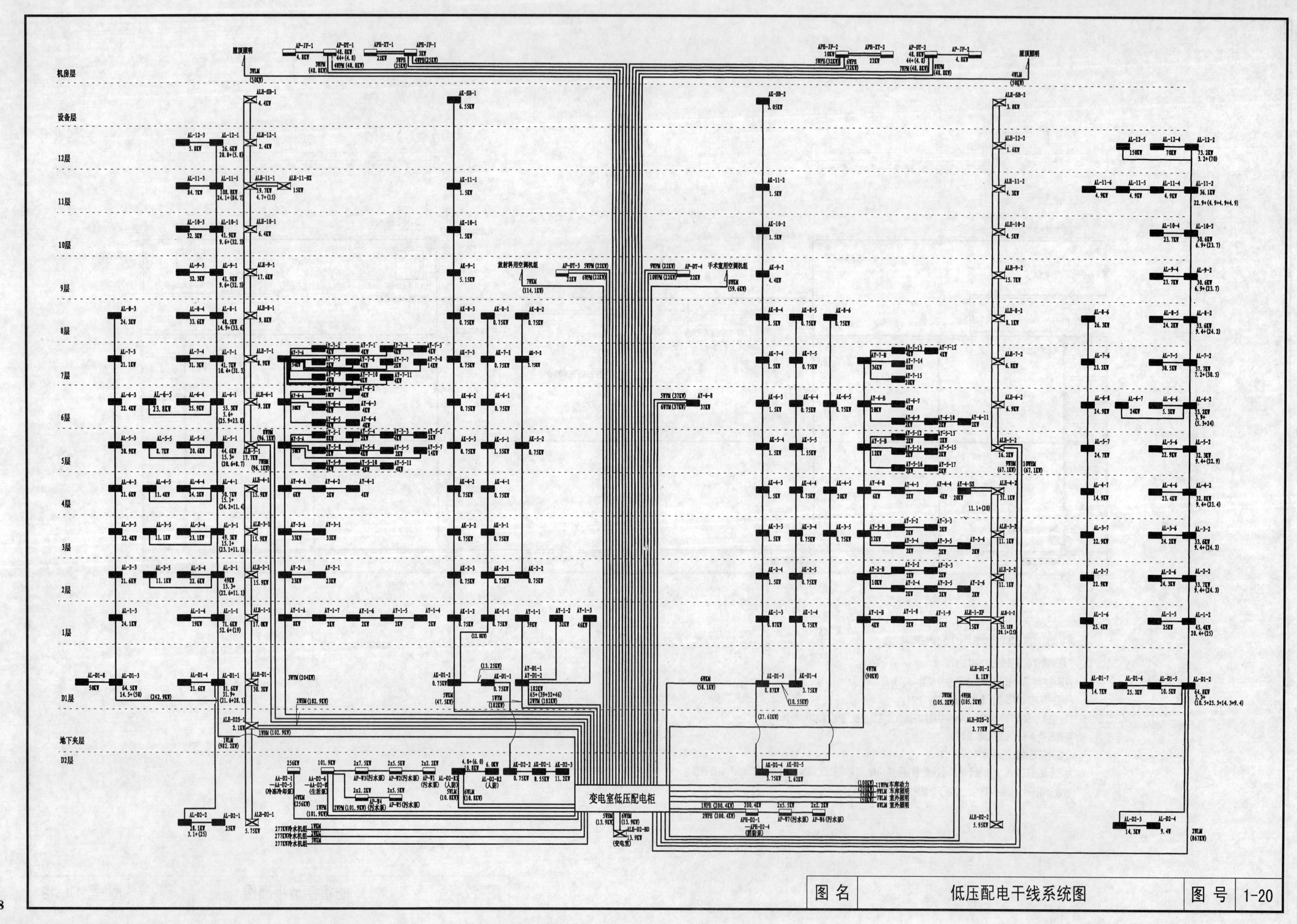
屋顶照明
机房层
设备层
12层
11层
10层
9层
8层
7层
6层
5层
4层
3层
2层
1层
D1层
地下夹层
D2层
变电室低压配电柜
放射科用空调机组
手术室用空调机组
图名
低压配电干线系统图
图号
1-20

正常照明用电

干线编号	用途	容量	出线开关整定	出线规格型号
1WLM	门诊楼南侧D2-12层正常照明	956.2kW	1600A	I-LIN-1600A密集母线
2WLM	门诊楼北侧D2-12层正常照明	867kW	1600A	I-LIN-1600A密集母线
3WLM	门诊楼南侧12层屋顶照明	50kW	125A	YJV-4×35+1×16-SC40
4WLM	门诊楼北侧12层屋顶照明	50kW	125A	YJV-4×35+1×16-SC40
5WLM	人防照明	10.8kW	50A	NH-YJV-5×10-SC25
6WLM	人防照明	10.8kW	50A	NH-YJV-5×10-SC25
7WLM	室外照明	50kW	125A	YJV-4×35+1×16-SC40
8WLM	室外照明	50kW	125A	YJV-4×35+1×16-SC40
9WLM	预留车库照明	200kW	400A	YJV-4×240+1×120-SC100

空调用电

干线编号	用途	容量	出线开关整定	出线规格型号
1WKM	冷水机组	277kW	630A	I-LIN-630A密集母线
2WKM	冷水机组	277kW	630A	I-LIN-630A密集母线
3WKM	冷水机组	277kW	630A	I-LIN-630A密集母线
4WKM	冷冻冷却泵	256kW	630A	I-LIN-630A密集母线
5WKM	门诊楼南侧D2-12层空调机房	47.5kW	125A	YJV-3×35+2×16-SC40
6WKM	门诊楼北侧D2-12层空调机房	58.1kW	125A	YJV-3×35+2×16-SC40
7WKM	放射科用空调机组	114.1kW	250A	YJV-3×95+2×50-RC70
8WKM	手术室用空调机组	59.6kW	160A	YJV-3×50+2×25-RC50

事故照明用电

干线编号	用途	容量	出线开关整定	出线规格型号
1WEM	门诊楼南侧D2-4层事故照明	102.9kW	250A	NH-YJV-4×95+1×50
2WEM	门诊楼南侧D2-4层事故照明	102.9kW	250A	NH-YJV-4×95+1×50
3WEM	门诊楼北侧D2-4层事故照明	105.2kW	250A	NH-YJV-4×95+1×50
4WEM	门诊楼北侧D2-4层事故照明	105.2kW	250A	NH-YJV-4×95+1×50
5WEM	变电室事故照明	13.9kW	50A	NH-YJV-5×10-SC25
6WEM	变电室事故照明	13.9kW	50A	NH-YJV-5×10-SC25
7WEM	门诊楼南侧5-12层事故照明	96.1kW	250A	NH-YJV-4×95+1×50
8WEM	门诊楼南侧5-12层事故照明	96.1kW	250A	NH-YJV-4×95+1×50
9WEM	门诊楼北侧5-12层事故照明	67.1kW	160A	NH-YJV-4×50+1×25
10WEM	门诊楼北侧5-12层事故照明	67.1kW	160A	NH-YJV-4×50+1×25

正常动力用电

干线编号	用途	容量	出线开关整定	出线规格型号
1WPM	生活泵	101.9kW	160A	YJV-3×50+2×25
2WPM	生活泵	101.9kW	160A	YJV-3×50+2×25
3WPM	门诊楼南侧12层电梯机房	48.8kW	160A	YJV-3×50+2×25-RC50
4WPM	门诊楼南侧12层电梯机房	48.8kW	160A	YJV-3×50+2×25-RC50
5WPM	门诊楼南侧9层电梯机房	22kW	80A	YJV-5×16-SC32
6WPM	门诊楼南侧9层电梯机房	22kW	80A	YJV-5×16-SC32
7WPM	门诊楼北侧12层电梯机房	48.8kW	160A	YJV-3×50+2×25-RC50
8WPM	门诊楼北侧12层电梯机房	48.8kW	160A	YJV-3×50+2×25-RC50
9WPM	门诊楼北侧9层电梯机房	22kW	80A	YJV-5×16-SC32
10WPM	门诊楼北侧9层电梯机房	22kW	80A	YJV-5×16-SC32
11WPM	预留车库动力	100kW	200A	YJV-3×70+2×35-RC50

医疗用电

干线编号	用途	容量	出线开关整定	出线规格型号
1WYM	CT,透视机房医疗用电	182kW	800A	I-LIN-800A密集母线
2WYM	CT,透视机房医疗用电	182kW	800A	I-LIN-800A密集母线
3WYM	门诊楼南侧医疗用电	204kW	350A	YJV-4×150+1×95
4WYM	门诊楼北侧医疗用电	90kW	160A	YJV-4×50+1×25
5WYM	六层X光机房	37kW	160A	YJV-4×50+1×25-RC50
6WYM	六层X光机房	37kW	160A	YJV-4×50+1×25-RC50

消防动力用电

干线编号	用途	容量	出线开关整定	出线规格型号
1WPE	消防泵房	200.4kW	300A	NH-YJV-3×150+2×95
2WPE	消防泵房	200.4kW	300A	NH-YJV-3×150+2×95
3WPE	门诊楼南侧消防电梯	25kW	100A	NH-YJV-3×25+2×16-SC40
4WPE	门诊楼南侧消防电梯	25kW	100A	NH-YJV-3×25+2×16-SC40
5WPE	门诊楼北侧消防电梯	32kW	125A	NH-YJV-3×35+1×16-SC40
6WPE	门诊楼北侧消防电梯	32kW	125A	NH-YJV-3×35+1×16-SC40

图名	低压配电干线规格表	图号	1-21

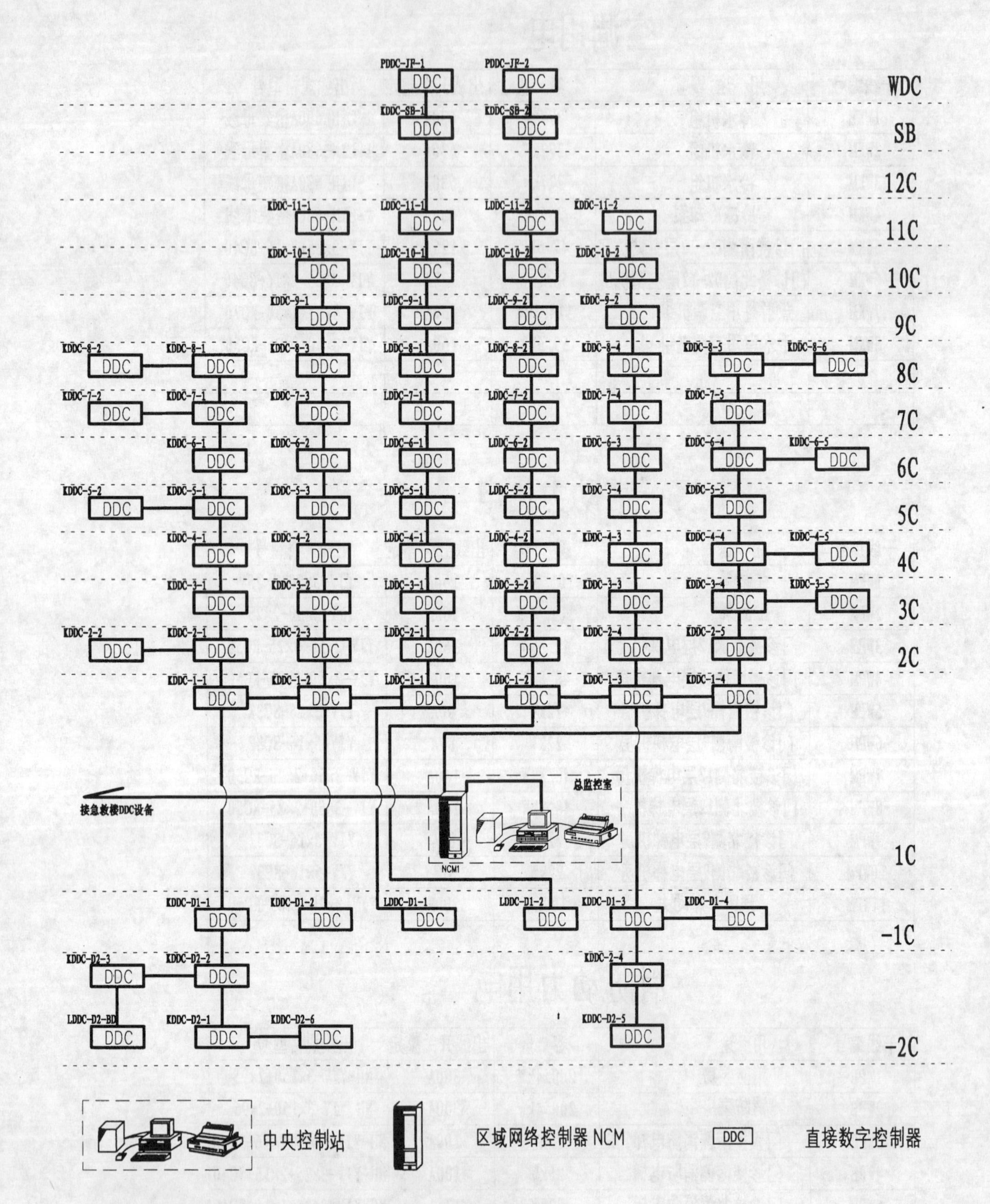

DDC箱之间的连线为[UTP-5+RVVP-(2×1.5)]SC25(或穿线槽50×50)。
本楼宇控制系统设计依据北京国际银燕电脑控制工程有限公司产品进行。
施工时由楼宇自控厂家结合产品特点进行DDC箱之间的合并。

新风机组受控项目明细表

控制项目名称	控制点数量			
	AI	AO	DI	DO
进风阀　开/闭 状态			1	1
过滤网失效报警			1	
供水阀　开度	1	1		
回水温度	1			
风机　启/停 状态 故障			2	1
送风温度	1			
室外温度	1			
小　计	4	1	4	2

空调机组受控项目明细表

控制项目名称	控制点数量			
	AI	AO	DI	DO
进风阀　开/闭 状态			1	1
过滤网失效报警			1	
供水阀　开度	1	1		
回水温度	1			
风机　启/停 状态 故障			2	1
送风温度	1			
回风温度	1			
室外温度	1			
小　计	5	1	4	2

制冷系统受控项目明细表

控制项目名称	控制点数量			
	AI	AO	DI	DO
1#制冷机组　启/停 状态 故障			2	1
2#制冷机组　启/停 状态 故障			2	1
3#制冷机组　启/停 状态 故障			2	1
1#冷冻水泵　启/停 状态 故障			2	1
2#冷冻水泵　启/停 状态 故障			2	1
3#冷冻水泵　启/停 状态 故障			2	1
1#冷却水泵　启/停 状态 故障			2	1
2#冷却水泵　启/停 状态 故障			2	1
3#冷却水泵　启/停 状态 故障			2	1
1#冷却塔风机　启/停 状态 故障			2	1
2#冷却塔风机　启/停 状态 故障			2	1
3#冷却塔风机　启/停 状态 故障			2	1
软化水阀　开/闭			1	1
软化水箱液位　高 低 故障			3	
膨胀水箱液位　高 低 故障			3	
液位控制泵　状态 故障			3x2	
供回水温差	1			
水流量	6			
冷冻塔供水阀　开/闭			1	1
冷冻塔回水阀　开/闭			3x1	3x1
回水温度	1			
小　计	8		41	17

图名	楼宇自控系统　典型受控项目明细表	图号	1-22

层号	DDC编号	控制点(配电盘号)	控制内容	DO	DI	AO	AI	DO+AO	DI+AI	备注
				控制点类型				合计		
2C	KDDC-2-4	AK-2-4	空调机 控制	2	4	1	5	3	9	
	KDDC-2-3	AK-2-3	新风机 控制	2	4	1	4	3	8	
	KDDC-2-2	AK-2-2	新风机 控制	2	4	1	4	3	8	
	KDDC-2-1	AL-2-3	电费计量		2				2	
		AK-2-1	新风机 控制	2	4	1	4	3	8	
	LDDC-2-2	AY-2-B	电费计量		2				2	(47+76) 123
		AL-2-2	电费计量		2				2	
		ALE-2-2	照明启/停 状态 故障	2X2	2X2			4	4	
		AL-2-2	风机盘管控制	4			1	4	1	
		AL-2-2	照明启/停 状态 故障	2X2	2X2			4	4	
	LDDC-2-1	AY-2-A	电费计量		2				2	
		AL-2-1	电费计量		2				2	
		ALE-2-1	照明启/停 状态 故障	2X2	2X2			4	4	
		AL-2-1	风机盘管控制	4X2			1X2	8	2	
		AL-2-1	照明启/停 状态 故障	2X4	2X4			8	8	
1C	KDDC-1-4	AL-1-6	电费计量		2				2	
		AK-1-4	新风机 控制	2	4	1	4	3	8	
	KDDC-1-3	AK-1-3	排风机 控制	2	2			2	2	
		AK-1-3	空调机 控制	2	4	1	5	3	9	
	KDDC-1-2	AK-1-2	新风机 控制	2	4	1	4	3	8	
	KDDC-1-1	AL-1-3	电费计量		2				2	
		AK-1-1	新风机 控制	2	4	1	4	3	8	
	LDDC-1-2	AY-1-B	电费计量		2				2	(58+79) 137
		AL-1-2	电费计量		2				2	
		ALE-1-2	照明启/停 状态 故障	2X2	2X2			4	4	
		AL-1-2	风机盘管控制	4X2			1X2	8	2	
		AL-1-2	照明启/停 状态 故障	2X2	2X2			4	4	
	LDDC-1-1	AY-1-A	电费计量		2				2	
		AL-1-1	电费计量		2				2	
		ALE-1-1	照明启/停 状态 故障	2X2	2X2			4	4	
		AL-1-1	风机盘管控制	4X2			1X2	8	2	
		AL-1-1	热风幕启/停 状态 故障	2X4	2X4			8	8	
		AL-1-1	照明启/停 状态 故障	2X4	2X4			8	8	
-1C	KDDC-D1-4	AK-D1-4	排风机 控制	2	2			2	2	
		AK-D1-4	新风机 控制	2	4	1	4	3	8	
	KDDC-D1-3	AK-D1-3	排风机 控制	2	2			2	2	
		AK-D1-3	新风机 控制	2	4	1	4	3	8	(52+62) 114
	KDDC-D1-2	AK-D1-2	新风机 控制	2	4	1	4	3	8	
	KDDC-D1-1	AY-D1-1	电费计量		2				2	
		AK-D1-1	新风机 控制	2	3	1	2	3	5	
	LDDC-D1-2	ALE-D1-2	照明启/停 状态 故障	2	2			2	2	
		AL-D1-2	风机盘管控制	4			1	4	1	
		AL-D1-2	照明启/停 状态 故障	2X2	2X2			4	4	
	LDDC-D1-1	ALE-D1-1	照明启/停 状态 故障	2X3	2X3			6	6	
		AL-D1-1	风机盘管控制	4X2			1X2	8	2	
		AL-D1-1	热风幕启/停 状态 故障	2X2	2X2			4	4	
		AL-D1-1	照明启/停 状态 故障	2X4	2X4			8	8	
-2C	LDDC-D2-BD		电费计量		2X3				6	
			低压柜主开关 状态 故障		2X3				6	
			室外照明启/停 状态 故障	2X4	2X4			8	8	
		AP-WBD	污水泵 启/停 状态 故障	2X2	2X2+3			4	7	
		ALE-D2-BD	新风机 控制	2	4	1	4	3	8	
		ALE-D2-BD	排风机 控制	2	2			2	2	
	KDDC-D2-6	AK-D2-3	空调机 控制	2	4	1	5	3	9	
		AK-D2-3	空调机 控制	2	4	1	5	3	9	
	KDDC-D2-5	AK-D2-5	排风机 控制	2	2			2	2	
		AK-D2-5	空调机 控制	2	4	1	5	3	9	
		AP-W7	污水泵 启/停 状态 故障	2X2	2X2+3			4	7	
		AP-W6	污水泵 启/停 状态 故障	2X2	2X2+3			4	7	(88+202) 290
	KDDC-D2-4	AP-W5	污水泵 启/停 状态 故障	2X2	2X2+3			4	7	
		AP-W4	污水泵 启/停 状态 故障	2X2	2X2+3			4	7	
		AK-D2-4	空调机 控制	2	4	1	5	3	9	
	KDDC-D2-3	地下二层冷冻机房	生活泵 启/停 状态 故障	2X2	2X2+3			4	7	
		地下二层冷冻机房	低压柜主开关状态 故障		2X2				4	
		地下二层冷冻机房	制冷系统	17	41		8	17	49	
		AP-W3	污水泵 启/停 状态 故障	2X2	2X2+3			4	7	
		AP-W2	污水泵 启/停 状态 故障	2X2	2X2+3			4	7	
	KDDC-D2-2	AK-D2-2	新风机 控制	2	4	1	4	3	8	
		AP-W1	污水泵 启/停 状态 故障	2X2	2X2+3			4	7	
	KDDC-D2-1	AK-D2-1	新风机 控制	2	4	1	4	3	8	
		AK-D2-1	排风机 控制	2	2			2	2	

层号	DDC编号	控制点(配电盘号)	控制内容	DO	DI	AO	AI	DO+AO	DI+AI	备注
				控制点类型				合计		
6C	KDDC-6-4	AL-6-8	电费计量		2				2	
		AK-6-4	新风机 控制	2	4	1	4	3	8	
	KDDC-6-3	AK-6-3	空调机 控制	2	4	1	5	3	9	
		AK-6-3	排风机 控制	2	2			2	2	
	KDDC-6-2	AK-6-2	新风机 控制	2	4	1	4	3	8	
	KDDC-6-1	AL-6-3	电费计量		2				2	
		AK-6-1	新风机 控制	2	4	1	4	3	8	
	LDDC-6-2	AY-6-B	电费计量		2				2	
		AL-6-2	电费计量		2X3				6	(43+78) 121
		ALE-6-2	照明启/停 状态 故障	2	2			2	2	
		AL-6-2	风机盘管控制	4			1	4	1	
		AL-6-2	照明启/停 状态 故障	2X2	2X2			4	4	
	LDDC-6-1	AY-6-A	电费计量		2X2				4	
		AL-6-1	电费计量		2				2	
		ALE-6-1	照明启/停 状态 故障	2X2	2X2			4	4	
		AL-6-1	风机盘管控制	4X2			1X2	8	2	
		AL-6-1	照明启/停 状态 故障	2X2	2X2			4	4	
5C	KDDC-5-5	AK-5-5	新风机 控制	2	4	1	4	3	8	
		AL-5-7	电费计量		2				2	
	KDDC-5-4	AK-5-4	空调机 控制	2	4	1	5	3	9	
	KDDC-5-3	AK-5-3	新风机 控制	2	4	1	4	3	8	
	KDDC-5-2	AK-5-2	新风机 控制	2	4	1	4	3	8	
	KDDC-5-1	AL-5-3	电费计量		2				2	
		AK-5-1	排风机 控制	2	2			2	2	
		AK-5-1	新风机 控制	2	4	1	4	3	8	
	LDDC-5-2	AY-5-B	电费计量		2				2	
		AL-5-2	电费计量		2				2	(43+72) 115
		ALE-5-2	照明启/停 状态 故障	2	2			2	2	
		AL-5-2	风机盘管控制	4			1	4	1	
		AL-5-2	照明启/停 状态 故障	2X2	2X2			4	4	
	LDDC-5-1	AY-5-A	电费计量		2				2	
		AL-5-1	电费计量		2				2	
		ALE-5-1	照明启/停 状态 故障	2X2	2X2			4	4	
		AL-5-1	风机盘管控制	4X2			1X2	8	2	
		AL-5-1	照明启/停 状态 故障	2X2	2X2			4	4	
4C	KDDC-4-5	AK-4-5	新风机 控制	2	4	1	4	3	8	
	KDDC-4-4	AY-4-SS	电费计量		2				2	
		AL-4-7	电费计量		2				2	
		AK-4-4	新风机 控制	2	4	1	4	3	8	
	KDDC-4-3	AK-4-3	空调机 控制	2	4	1	5	3	9	
	KDDC-4-2	AK-4-2	新风机 控制	2	4	1	4	3	8	
	KDDC-4-1	AL-4-3	电费计量		2				2	
		AK-4-1	新风机 控制	2	4	1	4	3	8	
	LDDC-4-2	AY-4-B	电费计量		2				2	
		AL-4-2	电费计量		2				2	(41+72) 113
		ALE-4-2	照明启/停 状态 故障	2	2			2	2	
		AL-4-2	风机盘管控制	4			1	4	1	
		AL-4-2	照明启/停 状态 故障	2X2	2X2			4	4	
	LDDC-4-1	AY-4-A	电费计量		2				2	
		AL-4-1	电费计量		2				2	
		ALE-4-1	照明启/停 状态 故障	2X2	2X2			4	4	
		AL-4-1	风机盘管控制	4X2			1X2	8	2	
		AL-4-1	照明启/停 状态 故障	2X2	2X2			4	4	
3C	KDDC-3-5	AK-3-5	新风机 控制	2	4	1	4	3	8	
	KDDC-3-4	AL-3-7	电费计量		2				2	
		AK-3-4	新风机 控制	2	4	1	4	3	8	
	KDDC-3-3	AK-3-3	空调机 控制	2	4	1	5	3	9	
	KDDC-3-2	AK-3-2	新风机 控制	2	4	1	4	3	8	
	KDDC-3-1	AL-3-3	电费计量		2				2	
		AK-3-1	新风机 控制	2	4	1	4	3	8	
	LDDC-3-2	AY-3-B	电费计量		2				2	
		AL-3-2	电费计量		2				2	(41+70) 111
		ALE-3-2	照明启/停 状态 故障	2	2			2	2	
		AL-3-2	风机盘管控制	4			1	4	1	
		AL-3-2	照明启/停 状态 故障	2X2	2X2			4	4	
	LDDC-3-1	AY-3-A	电费计量		2				2	
		AL-3-1	电费计量		2				2	
		ALE-3-1	照明启/停 状态 故障	2X2	2X2			4	4	
		AL-3-1	风机盘管控制	4X2			1X2	8	2	
		AL-3-1	照明启/停 状态 故障	2X2	2X2			4	4	
2C	KDDC-2-5	AL-2-7	电费计量		2				2	
		AK-2-5	新风机 控制	2	4	1	4	3	8	

层号	DDC编号	控制点(配电盘号)	控制内容	DO	DI	AO	AI	DO+AO	DI+AI	备注
				控制点类型				合计		
WDC	PDDC-JF-2	AP-JF-2	排风机 启/停 状态 故障	2X5	2X5			10	10	(16+16) 32
	PDDC-JF-1	AP-JF-1	排风机 启/停 状态 故障	2X3	2X3			6	6	
SBC	KDDC-SB-2	AK-SB-2	空调机 控制	2X2	4X2	1X2	5X2	6	18	(24+51) 75
		AK-SB-2	排风机 启/停 状态 故障	2X2	2X2			4	4	
	KDDC-SB-1	AK-SB-1	空调机 控制	2X3	4X3	1X3	5X3	9	27	
		AK-SB-1	排风机 启/停 状态 故障	2	2			2	2	
		AK-SB-1	新风机 控制	2	4	1	4	3	8	
11C	KDDC-11-2	AK-11-2	空调机 控制	2	4	1	5	3	9	(6+27) 33
	KDDC-11-1	AK-11-1	新风机 控制	2	4	1	4	3	8	
	LDDC-11-2	AL-11-2	电费计量		2X3				6	
	LDDC-11-1	AL-11-1	电费计量		2X2				4	
10C	KDDC-10-2	AK-10-2	空调机 控制	2	4	1	5	3	9	
	KDDC-10-1	AK-10-1	新风机 控制	2	4	1	4	3	8	
	LDDC-10-2	AL-10-2	电费计量		2				2	
		ALE-10-2	照明启/停 状态 故障	2	2			2	2	
		AL-10-2	风机盘管控制	4			1	4	1	
		AL-10-2	照明启/停 状态 故障	2	2			2	2	
	LDDC-10-1	AL-10-1	电费计量		2				2	(26+35) 61
		ALE-10-1	照明启/停 状态 故障	2X2	2X2			4	4	
		AL-10-1	风机盘管控制	4			1	4	1	
		AL-10-1	照明启/停 状态 故障	2X2	2X2			4	4	
9C	KDDC-9-2	AK-9-2	空调机 控制	2	4	1	5	3	9	
		AK-9-2	排风机 控制	2X2	2X2			4	4	
	KDDC-9-1	AK-9-1	排风机 控制	2X3	2X3			6	6	
		AK-9-1	新风机 控制	2	4	1	4	3	8	
	LDDC-9-2	AL-9-2	电费计量		2				2	
		ALE-9-2	照明启/停 状态 故障	2	2			2	2	
		AL-9-2	风机盘管控制	4			1	4	1	
		AL-9-2	照明启/停 状态 故障	2	2			2	2	
	LDDC-9-1	AL-9-1	电费计量		2				2	(36+45) 74
		ALE-9-1	照明启/停 状态 故障	2X2	2X2			4	4	
		AL-9-1	风机盘管控制	4			1	4	1	
		AL-9-1	照明启/停 状态 故障	2X2	2X2			4	4	
8C	KDDC-8-6		冷水机组 控制	2.	4			2	4	
		AK-8-6	新风机 控制	2	4	1	4	3	8	
	KDDC-8-5	AK-8-5	新风机 控制	2	4	1	4	3	8	
		AL-8-6	电费计量		2				2	
	KDDC-8-4	AK-8-4	空调机 控制	2	4	1	5	3	9	
	KDDC-8-3	AK-8-3	新风机 控制							
	KDDC-8-2		冷水机组 控制	2	4			2	4	
		AK-8-2	新风机 控制	2	4	1	4	3	8	
	KDDC-8-1	AL-8-3	电费计量		2				2	
		AK-8-1	新风机 控制	2	4	1	4	3	8	
	LDDC-8-2	AL-8-2	电费计量		2				2	
		ALE-8-2	照明启/停 状态 故障	2	2			2	2	
		AL-8-2	风机盘管控制	4			1	4	1	(51+70) 121
		AL-8-2	照明启/停 状态 故障	2X2	2X2			4	4	
	LDDC-8-1	AL-8-1	电费计量		2				2	
		ALE-8-1	照明启/停 状态 故障	2X2	2X2			4	4	
		AL-8-1	风机盘管控制	4X2			1X2	8	2	
		AL-8-1	照明启/停 状态 故障	2X2	2X2			4	4	
7C	KDDC-7-5	AK-7-5	新风机 控制	2	4	1	4	3	8	
		AL-7-7	电费计量		2				2	
	KDDC-7-4	AK-7-4	空调机 控制	2	4	1	5	3	9	
	KDDC-7-3	AK-7-3	新风机 控制	2	4	1	4	3	8	
	KDDC-7-2	AK-7-2	新风机 控制	2	4	1	4	3	8	
	KDDC-7-1	AL-7-3	电费计量		2				2	
		AK-7-1	新风机 控制	2	4	1	4	3	8	
	LDDC-7-2	AY-7-B	电费计量		2				2	
		AL-7-2	电费计量		2				2	
		ALE-7-2	照明启/停 状态 故障	2	2			2	2	
		AL-7-2	风机盘管控制	4			1	4	1	
		AL-7-2	照明启/停 状态 故障	2X2	2X2			4	4	(37+71) 108
	LDDC-7-1	AY-7-A	电费计量		2X2				4	
		AL-7-1	电费计量		2				2	
		ALE-7-1	照明启/停 状态 故障	2X2	2X2			4	4	
		AL-7-1	风机盘管控制	4			1	4	1	
		AL-7-1	照明启/停 状态 故障	2X2	2X2			4	4	
6C	KDDC-6-5	AK-6-5	新风机 控制	2	4	1	4	3	8	

图名	机电管理 I/O 表	图号	1-23

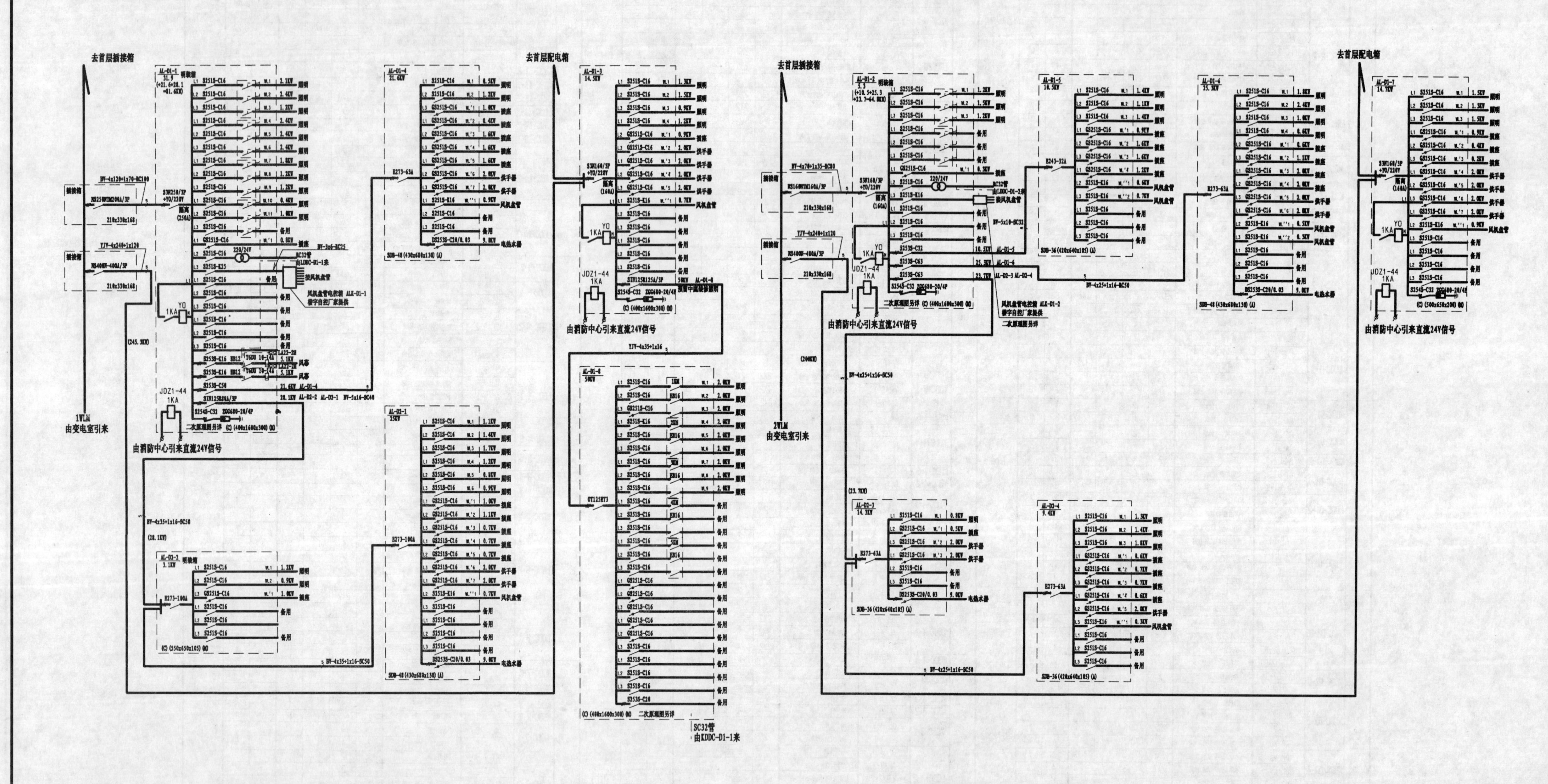

注：为楼宇设备提供电源的24V变压器规格为DBK2-50VA-220V/24V。

图名	地下正常照明配电系统图	图号	1-24

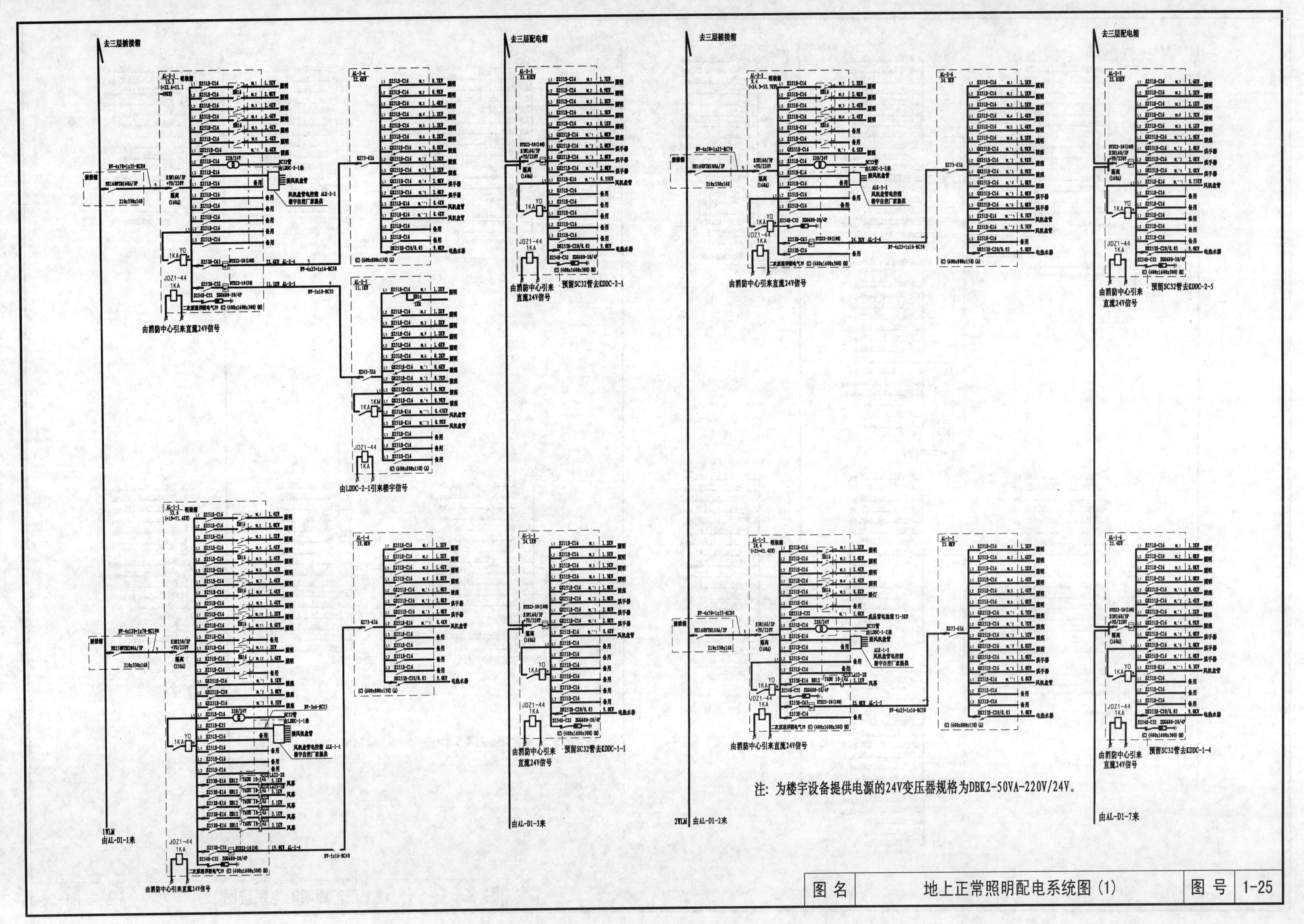

注：为楼宇设备提供电源的24V变压器规格为DBK2-50VA-220V/24V。

图名	地上正常照明配电系统图(1)	图号	1-25

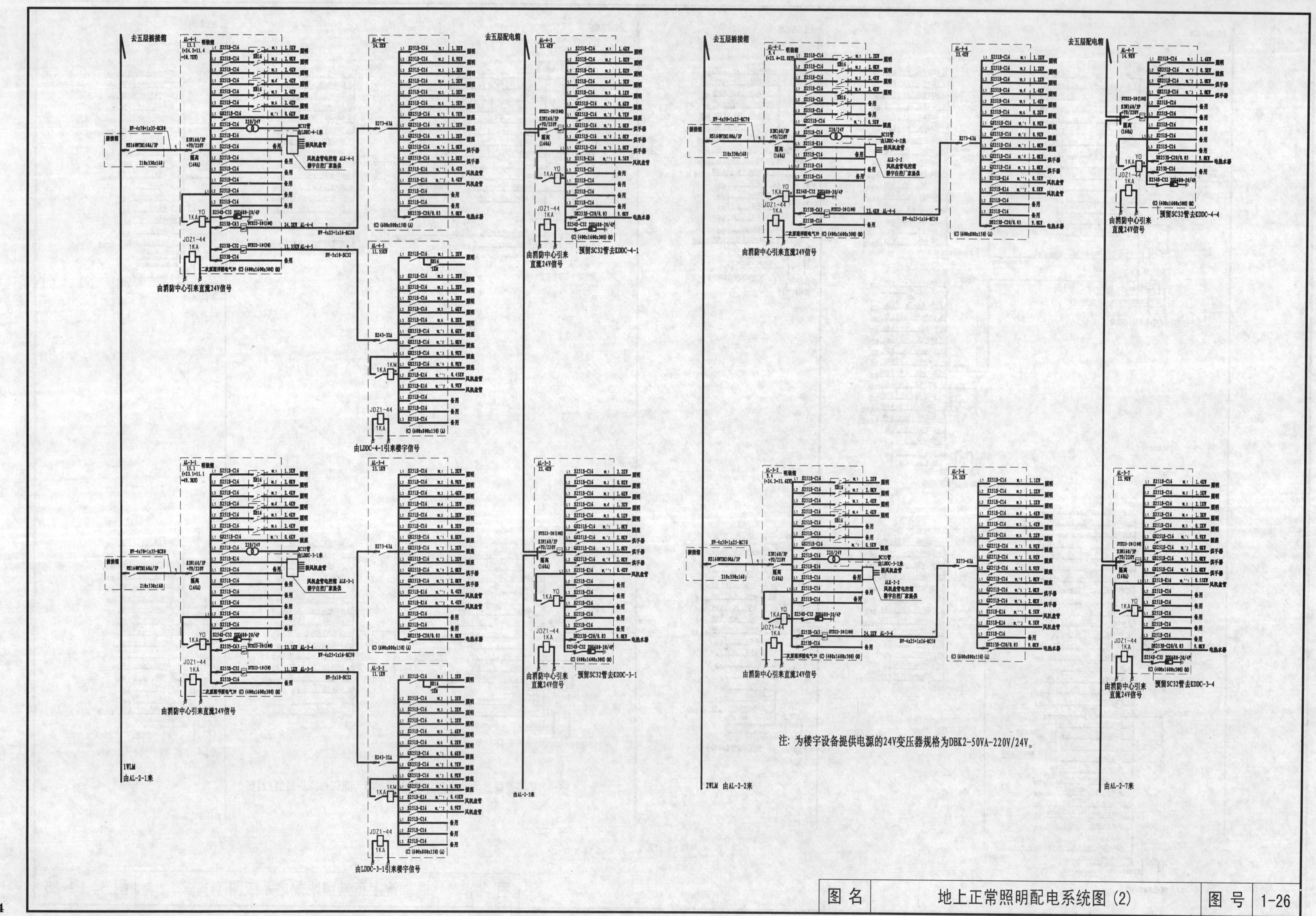
去五层插接箱
去五层配电箱
由消防中心引来直流24V信号
由LDDC-4-1引来楼宇信号
由LDDC-3-1引来楼宇信号
预留SC32管去KDDC-4-1
预留SC32管去KDDC-3-1
预留SC32管去KDDC-4-4
预留SC32管去KDDC-3-4
由消防中心引来直流24V信号
1WLM
由AL-2-1来
由AL-2-3来
2WLM 由AL-2-2来
由AL-2-7来
注：为楼宇设备提供电源的24V变压器规格为DBK2-50VA-220V/24V。
图名
地上正常照明配电系统图（2）
图号
1-26

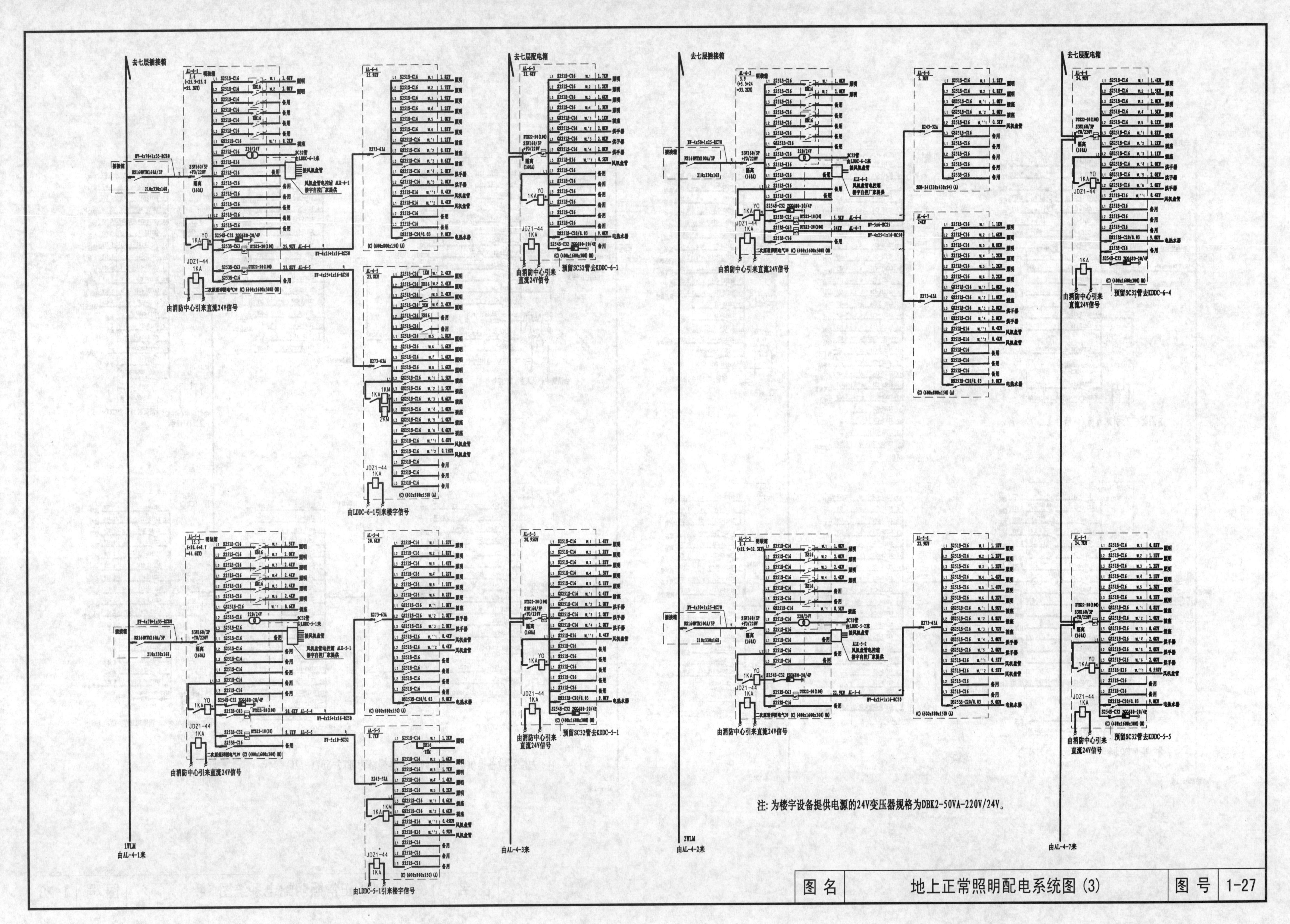
去七层插接箱
去七层配电箱
去七层插接箱
去七层配电箱
由消防中心引来直流24V信号
由LDDC-6-1引来楼宇信号
由消防中心引来
直流24V信号
预留SC32管去KDDC-6-1
由消防中心引来直流24V信号
由消防中心引来
直流24V信号
预留SC32管去KDDC-6-4
由消防中心引来直流24V信号
由LDDC-5-1引来楼宇信号
由消防中心引来
直流24V信号
预留SC32管去KDDC-5-1
由消防中心引来直流24V信号
由消防中心引来
直流24V信号
预留SC32管去KDDC-5-5
注：为楼宇设备提供电源的24V变压器规格为DBK2-50VA-220V/24V。
1VLM
由AL-4-1来
由AL-4-3来
2VLM
由AL-4-2来
由AL-4-7来
图名
地上正常照明配电系统图(3)
图号
1-27

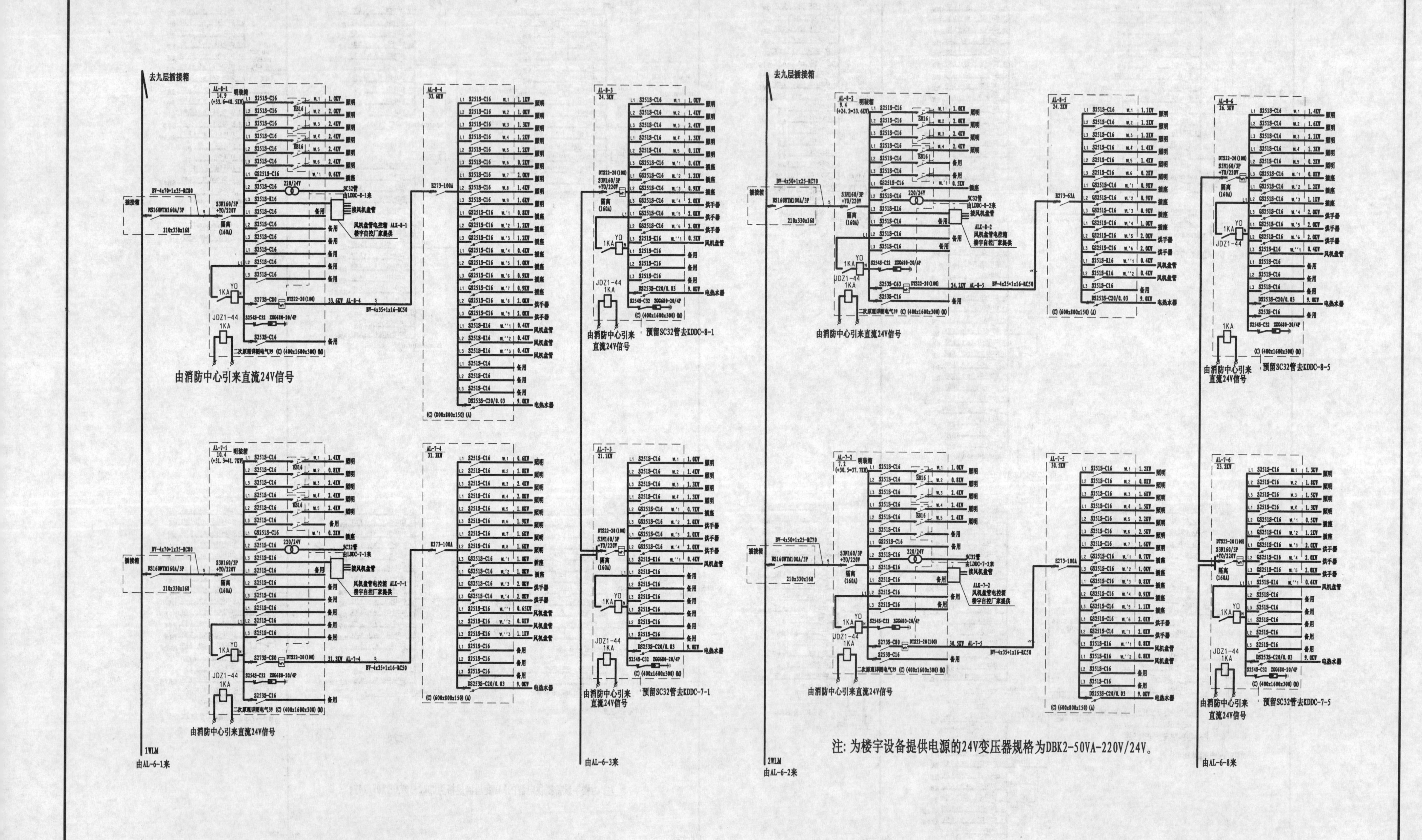

图 名	地上正常照明配电系统图 (4)	图 号	1-28

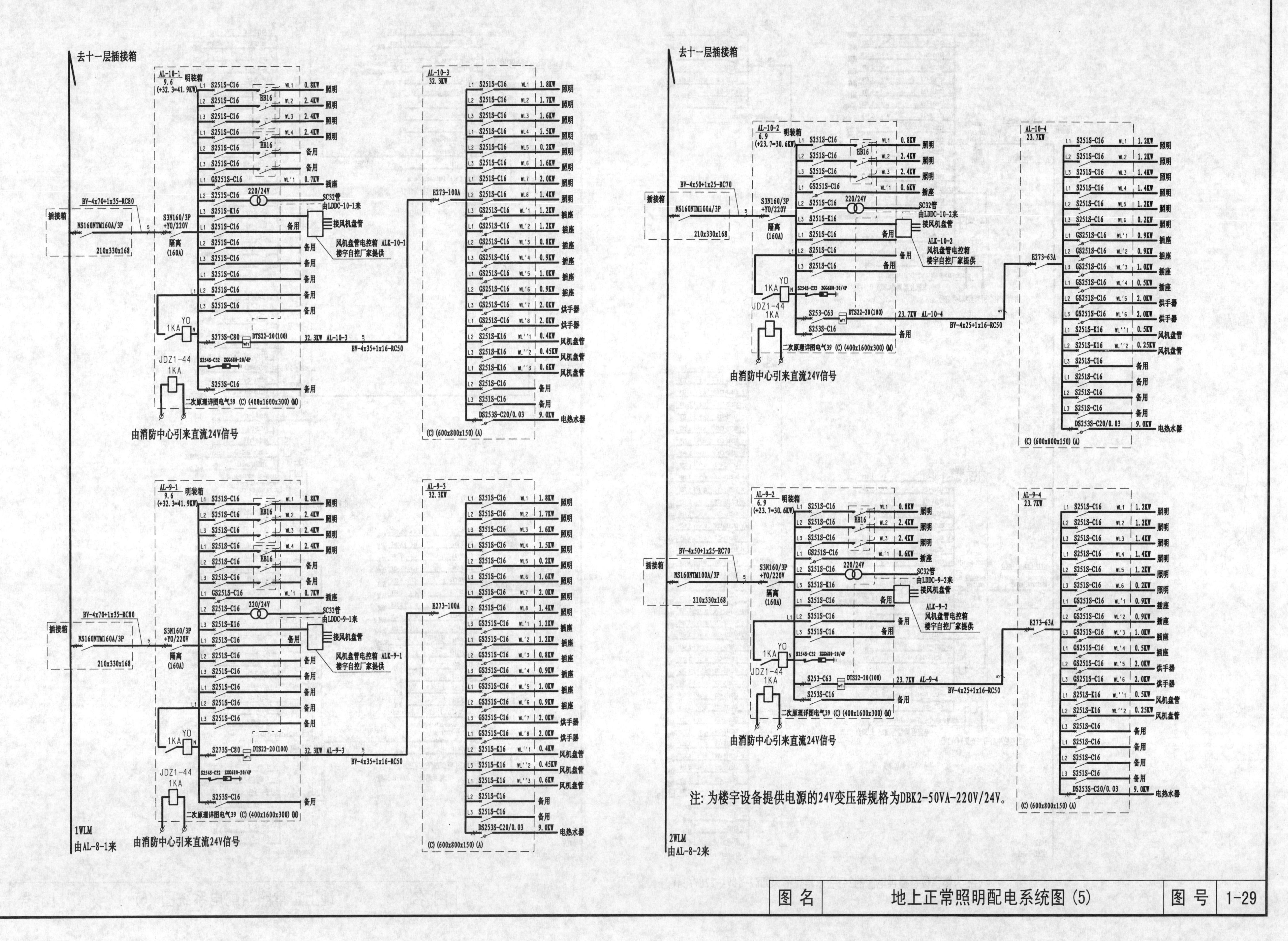

图 名	地上正常照明配电系统图(5)	图 号	1-29

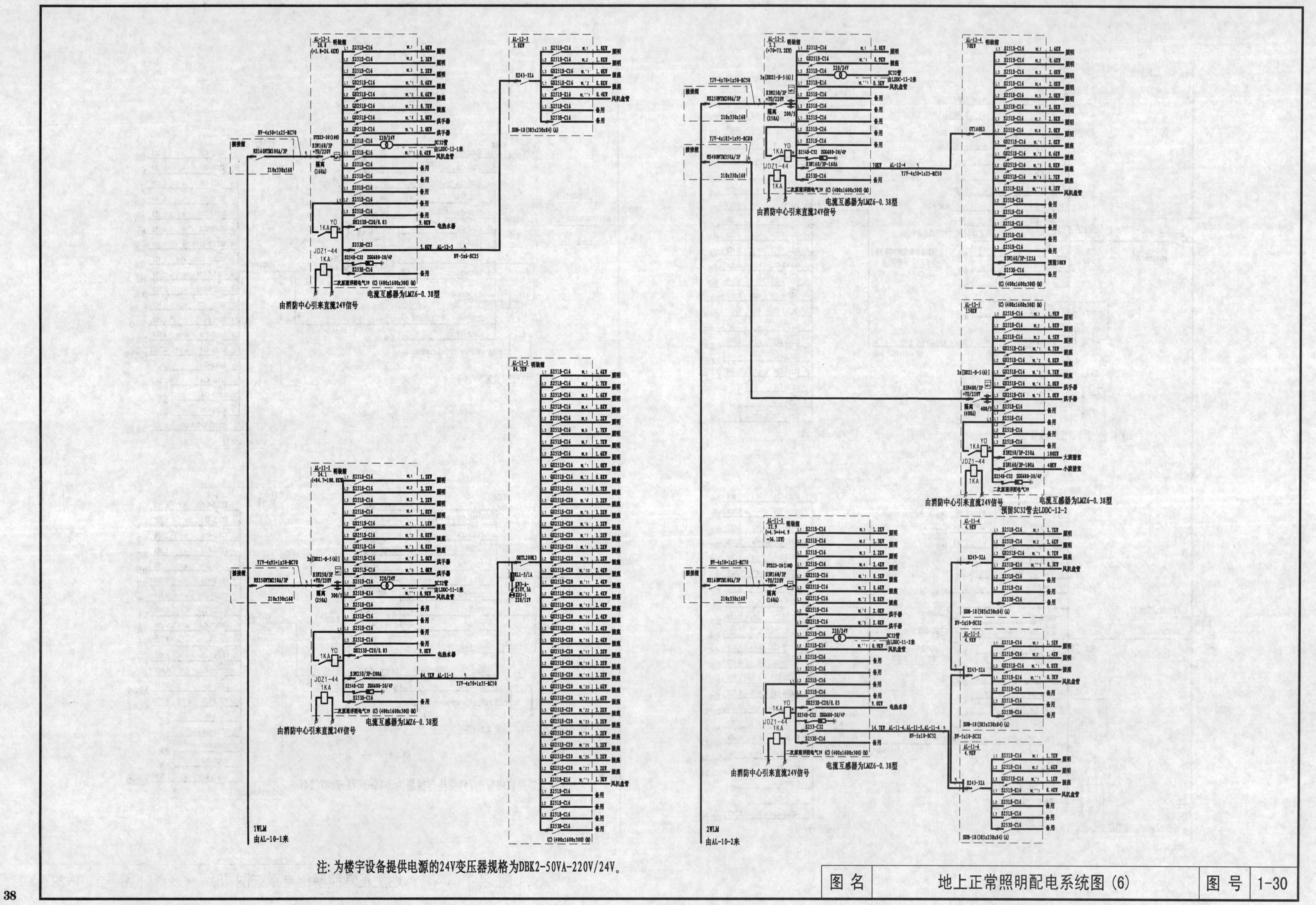
由消防中心引来直流24V信号
电流互感器为LMZ6-0.38型
预留SC32管去LDDC-12-2
1WLM
由AL-10-1来
2WLM
由AL-10-2来
注: 为楼宇设备提供电源的24V变压器规格为DBK2-50VA-220V/24V。
图 名
地上正常照明配电系统图 (6)
图 号
1-30

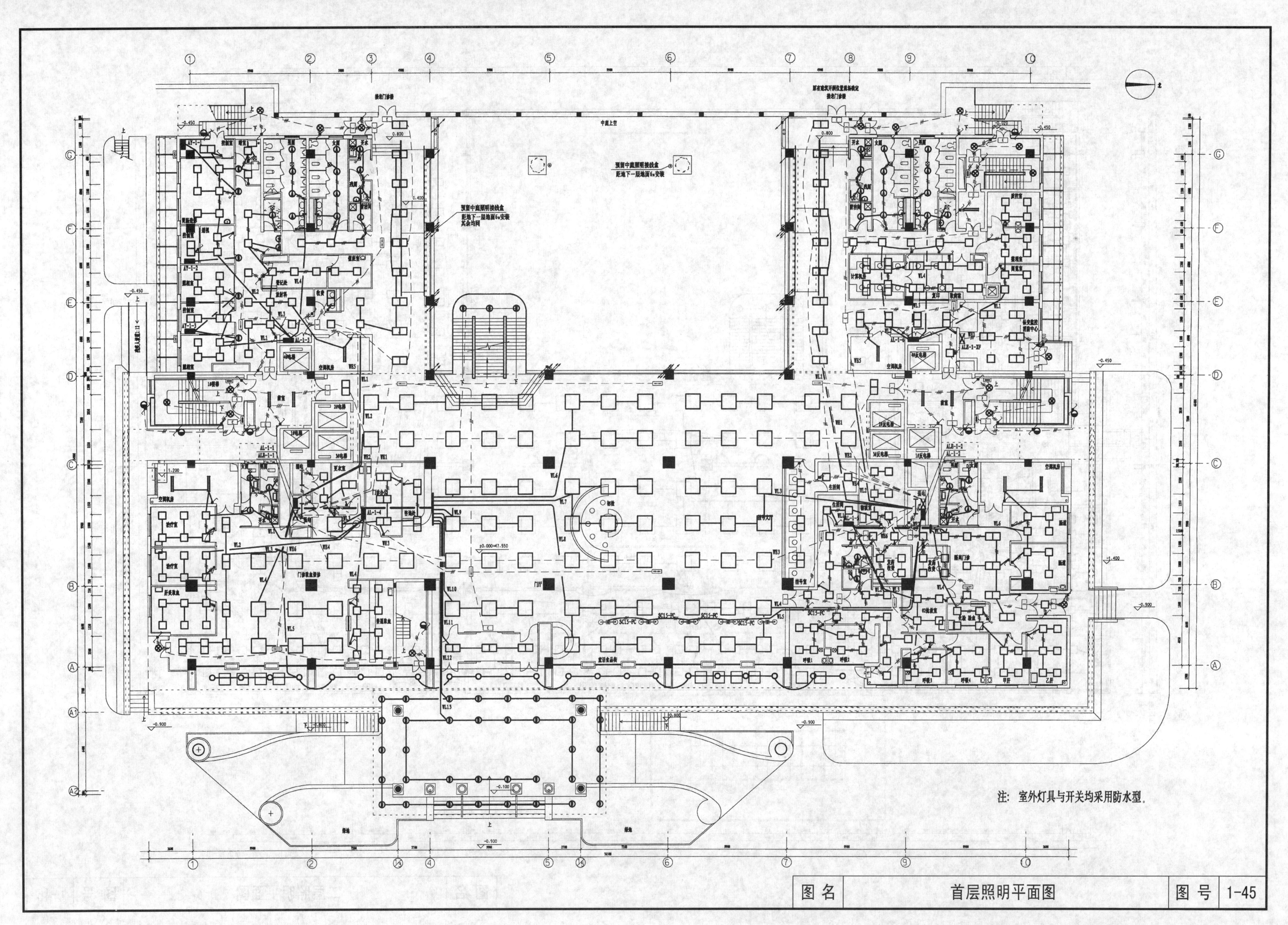
注：室外灯具与开关均采用防水型。
图名
首层照明平面图
图号
1-45

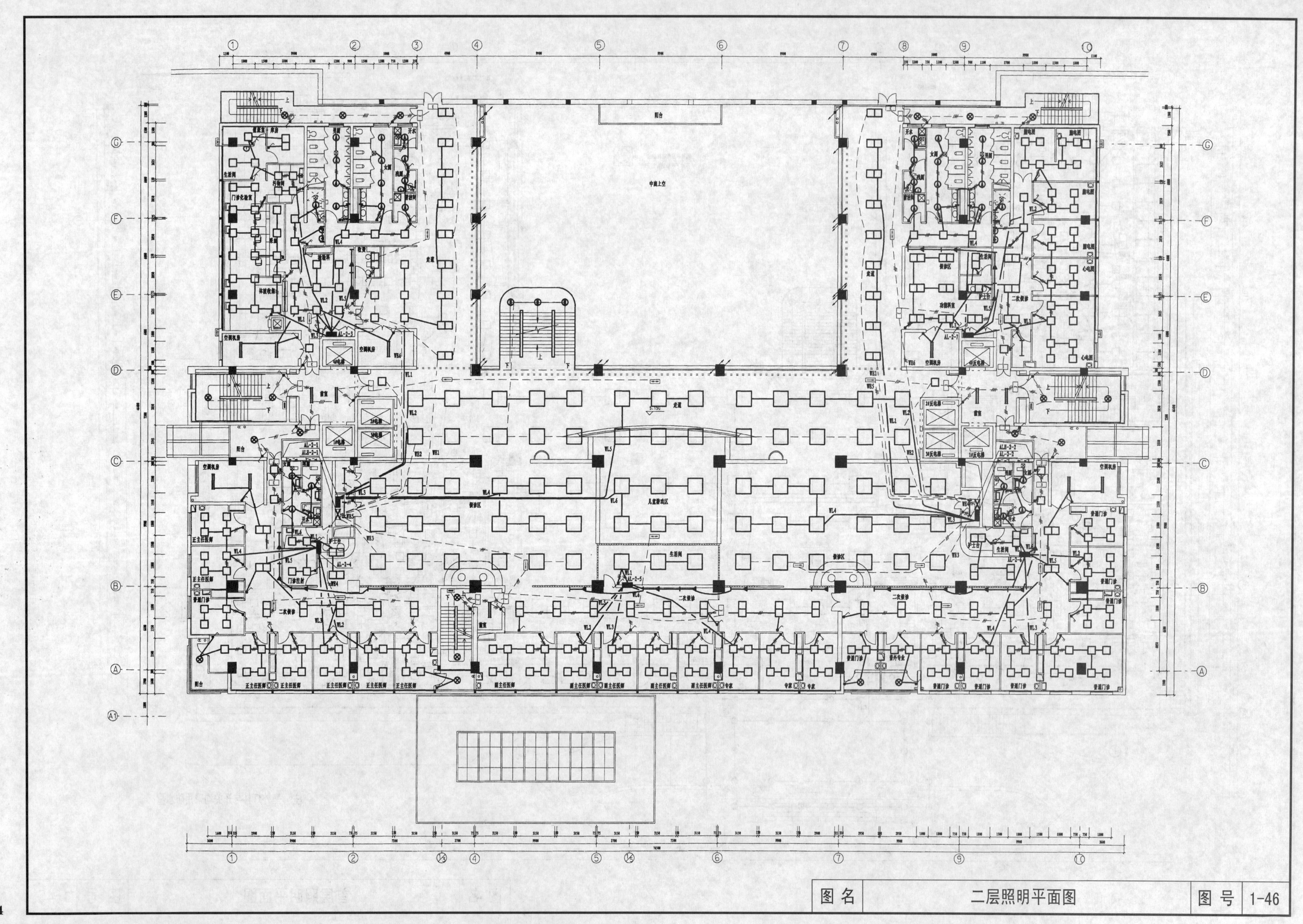

图名	二层照明平面图	图号	1-46

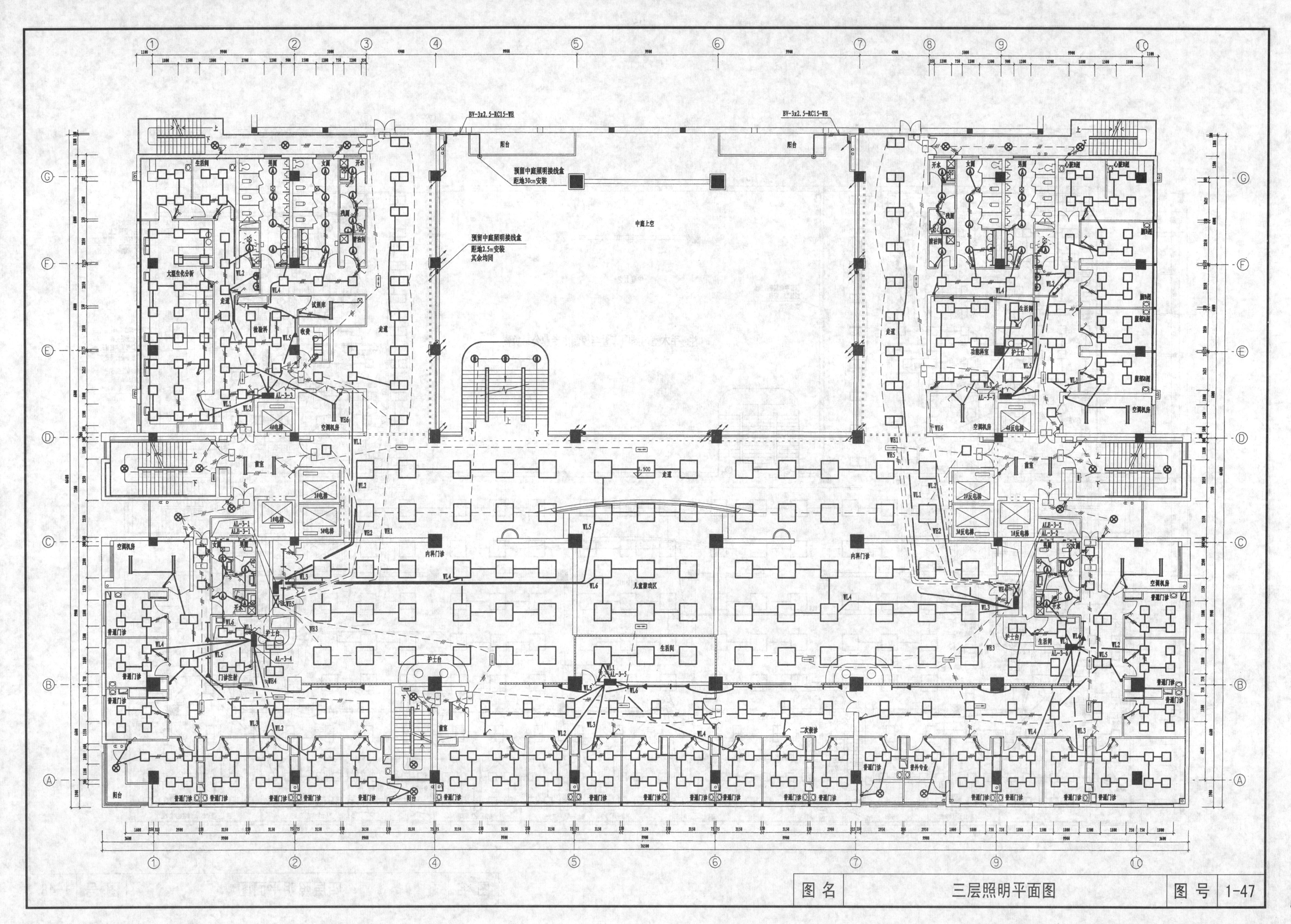

图名	三层照明平面图	图号	1-47

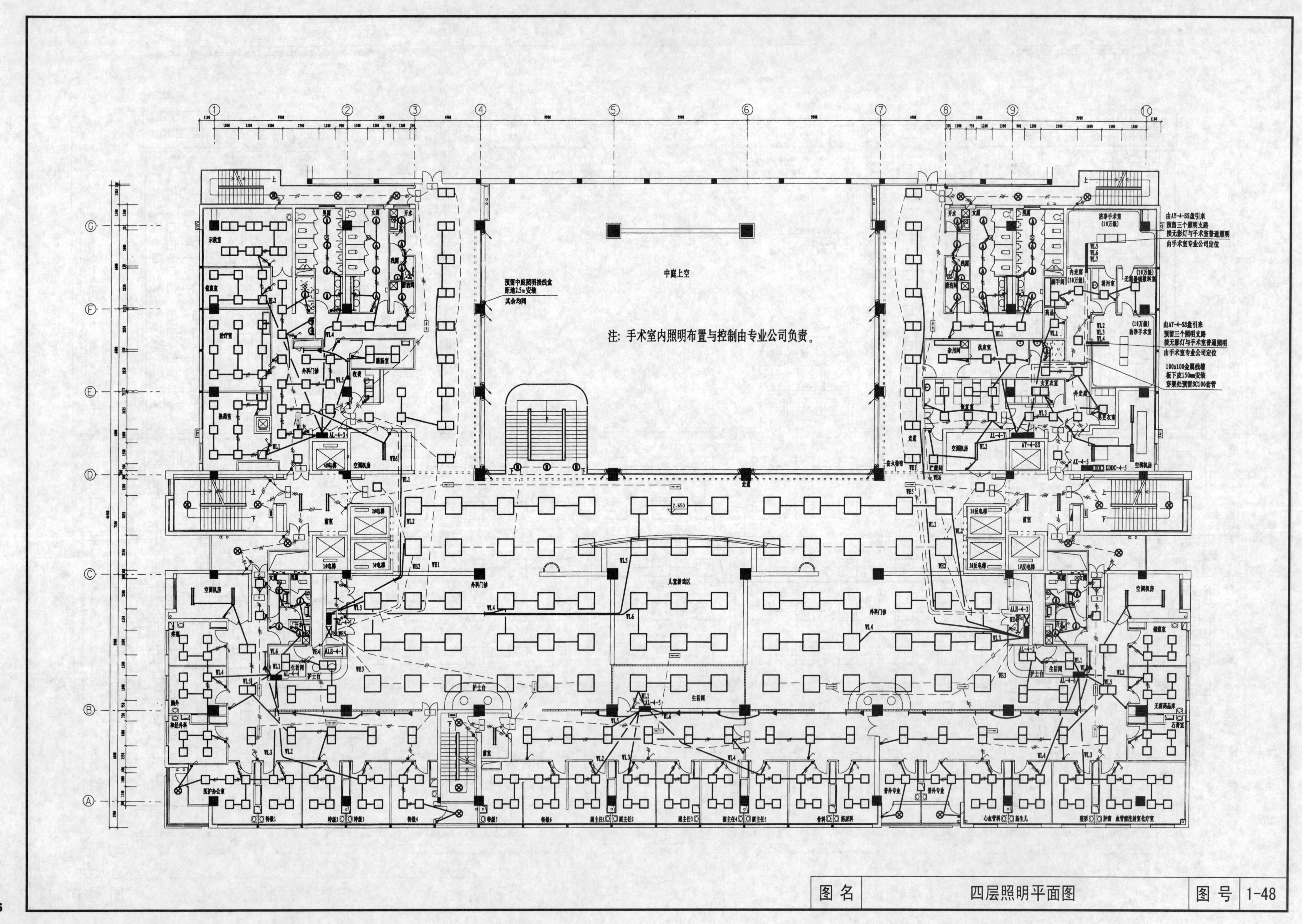

图名	四层照明平面图	图号	1-48

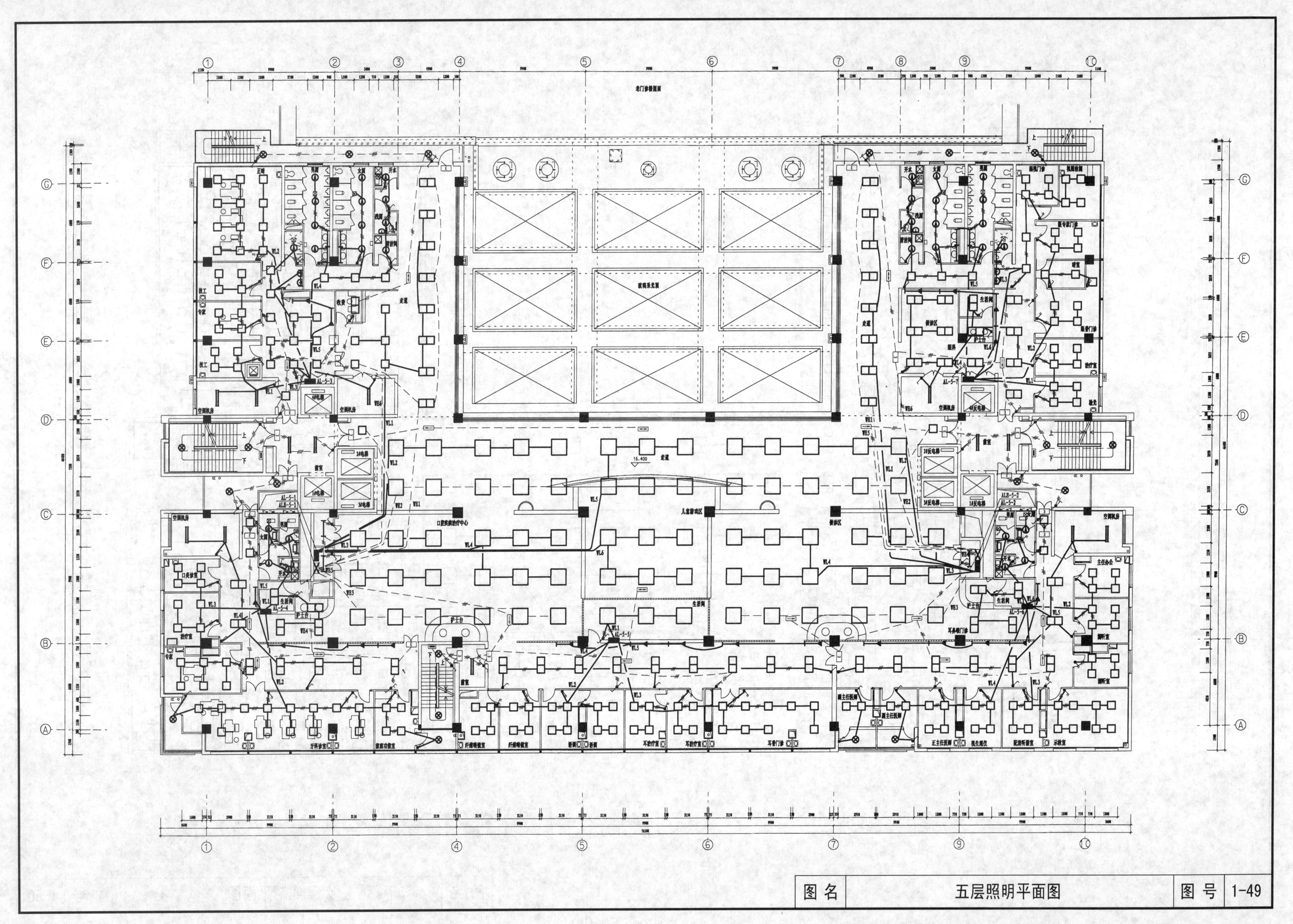

图名	五层照明平面图	图号	1-49

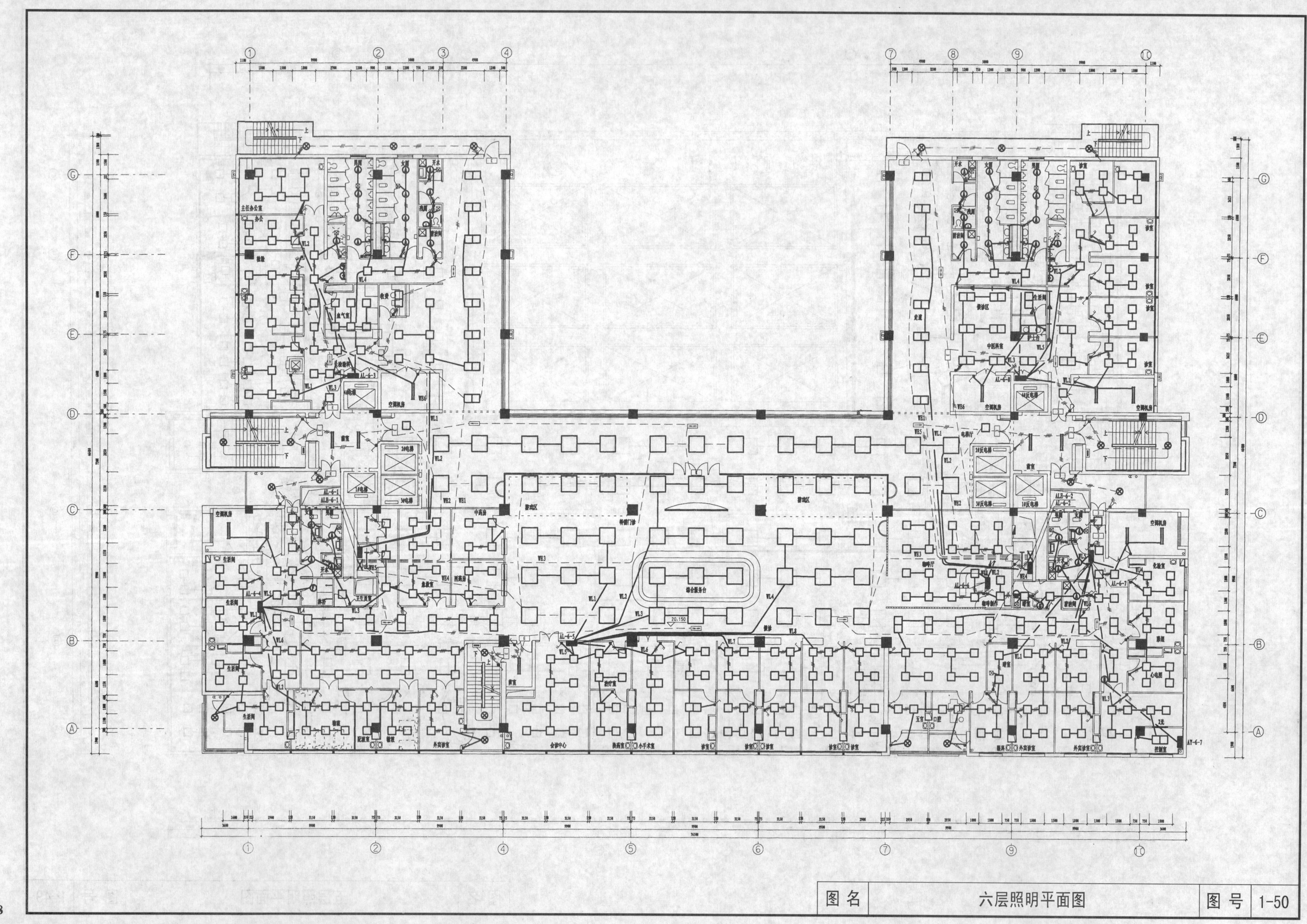

图名	六层照明平面图	图号	1-50

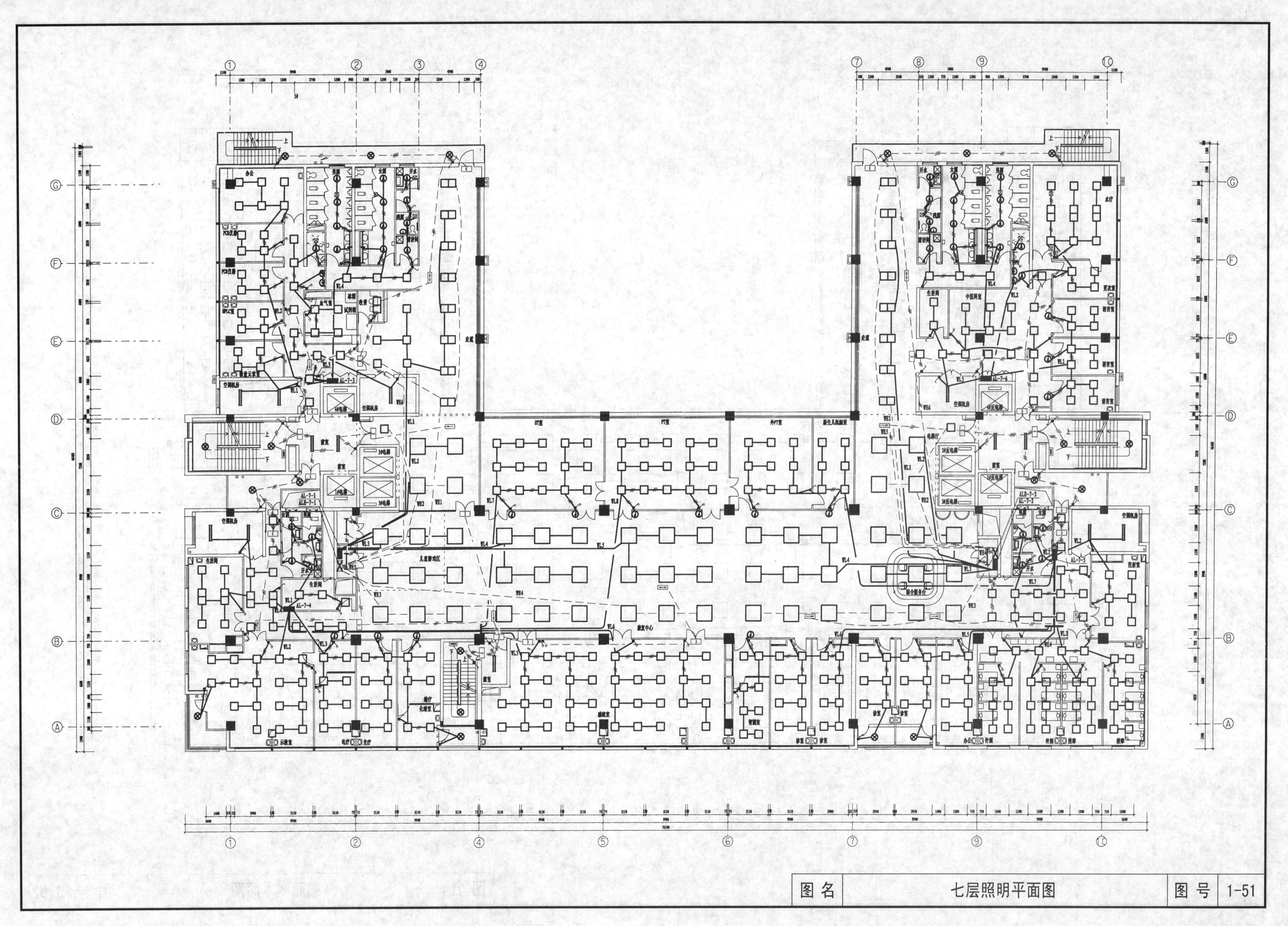

图名	七层照明平面图	图号	1-51

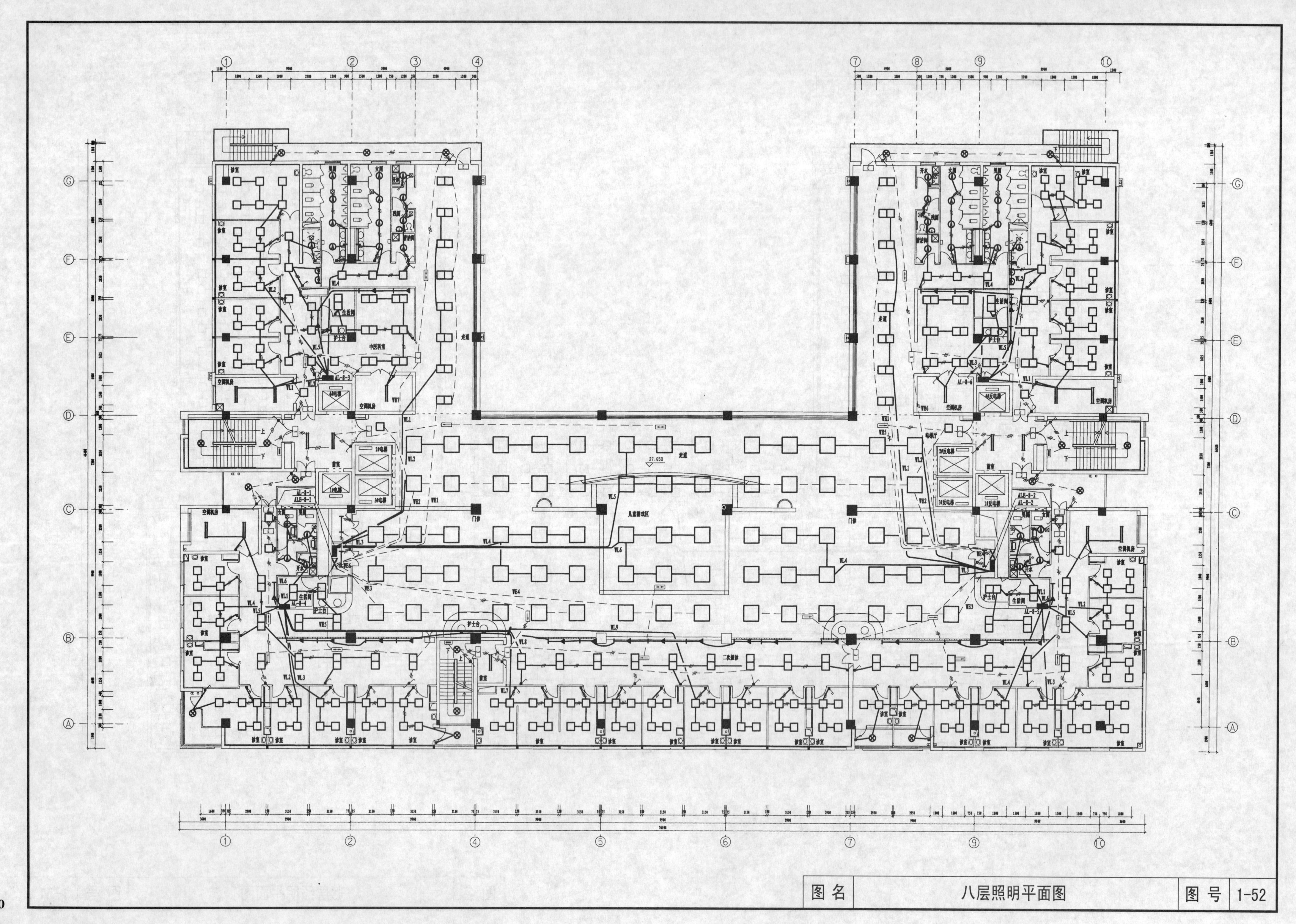

图名	八层照明平面图	图号	1-52

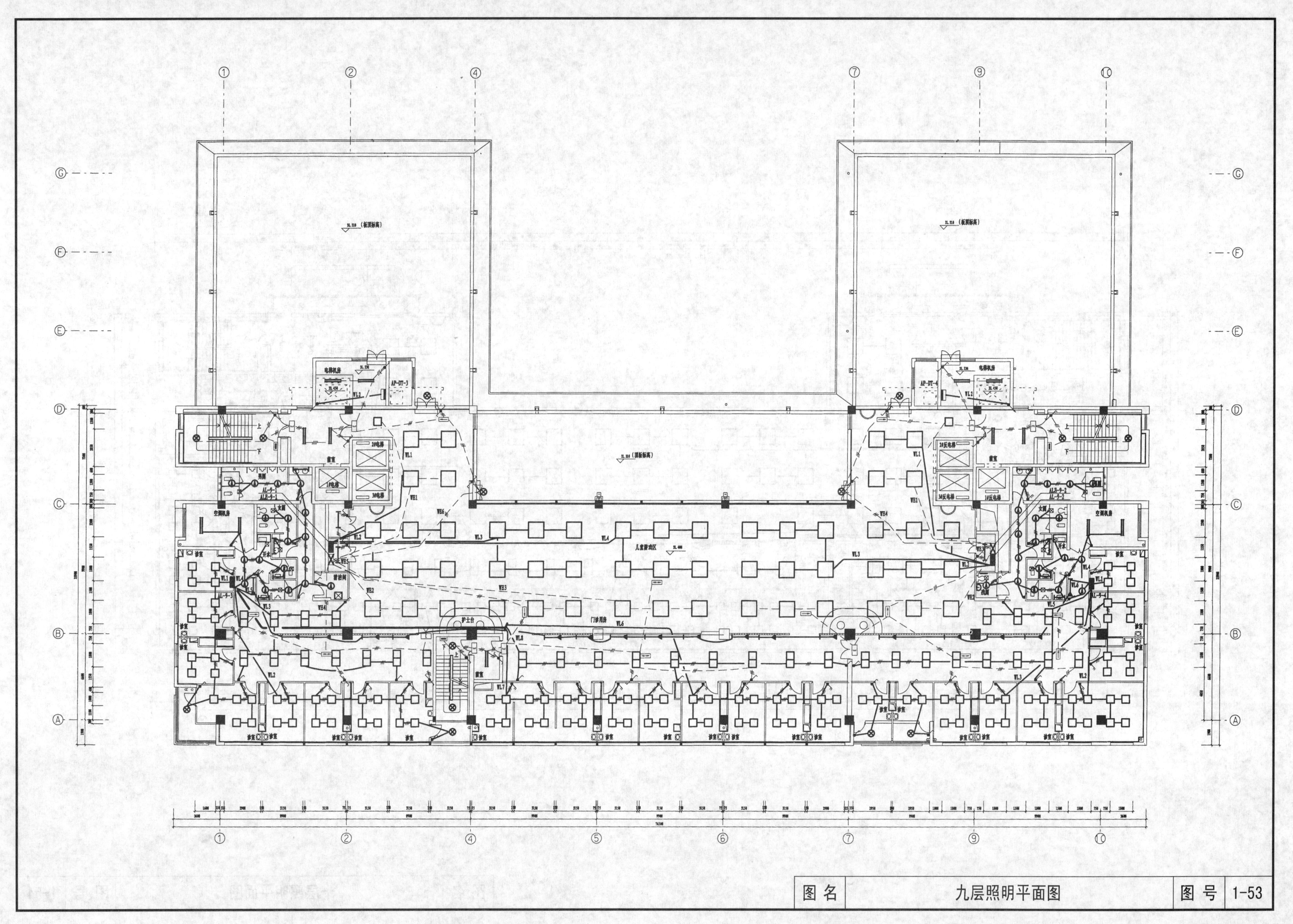
九层照明平面图
图 名
图 号
1-53

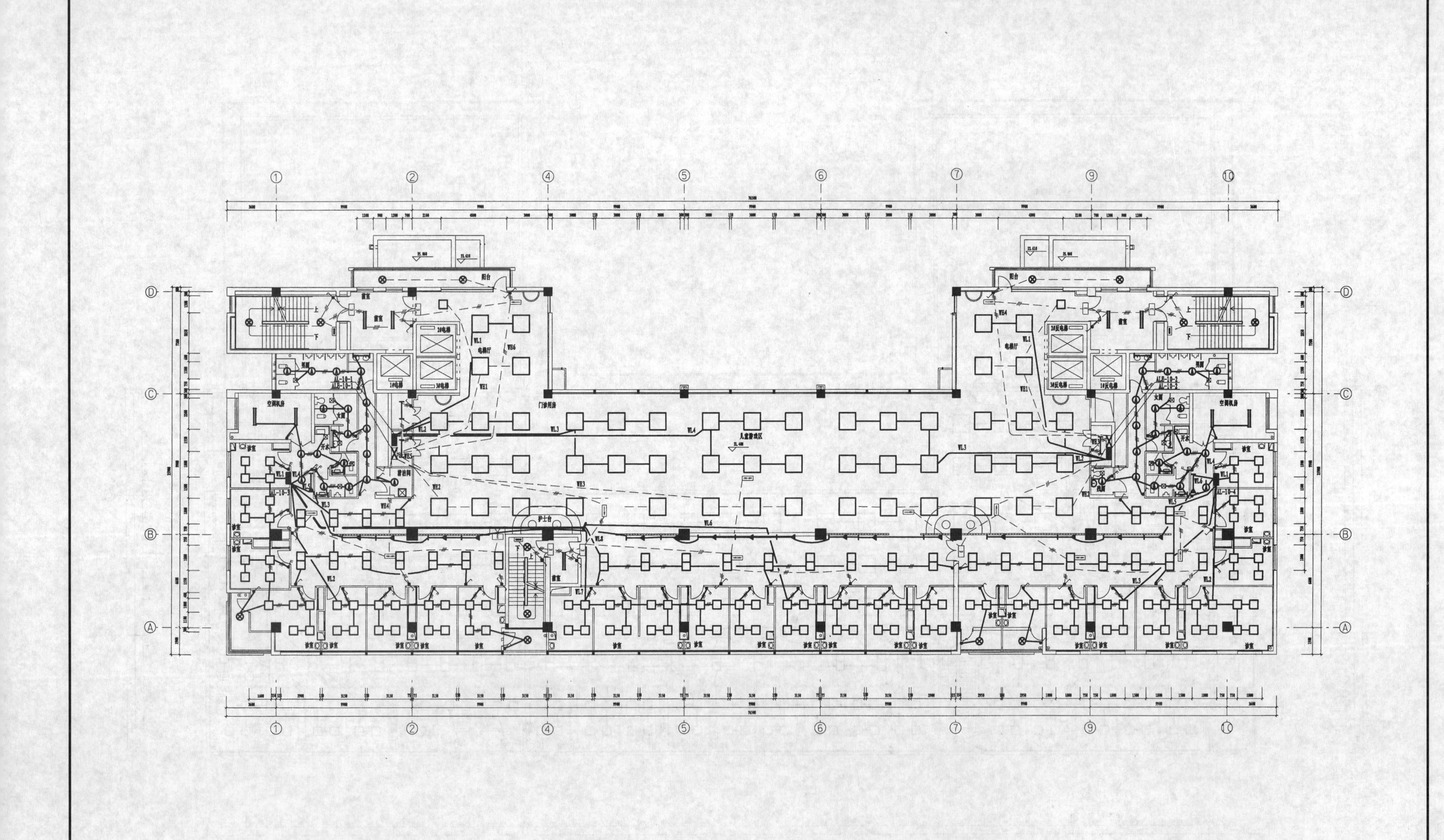

图 名	十层照明平面图	图 号	1-54

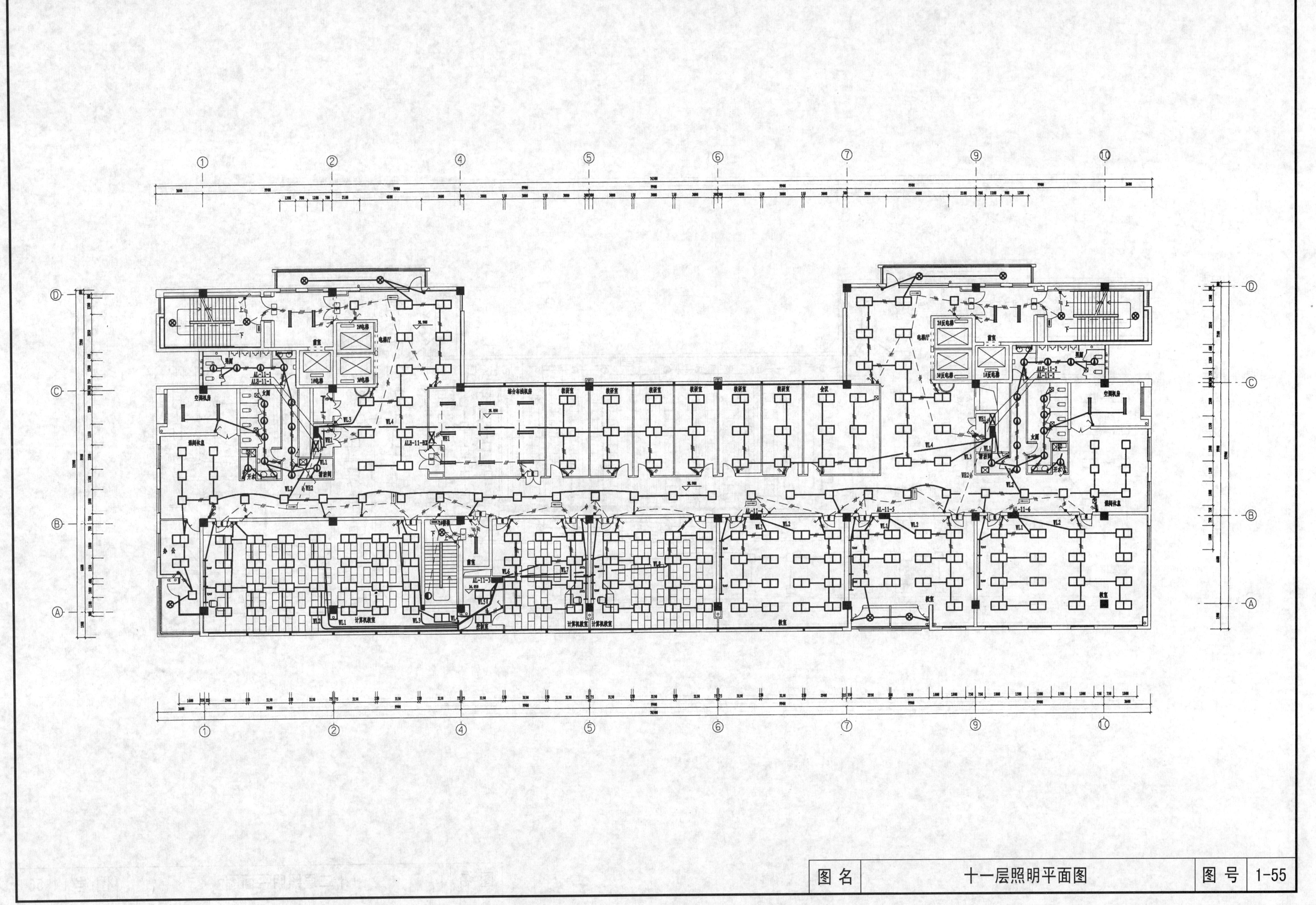

图名	十一层照明平面图	图号	1-55

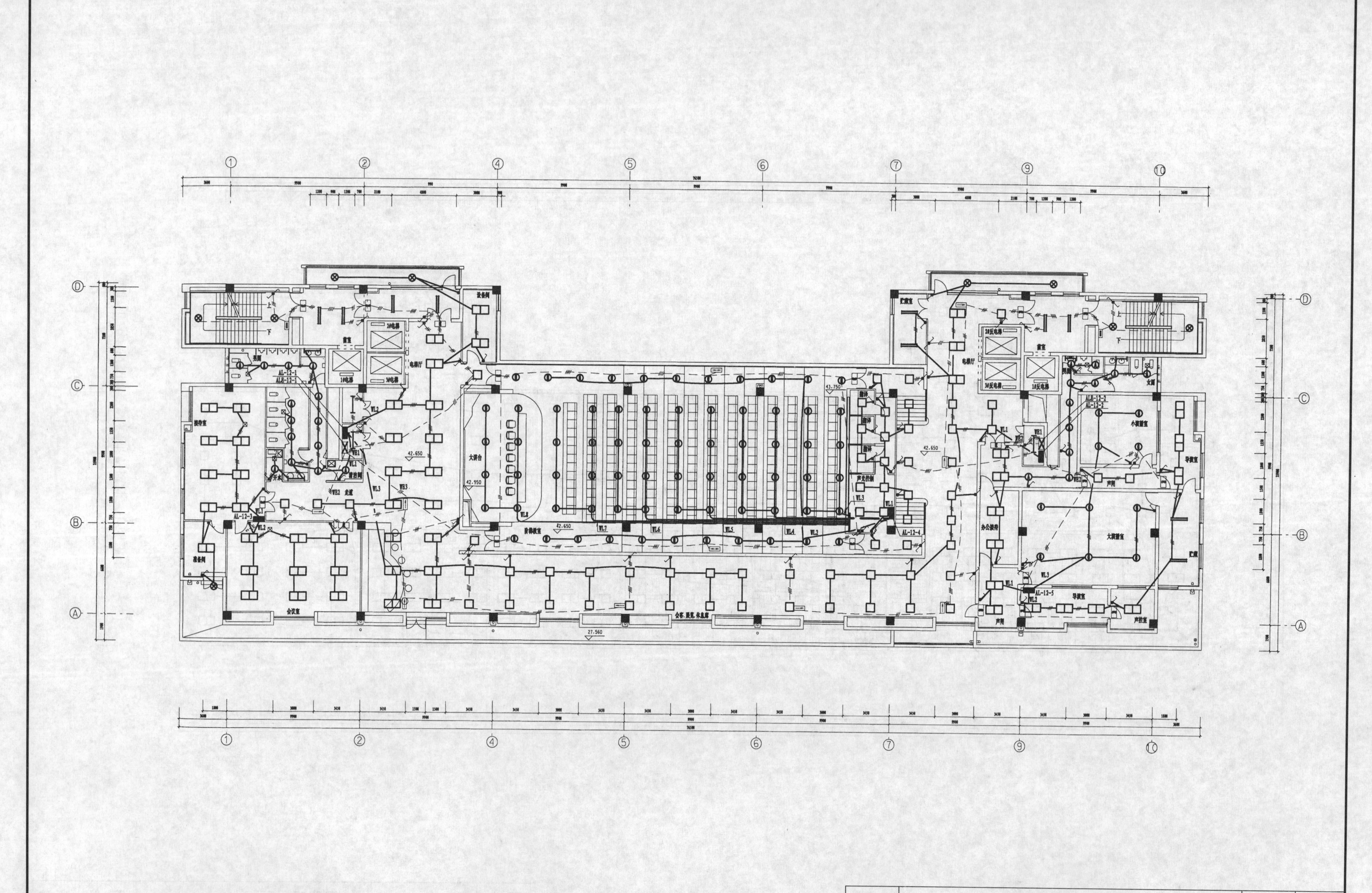

图名	十二层照明平面图	图号	1-56

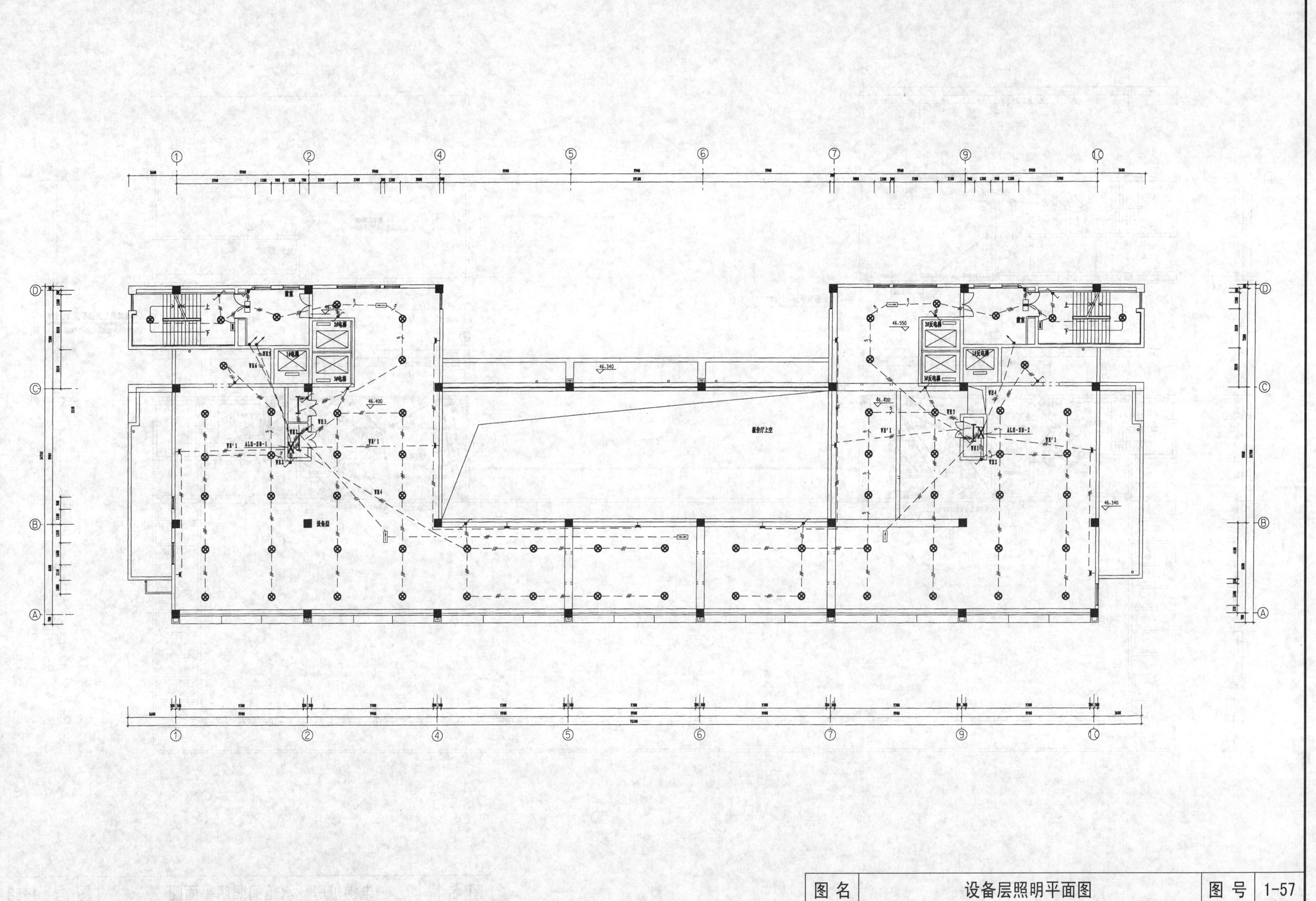

图 名	设备层照明平面图	图 号	1-57

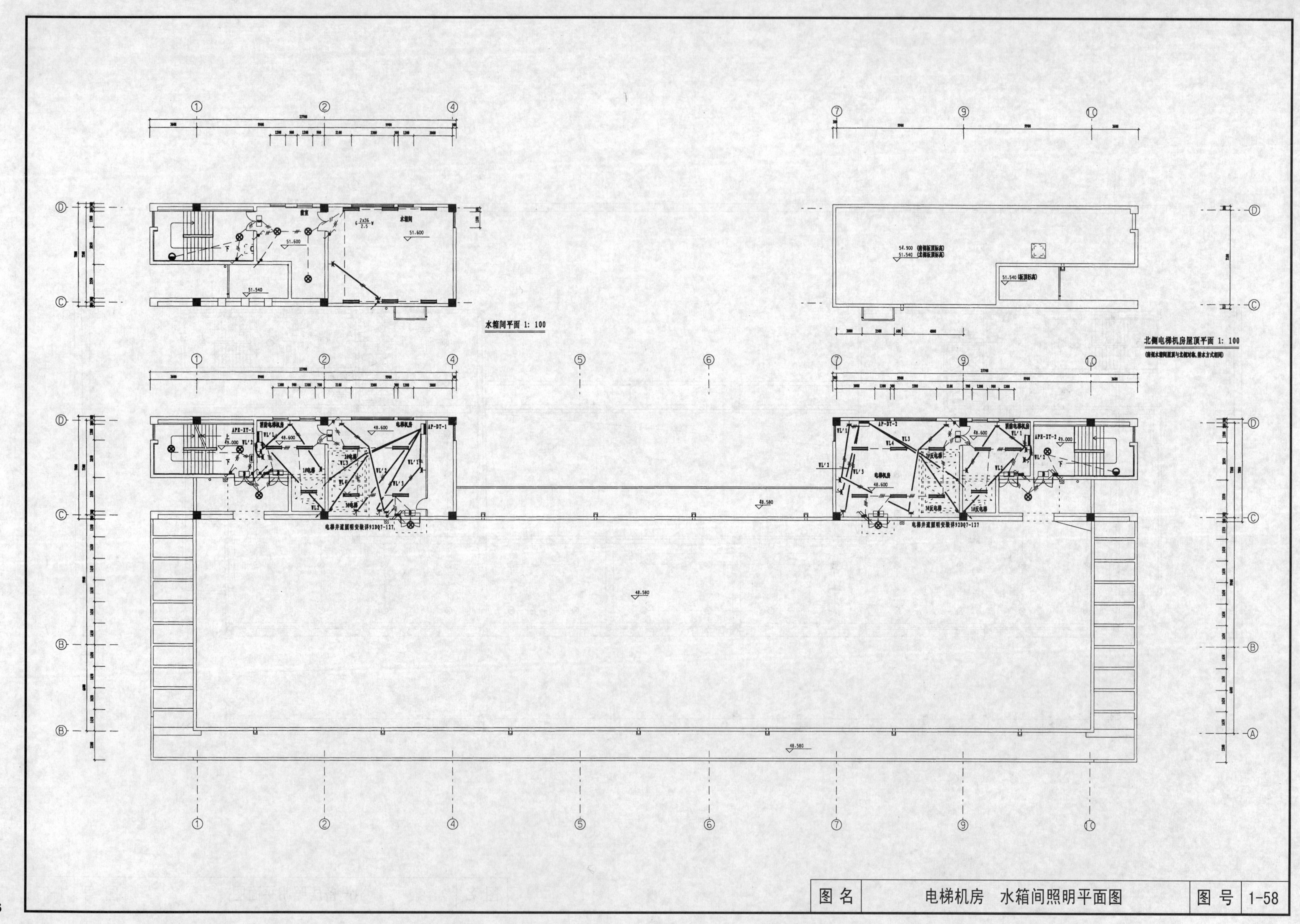

水箱间平面 1:100
北侧电梯机房屋顶平面 1:100
电梯井道照明安装详92DQ7-127
图名
电梯机房 水箱间照明平面图
图号
1-58

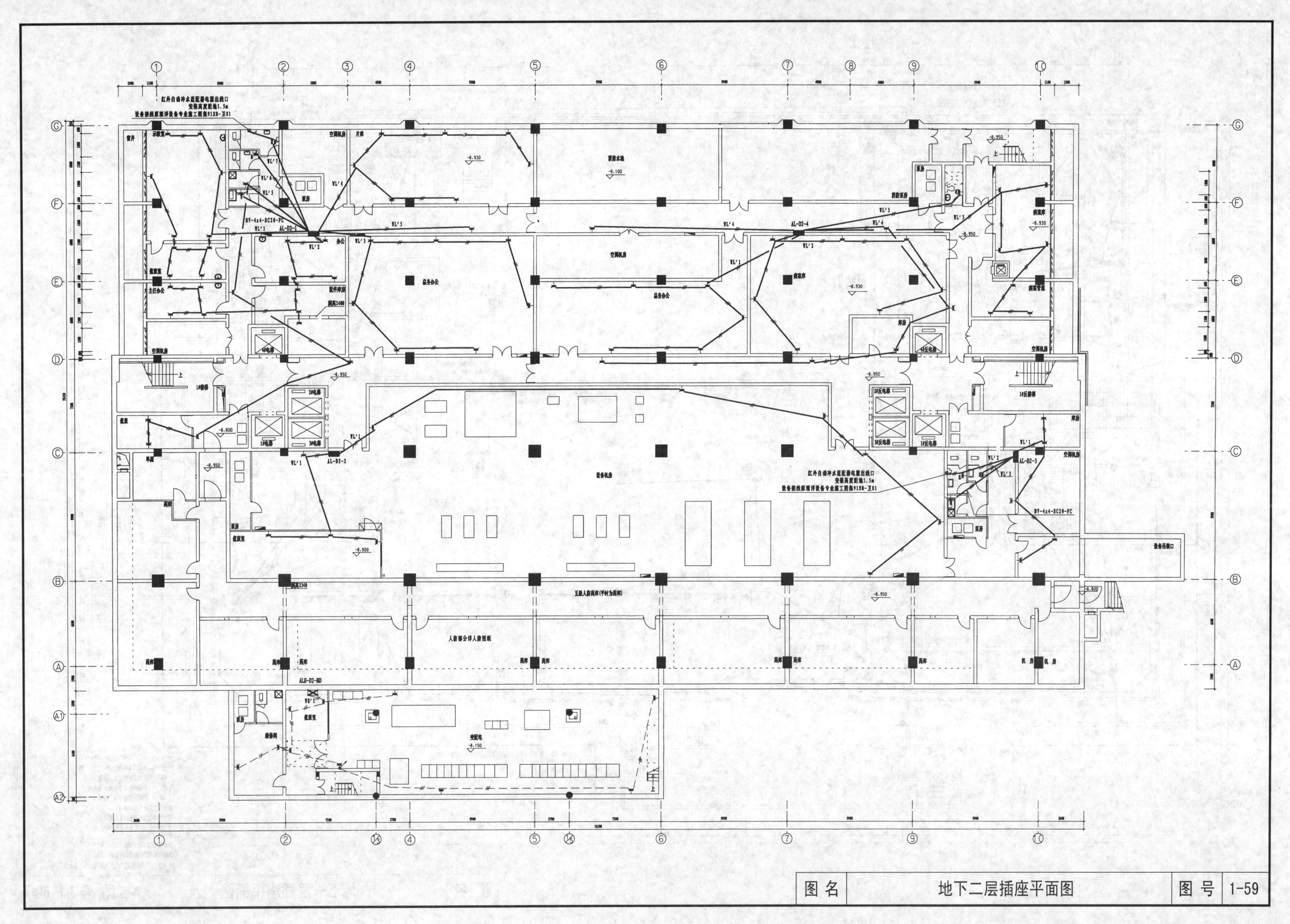

图名	地下二层插座平面图	图号	1-59

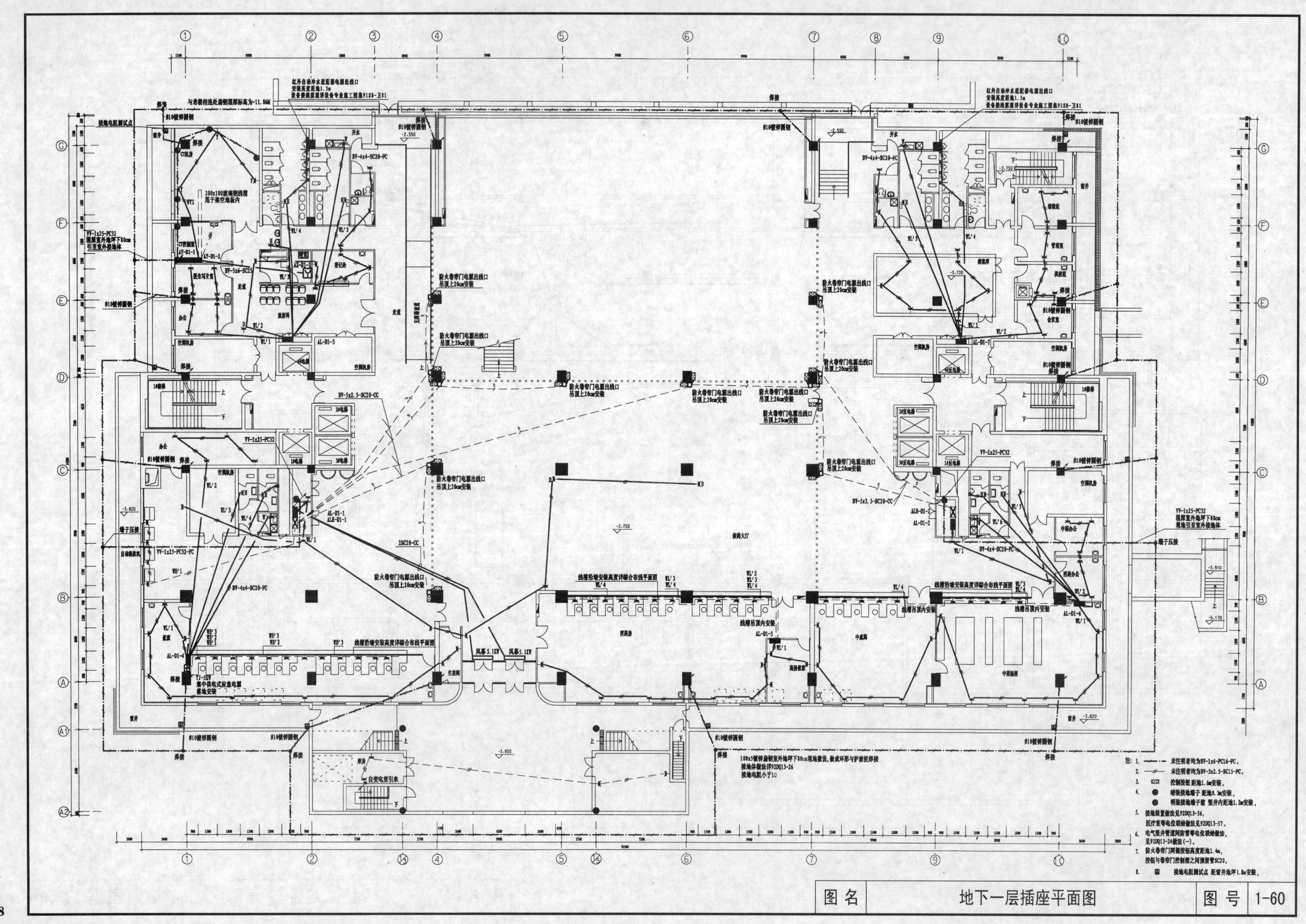
注：1. 未注明者均为BV-1x6-PC16-FC。
2. 未注明者均为BV-3x2.5-SC15-FC。
3. 控制按钮 距地1.6m安装。
4. 暗装接地端子 距地0.3m安装。
明装接地端子箱 竖井内距地1.2m安装。
5. 接地装置做法见92DQ13-56，
医疗室等电位联结做法见92DQ13-57。
6. 电气竖井管道间防雷等电位联结做法，
见92DQ13-24做法(一)。
7. 防火卷帘门两侧按钮高度距地1.4m，
按钮与卷帘门控制箱之间预留管SC20。
8. 接地电阻测试点 距窗井地坪1.8m安装。
图名
地下一层插座平面图
图号
1-60

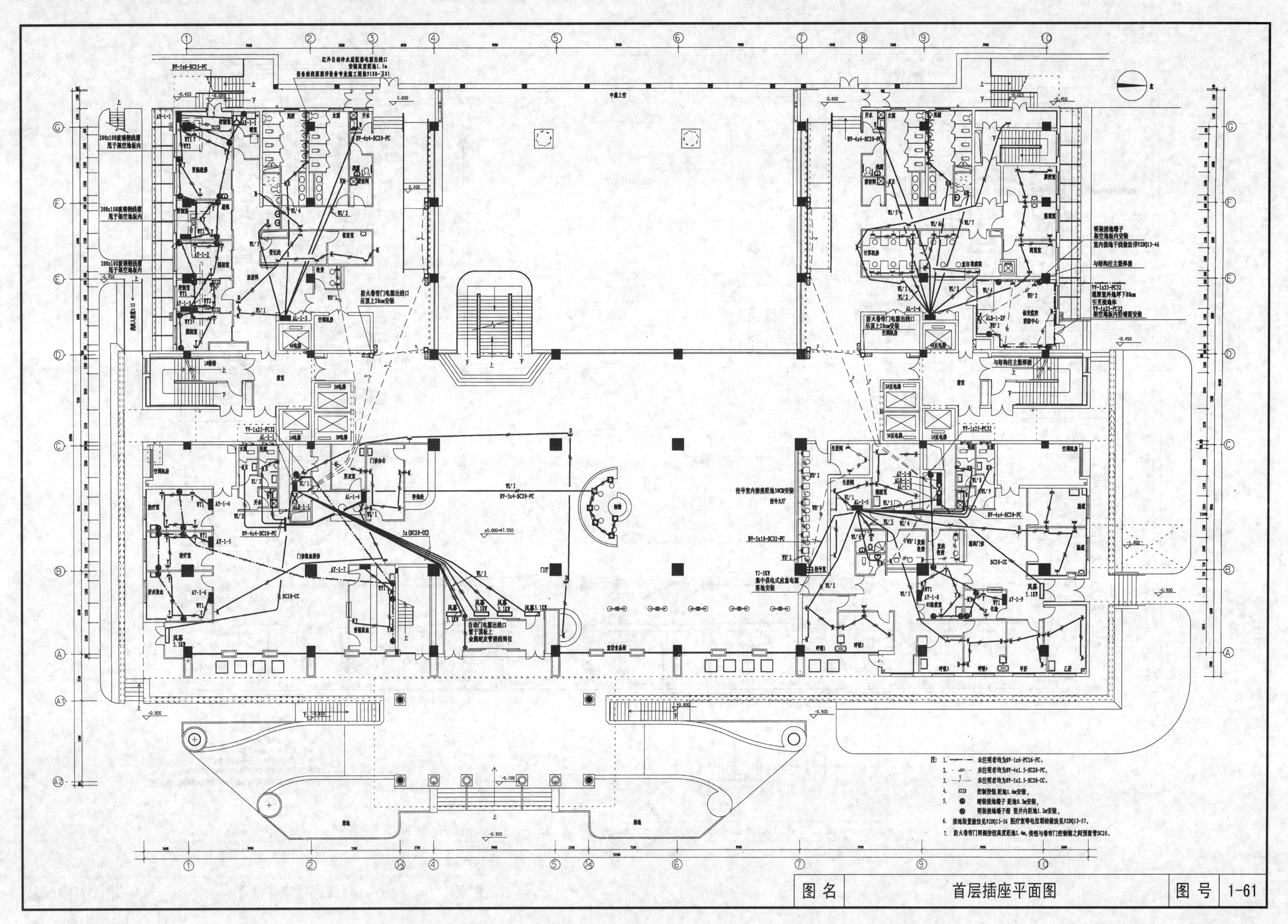

注：1. 未注明者均为BV-1x6-PC16-FC。
2. 未注明者均为BV-4x1.5-SC20-FC。
3. 未注明者均为BV-5x2.5-SC20-CC。
4. 控制按钮 距地1.6m安装。
5. 暗装接地端子 距地0.3m安装，
明装接地端子箱 竖井内距地1.2m安装。
6. 接地装置做法见92DQ13-56 医疗室等电位联结做法见92DQ13-57。
7. 防火卷帘门两侧按钮高度距地1.4m，按钮与卷帘门控制箱之间预留管SC20。
图名
首层插座平面图
图号
1-61

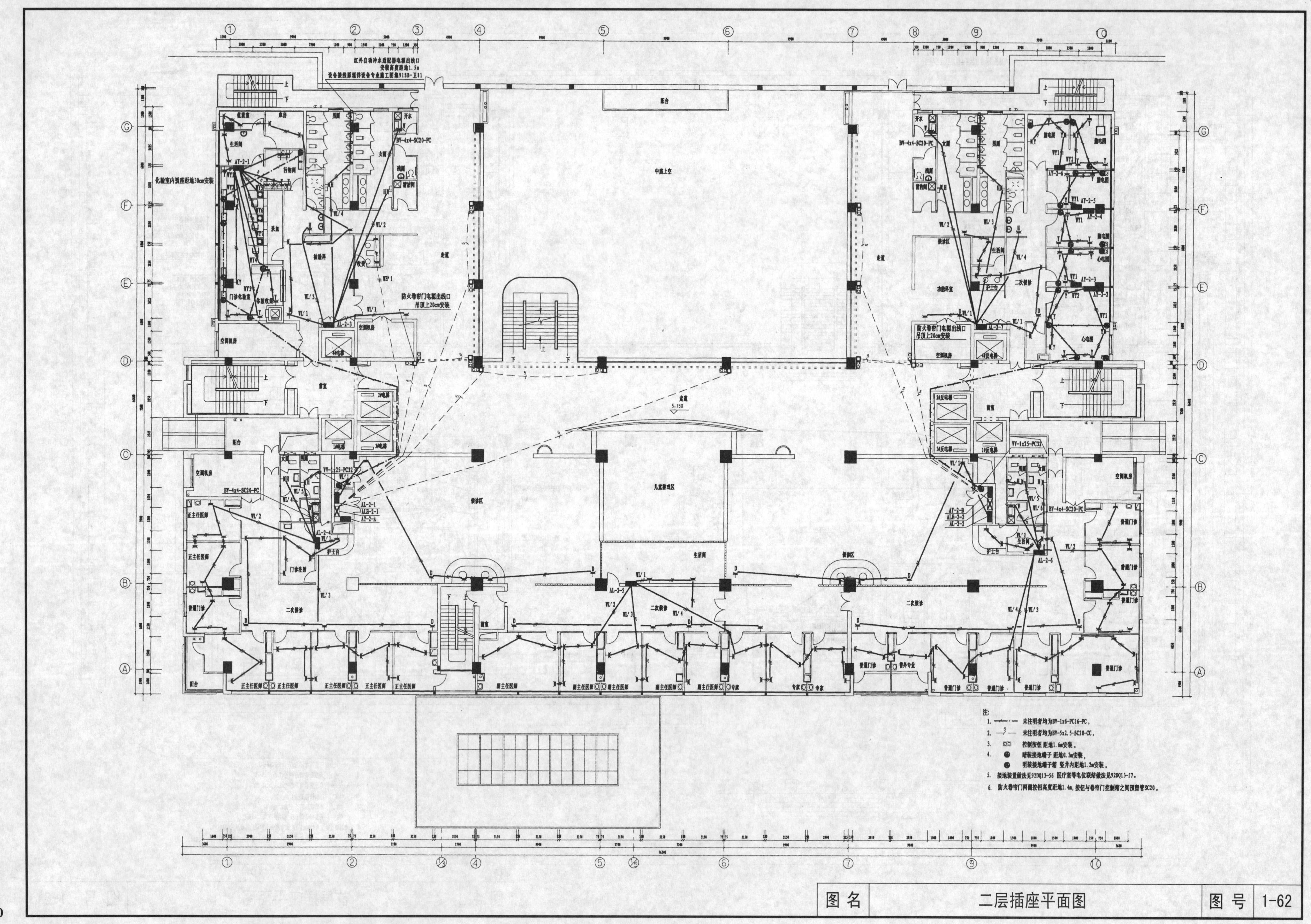
注:
1. 未注明者均为BV-1x6-PC16-FC。
2. 未注明者均为BV-5x2.5-SC20-CC。
3. 控制按钮 距地1.6m安装。
4. 暗装接地端子 距地0.3m安装，
明装接地端子箱 竖井内距地1.2m安装。
5. 接地装置做法见92DQ13-56 医疗室等电位联结做法见92DQ13-57。
6. 防火卷帘门两侧按钮高度距地1.4m，按钮与卷帘门控制箱之间预留管SC20。
防火卷帘门电源出线口
吊顶上20cm安装
中庭上空
阳台
走道
儿童游戏区
候诊区
二次候诊
普通门诊
空调机房
图名
二层插座平面图
图号
1-62

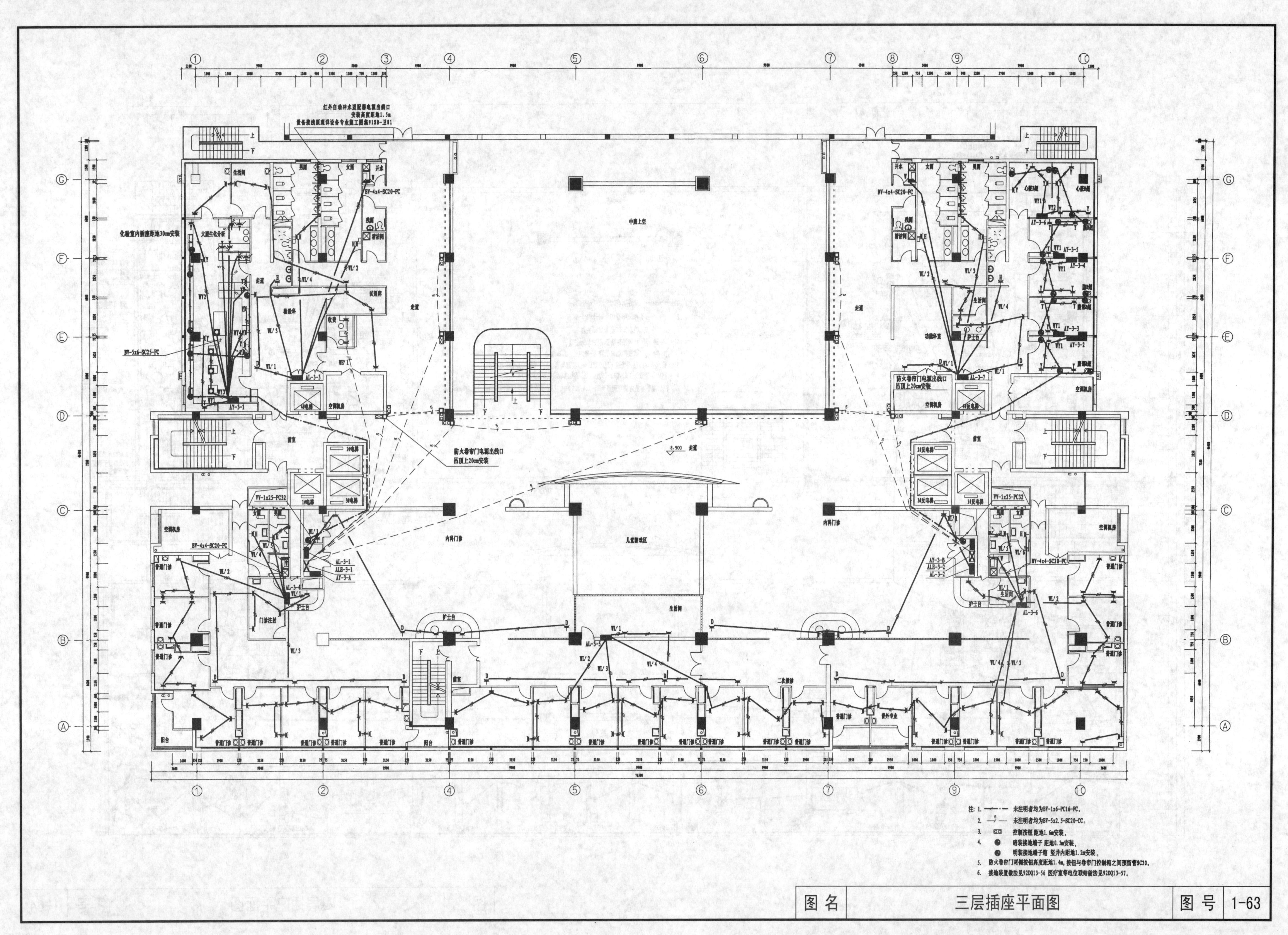
红外自动冲水遥控器电源出线口
安装高度距地1.5m
设备接线原理详设备专业施工图集91SB-Ⅲ81
化验室内插座距地30cm安装
BV-5x6-SC25-FC
BV-4x4-SC20-FC
中庭上空
走道
防火卷帘门电源出线口
吊顶上20cm安装
内科门诊
儿童游戏区
生活间
二次候诊
护士台
普通门诊
阳台
空调机房
YV-1x25-PC32
AL-3-1
AL-3-3
AL-3-4
AL-3-5
AL-3-6
AL-3-7
AY-3-1
AY-3-2
AY-3-3
AY-3-4
AY-3-5
AY-3-6
注：1. 未注明者均为BV-1x6-PC16-FC。
2. 未注明者均为BV-5x2.5-SC20-CC。
3. 控制按钮 距地1.6m安装。
4. 暗装接地端子 距地0.3m安装，
明装接地端子箱 竖井内距地1.2m安装。
5. 防火卷帘门两侧按钮高度距地1.4m，按钮与卷帘门控制箱之间预留管SC20。
6. 接地装置做法见92DQ13-56 医疗室等电位联结做法见92DQ13-57。
图名 三层插座平面图
图号 1-63

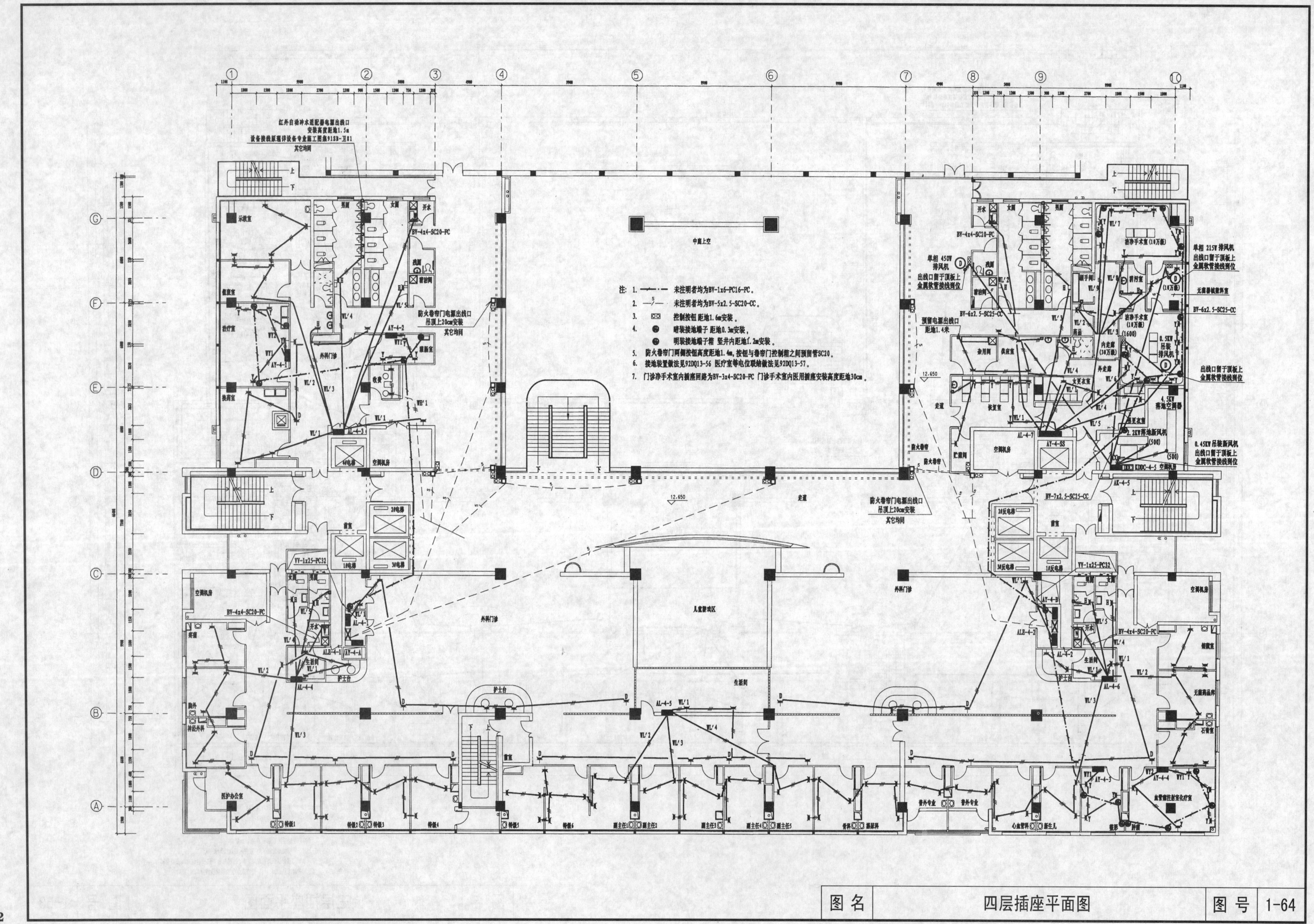

图名 四层插座平面图 图号 1-64

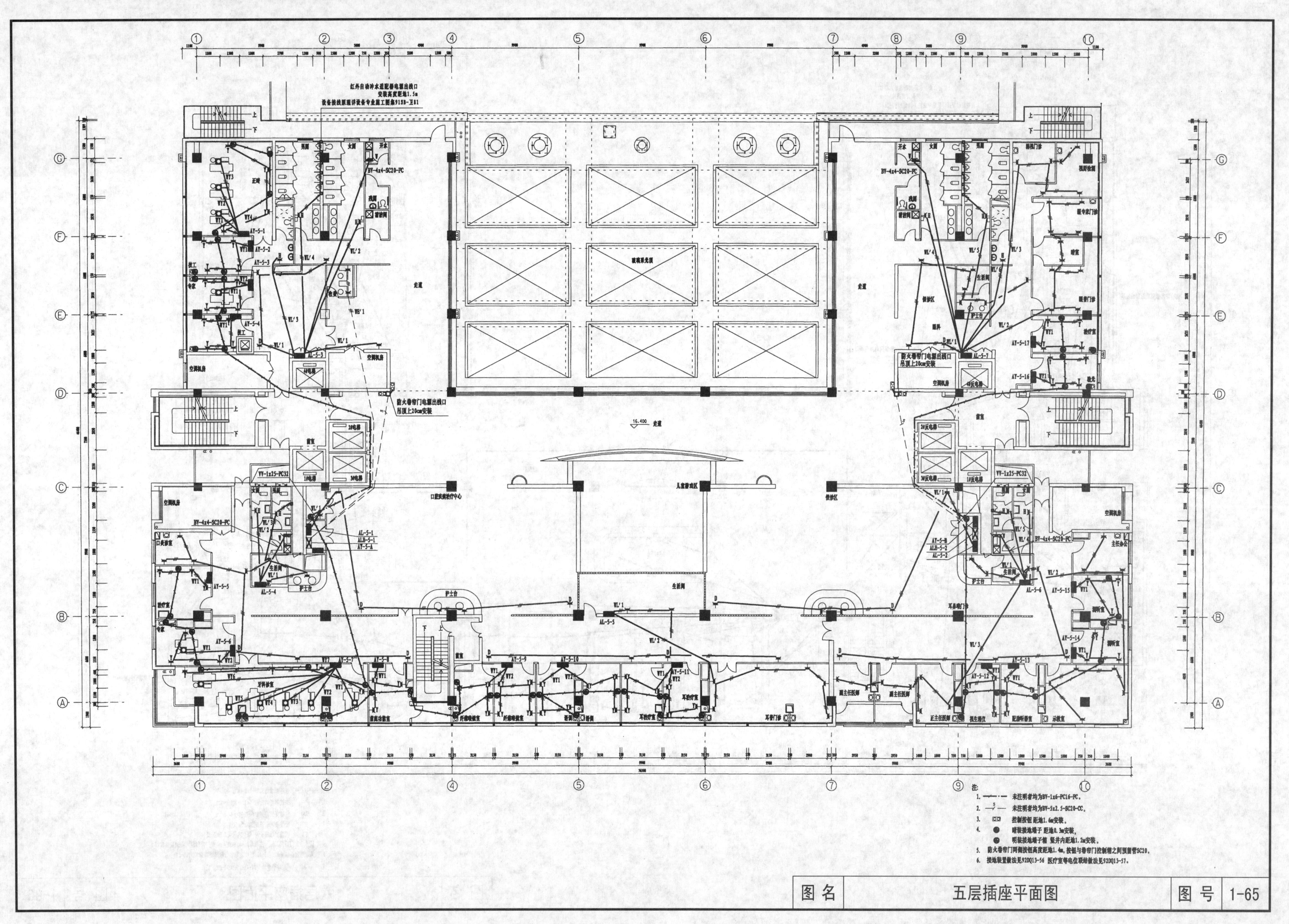
注:
1. 未注明者均为BV-1x6-PC16-FC。
2. 未注明者均为BV-5x2.5-SC20-CC。
3. 控制按钮 距地1.6m安装。
4. 暗装接地端子 距地0.3m安装，
明装接地端子箱 竖井内距地1.2m安装。
5. 防火卷帘门两侧按钮高度距地1.4m，按钮与卷帘门控制箱之间预留管SC20。
6. 接地装置做法见92DQ13-56 医疗室等电位联结做法见92DQ13-57。
图名
五层插座平面图
图号
1-65

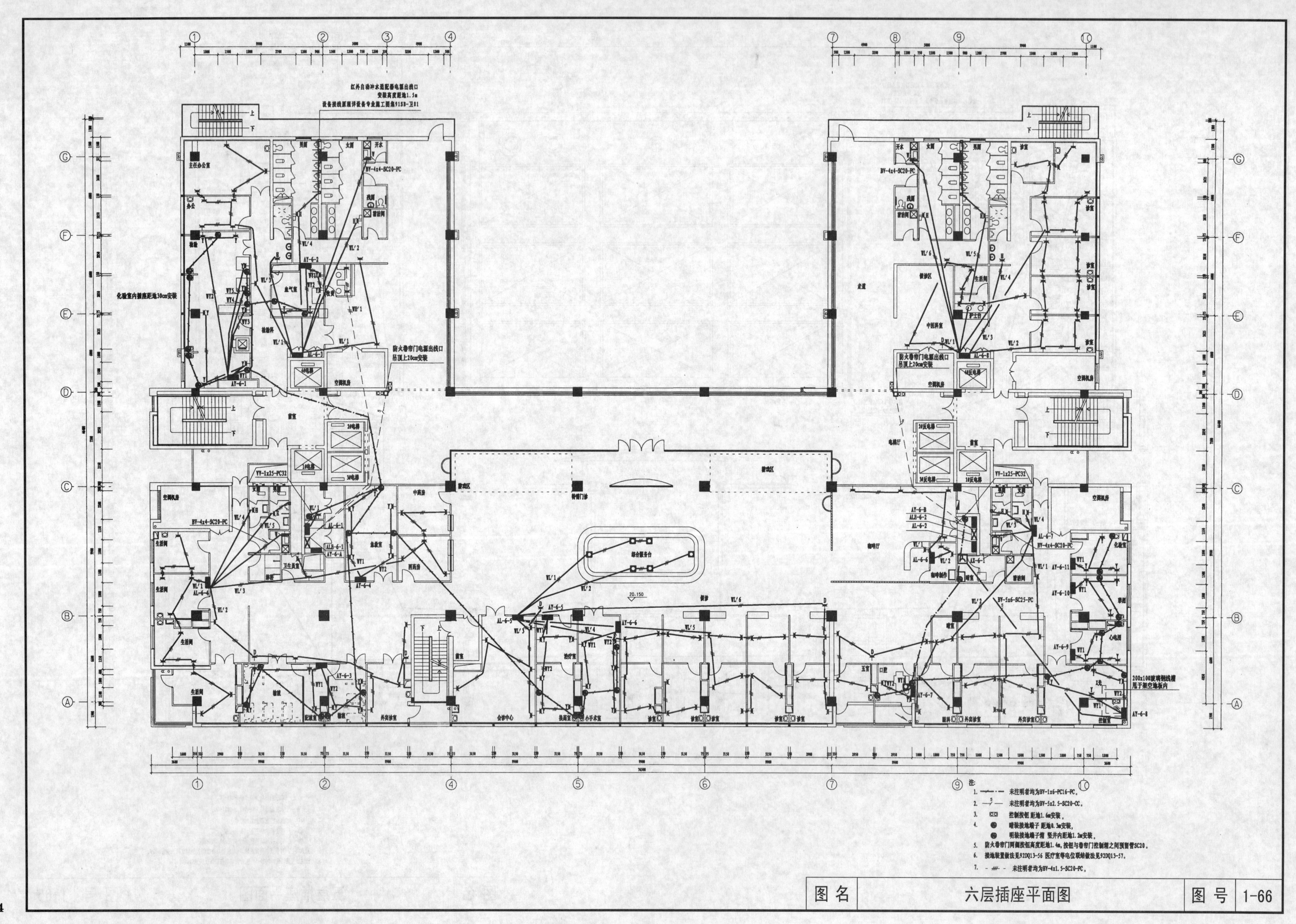

红外自动冲水箍配备电源出线口
安装高度距地1.5m
设备接线原理详设备专业施工图集91SB-卫81
化验室内插座距地30cm安装
防火卷帘门电源出线口
吊顶上20cm安装
200x100玻璃钢线槽
甩于架空地板内
BV-4x4-SC20-FC
VV-1x25-PC32
BV-5x6-SC25-FC
注:
1. 未注明者均为BV-1x6-PC16-FC。
2. 未注明者均为BV-5x2.5-SC20-CC。
3. 控制按钮 距地1.6m安装。
4. 暗装接地端子 距地0.3m安装。
明装接地端子箱 竖井内距地1.2m安装。
5. 防火卷帘门两侧按钮高度距地1.4m,按钮与卷帘门控制箱之间预留管SC20。
6. 接地装置做法见92DQ13-56 医疗室等电位联结做法见92DQ13-57。
7. 未注明者均为BV-4x1.5-SC20-FC。
图名
六层插座平面图
图号
1-66

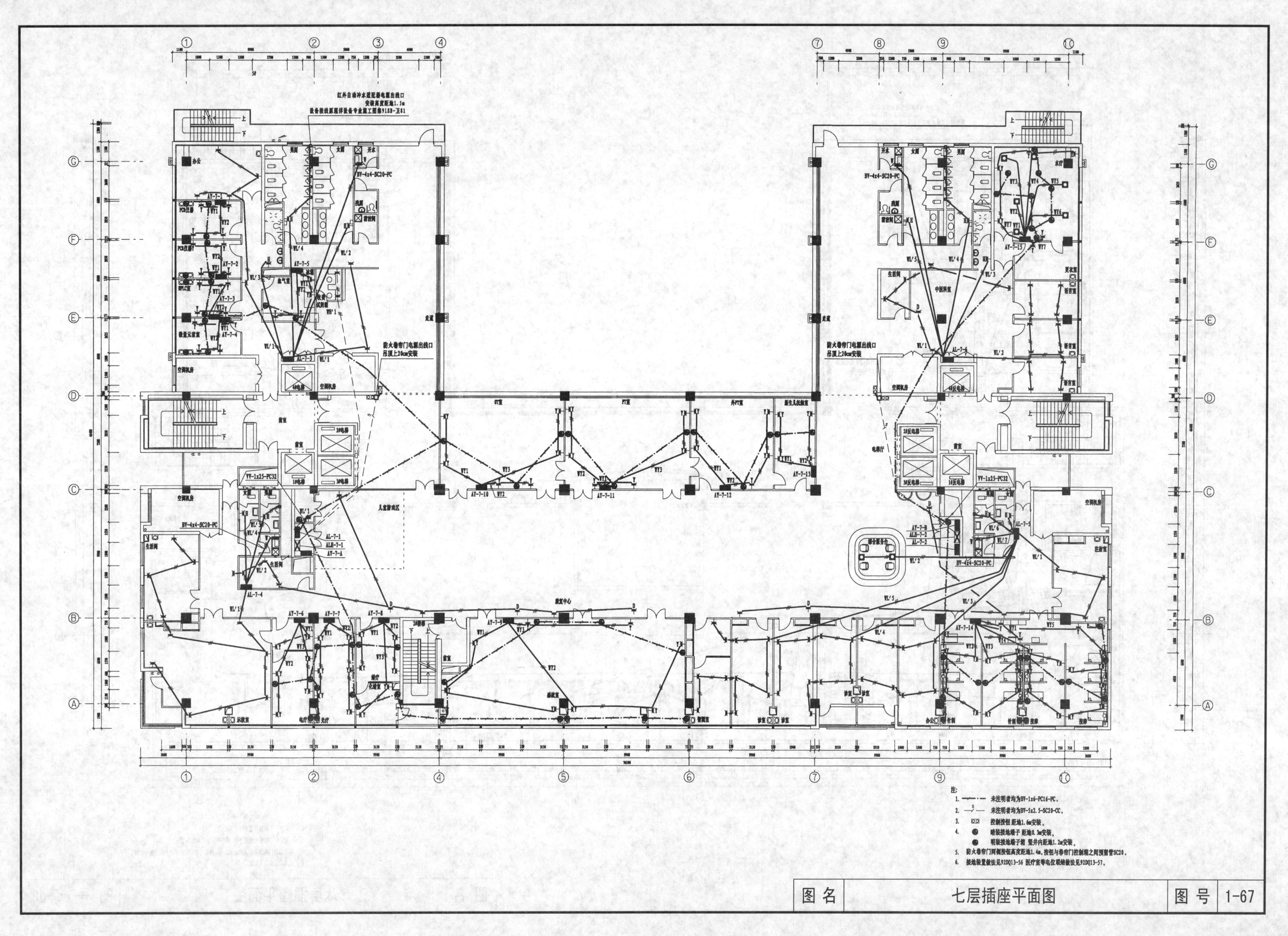

注:
1. 未注明者均为BV-1x6-PC16-FC。
2. 未注明者均为BV-5x2.5-SC20-CC。
3. 控制按钮 距地1.6m安装。
4. 暗装接地端子 距地0.3m安装,
明装接地端子箱 竖井内距地1.2m安装。
5. 防火卷帘门两侧按钮高度距地1.4m,按钮与卷帘门控制箱之间预留管SC20。
6. 接地装置做法见92DQ13-56 医疗室等电位联结做法见92DQ13-57。
防火卷帘门电源出线口
吊顶上20cm安装
图名
七层插座平面图
图号
1-67

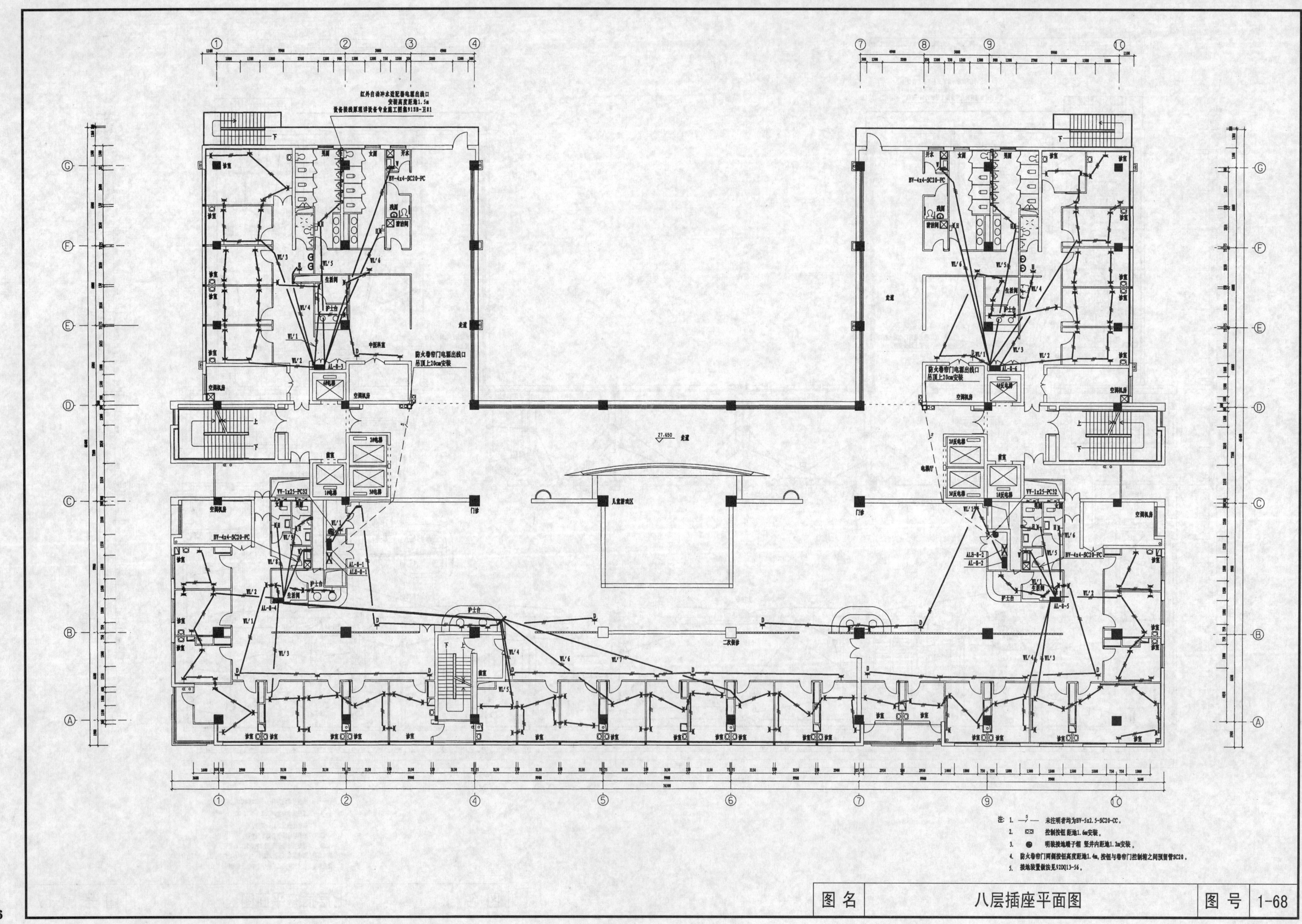

注：1. —5/— 未注明者均为BV-5x2.5-SC20-CC。
2. 控制按钮 距地1.6m安装。
3. 明装接地端子箱 竖井内距地1.2m安装。
4. 防火卷帘门两侧按钮高度距地1.4m，按钮与卷帘门控制箱之间预留管SC20。
5. 接地装置做法见92DQ13-56。
防火卷帘门电源出线口
吊顶上20cm安装
走道
门诊
儿童游戏区
二次候诊
护士台
诊室
空调机房
图名
八层插座平面图
图号
1-68

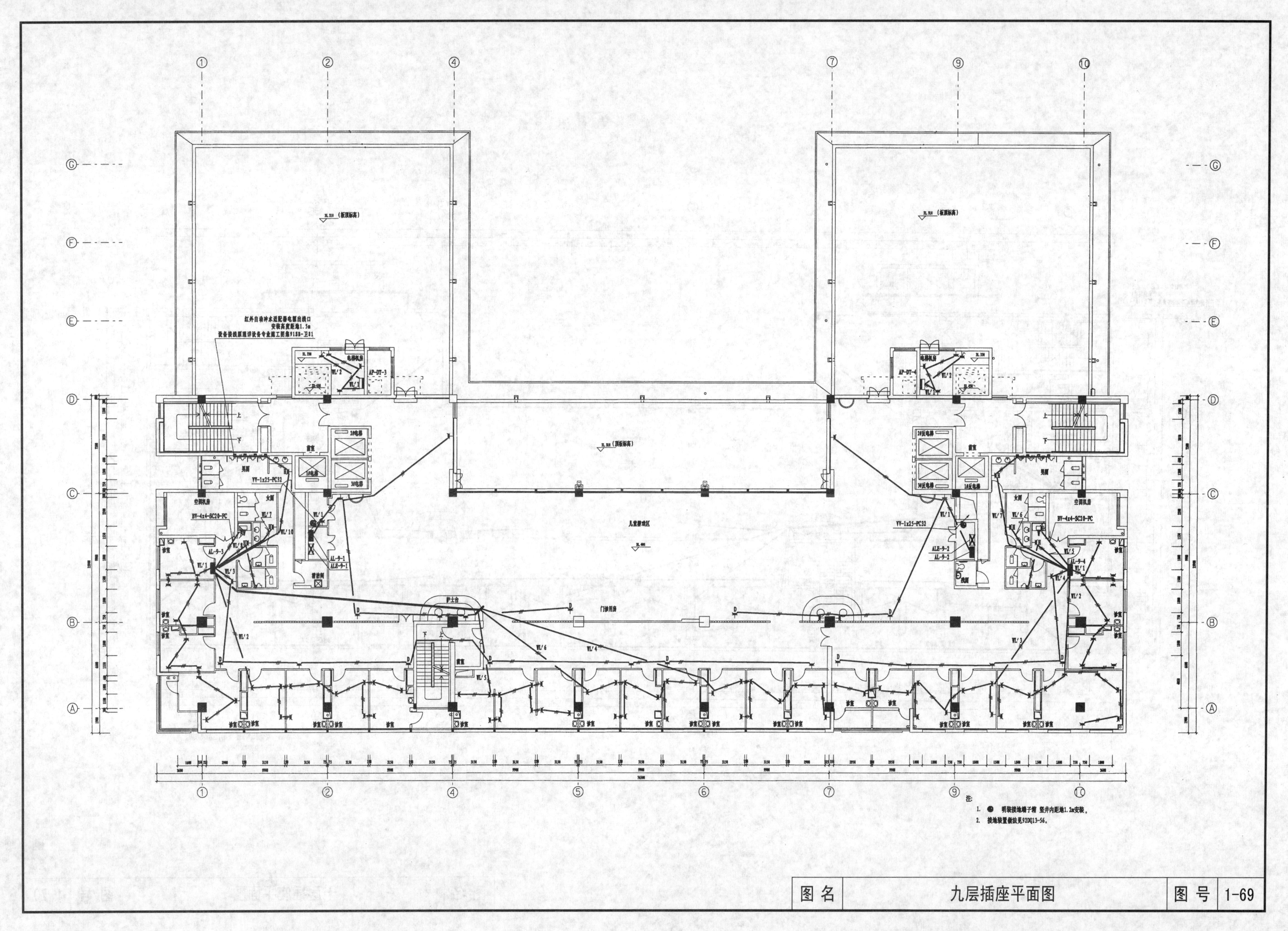

图名	九层插座平面图	图号	1-69

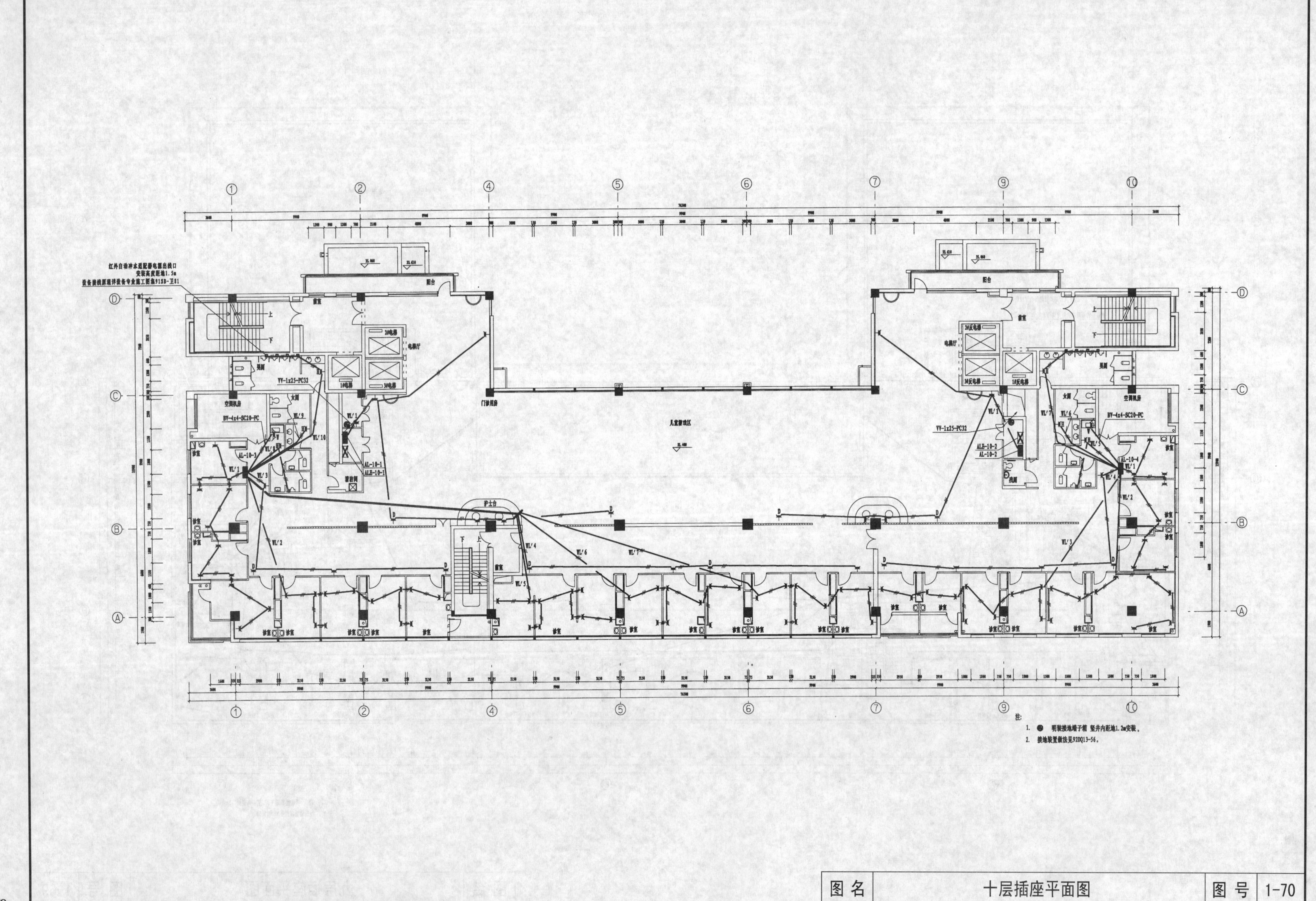

图 名	十层插座平面图	图 号	1-70

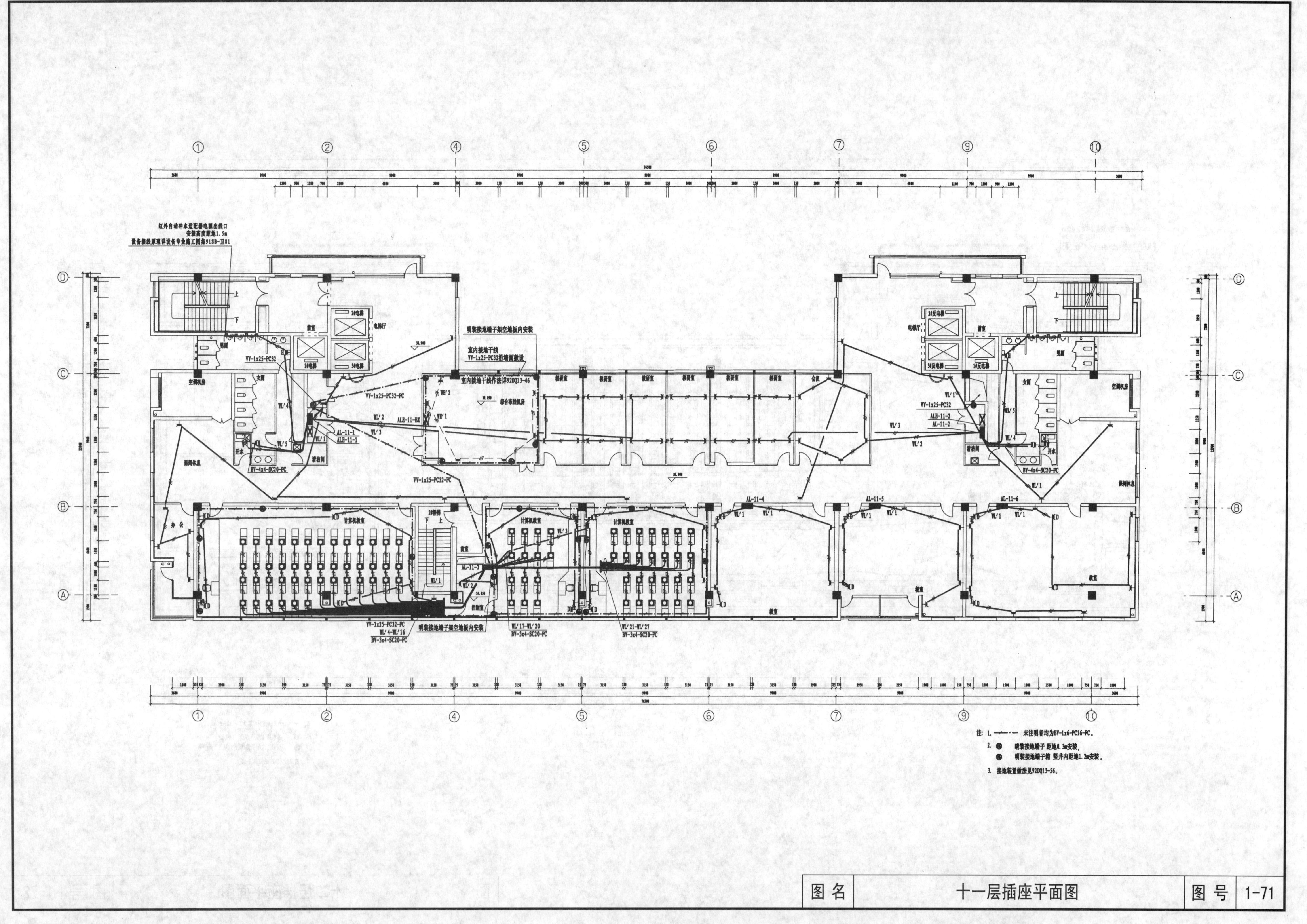

图名	十一层插座平面图	图号	1-71

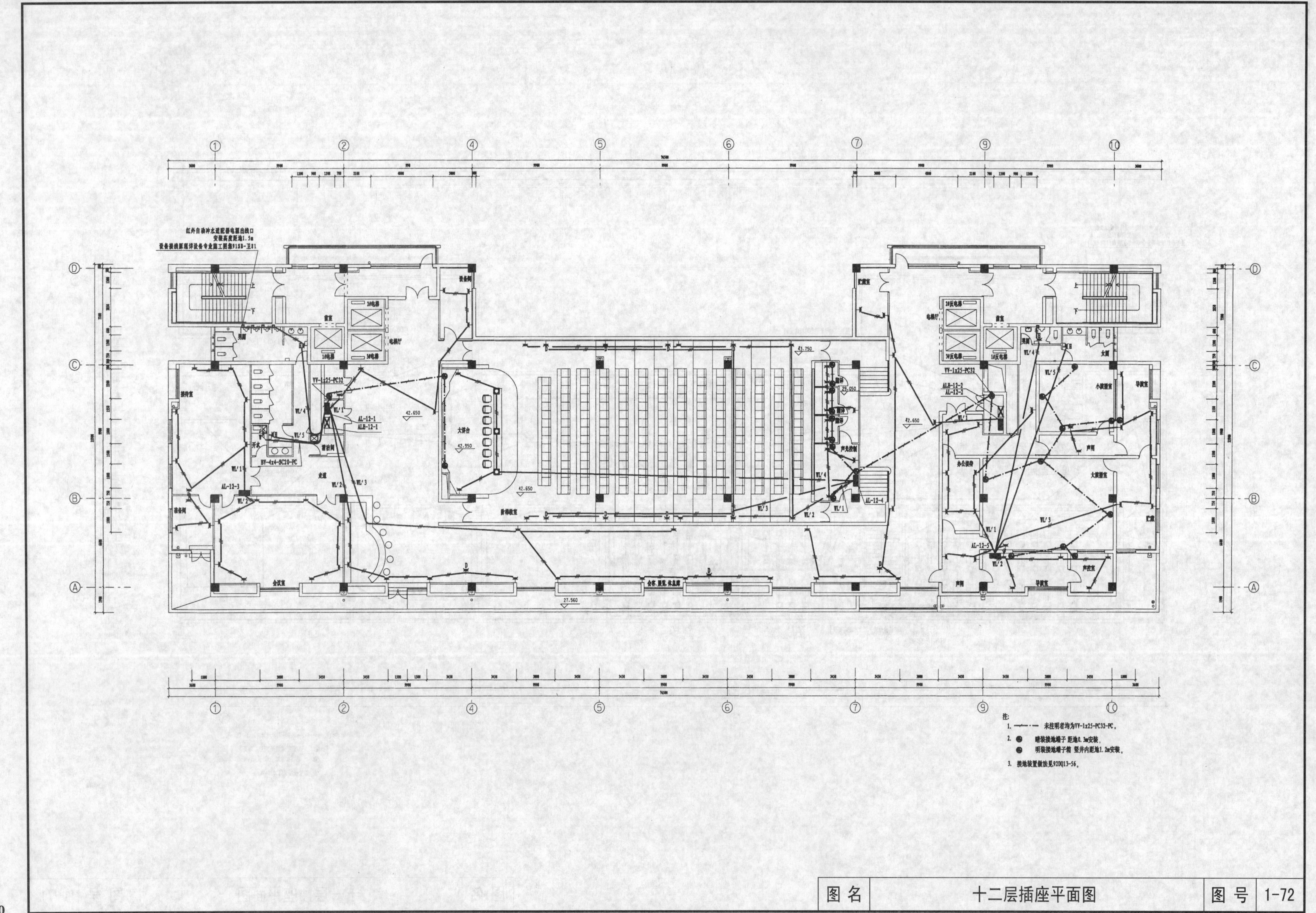

注：
1. 未注明者均为VV-1x25-PC32-FC。
2. 暗装接地端子 距地0.3m安装，
明装接地端子箱 竖井内距地1.2m安装。
3. 接地装置做法见92DQ13-56。
VV-1x25-PC32
BV-4x4-SC20-FC
AL-12-1
ALB-12-1
AL-12-3
AL-12-4
AL-12-5
ALB-12-2
AL-12-2
大讲台
会议室
接待室
电梯厅
声光控制
办公接待
大演播室
小演播室
导演室
声闸
42.650
42.950
27.560
图名
十二层插座平面图
图号
1-72

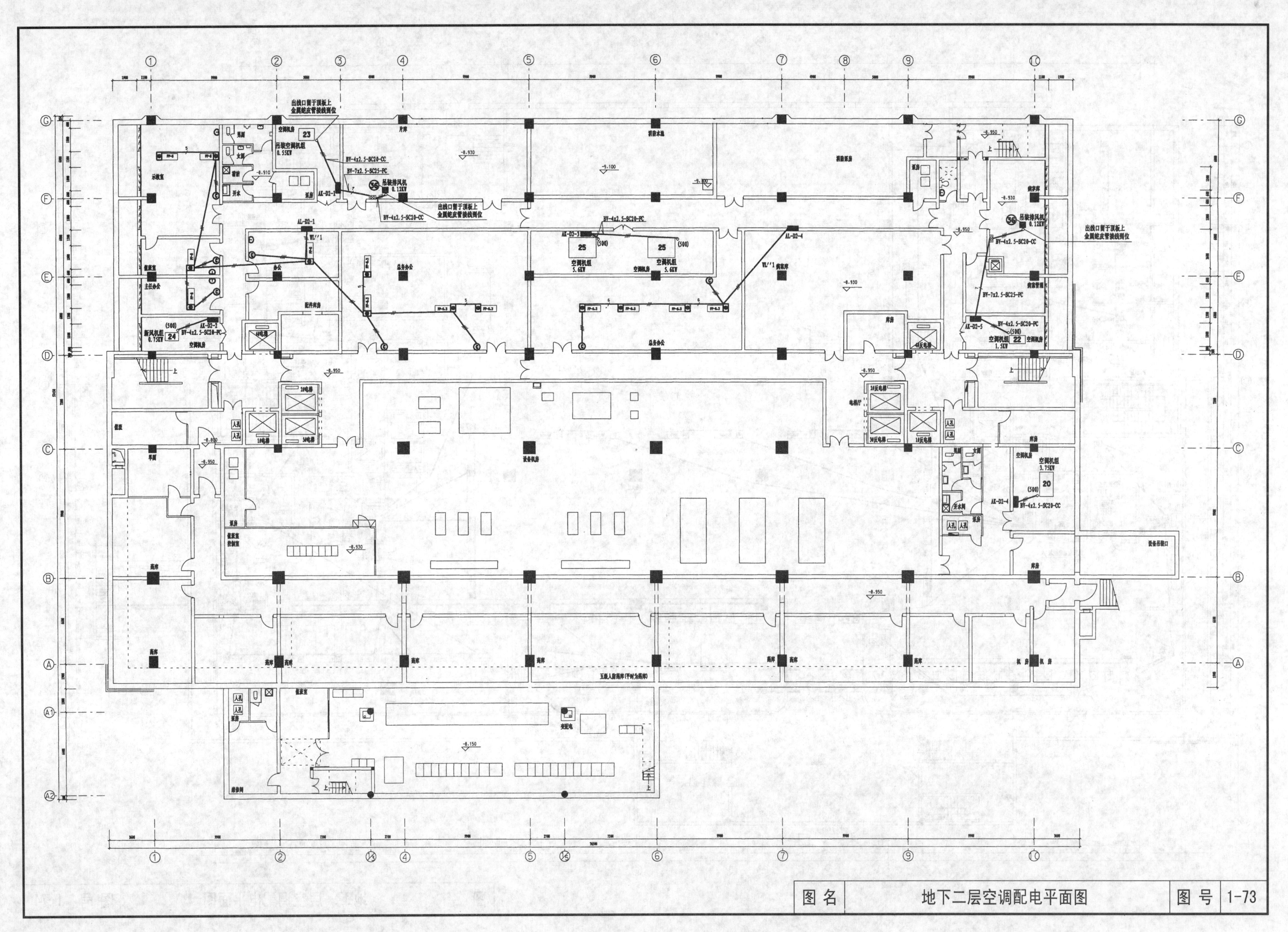
出线口留于顶板上
金属蛇皮管接线调位
吊装空调机组
0.55KW
BV-4x2.5-SC20-CC
BV-7x2.5-SC25-FC
吊装排风机
0.12KW
AK-D2-1
AL-D2-1
AK-D2-2
AK-D2-3
AL-D2-4
AK-D2-4
AK-D2-5
新风机组
0.75KW
空调机组
5.6KW
空调机组
1.5KW
空调机组
3.75KW
总务办公
药库
设备机房
变配电
图名
地下二层空调配电平面图
图号
1-73

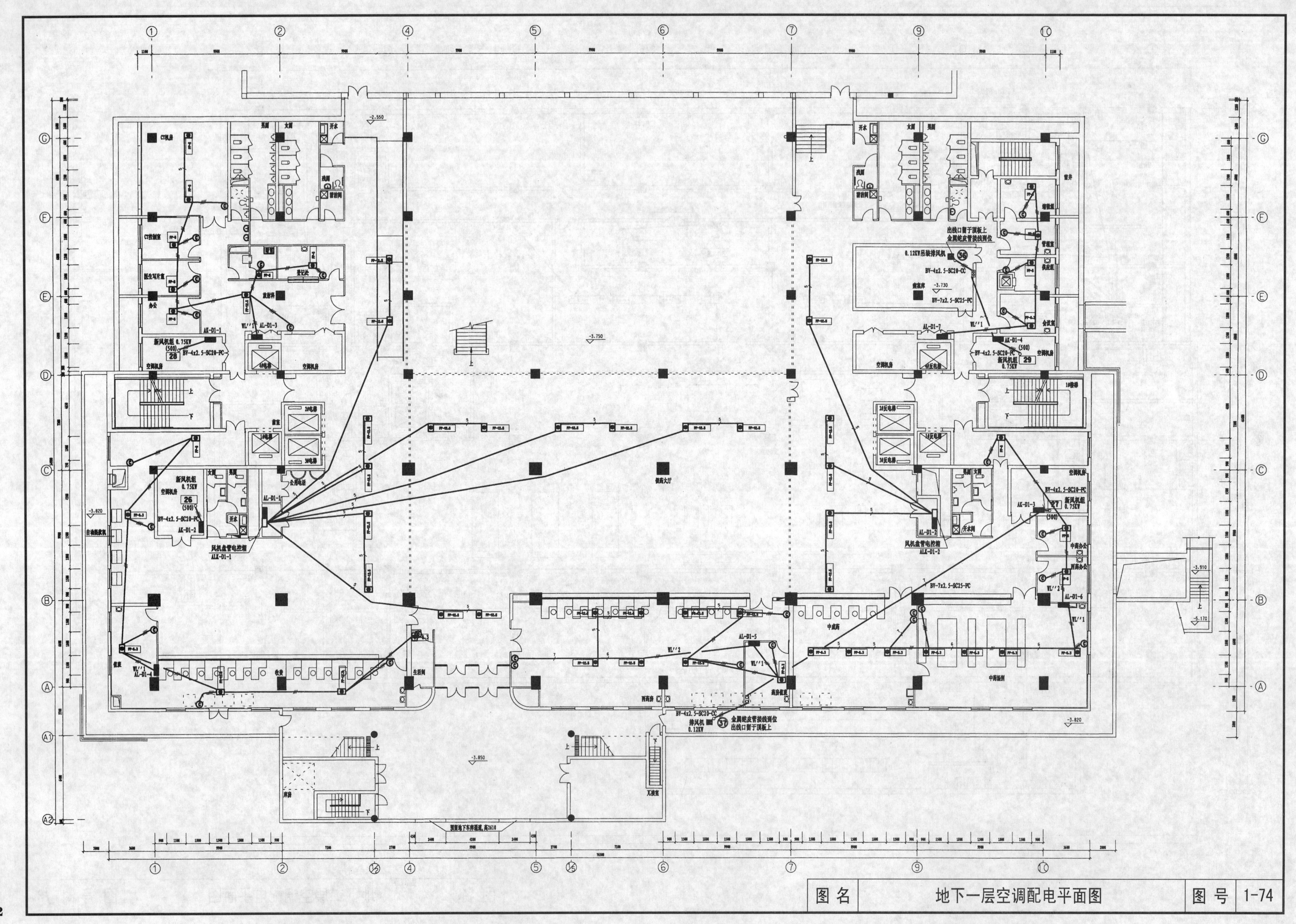

图 名	地下一层空调配电平面图	图 号	1-74

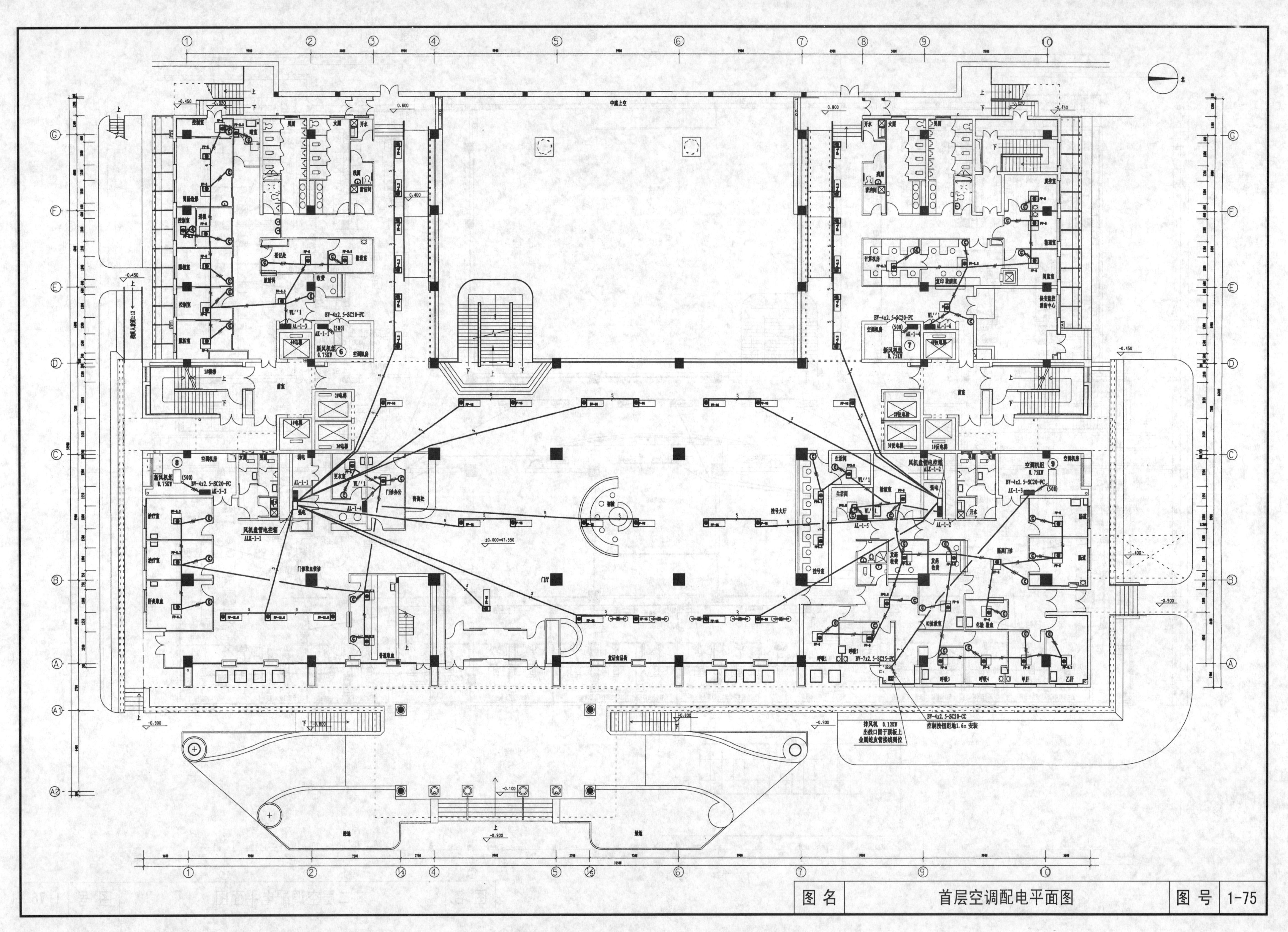

图 名	首层空调配电平面图	图 号	1-75

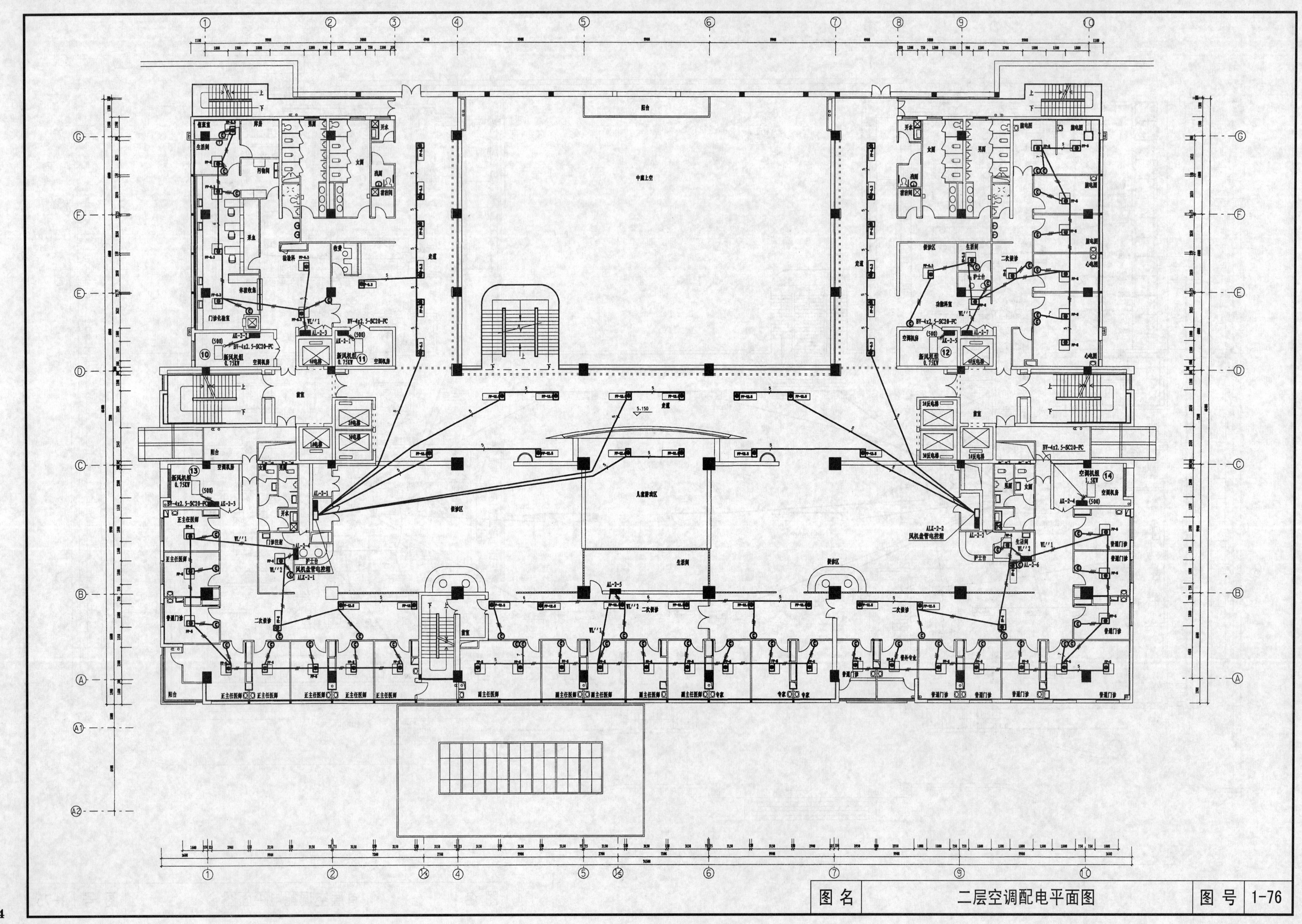

图名
二层空调配电平面图
图号
1-76

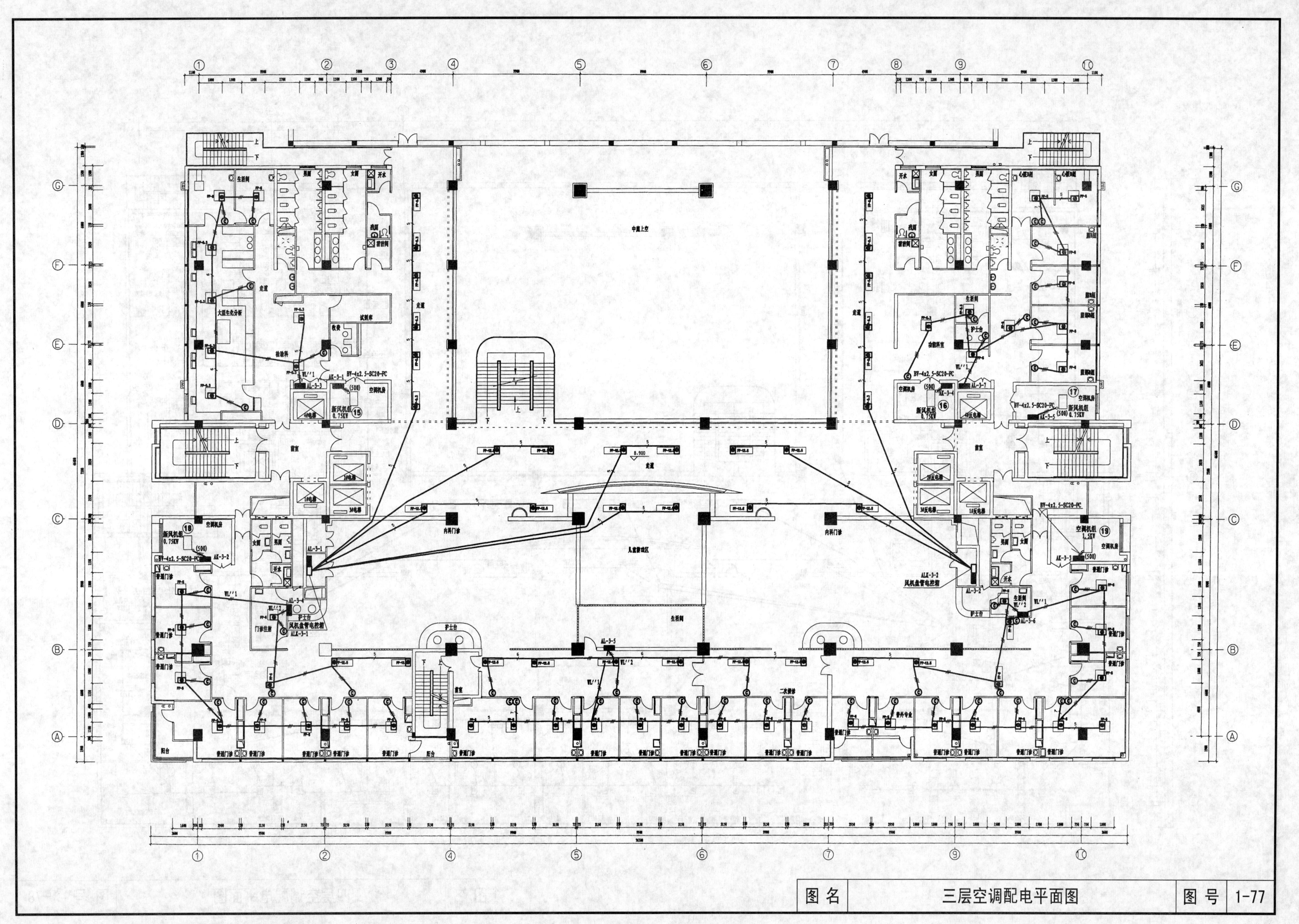
图名
三层空调配电平面图
图号
1-77

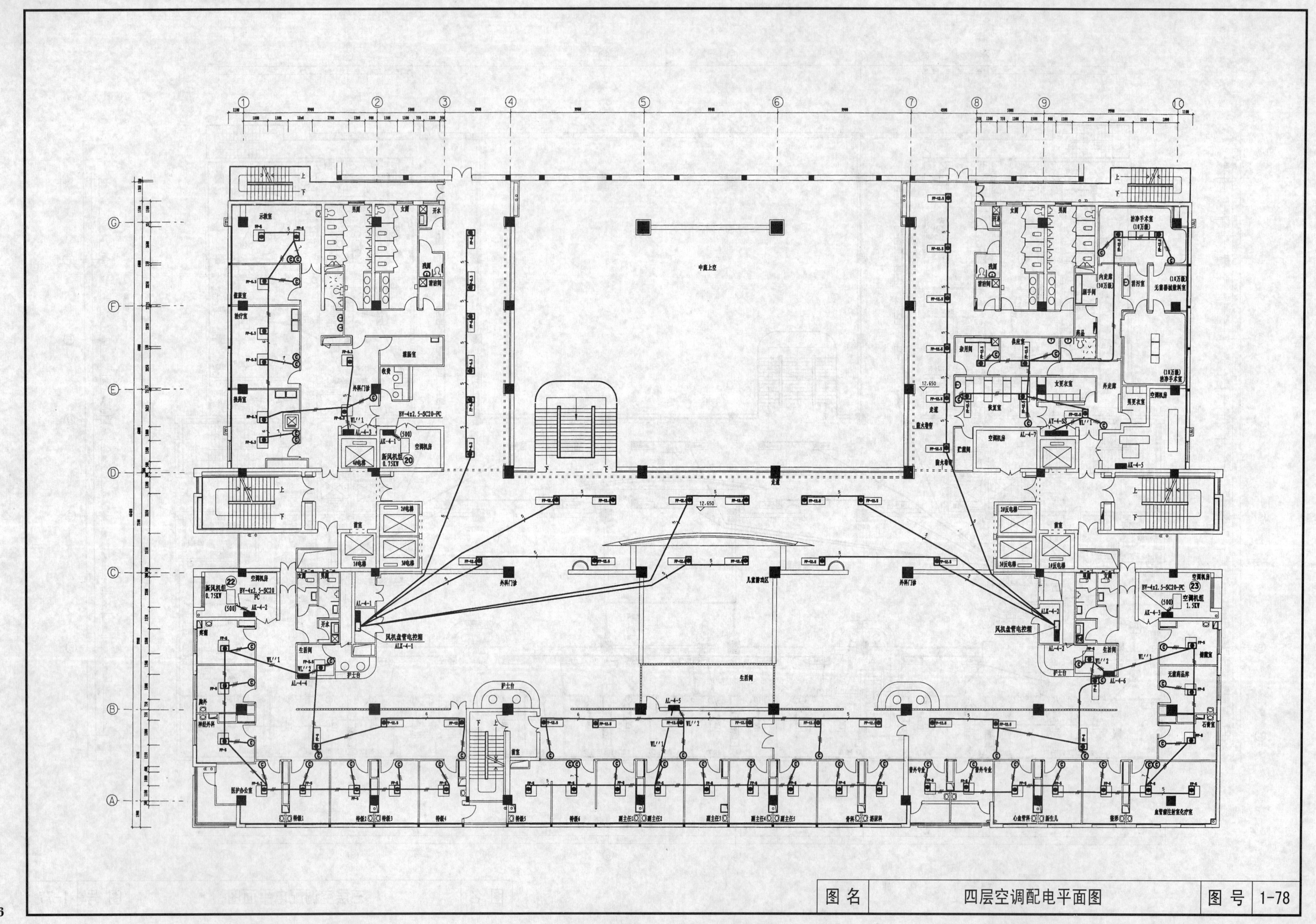
图名
四层空调配电平面图
图号
1-78

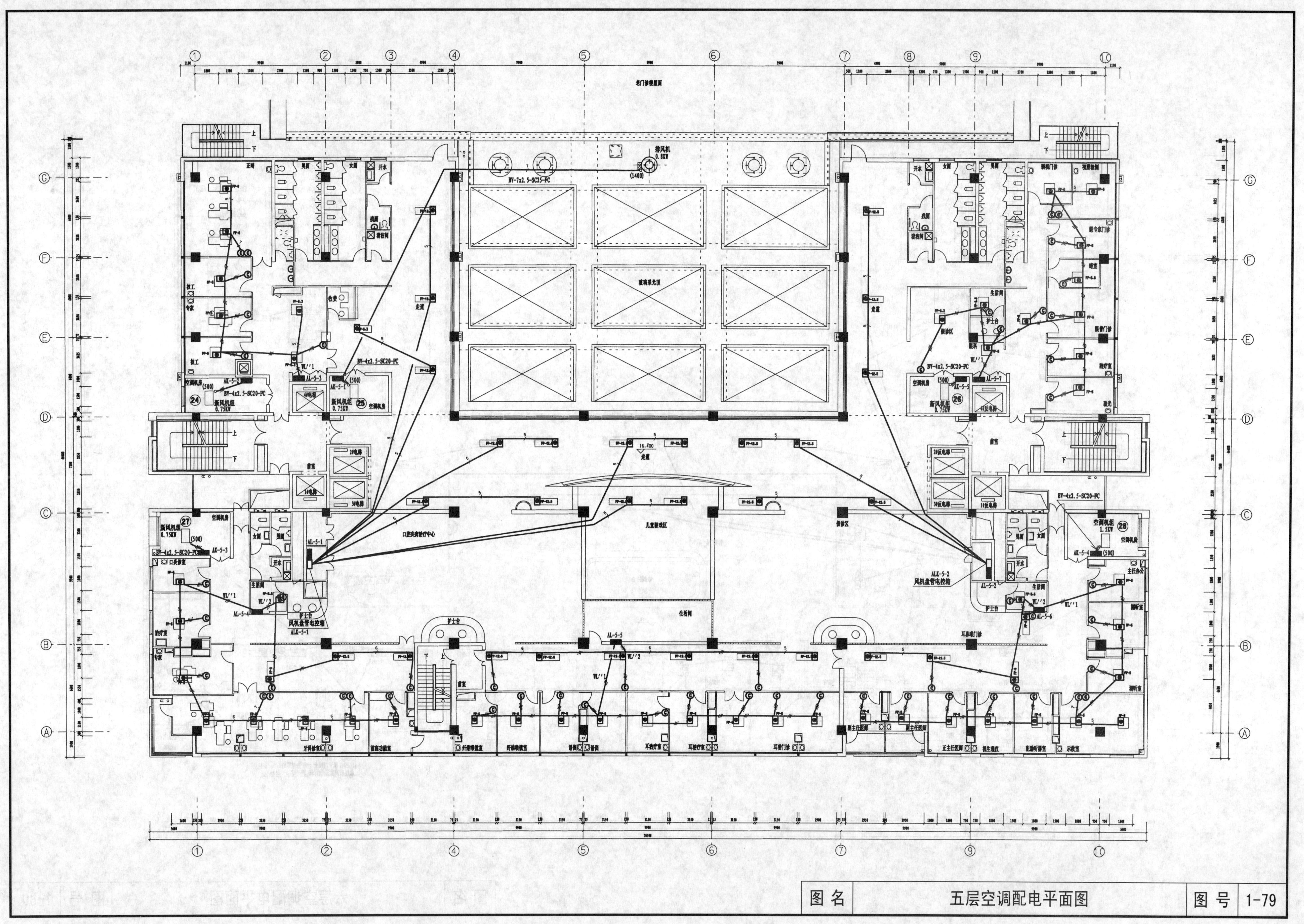
排风机
0.8KW
BV-7x2.5-SC25-FC
BV-4x2.5-SC20-FC
AL-5-1
AL-5-2
AL-5-5
AK-5-1
AK-5-3
AK-5-4
风机盘管电控箱
新风机组
0.75KW
空调机组
1.5KW
空调机房
口腔疾病治疗中心
儿童游戏区
候诊区
走道
生活间
护士台
图名
五层空调配电平面图
图号
1-79

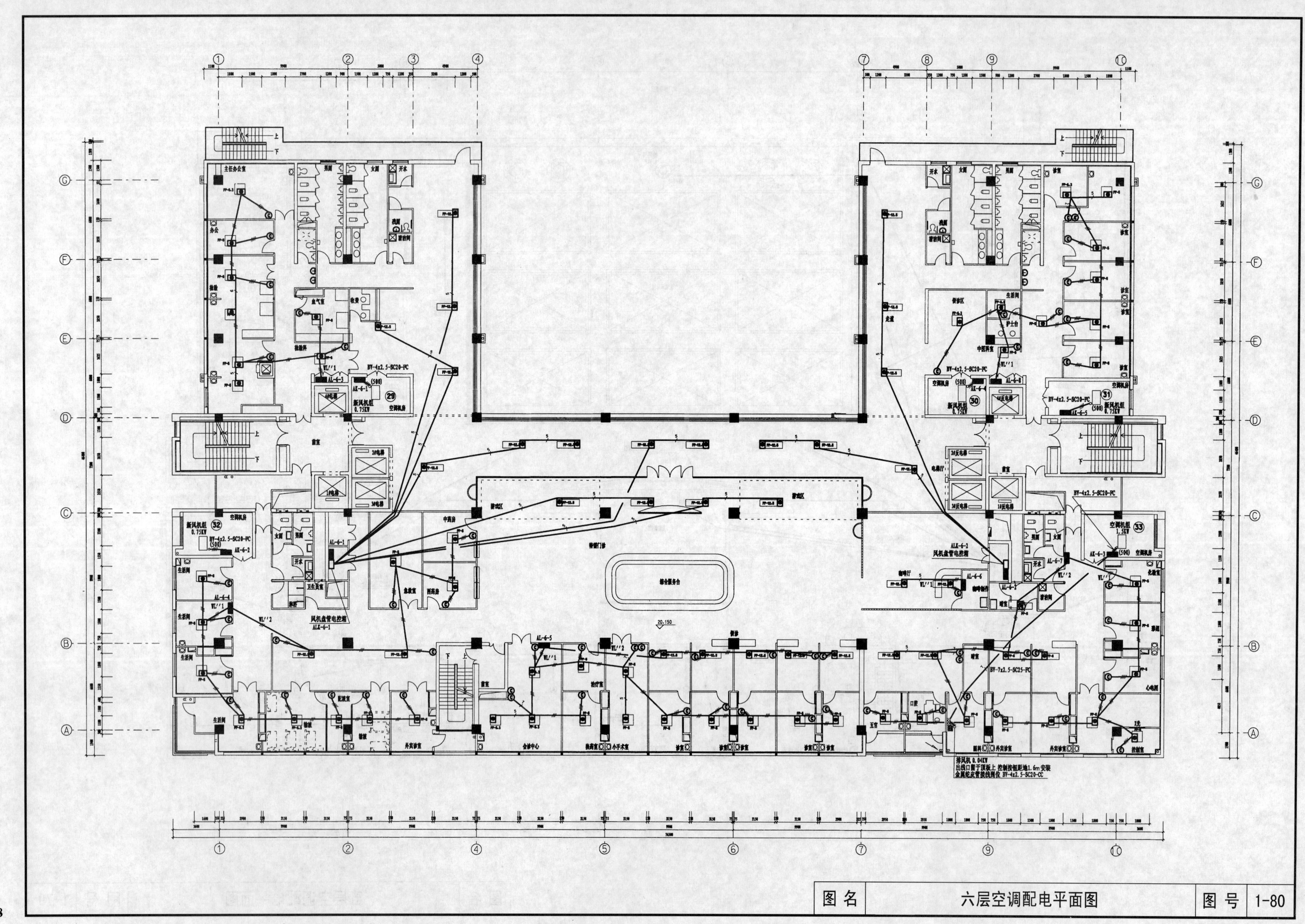
图名
六层空调配电平面图
图号
1-80

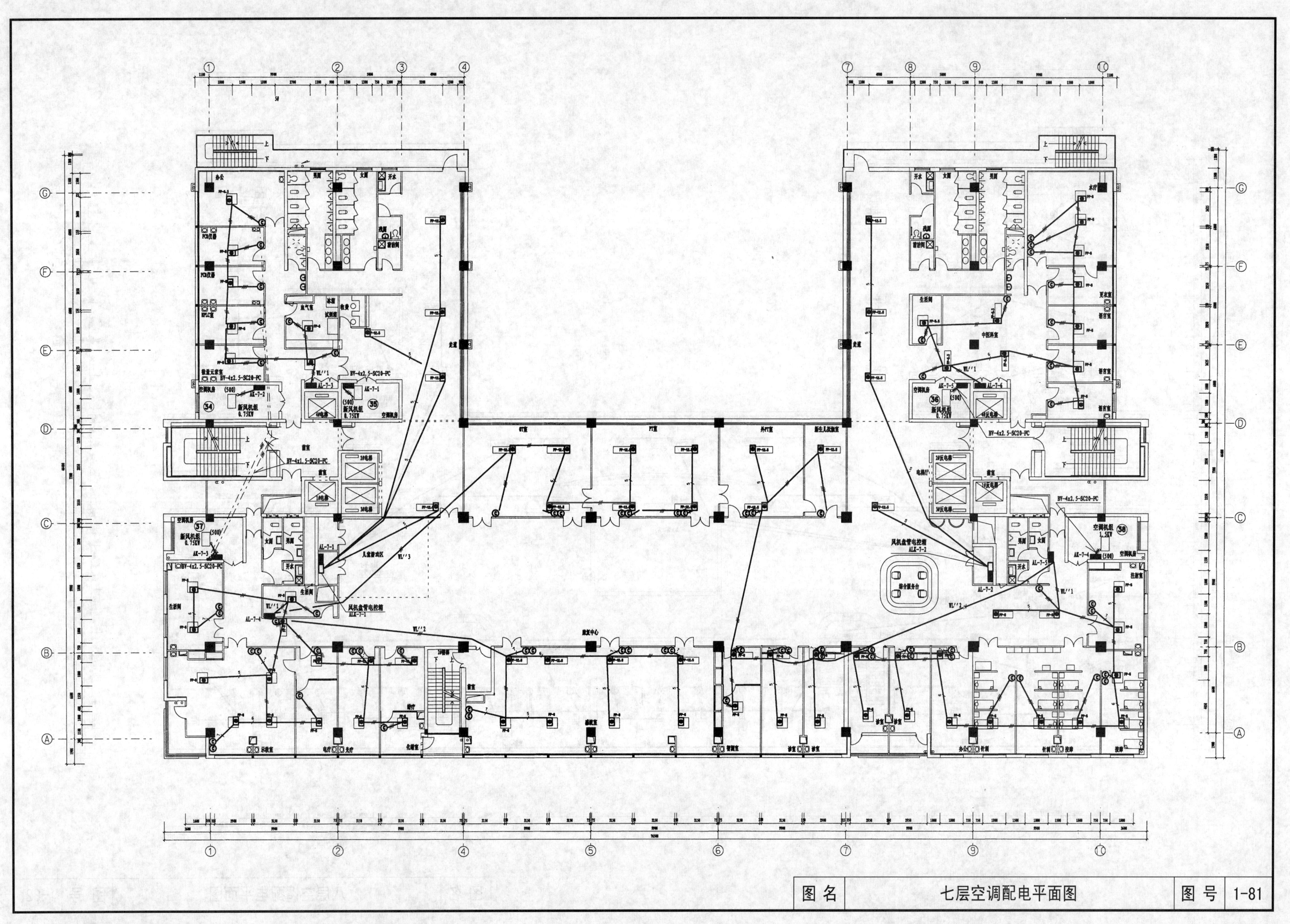

图名	七层空调配电平面图	图号	1-81

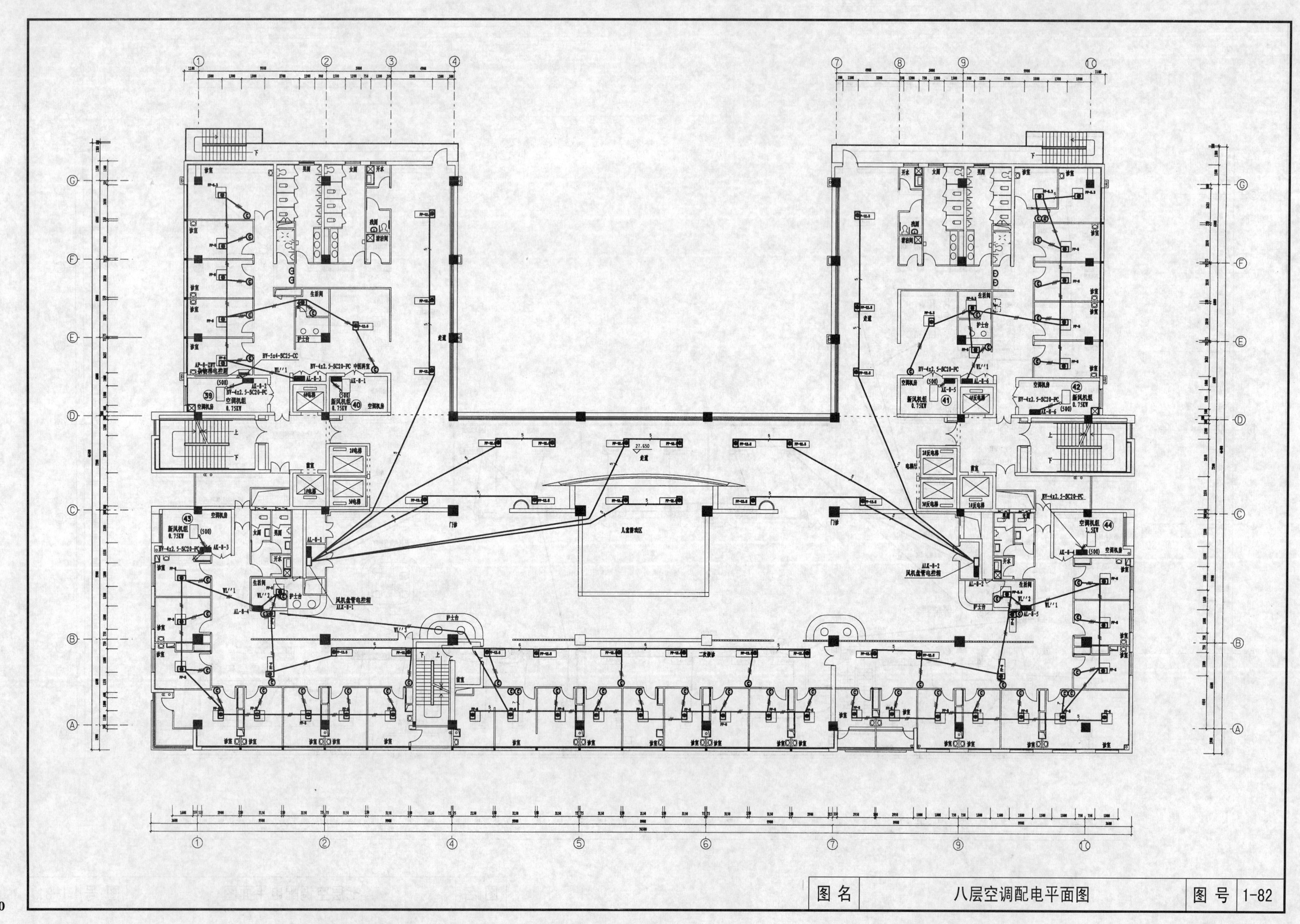
八层空调配电平面图
图名
图号
1-82

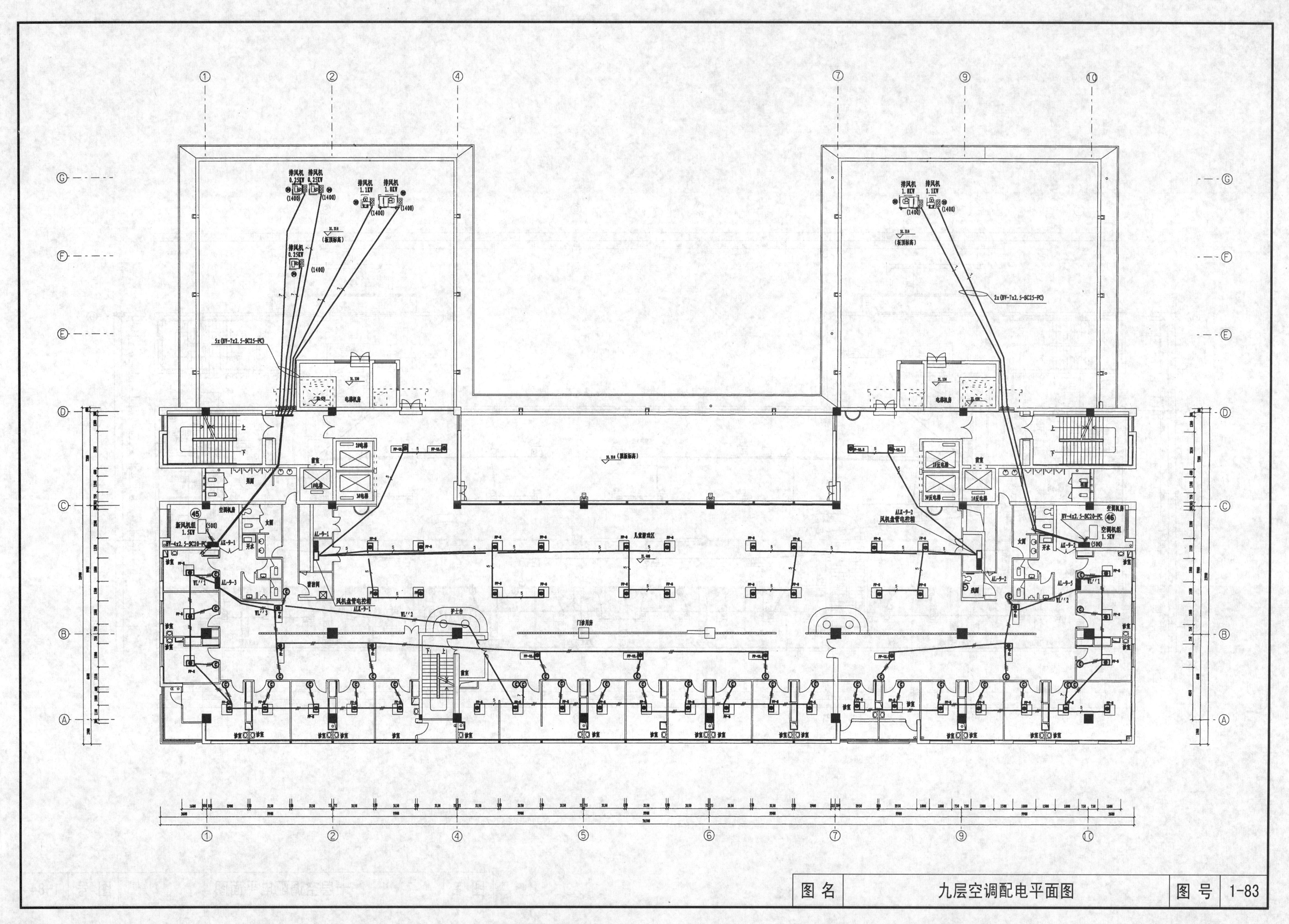

图名	九层空调配电平面图	图号	1-83

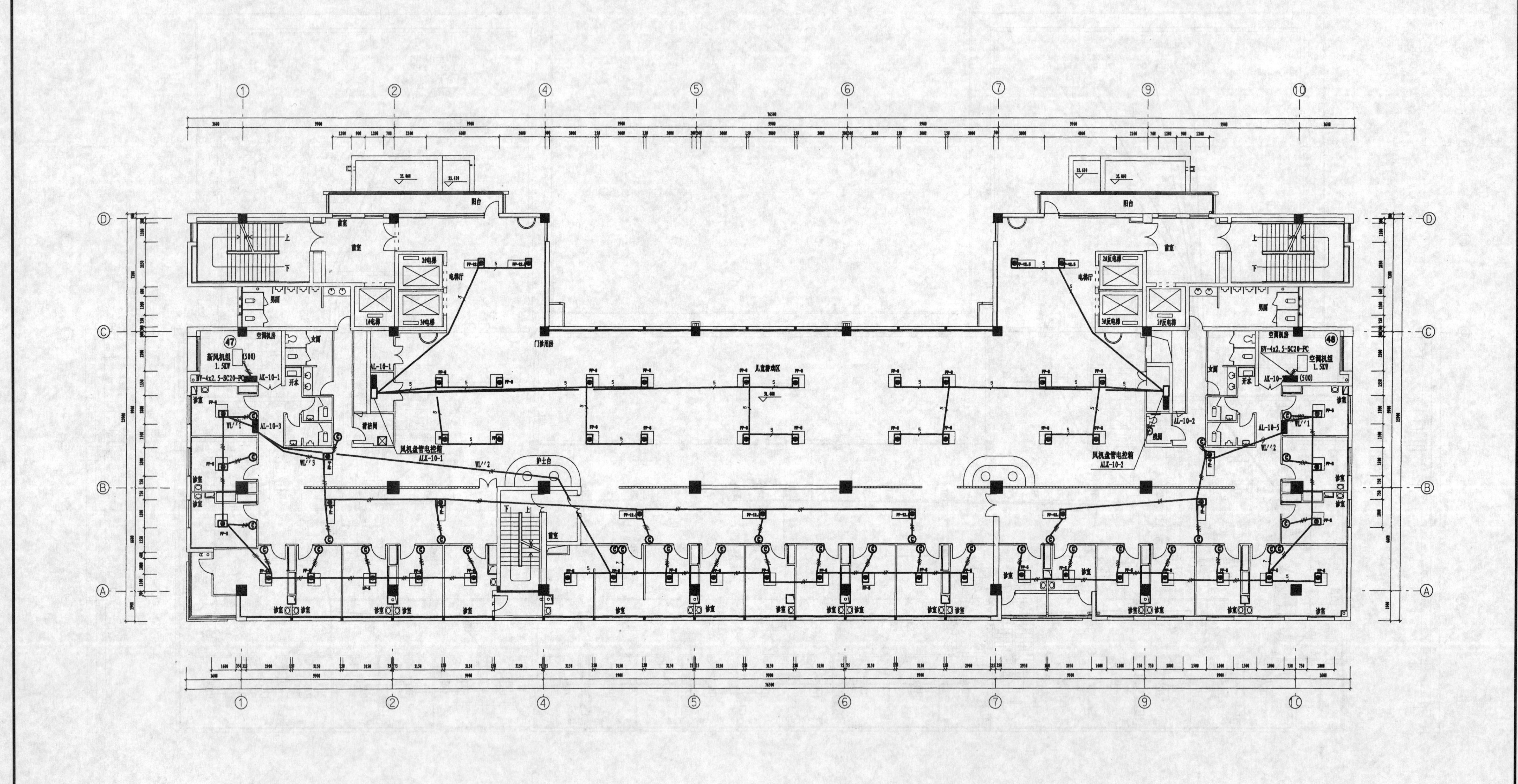

图名	十层空调配电平面图	图号	1-84

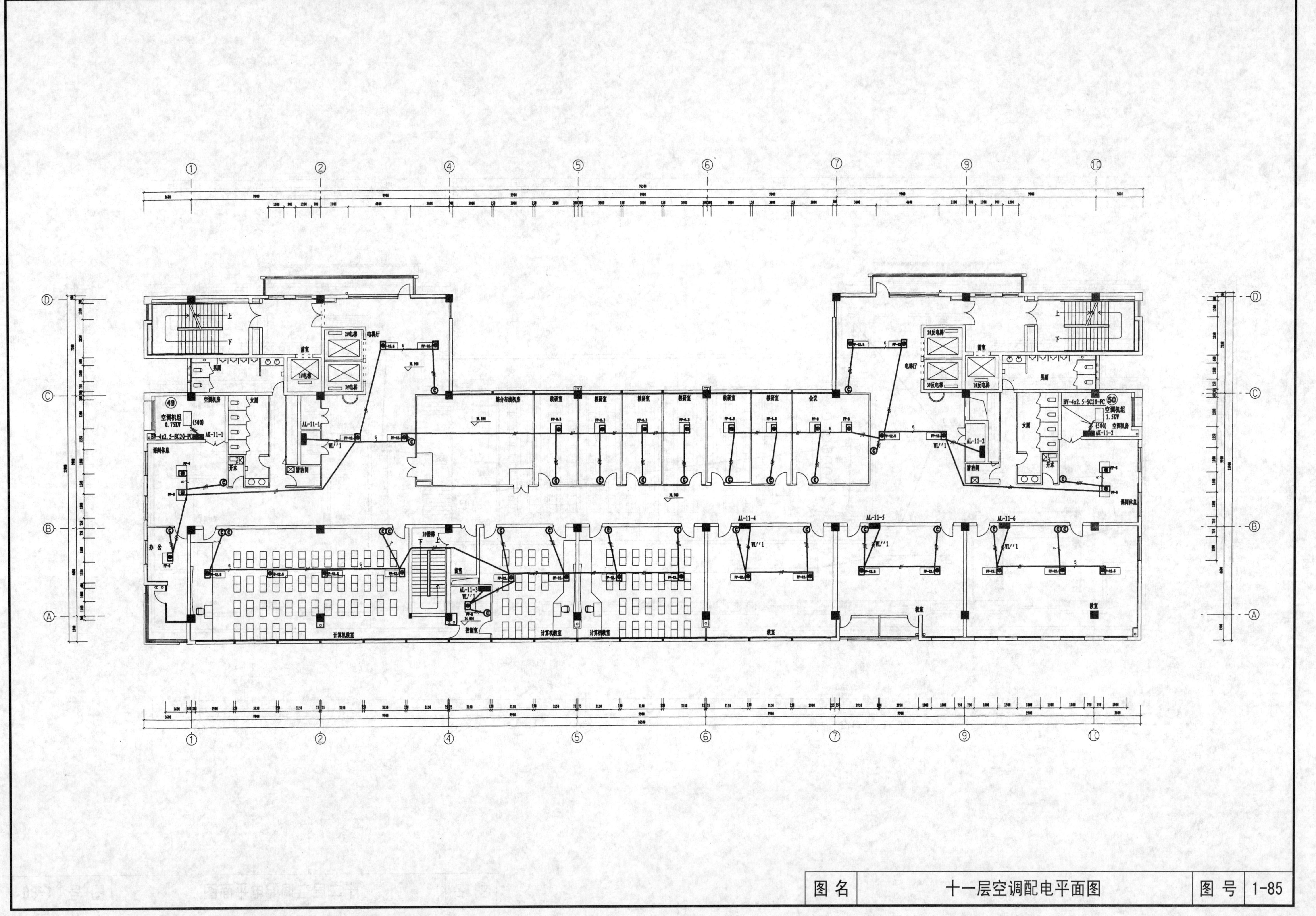

图名	十一层空调配电平面图	图号	1-85

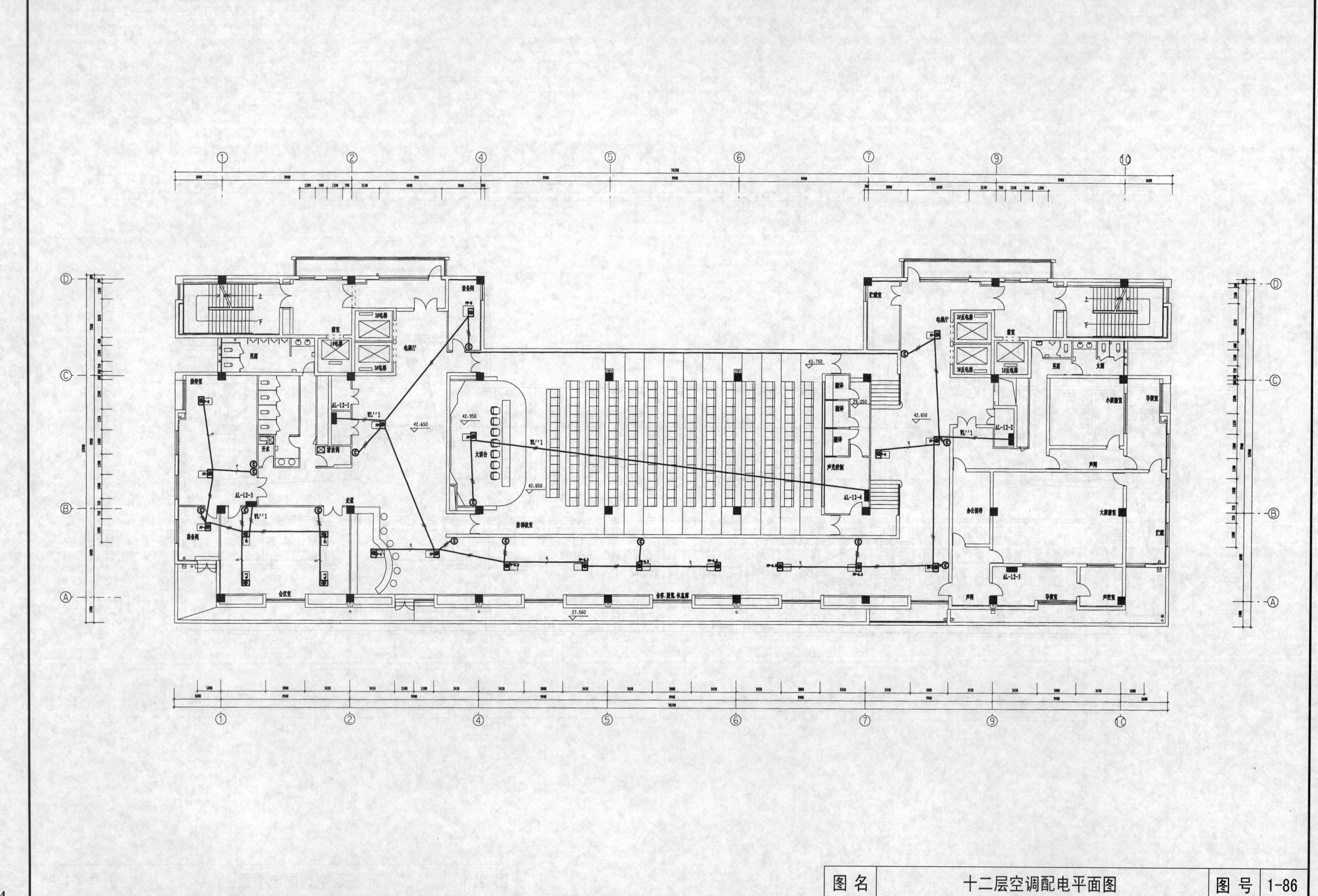

图名	十二层空调配电平面图	图号	1-86

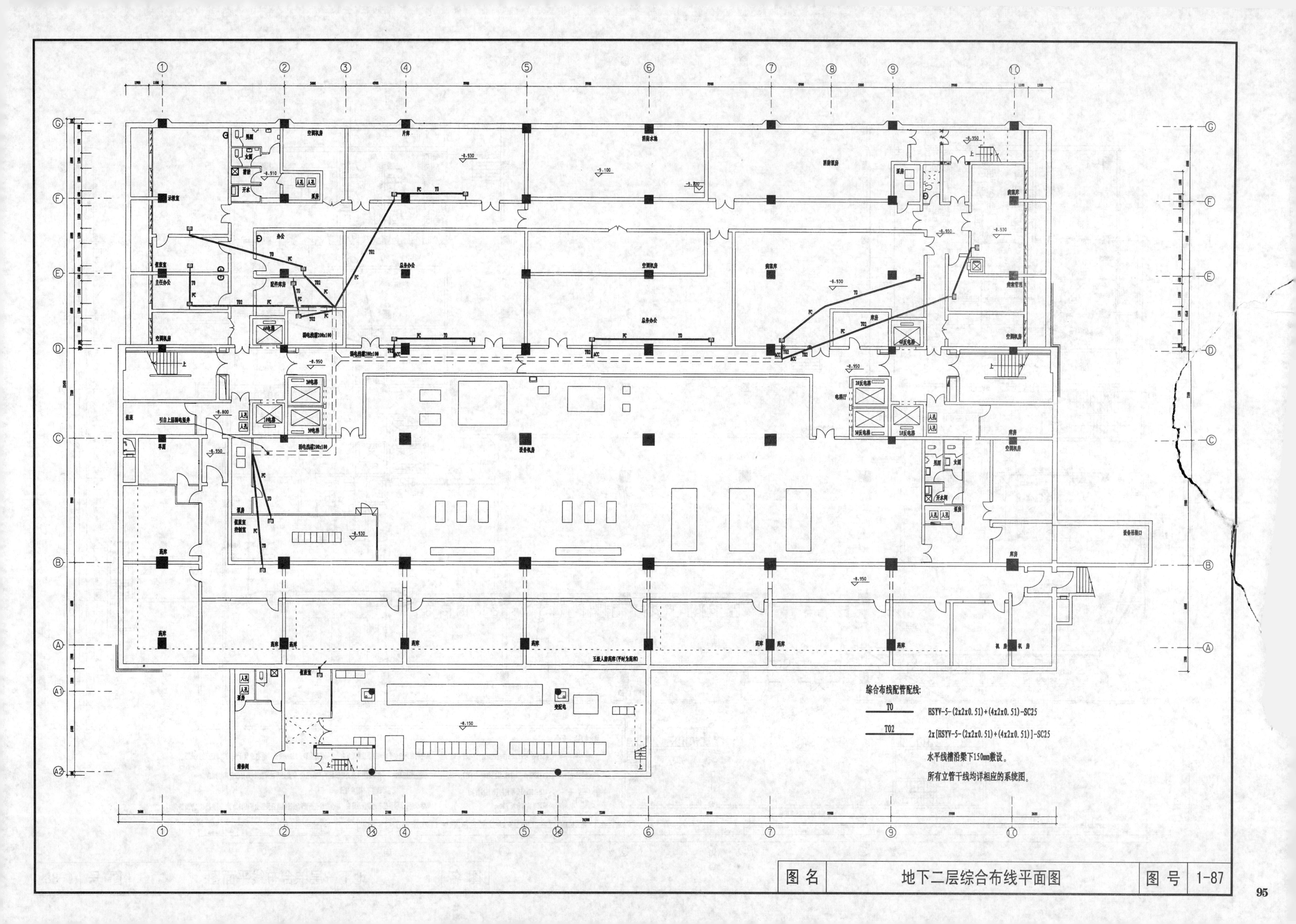
综合布线配管配线:
TO
HSYV-5-(2x2x0.51)+(4x2x0.51)-SC25
TO2
2x[HSYV-5-(2x2x0.51)+(4x2x0.51)]-SC25
水平线槽沿梁下150mm敷设。
所有立管干线均详相应的系统图。
图名
地下二层综合布线平面图
图号
1-87

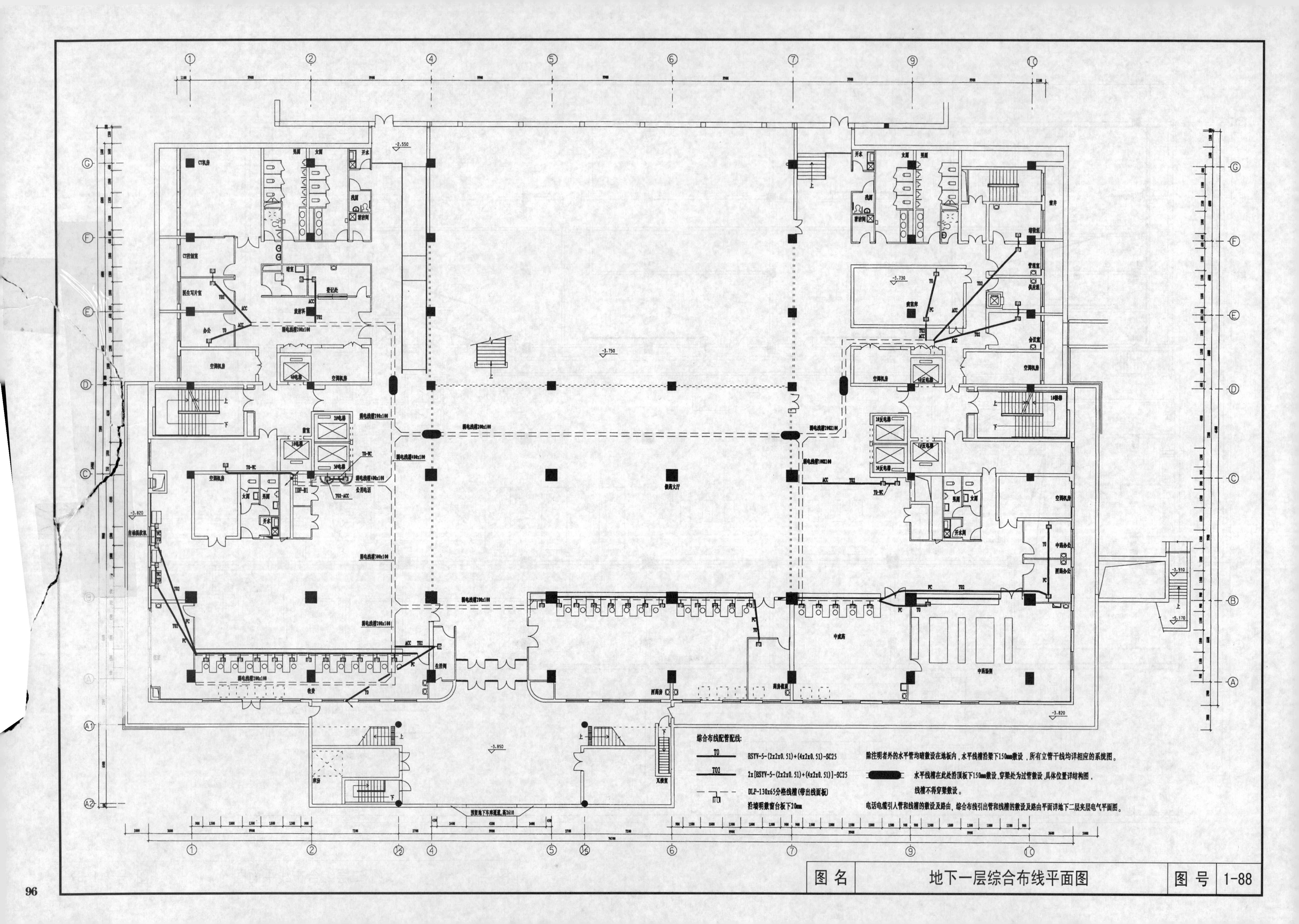
综合布线配管配线:
T0 HSYV-5-(2x2x0.51)+(4x2x0.51)-SC25
T02 2x[HSYV-5-(2x2x0.51)+(4x2x0.51)]-SC25
DLP-130x65分格线槽(带出线面板)
沿墙明敷窗台板下20mm
除注明者外的水平管均暗敷设在地板内，水平线槽沿梁下150mm敷设，所有立管干线均详相应的系统图。
水平线槽在此处沿顶板下150mm敷设，穿梁处为过管敷设，具体位置详结构图，
线槽不得穿梁敷设。
电话电缆引入管和线槽的敷设及路由，综合布线引出管和线槽的敷设及路由平面详地下二层夹层电气平面图。
图名
地下一层综合布线平面图
图号
1-88

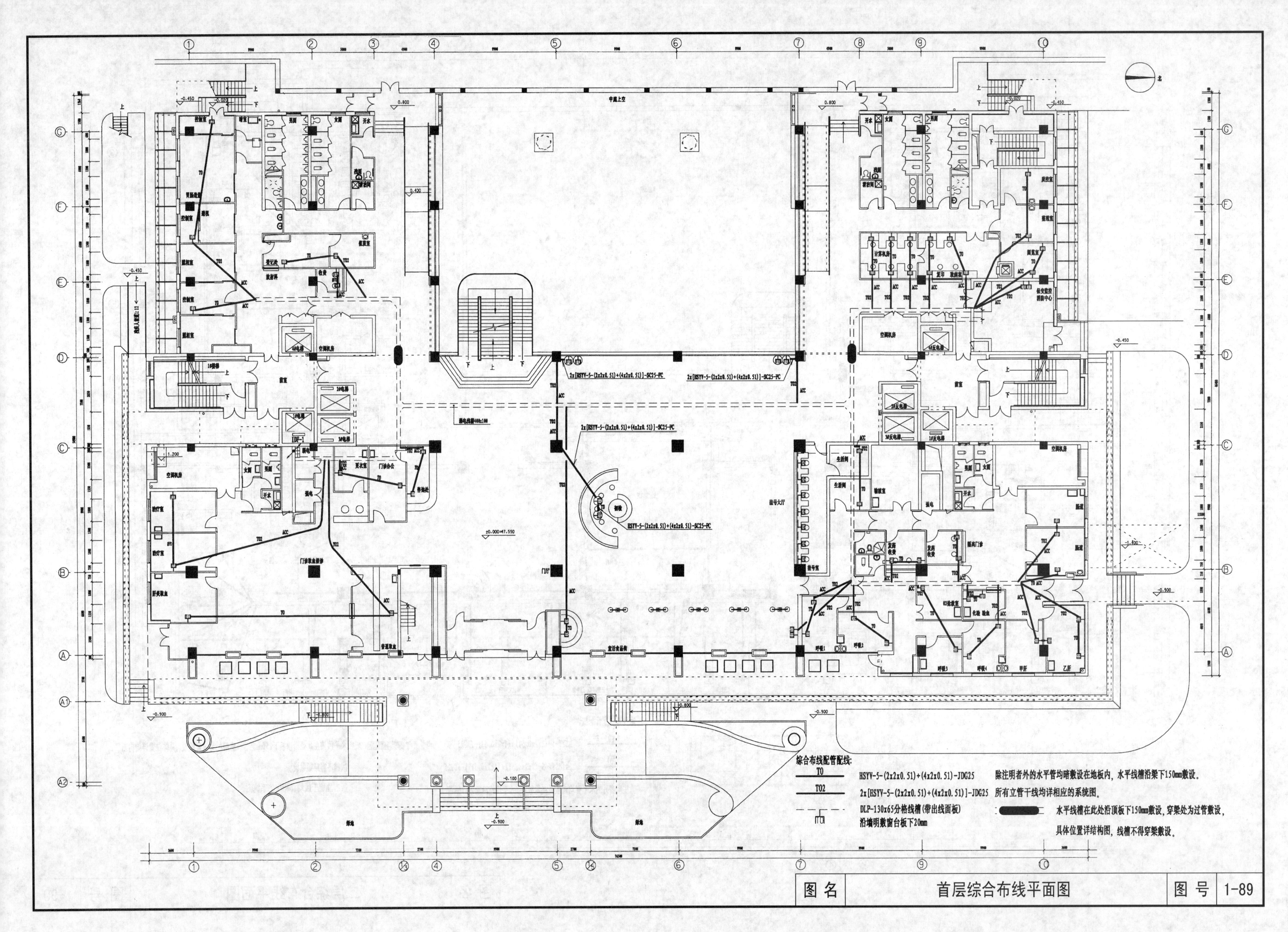

图名	首层综合布线平面图	图号	1-89

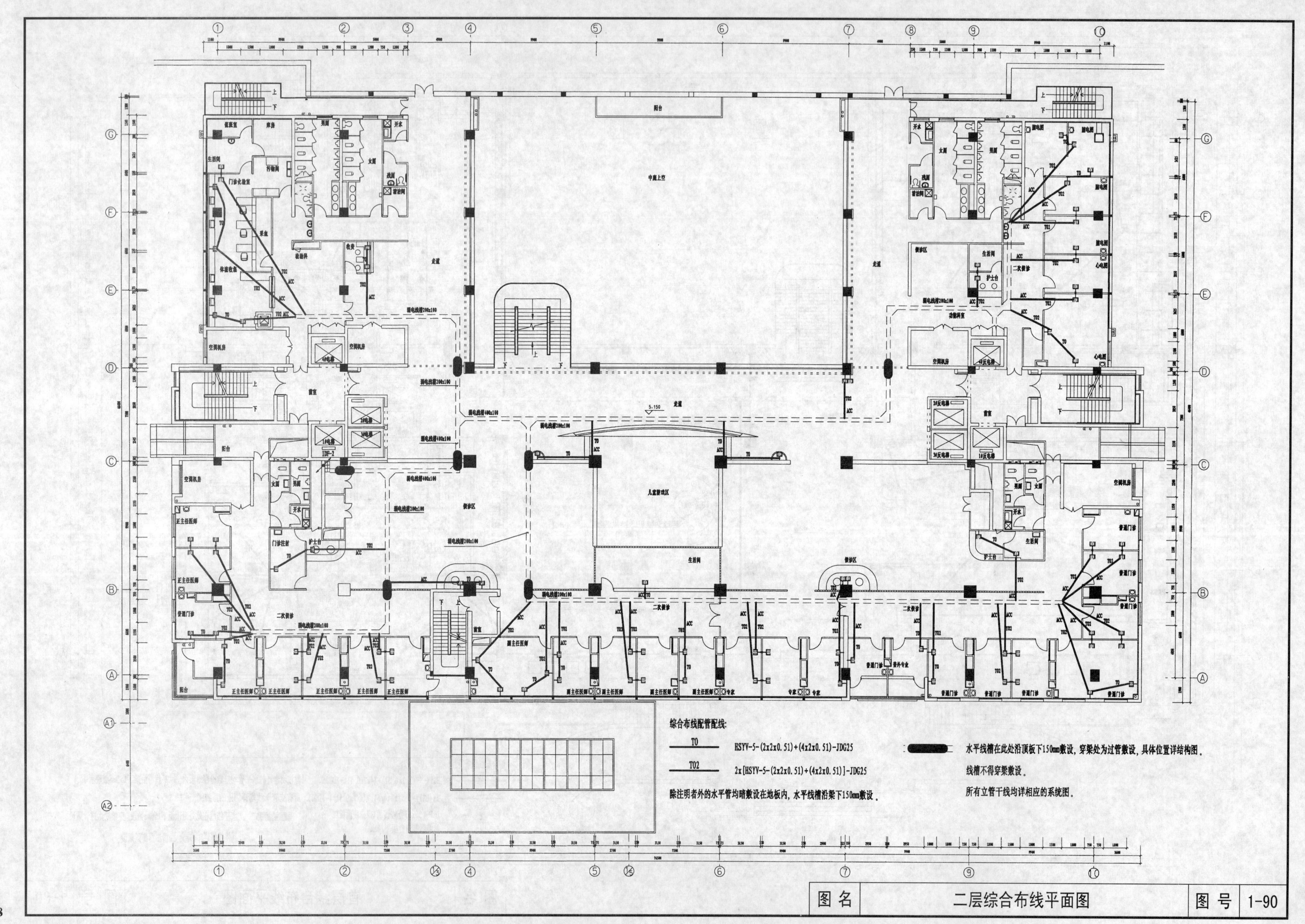
综合布线配管配线:
T0
HSYV-5-(2x2x0.51)+(4x2x0.51)-JDG25
T02
2x[HSYV-5-(2x2x0.51)+(4x2x0.51)]-JDG25
除注明者外的水平管均暗敷设在地板内，水平线槽沿梁下150mm敷设。
水平线槽在此处沿顶板下150mm敷设，穿梁处为过管敷设，具体位置详结构图。
线槽不得穿梁敷设。
所有立管干线均详相应的系统图。
中庭上空
走道
阳台
儿童游戏区
候诊区
二次候诊
生活间
护士台
空调机房
普通门诊
专家
正主任医师
副主任医师
图名
二层综合布线平面图
图号
1-90

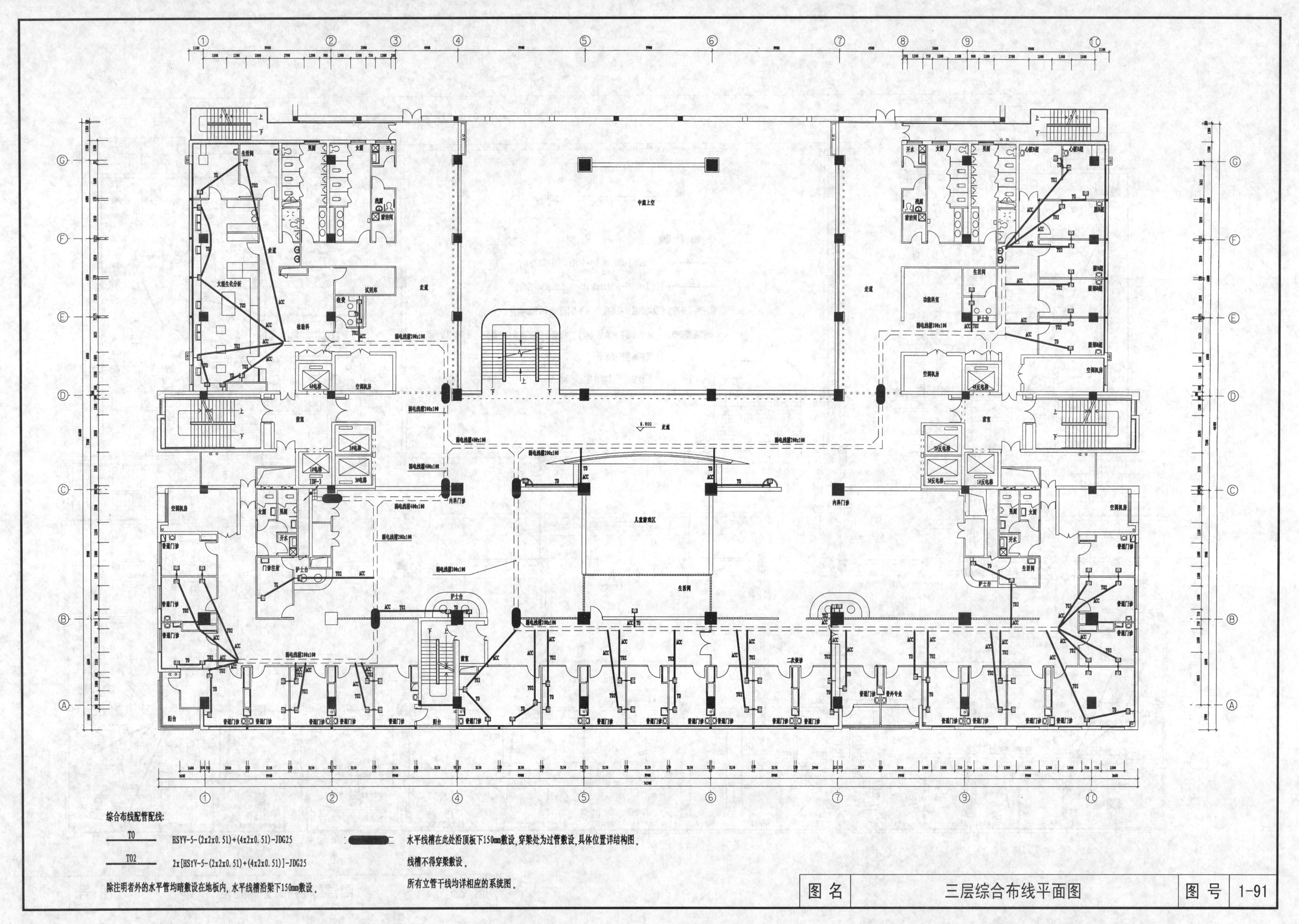

中庭上空
走道
大堂
人流游戏区
生活间
护士台
内科门诊
普通门诊
弱电线槽200x100
弱电线槽400x100
综合布线配管配线:
T0
HSYV-5-(2x2x0.51)+(4x2x0.51)-JDG25
T02
2x[HSYV-5-(2x2x0.51)+(4x2x0.51)]-JDG25
除注明者外的水平管均暗敷设在地板内，水平线槽沿梁下150mm敷设。
水平线槽在此处沿顶板下150mm敷设，穿梁处为过管敷设，具体位置详结构图。
线槽不得穿梁敷设。
所有立管干线均详相应的系统图。
图名
三层综合布线平面图
图号
1-91

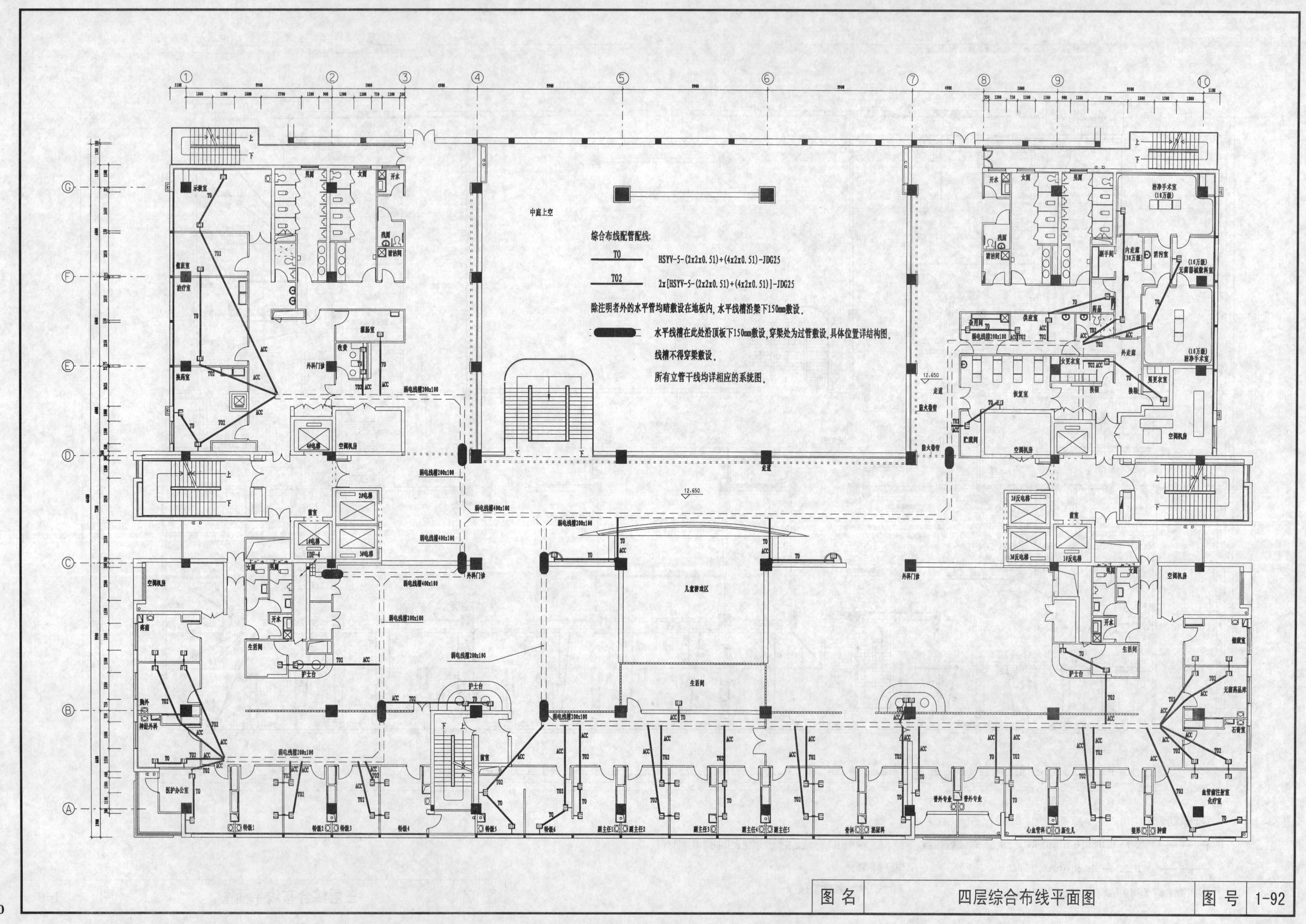

图名	四层综合布线平面图	图号	1-92

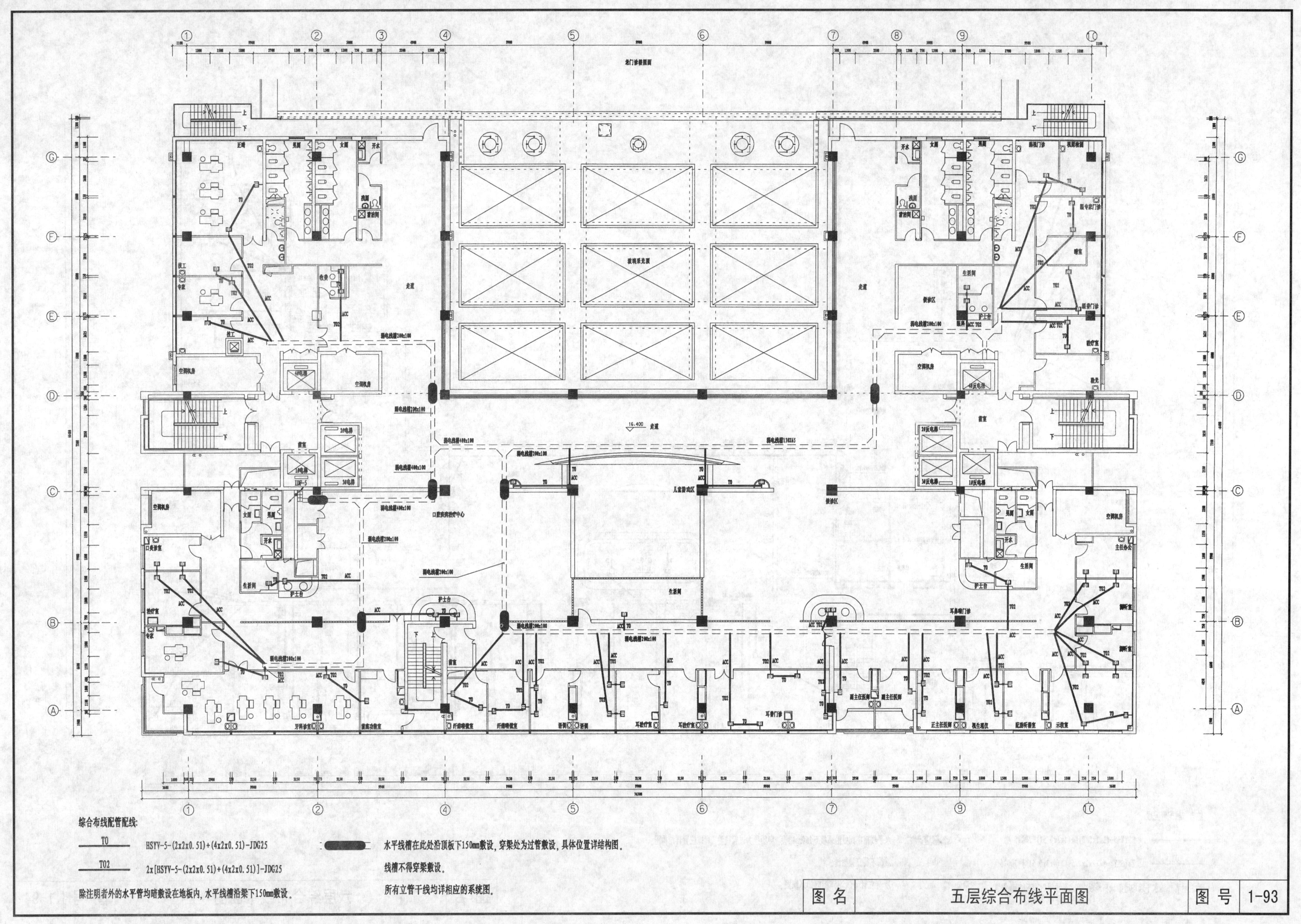
综合布线配管配线:
T0
HSYV-5-(2x2x0.51)+(4x2x0.51)-JDG25
T02
2x[HSYV-5-(2x2x0.51)+(4x2x0.51)]-JDG25
除注明者外的水平管均暗敷设在地板内，水平线槽沿梁下150mm敷设。
水平线槽在此处沿顶板下150mm敷设，穿梁处为过管敷设，具体位置详结构图。
线槽不得穿梁敷设。
所有立管干线均详相应的系统图。
图名
五层综合布线平面图
图号
1-93

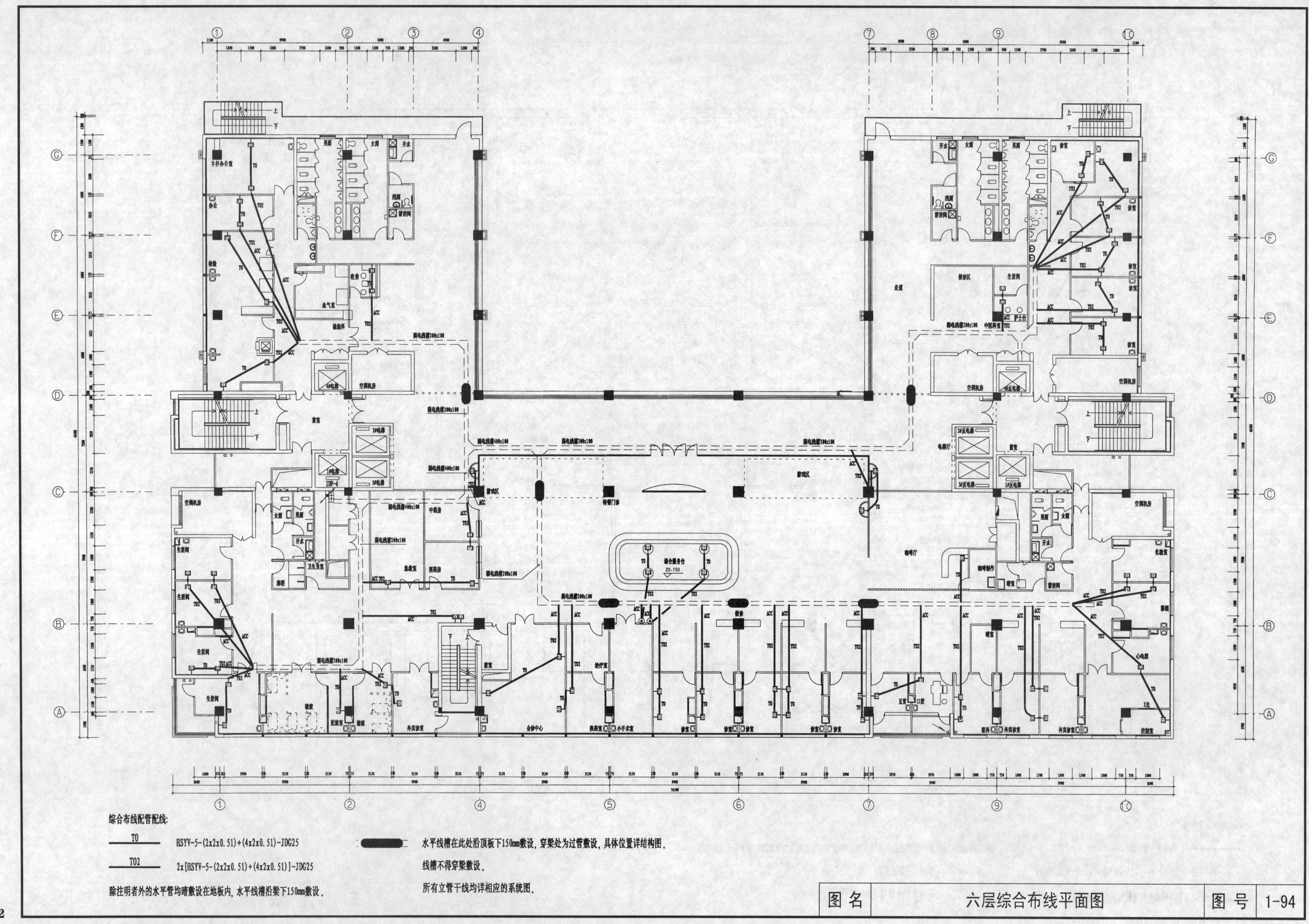
综合布线配管配线:
T0 HSYV-5-(2x2x0.51)+(4x2x0.51)-JDG25
T02 2x[HSYV-5-(2x2x0.51)+(4x2x0.51)]-JDG25
除注明者外的水平管均暗敷设在地板内，水平线槽沿梁下150mm敷设。
水平线槽在此处沿顶板下150mm敷设，穿梁处为过管敷设，具体位置详结构图。
线槽不得穿梁敷设。
所有立管干线均详相应的系统图。
图名
六层综合布线平面图
图号
1-94

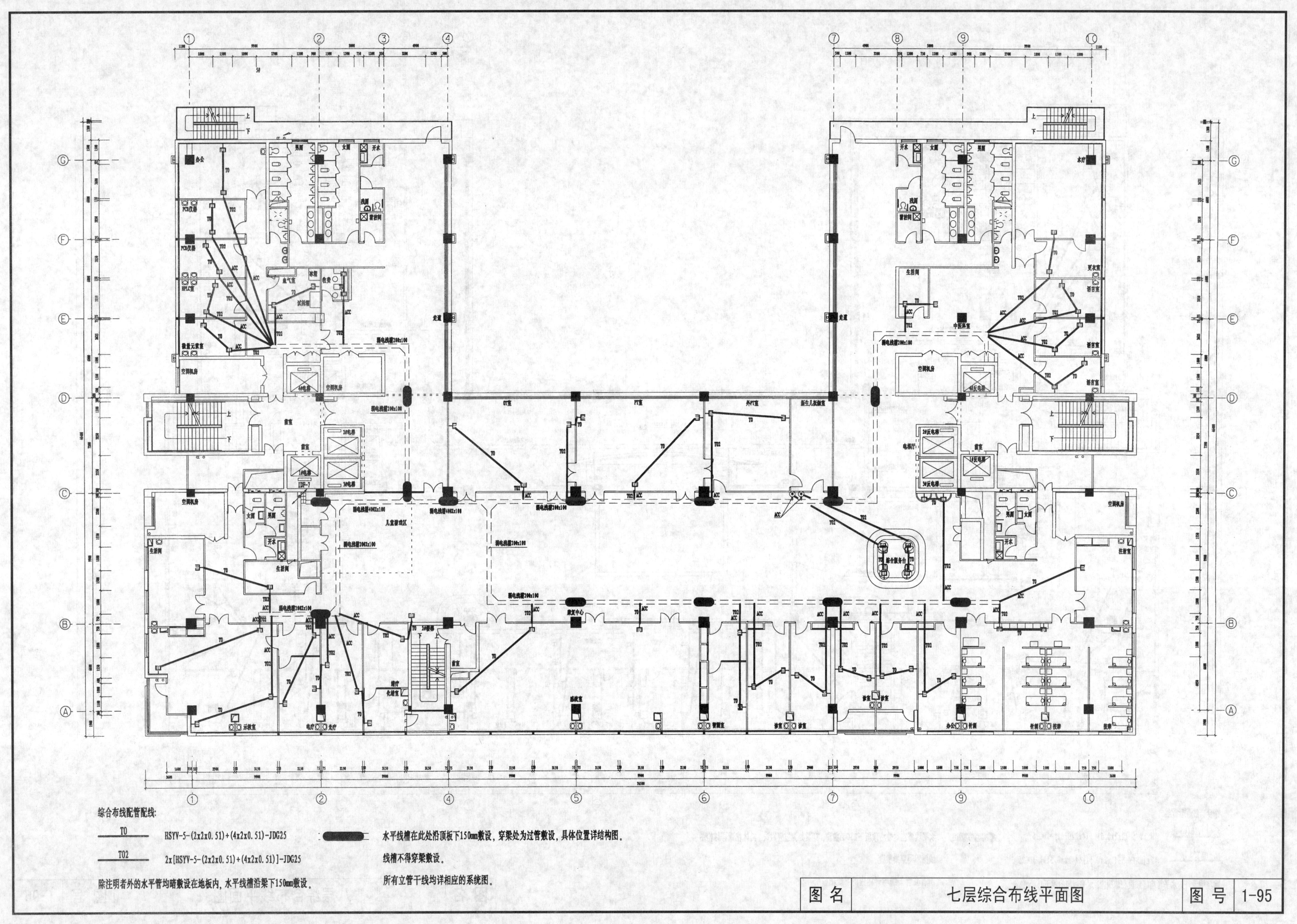
综合布线配管配线:
T0 HSYV-5-(2x2x0.51)+(4x2x0.51)-JDG25
T02 2x[HSYV-5-(2x2x0.51)+(4x2x0.51)]-JDG25
除注明者外的水平管均暗敷设在地板内，水平线槽沿梁下150mm敷设。
水平线槽在此处沿顶板下150mm敷设，穿梁处为过管敷设，具体位置详结构图。
线槽不得穿梁敷设。
所有立管干线均详相应的系统图。
图名 七层综合布线平面图
图号 1-95

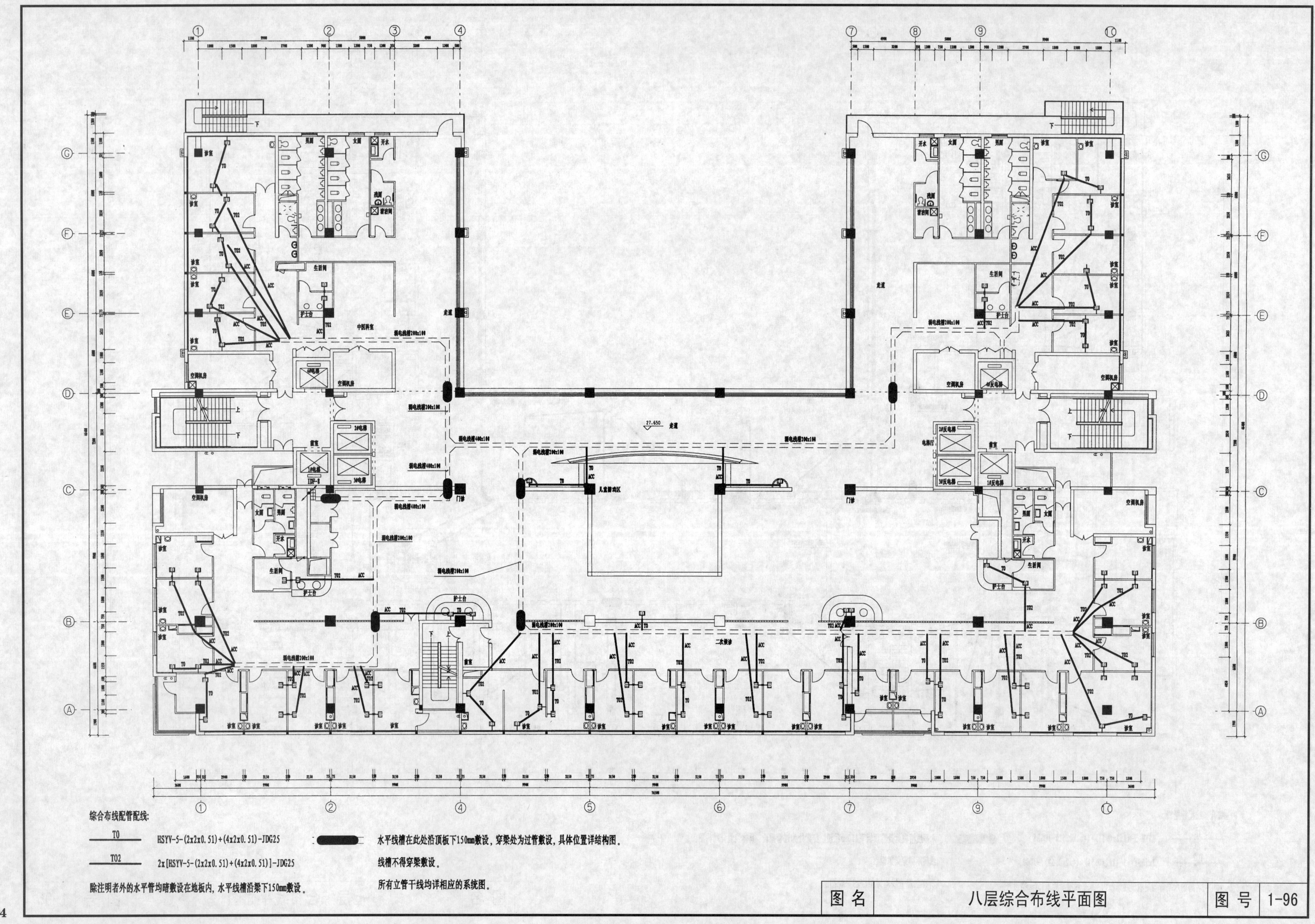
综合布线配管配线:
T0
HSYV-5-(2x2x0.51)+(4x2x0.51)-JDG25
T02
2x[HSYV-5-(2x2x0.51)+(4x2x0.51)]-JDG25
除注明者外的水平管均暗敷设在地板内,水平线槽沿梁下150mm敷设。
水平线槽在此处沿顶板下150mm敷设,穿梁处为过管敷设,具体位置详结构图。
线槽不得穿梁敷设。
所有立管干线均详相应的系统图。
图名
八层综合布线平面图
图号
1-96

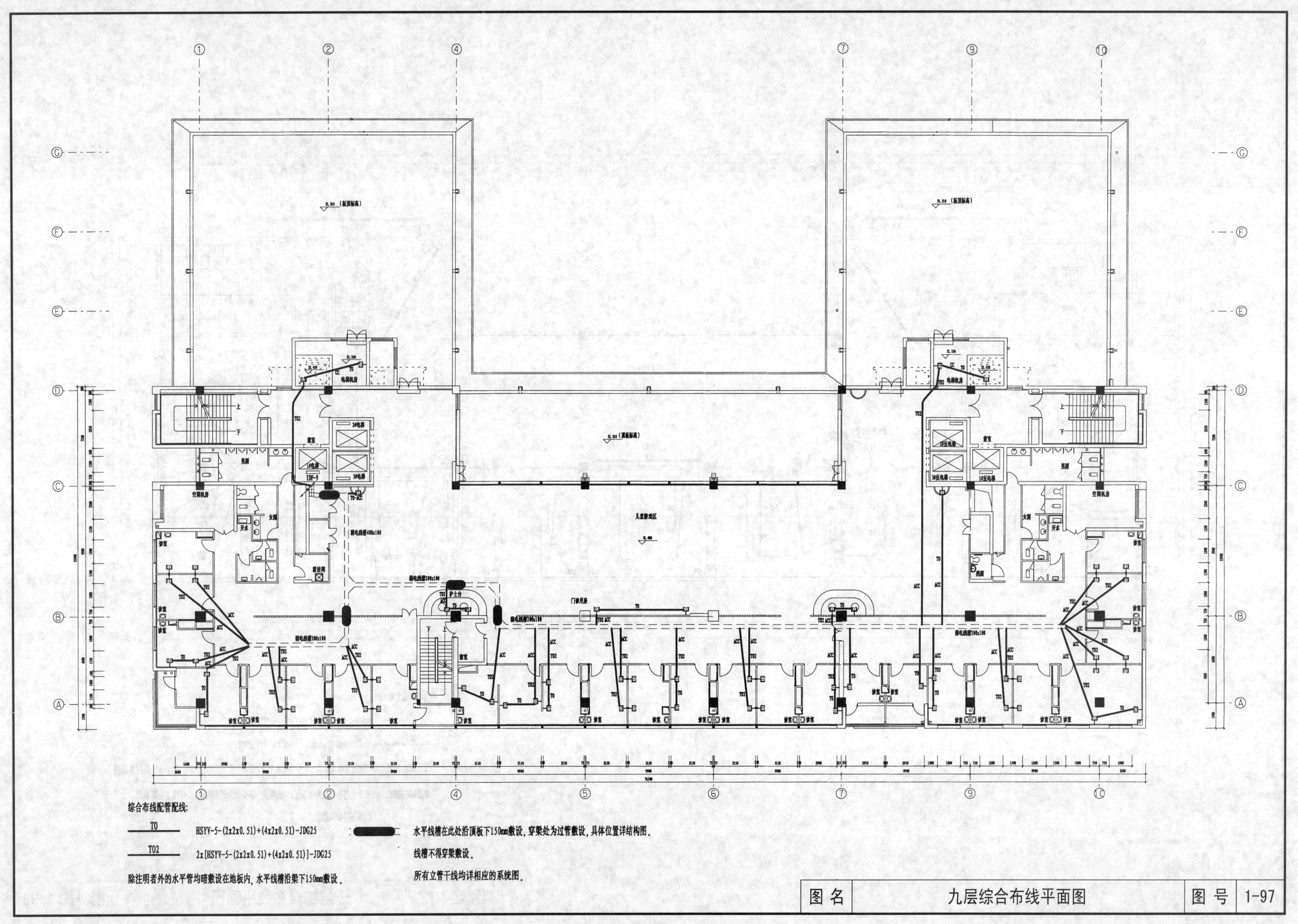

综合布线配管配线:
T0
HSYV-5-(2x2x0.51)+(4x2x0.51)-JDG25
T02
2x[HSYV-5-(2x2x0.51)+(4x2x0.51)]-JDG25
除注明者外的水平管均暗敷设在地板内，水平线槽沿梁下150mm敷设。
水平线槽在此处沿顶板下150mm敷设，穿梁处为过管敷设，具体位置详结构图。
线槽不得穿梁敷设。
所有立管干线均详相应的系统图。
图名
九层综合布线平面图
图号
1-97

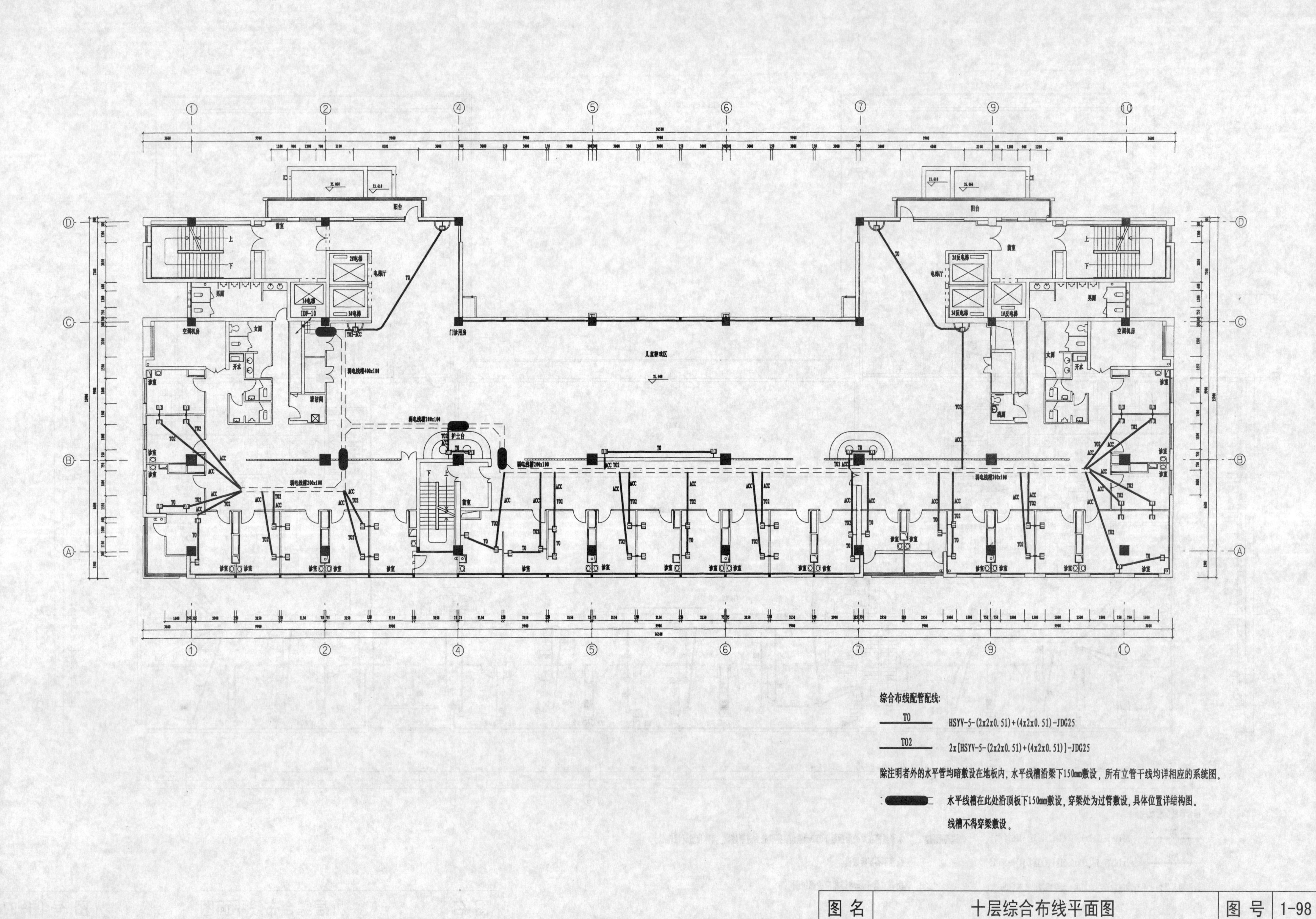

图名	十层综合布线平面图	图号	1-98

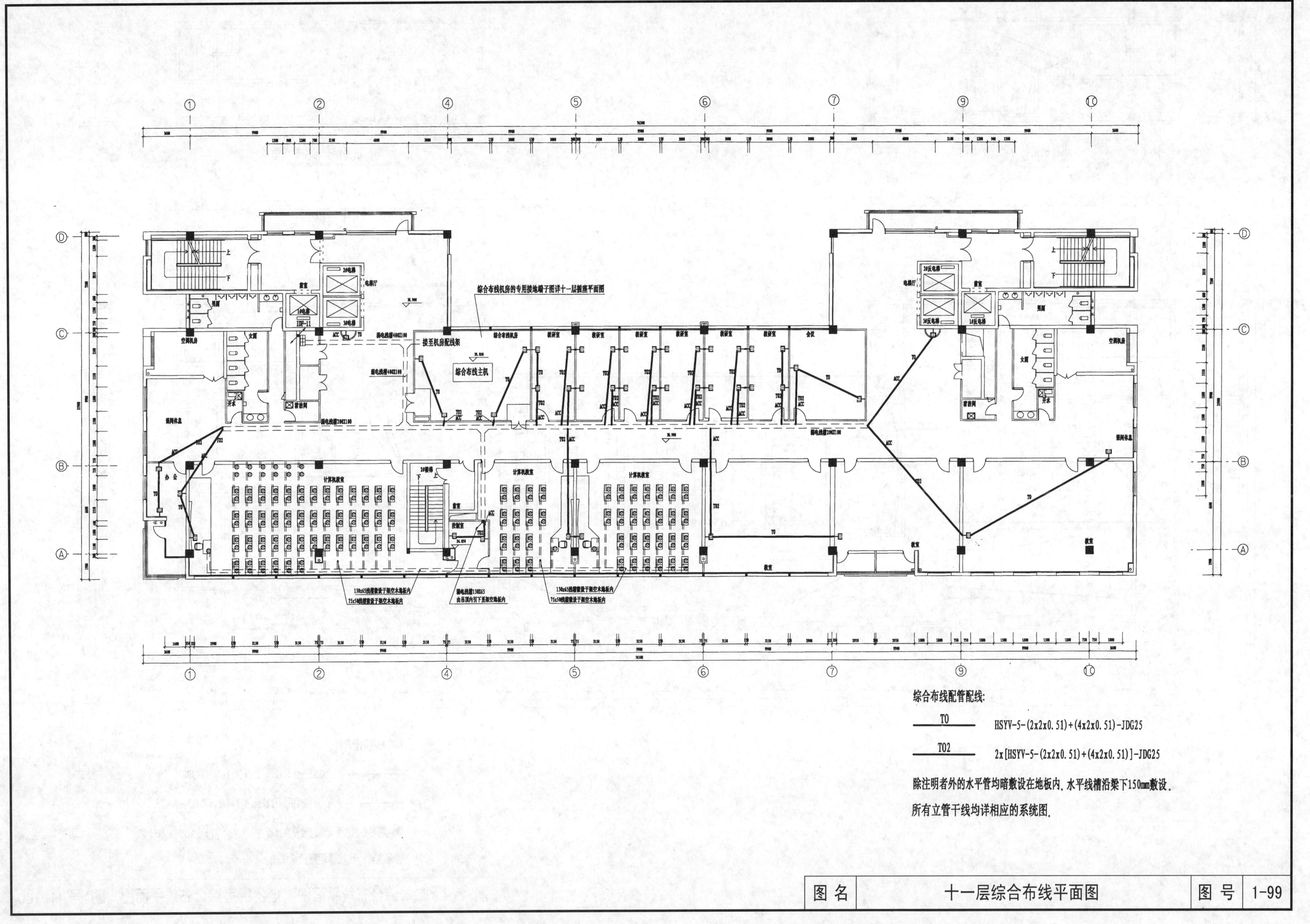
综合布线机房的专用接地端子图详十一层插座平面图
接至机房配线架
综合布线主机
综合布线配管配线:
T0
HSYV-5-(2x2x0.51)+(4x2x0.51)-JDG25
T02
2x[HSYV-5-(2x2x0.51)+(4x2x0.51)]-JDG25
除注明者外的水平管均暗敷设在地板内.水平线槽沿梁下150mm敷设.
所有立管干线均详相应的系统图.
图名
十一层综合布线平面图
图号
1-99

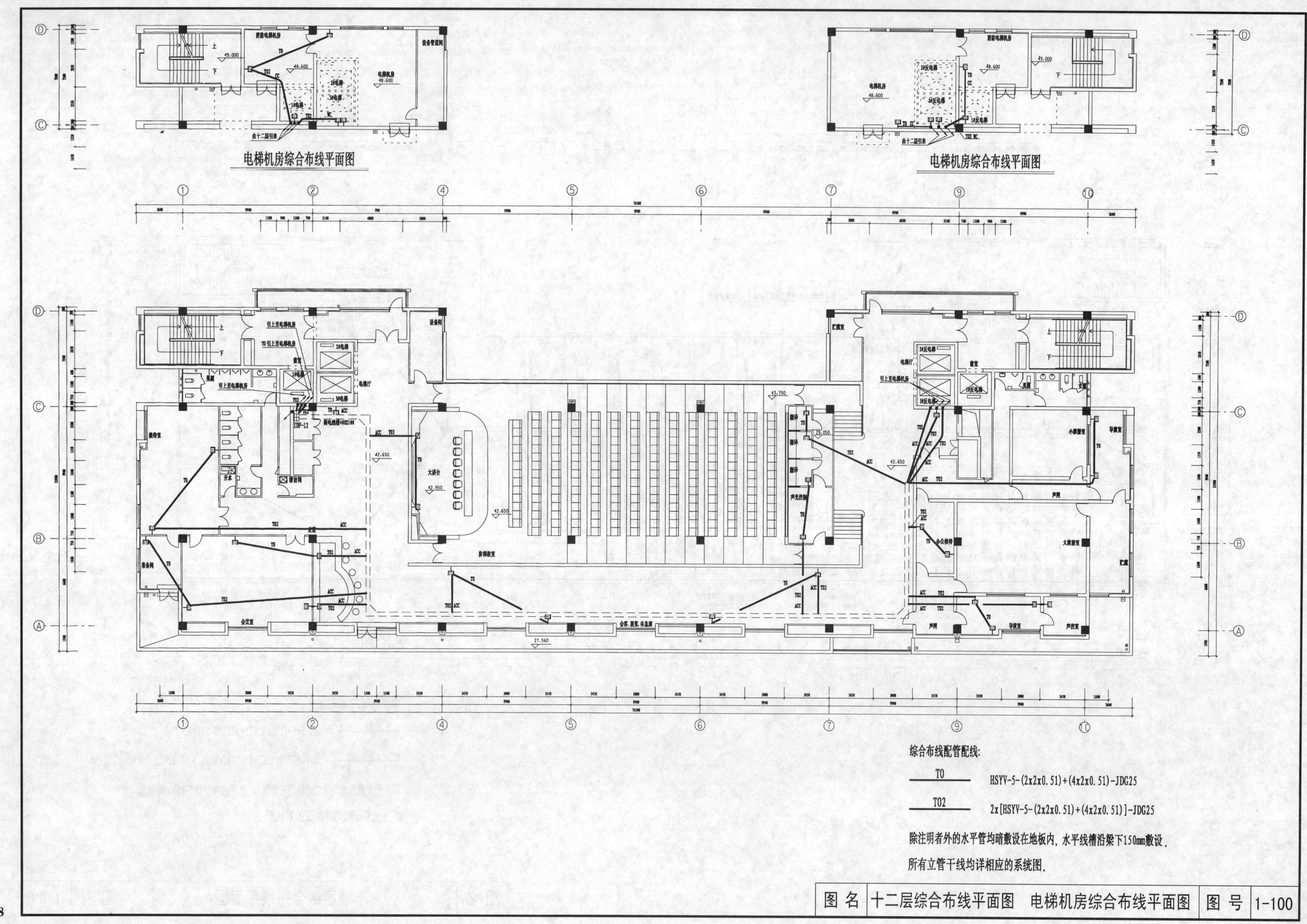
电梯机房综合布线平面图
电梯机房综合布线平面图
综合布线配管配线:
TO HSYV-5-(2x2x0.51)+(4x2x0.51)-JDG25
TO2 2x[HSYV-5-(2x2x0.51)+(4x2x0.51)]-JDG25
除注明者外的水平管均暗敷设在地板内，水平线槽沿梁下150mm敷设。
所有立管干线均详相应的系统图。
图名 十二层综合布线平面图 电梯机房综合布线平面图
图号 1-100

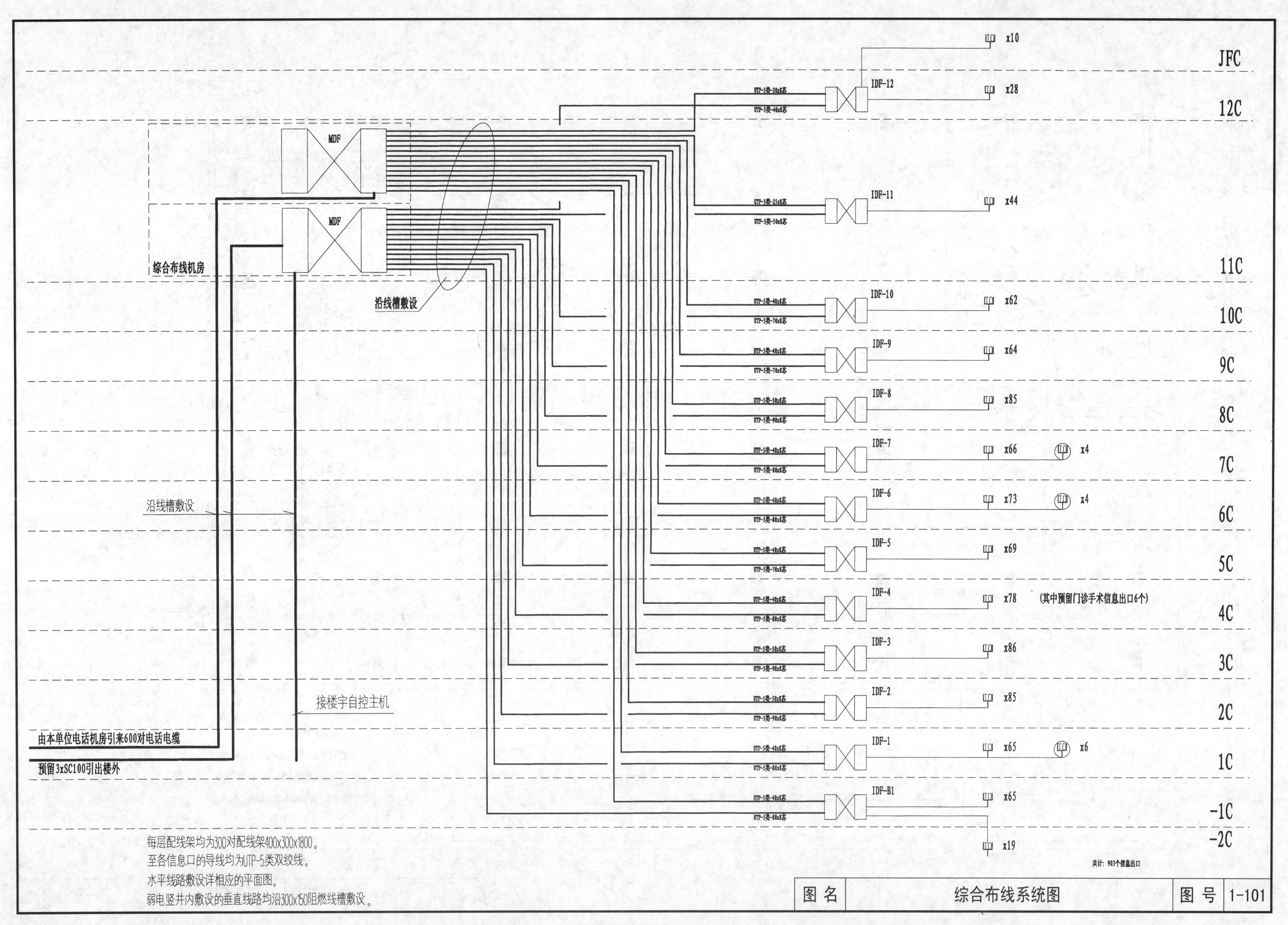
JFC
12C
11C
10C
9C
8C
7C
6C
5C
4C
3C
2C
1C
-1C
-2C
MDF
MDF
综合布线机房
沿线槽敷设
沿线槽敷设
接楼宇自控主机
由本单位电话机房引来600对电话电缆
预留3xSC100引出楼外
IDF-12
IDF-11
IDF-10
IDF-9
IDF-8
IDF-7
IDF-6
IDF-5
IDF-4
IDF-3
IDF-2
IDF-1
IDF-B1
x10
x28
x44
x62
x64
x85
x66
x4
x73
x4
x69
x78
(其中预留门诊手术信息出口6个)
x86
x85
x65
x6
x65
x19
共计：903个信息出口
每层配线架均为300对配线架400x300x1800。
至各信息口的导线均为UTP-5类双绞线。
水平线路敷设详相应的平面图。
弱电竖井内敷设的垂直线路均沿300x150阻燃线槽敷设。
图名
综合布线系统图
图号
1-101

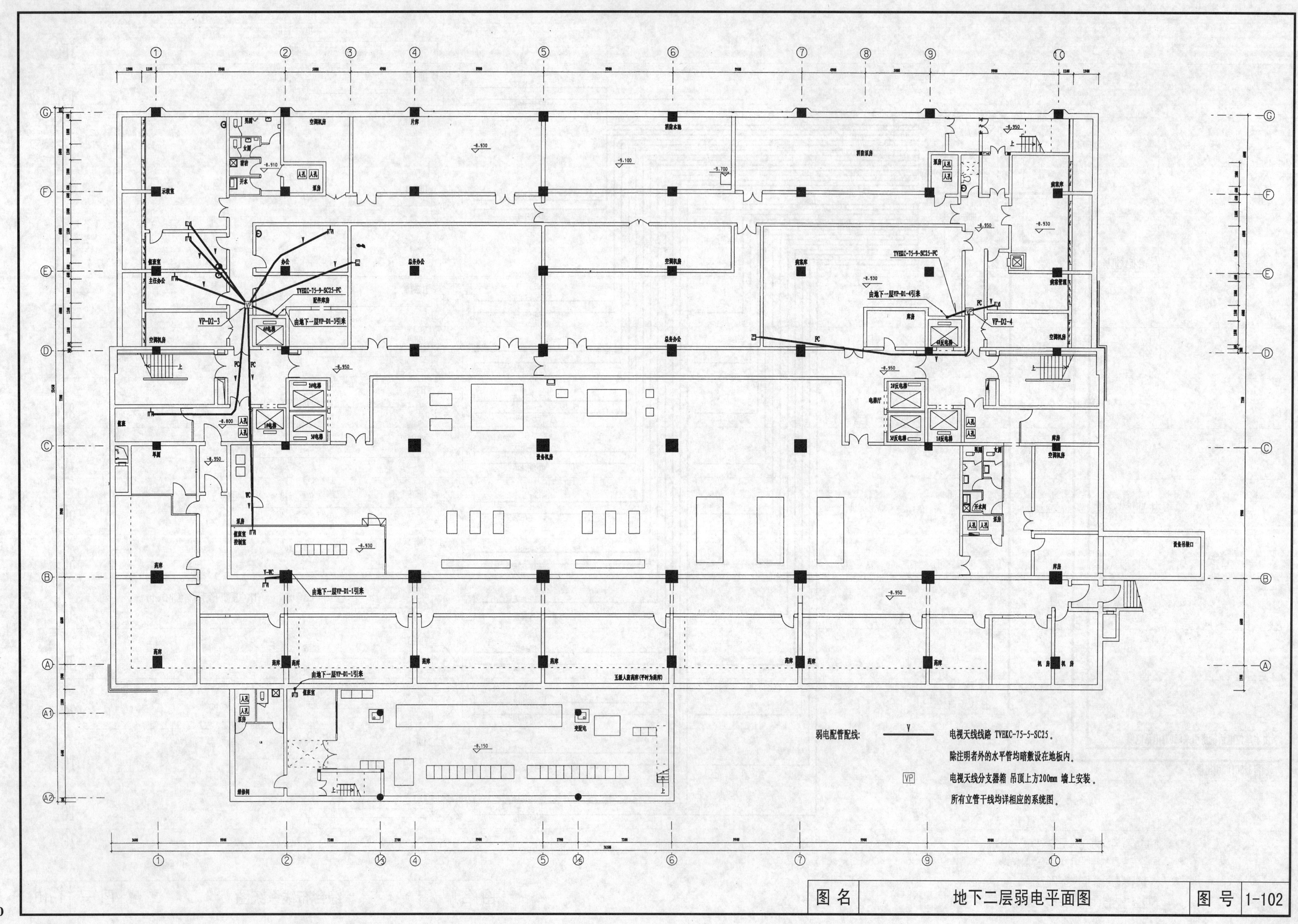
弱电配管配线:
电视天线线路 TVEKC-75-5-SC25。
除注明者外的水平管均暗敷设在地板内。
VP
电视天线分支器箱 吊顶上方200mm 墙上安装。
所有立管干线均详相应的系统图。
TVEKC-75-9-SC25-FC
VP-D2-3
VP-D2-4
由地下一层VP-D1-3引来
由地下一层VP-D1-4引来
由地下一层VP-D1-1引来
设备机房
设备吊装口
图名
地下二层弱电平面图
图号
1-102

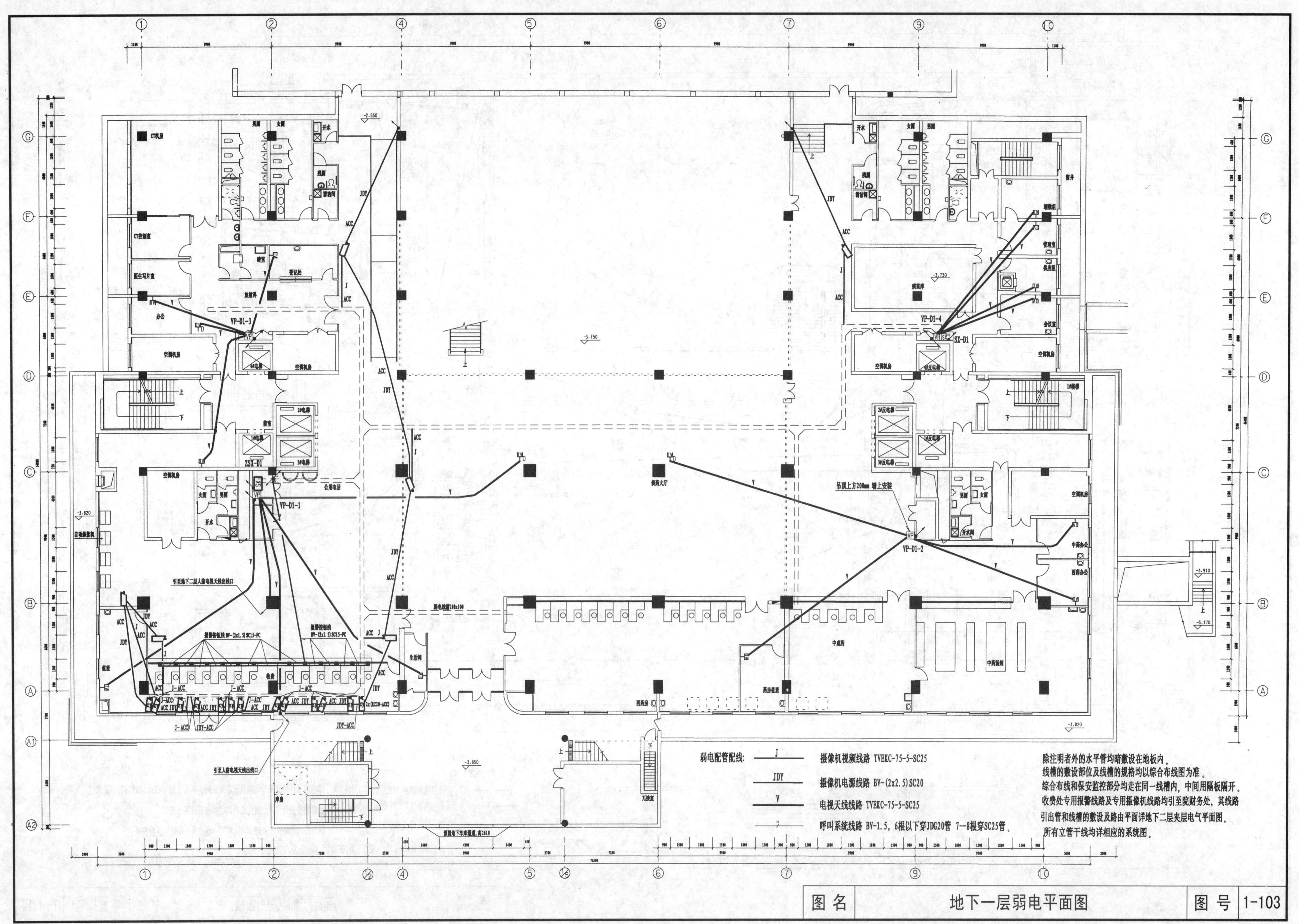
弱电配管配线:
J 摄像机视频线路 TVEKC-75-5-SC25
JDY 摄像机电源线路 BV-(2x2.5)SC20
V 电视天线线路 TVEKC-75-5-SC25
? 呼叫系统线路 BV-1.5，6根以下穿JDG20管 7—8根穿SC25管。
除注明者外的水平管均暗敷设在地板内。
线槽的敷设部位及线槽的规格均以综合布线图为准。
综合布线和保安监控部分均走在同一线槽内，中间用隔板隔开。
收费处专用报警线路及专用摄像机线路均引至院财务处，其线路引出管和线槽的敷设及路由平面详地下二层夹层电气平面图。
所有立管干线均详相应的系统图。
VP-D1-1
VP-D1-2
VP-D1-3
VP-D1-4
ZSX-D1
SX-D1
引至地下二层人防电视天线出线口
引至人防电视天线出线口
吊顶上方200mm 墙上安装
弱电线槽200x100
图名
地下一层弱电平面图
图号
1-103

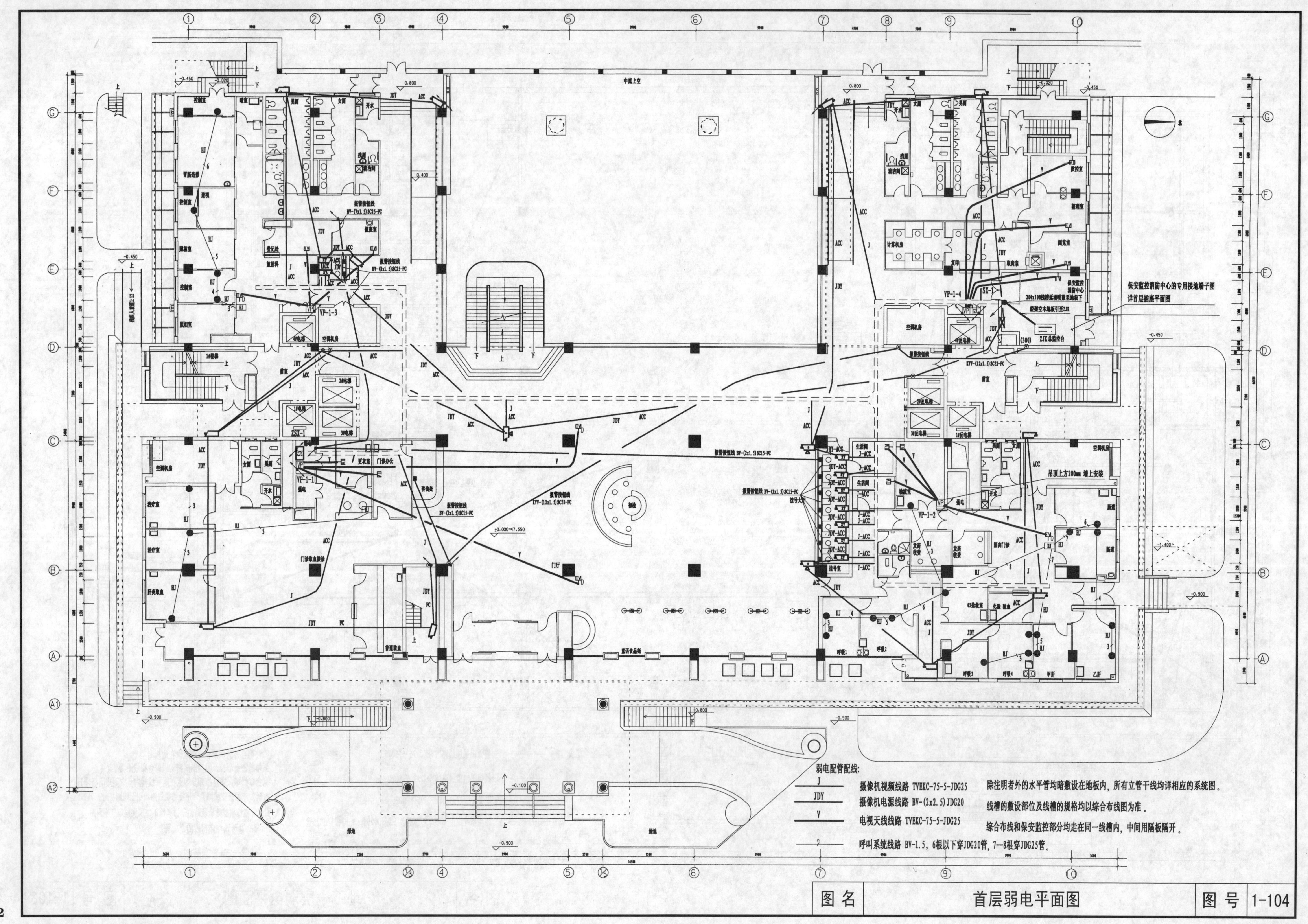

弱电配管配线:
J
摄像机视频线路 TVEKC-75-5-JDG25
JDY
摄像机电源线路 BV-(2x2.5)JDG20
V
电视天线线路 TVEKC-75-5-JDG25
呼叫系统线路 BV-1.5, 6根以下穿JDG20管, 7—8根穿JDG25管。
除注明者外的水平管均暗敷设在地板内, 所有立管干线均详相应的系统图。
线槽的敷设部位及线槽的规格均以综合布线图为准。
综合布线和保安监控部分均走在同一线槽内, 中间用隔板隔开。
保安监控消防中心的专用接地端子图详首层插座平面图
图名
首层弱电平面图
图号
1-104

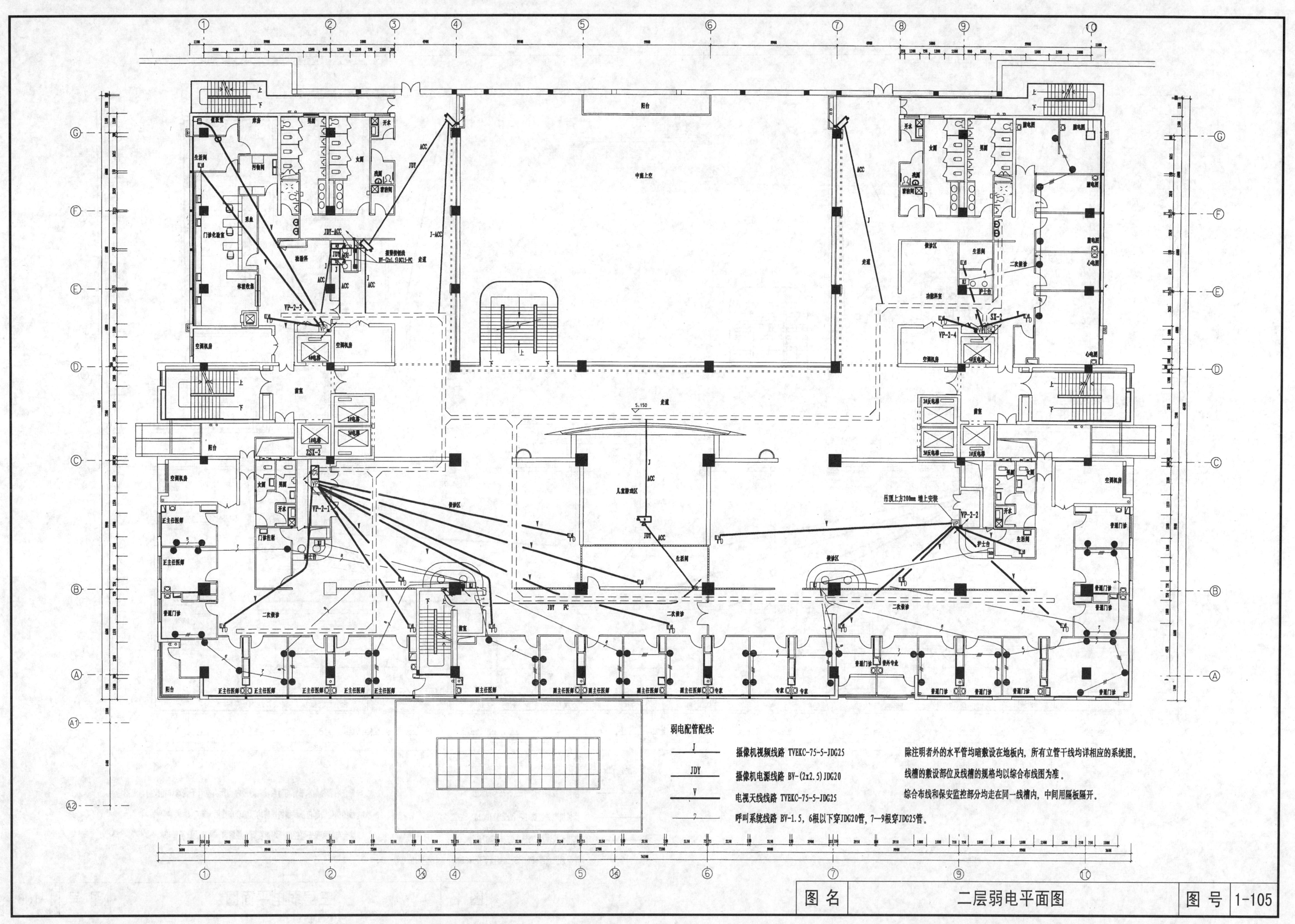
弱电配管配线:
J 摄像机视频线路 TVEKC-75-5-JDG25
JDY 摄像机电源线路 BV-(2x2.5)JDG20
V 电视天线线路 TVEKC-75-5-JDG25
呼叫系统线路 BV-1.5，6根以下穿JDG20管，7—9根穿JDG25管。
除注明者外的水平管均暗敷设在地板内，所有立管干线均详相应的系统图。
线槽的敷设部位及线槽的规格均以综合布线图为准。
综合布线和保安监控部分均走在同一线槽内，中间用隔板隔开。
图名
二层弱电平面图
图号
1-105

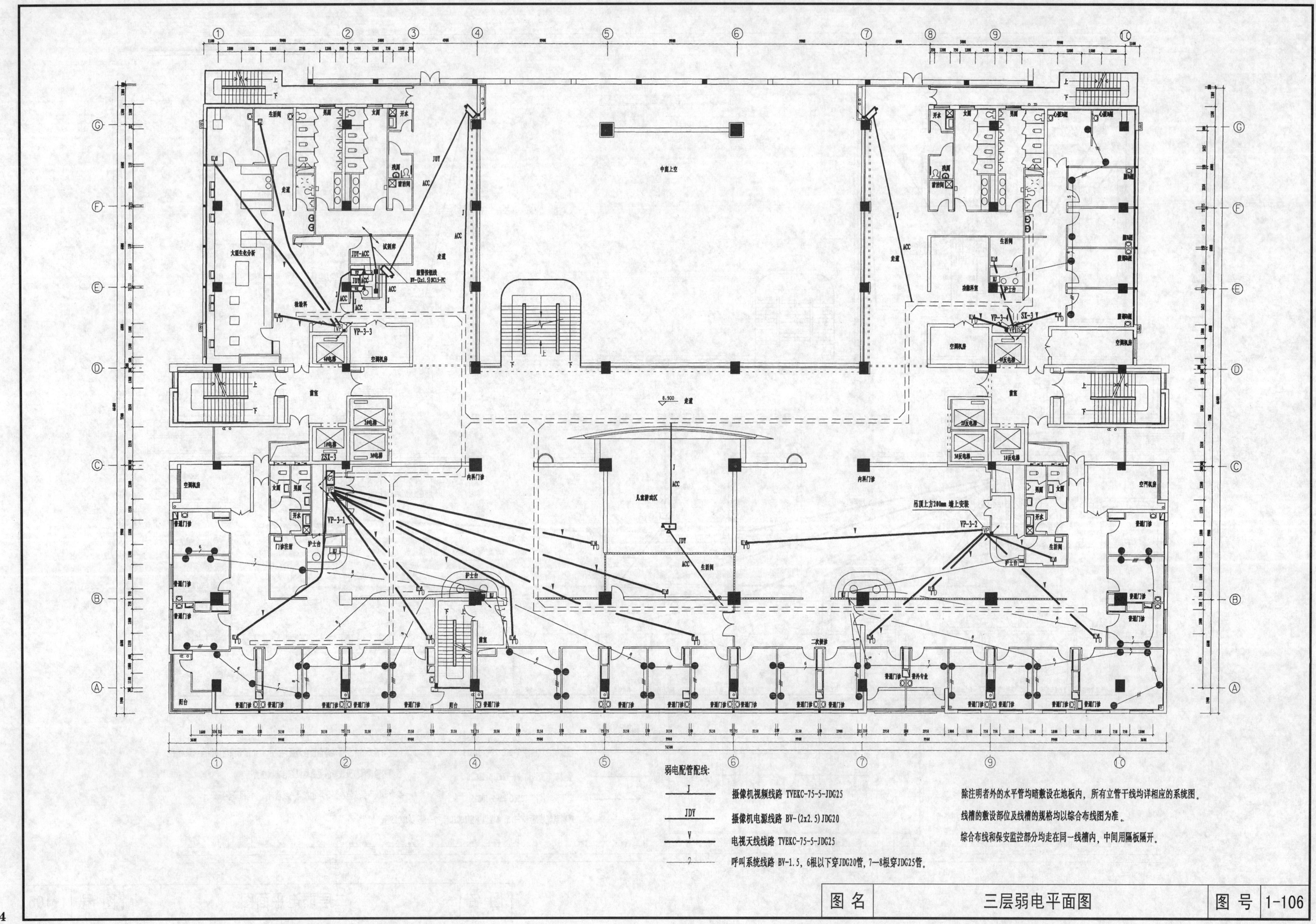
弱电配管配线:
J 摄像机视频线路 TVEKC-75-5-JDG25
JDY 摄像机电源线路 BV-(2x2.5)JDG20
V 电视天线线路 TVEKC-75-5-JDG25
? 呼叫系统线路 BV-1.5，6根以下穿JDG20管，7—8根穿JDG25管。
除注明者外的水平管均暗敷设在地板内，所有立管干线均详相应的系统图。
线槽的敷设部位及线槽的规格均以综合布线图为准。
综合布线和保安监控部分均走在同一线槽内，中间用隔板隔开。
图名
三层弱电平面图
图号
1-106

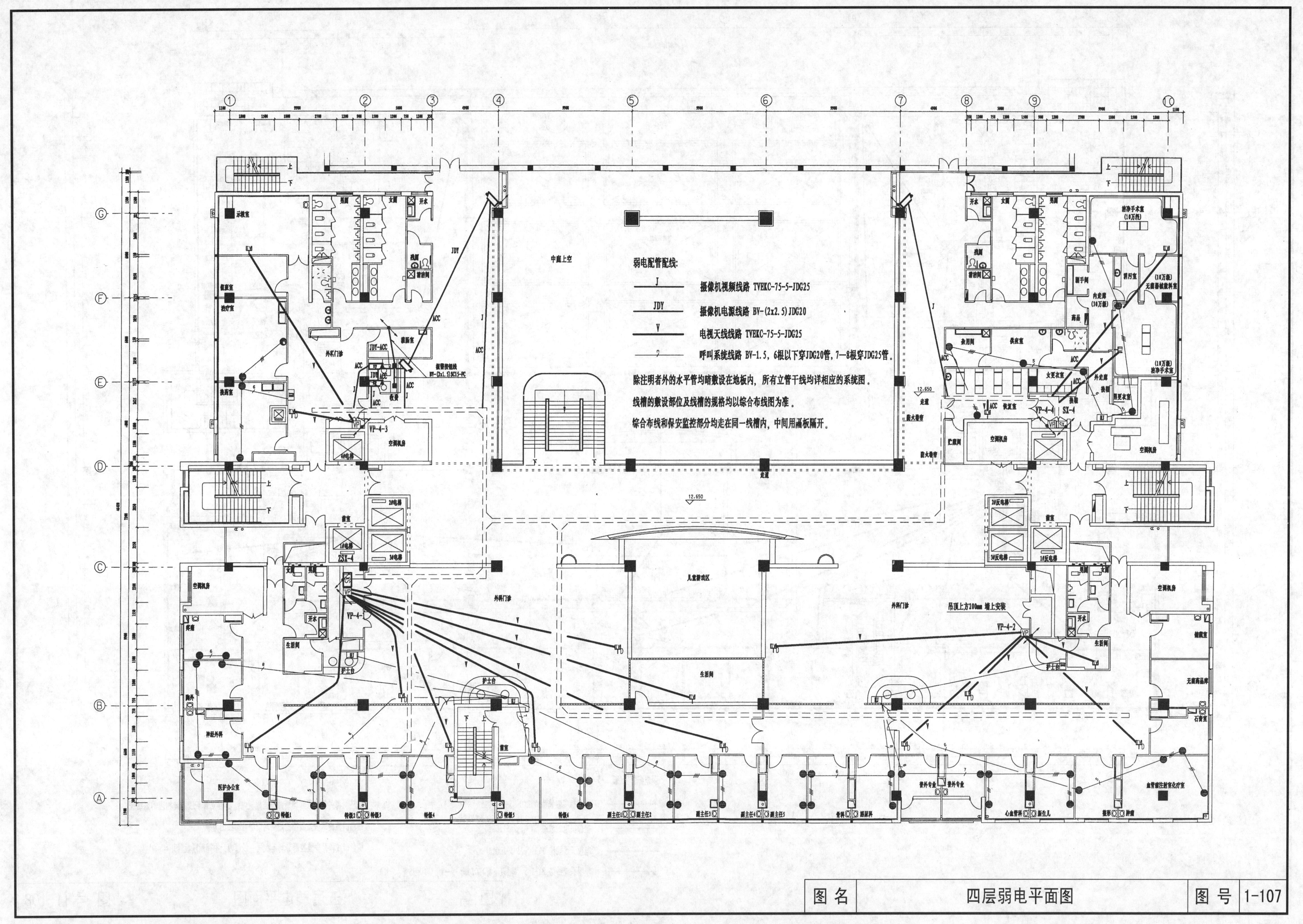
中庭上空
弱电配管配线:
J 摄像机视频线路 TVEKC-75-5-JDG25
JDY 摄像机电源线路 BV-(2x2.5)JDG20
V 电视天线线路 TVEKC-75-5-JDG25
呼叫系统线路 BV-1.5，6根以下穿JDG20管，7—8根穿JDG25管。
除注明者外的水平管均暗敷设在地板内，所有立管干线均详相应的系统图。
线槽的敷设部位及线槽的规格均以综合布线图为准。
综合布线和保安监控部分均走在同一线槽内，中间用隔板隔开。
儿童游戏区
外科门诊
VP-4-1
VP-4-2
VP-4-3
VP-4-4
吊顶上方200mm 墙上安装
图名 四层弱电平面图 图号 1-107

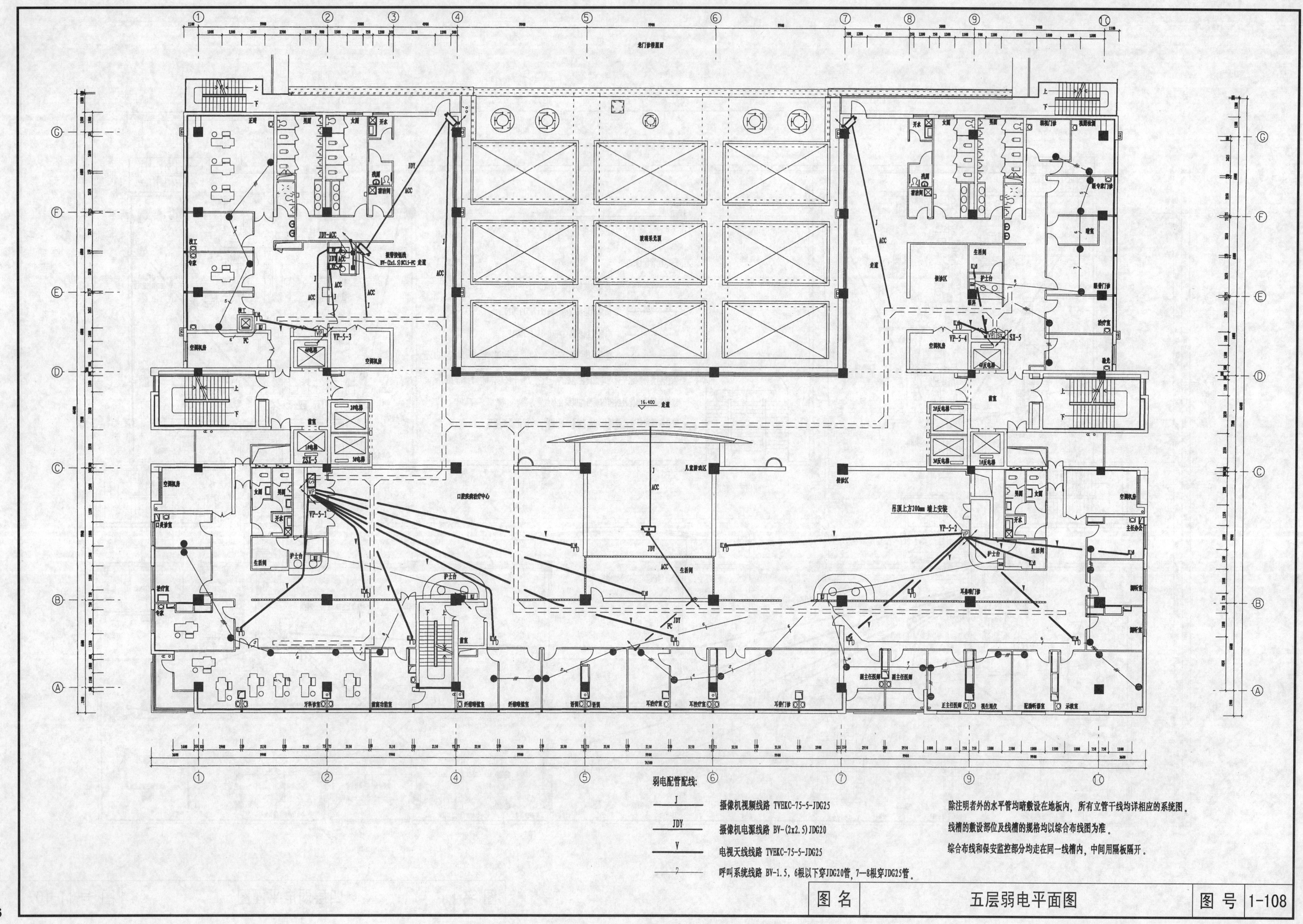

弱电配管配线:
J 摄像机视频线路 TVEKC-75-5-JDG25
JDY 摄像机电源线路 BV-(2x2.5)JDG20
V 电视天线线路 TVEKC-75-5-JDG25
7 呼叫系统线路 BV-1.5，6根以下穿JDG20管，7—8根穿JDG25管。
除注明者外的水平管均暗敷设在地板内，所有立管干线均详相应的系统图。
线槽的敷设部位及线槽的规格均以综合布线图为准。
综合布线和保安监控部分均走在同一线槽内，中间用隔板隔开。
图名
五层弱电平面图
图号
1-108

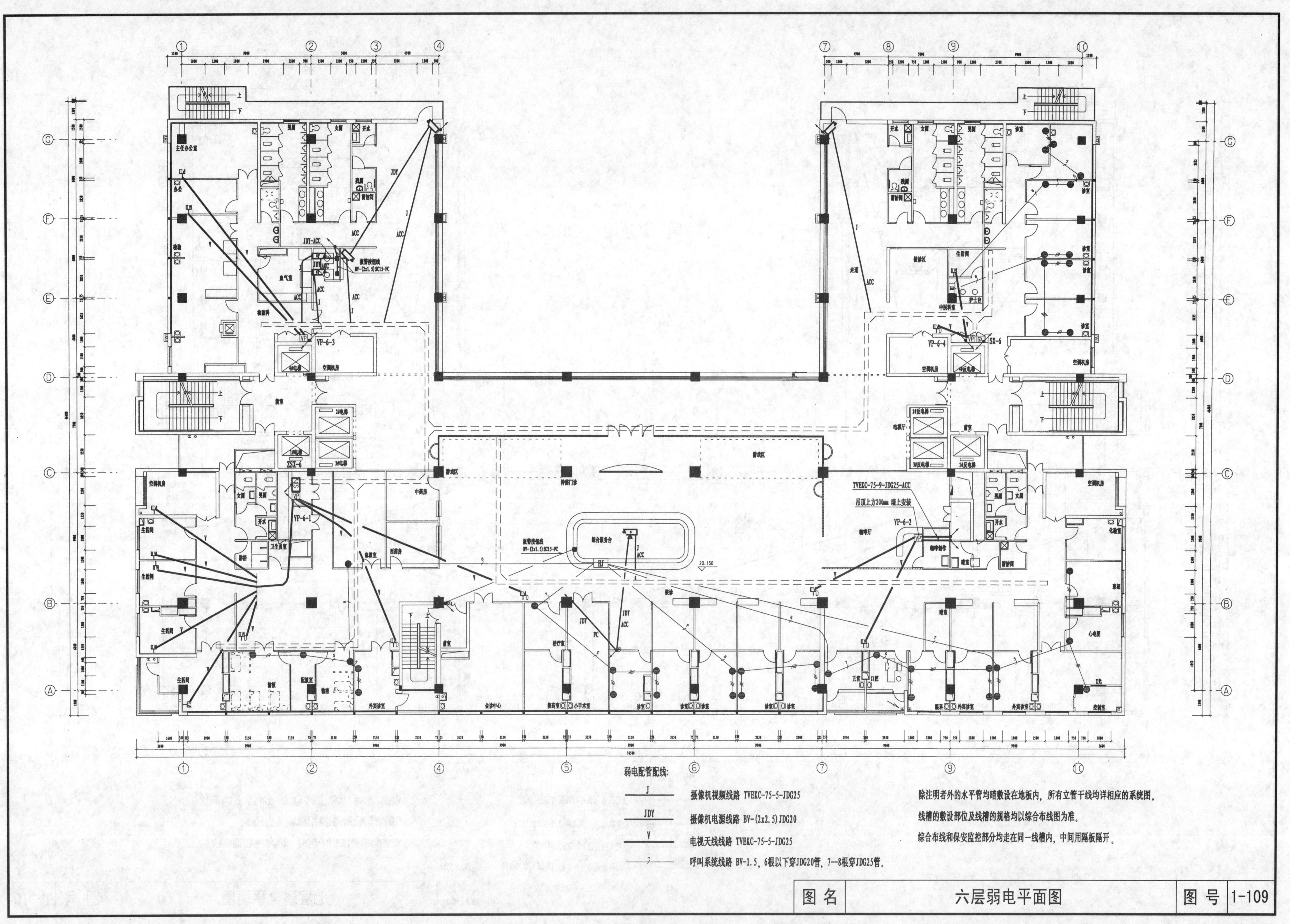

弱电配管配线:
J 摄像机视频线路 TVEKC-75-5-JDG25
JDY 摄像机电源线路 BV-(2x2.5)JDG20
V 电视天线线路 TVEKC-75-5-JDG25
? 呼叫系统线路 BV-1.5，6根以下穿JDG20管，7—8根穿JDG25管。
除注明者外的水平管均暗敷设在地板内，所有立管干线均详相应的系统图。
线槽的敷设部位及线槽的规格均以综合布线图为准。
综合布线和保安监控部分均走在同一线槽内，中间用隔板隔开。
图名 六层弱电平面图
图号 1-109

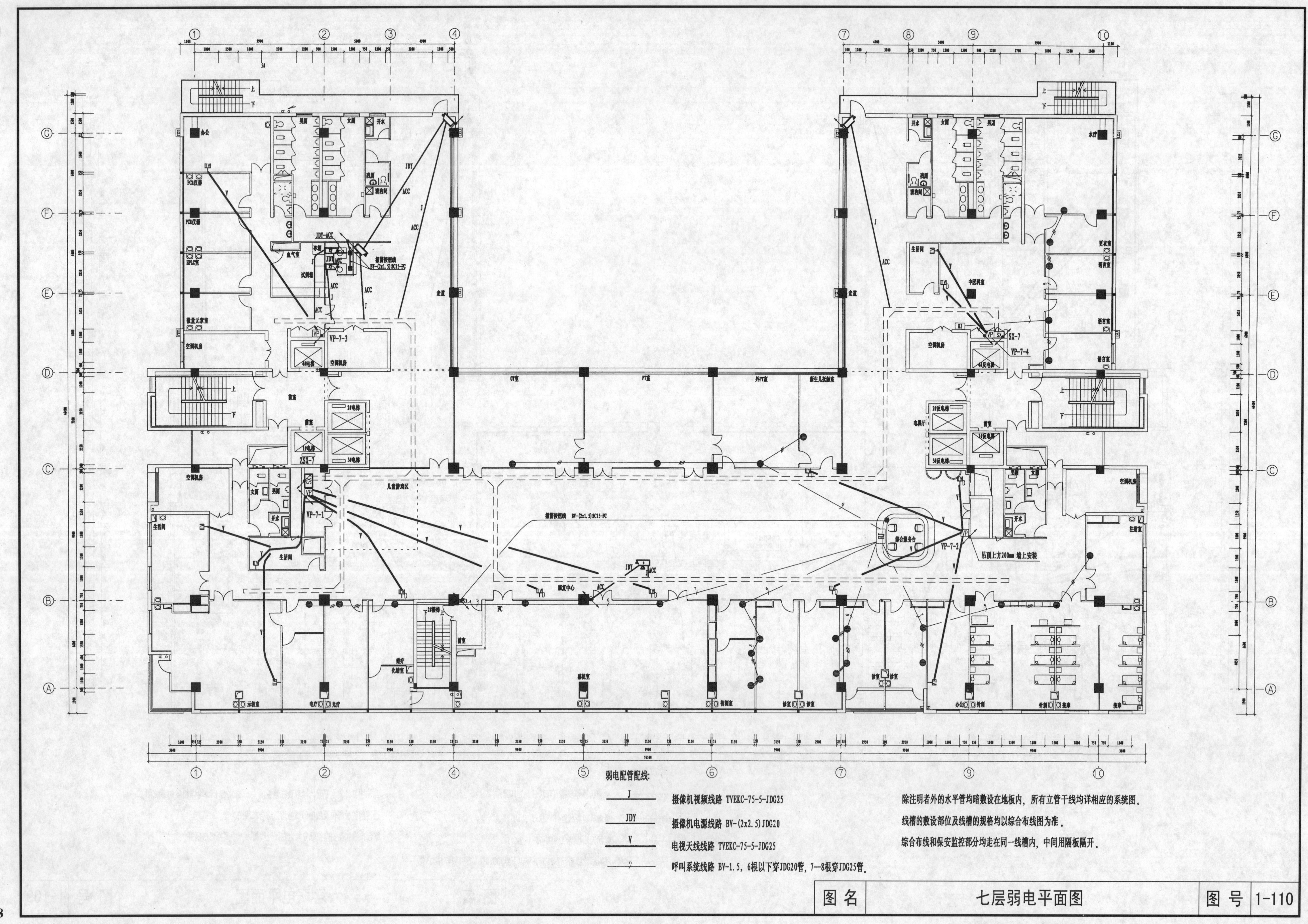
VP-7-1
VP-7-2
VP-7-3
VP-7-4
ZSX-7
SX-7
吊顶上方200mm 墙上安装
弱电配管配线:
J 摄像机视频线路 TVEKC-75-5-JDG25
JDY 摄像机电源线路 BV-(2x2.5)JDG20
V 电视天线线路 TVEKC-75-5-JDG25
7 呼叫系统线路 BV-1.5，6根以下穿JDG20管，7—8根穿JDG25管。
除注明者外的水平管均暗敷设在地板内，所有立管干线均详相应的系统图。
线槽的敷设部位及线槽的规格均以综合布线图为准。
综合布线和保安监控部分均走在同一线槽内，中间用隔板隔开。
图名 七层弱电平面图
图号 1-110

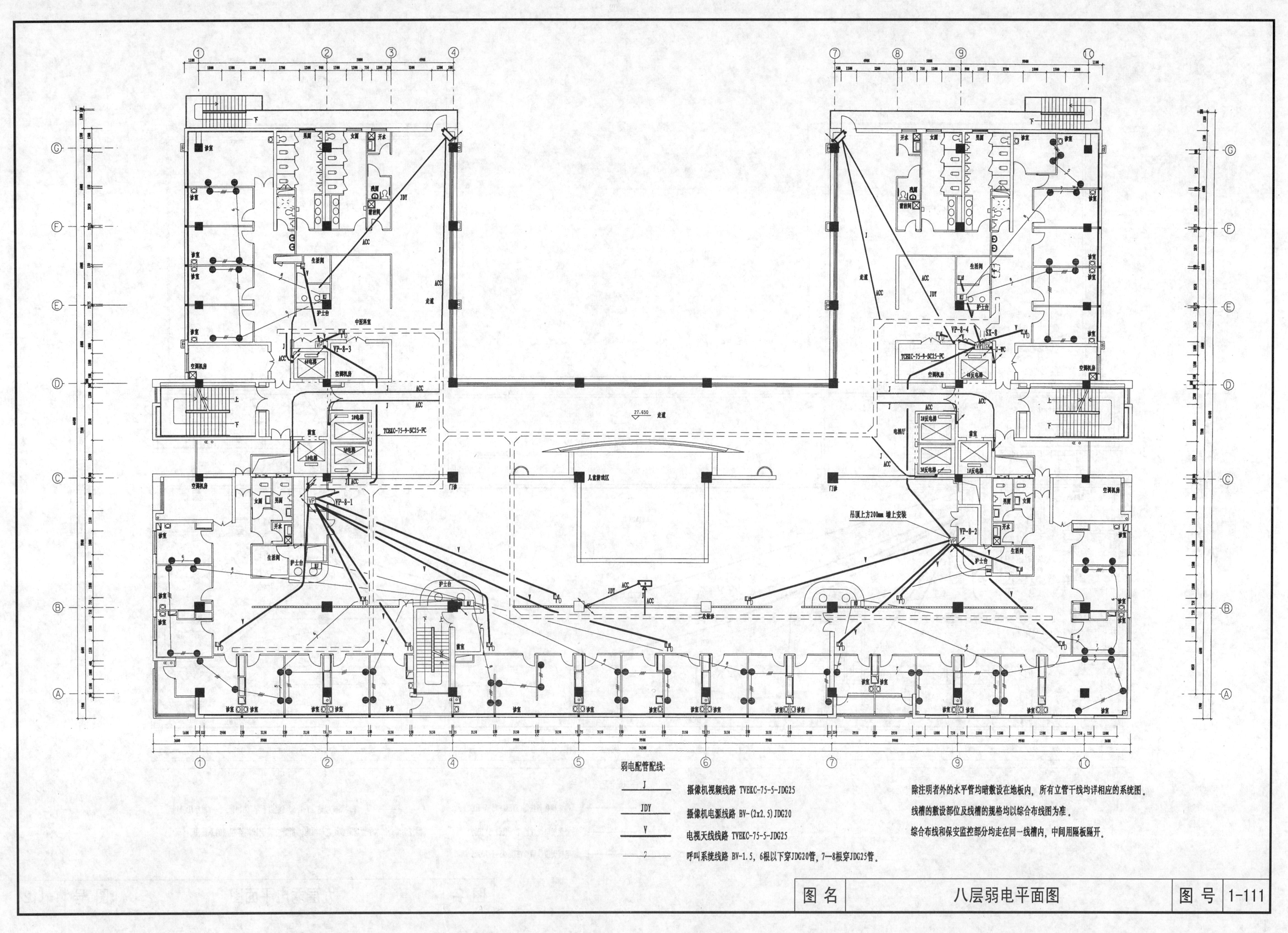
弱电配管配线:
J 摄像机视频线路 TVEKC-75-5-JDG25
JDY 摄像机电源线路 BV-(2x2.5)JDG20
V 电视天线线路 TVEKC-75-5-JDG25
7 呼叫系统线路 BV-1.5，6根以下穿JDG20管，7—8根穿JDG25管。
除注明者外的水平管均暗敷设在地板内，所有立管干线均详相应的系统图。
线槽的敷设部位及线槽的规格均以综合布线图为准。
综合布线和保安监控部分均走在同一线槽内，中间用隔板隔开。
图名 八层弱电平面图
图号 1-111
VP-8-1
VP-8-2
VP-8-3
VP-8-4
SX-8
TCEKC-75-9-SC25-FC
吊顶上方200mm 墙上安装
走道
儿童游戏区
护士台
生活间
诊室
空调机房
中医科室
门诊
电梯厅
27.650

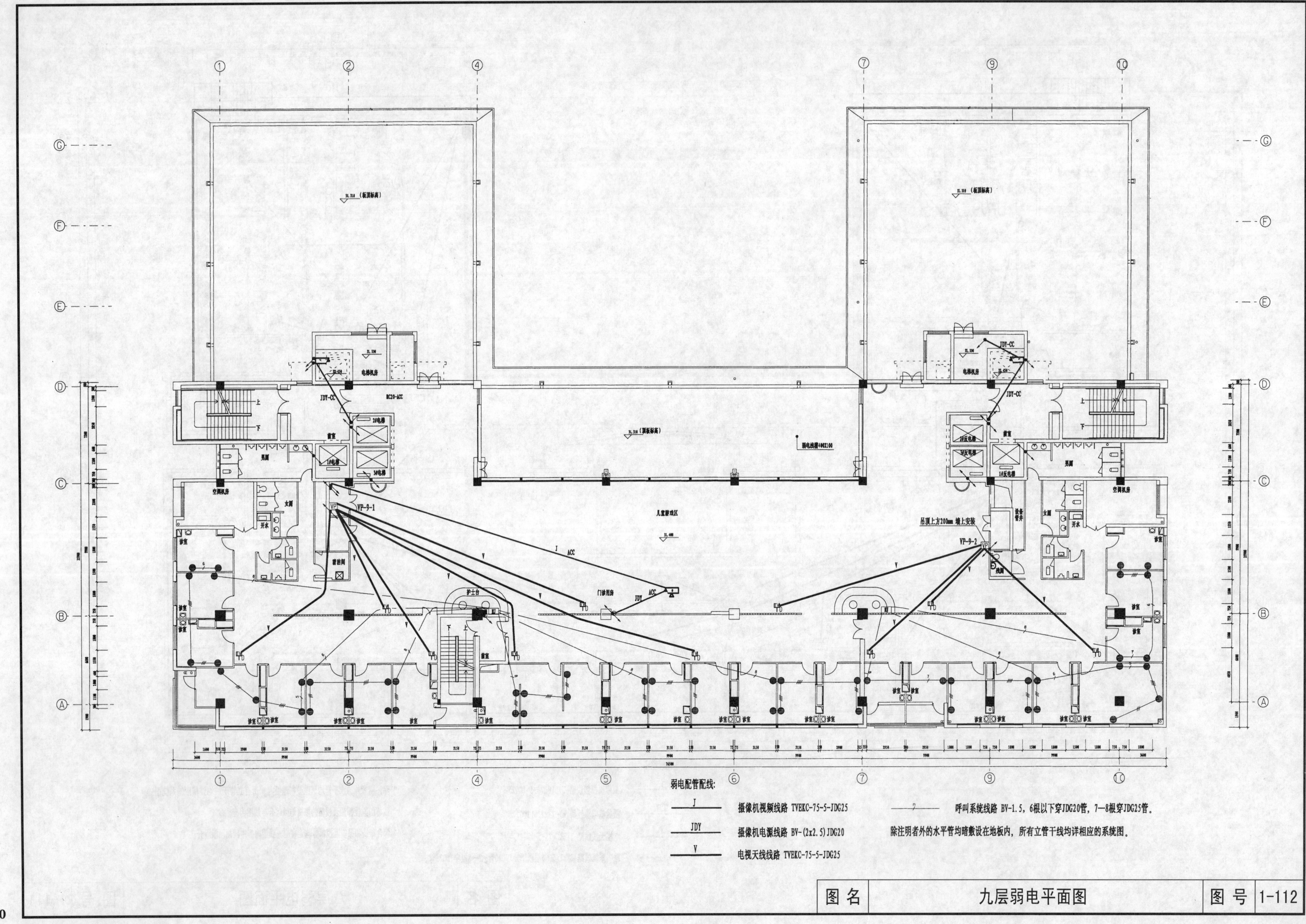
VP-9-1
VP-9-2
JDY-CC
吊顶上方200mm 墙上安装
儿童游戏区
护士台
门诊用房
诊室
空调机房
开水
女厕
男厕
前室
1#电梯
2#电梯
3#电梯
电梯机房
弱电配管配线:
J 摄像机视频线路 TVEKC-75-5-JDG25
JDY 摄像机电源线路 BV-(2x2.5)JDG20
V 电视天线线路 TVEKC-75-5-JDG25
7 呼叫系统线路 BV-1.5，6根以下穿JDG20管，7—8根穿JDG25管。
除注明者外的水平管均暗敷设在地板内，所有立管干线均详相应的系统图。
图名 九层弱电平面图
图号 1-112

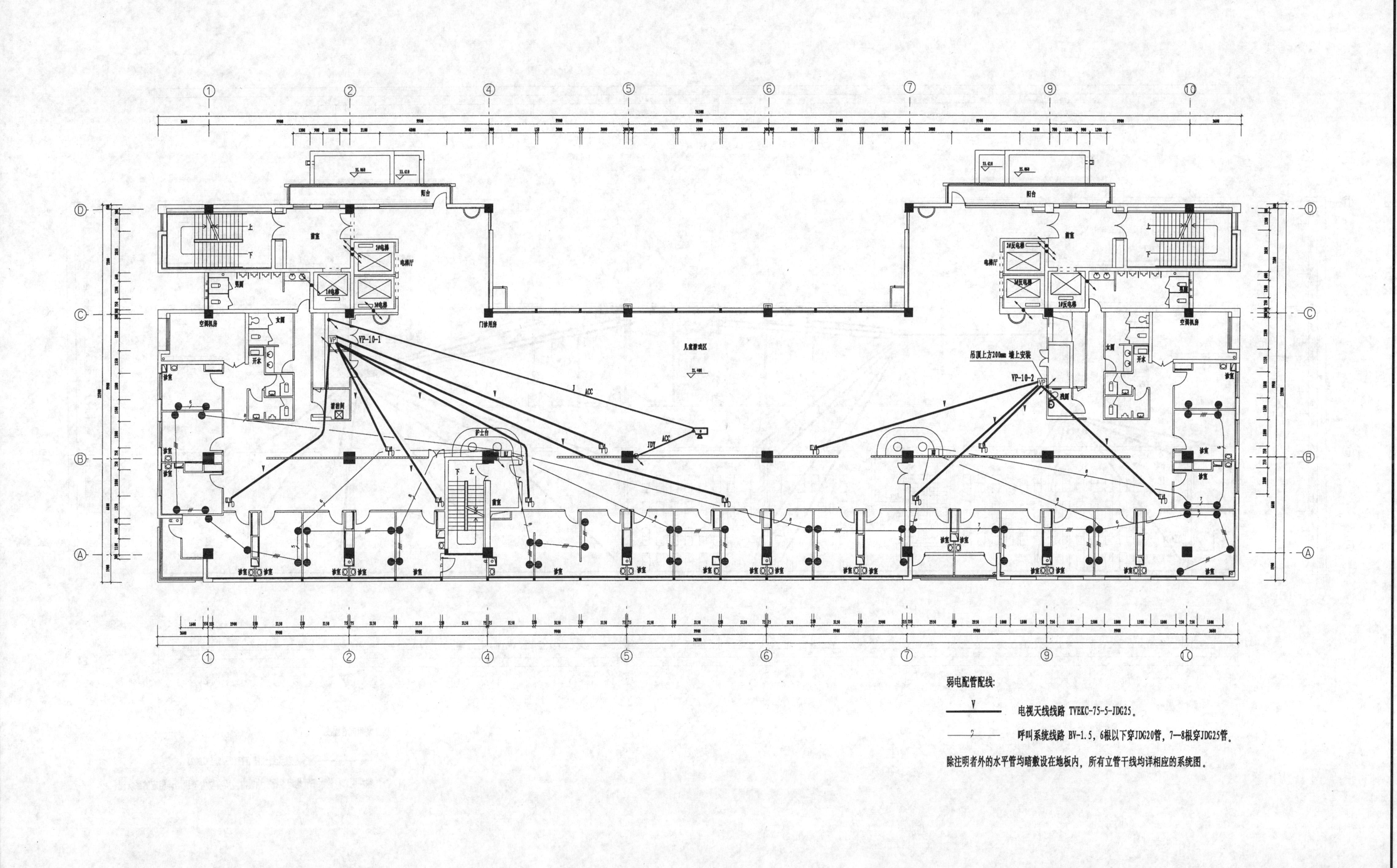

图名	十层弱电平面图	图号	1-113

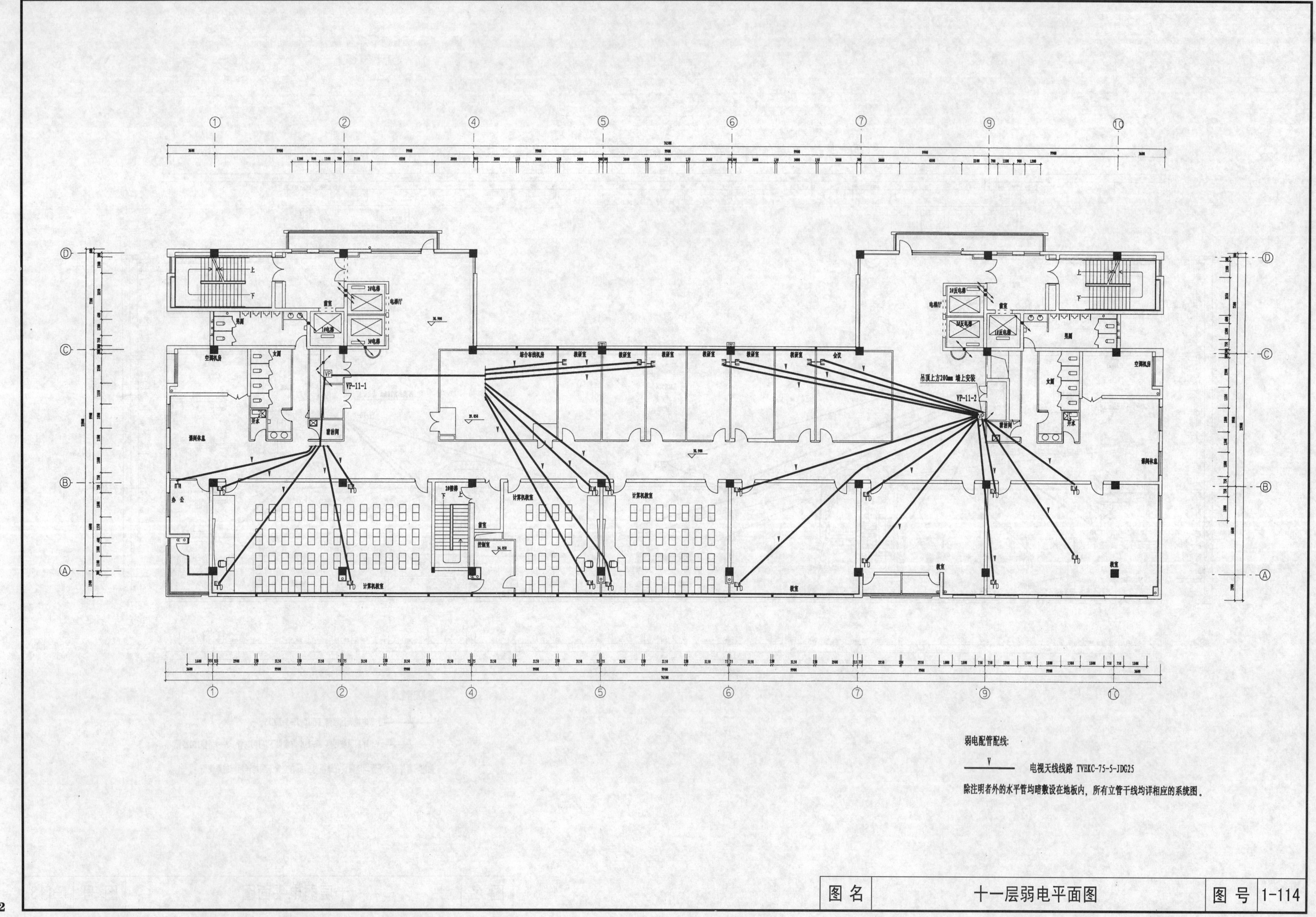
弱电配管配线:
电视天线线路 TVBKC-75-5-JDG25
除注明者外的水平管均暗敷设在地板内，所有立管干线均详相应的系统图。
VP-11-1
VP-11-2
吊顶上方200mm 墙上安装
计算机教室
教室
教研室
会议
综合布线机房
空调机房
电梯厅
图名
十一层弱电平面图
图号
1-114

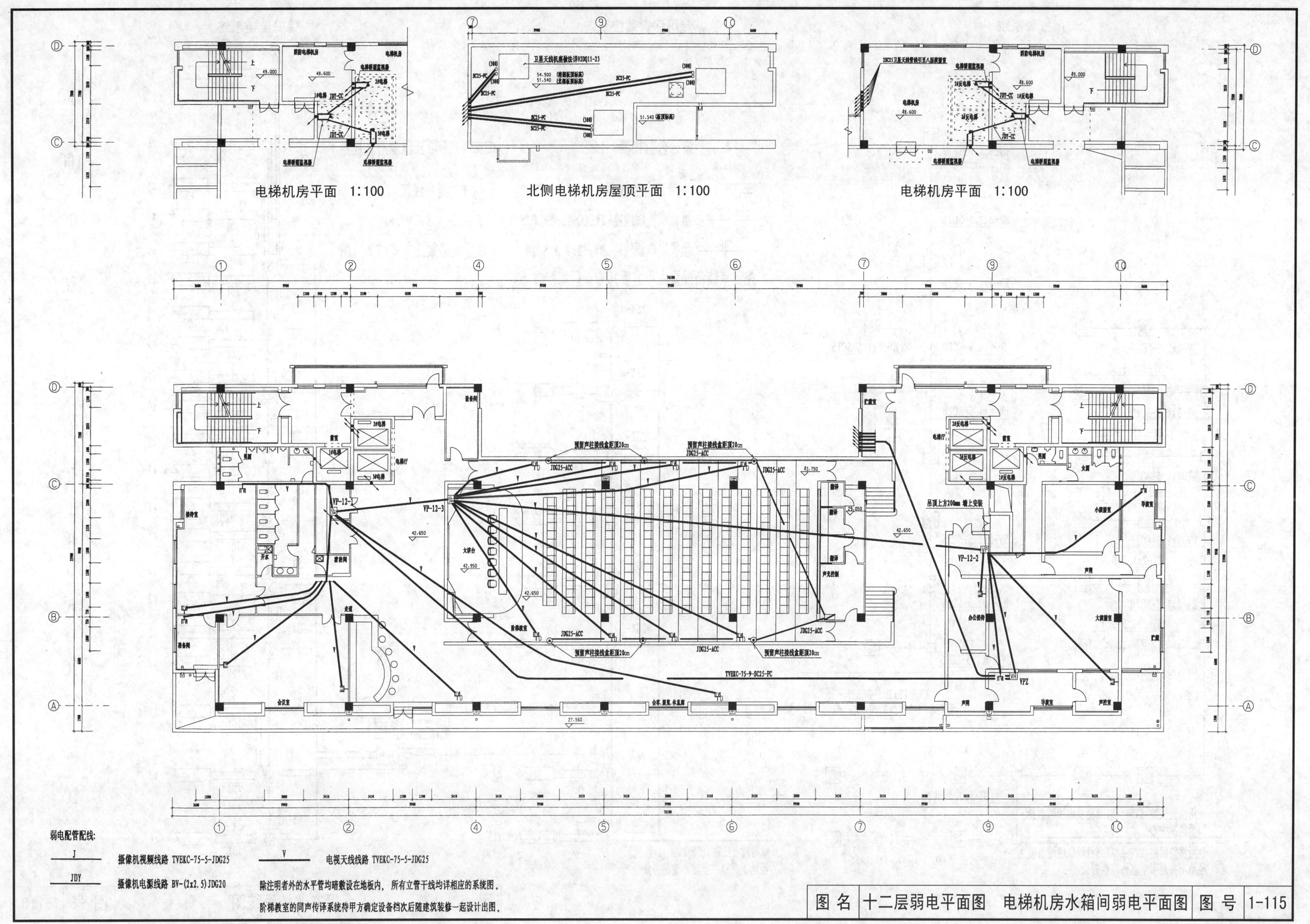
电梯机房平面 1:100
北侧电梯机房屋顶平面 1:100
电梯机房平面 1:100
VP-12-1
VP-12-3
VP-12-2
VPZ
TVEKC-75-9-SC25-FC
弱电配管配线:
J 摄像机视频线路 TVEKC-75-5-JDG25
JDY 摄像机电源线路 BV-(2x2.5)JDG20
V 电视天线线路 TVEKC-75-5-JDG25
除注明者外的水平管均暗敷设在地板内，所有立管干线均详相应的系统图。
阶梯教室的同声传译系统待甲方确定设备档次后随建筑装修一起设计出图。
图名 十二层弱电平面图 电梯机房水箱间弱电平面图 图号 1-115

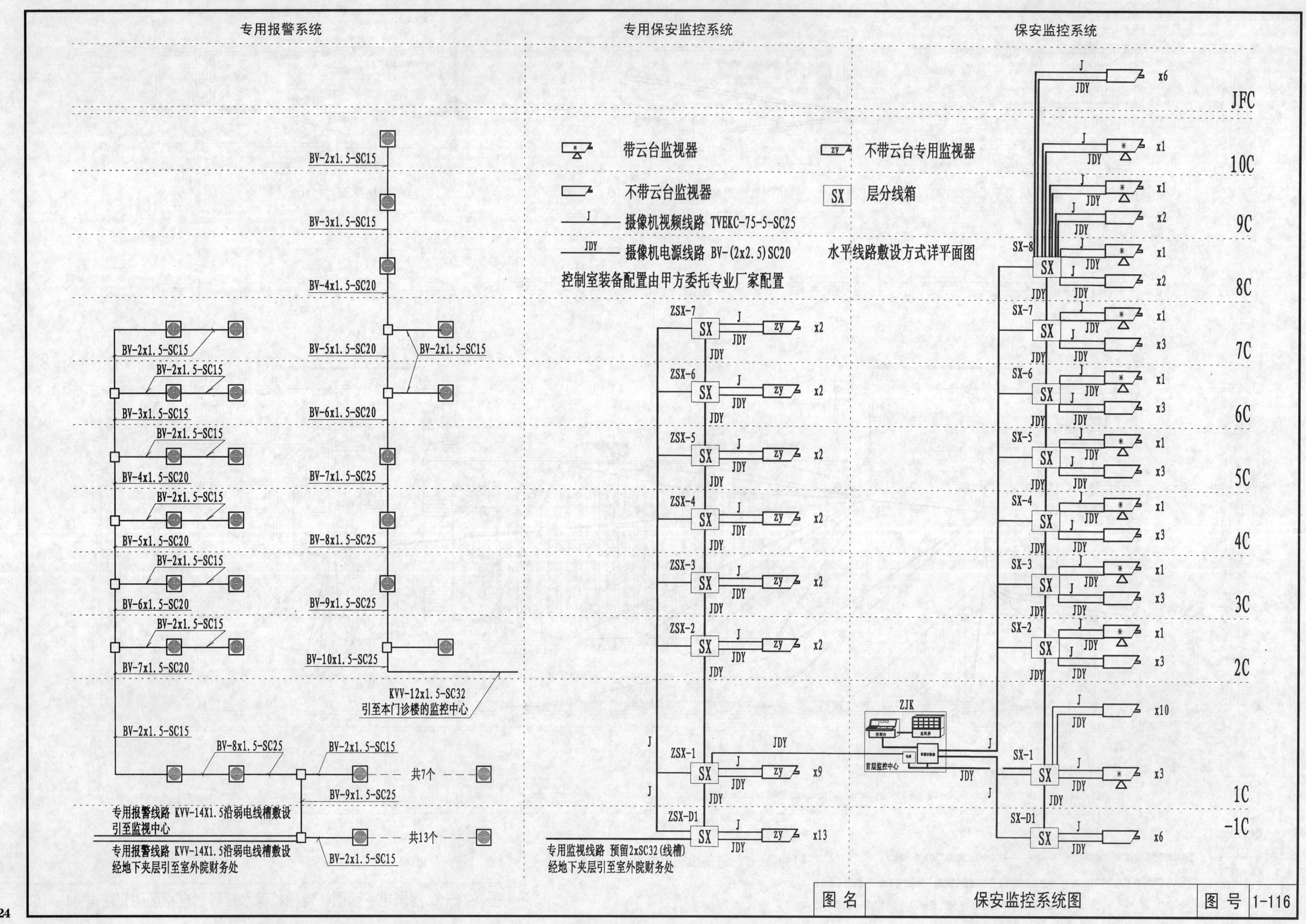
专用报警系统
专用保安监控系统
保安监控系统
带云台监视器
不带云台专用监视器
不带云台监视器
层分线箱
摄像机视频线路 TVEKC-75-5-SC25
摄像机电源线路 BV-(2x2.5)SC20
水平线路敷设方式详平面图
控制室装备配置由甲方委托专业厂家配置
BV-2x1.5-SC15
BV-3x1.5-SC15
BV-4x1.5-SC20
BV-5x1.5-SC20
BV-6x1.5-SC20
BV-7x1.5-SC25
BV-8x1.5-SC25
BV-9x1.5-SC25
BV-10x1.5-SC25
BV-3x1.5-SC15
BV-4x1.5-SC20
BV-5x1.5-SC20
BV-6x1.5-SC20
BV-7x1.5-SC20
KVV-12x1.5-SC32
引至本门诊楼的监控中心
BV-8x1.5-SC25
BV-9x1.5-SC25
共7个
共13个
专用报警线路 KVV-14X1.5沿弱电线槽敷设
引至监视中心
专用报警线路 KVV-14X1.5沿弱电线槽敷设
经地下夹层引至室外院财务处
专用监视线路 预留2xSC32(线槽)
经地下夹层引至室外院财务处
ZSX-7
ZSX-6
ZSX-5
ZSX-4
ZSX-3
ZSX-2
ZSX-1
ZSX-D1
SX-8
SX-7
SX-6
SX-5
SX-4
SX-3
SX-2
SX-1
SX-D1
ZJK
首层监控中心
J
JDY
zy
x1
x2
x3
x6
x9
x10
x13
JFC
10C
9C
8C
7C
6C
5C
4C
3C
2C
1C
-1C
图名
保安监控系统图
图号
1-116

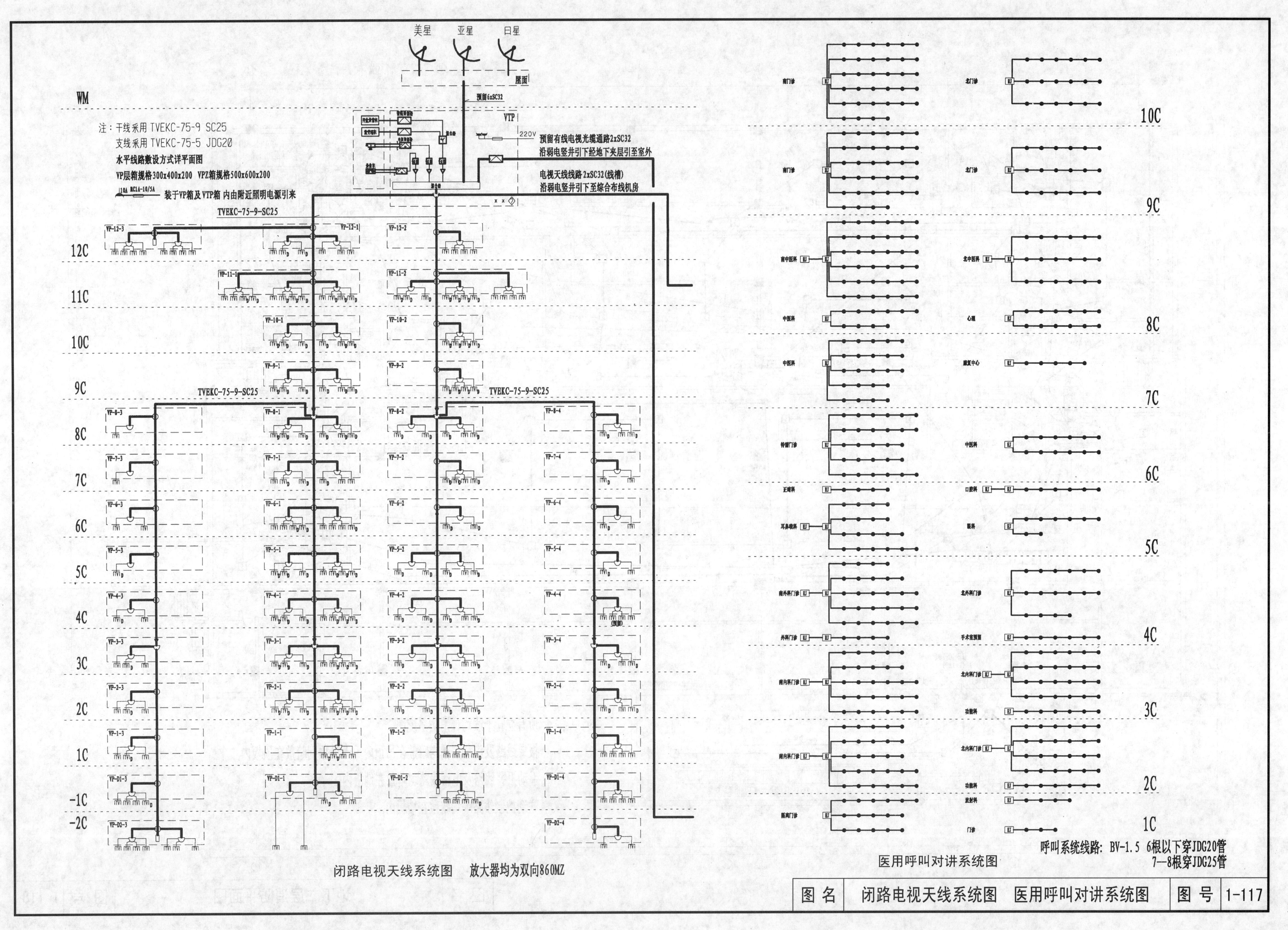

图名	闭路电视天线系统图 医用呼叫对讲系统图	图号	1-117

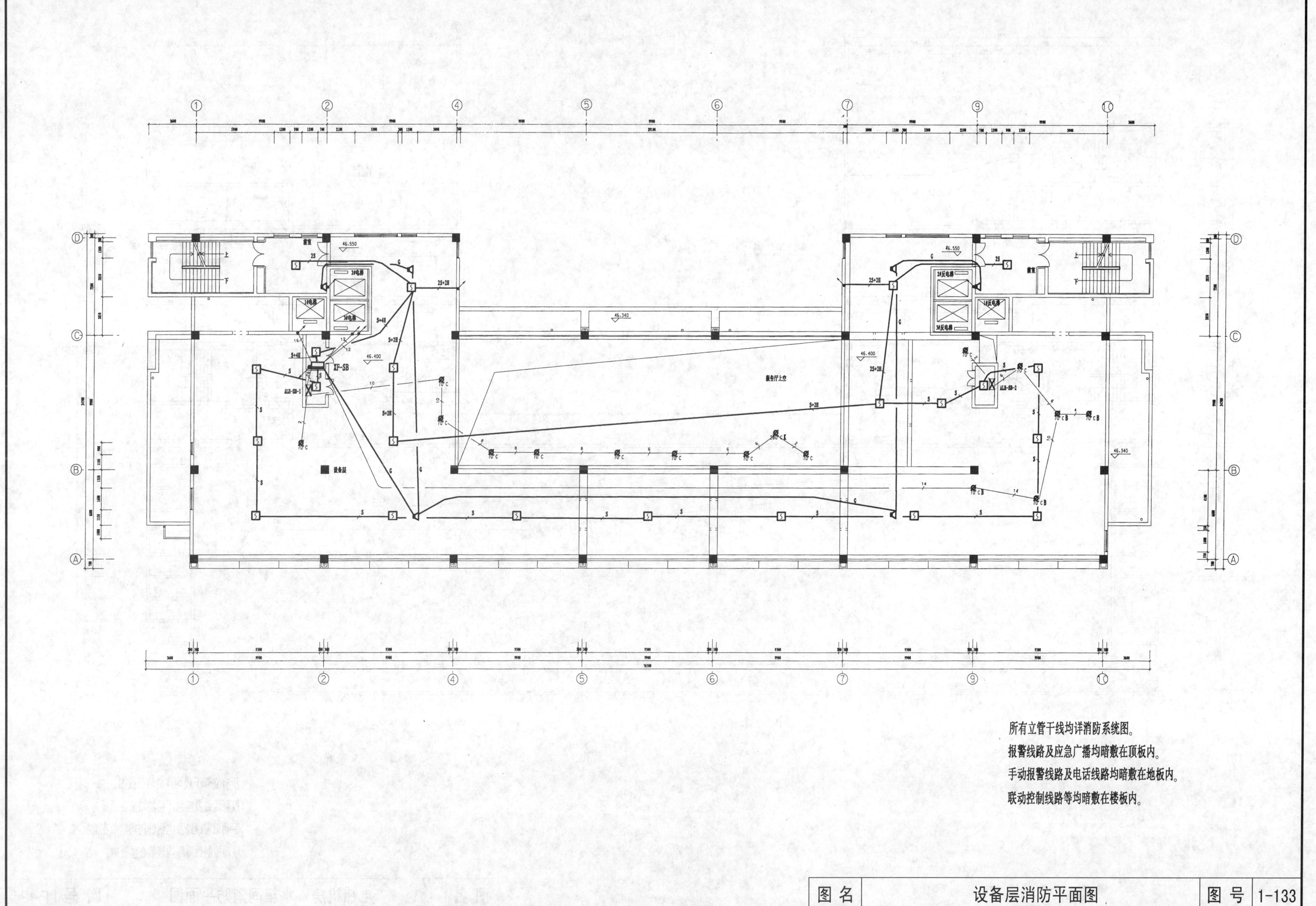

所有立管干线均详消防系统图。

报警线路及应急广播均暗敷在顶板内。

手动报警线路及电话线路均暗敷在地板内。

联动控制线路等均暗敷在楼板内。

图名	设备层消防平面图	图号	1-133

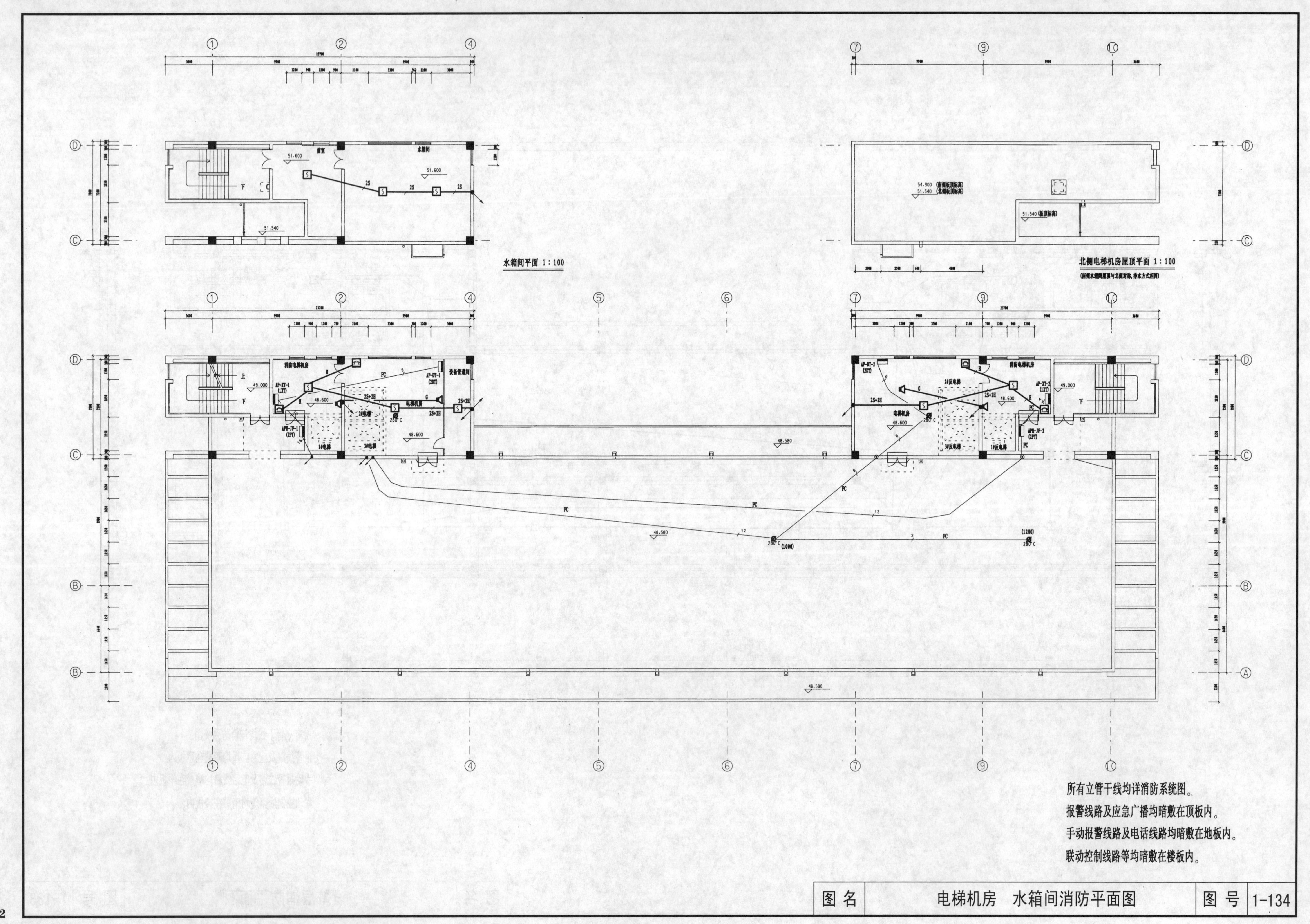
水箱间平面 1:100
北侧电梯机房屋顶平面 1:100
所有立管干线均详消防系统图。
报警线路及应急广播均暗敷在顶板内。
手动报警线路及电话线路均暗敷在地板内。
联动控制线路等均暗敷在楼板内。
图名
电梯机房 水箱间消防平面图
图号
1-134

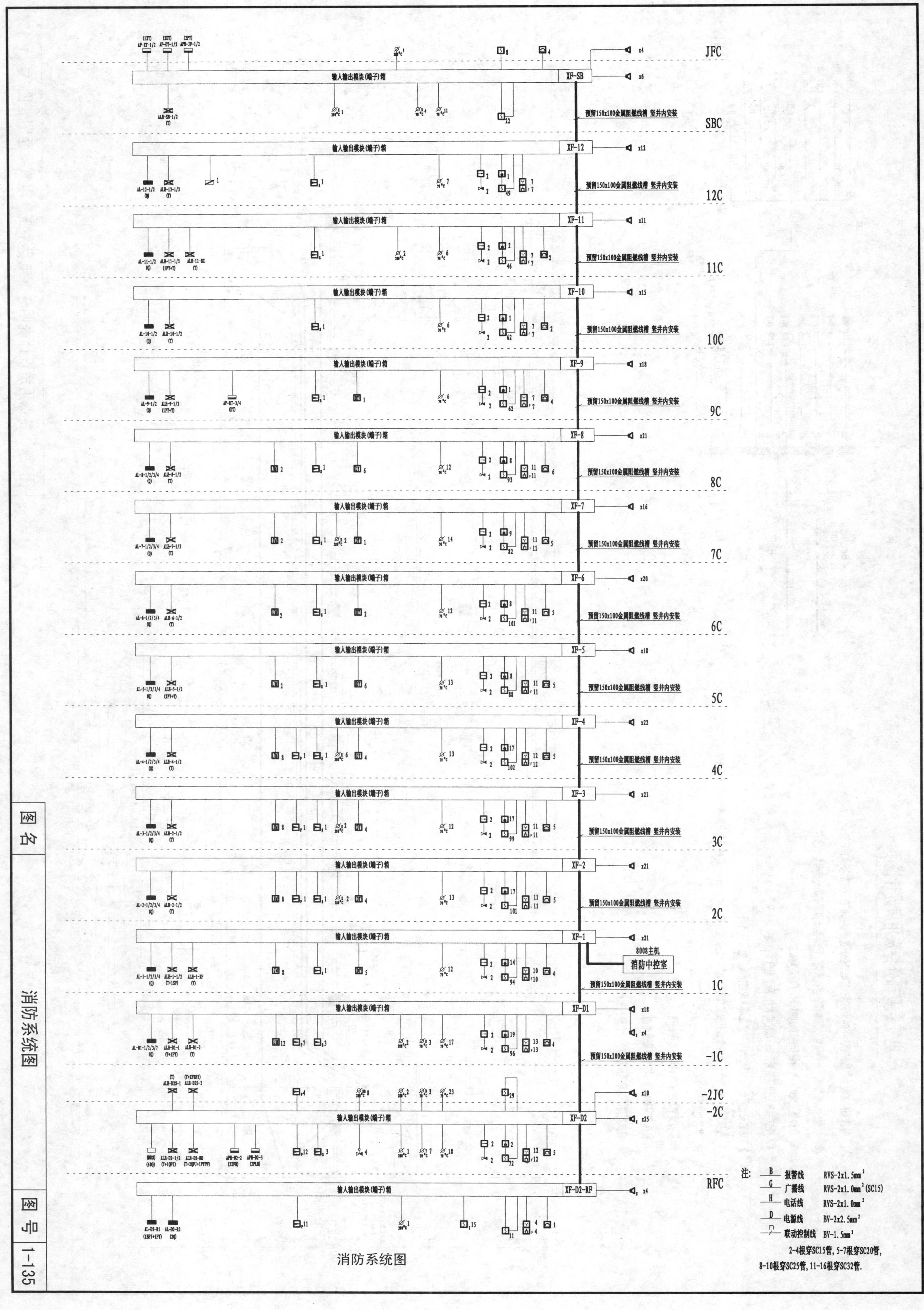

消防系统图

图 名	消防系统图	图 号	1-135

电气专业部分特殊用房设计说明

1. 特殊用房工程为平战结合，平时为药库，其电气部分遵照特殊用房规范的要求进行设计。

2. 电源为双路供电，另外预留外部电源的进线通道，配电盘上预留了接外部电源的条件。

3. 电铃型号为UC4-2，明装作法详92DQ8-20，下皮距地2.41m。

4. 特殊用房层的层高为3.0m，除注明者外，所有电气支路均采用BV-500V-2.5mm²的导线穿SC20暗敷设，所有电气线路均暗敷设在墙、现浇楼板及地面垫层内。

5. 特殊用房内部电气设备的金属外壳及靠近带电部分的金属管道、构架、门、遮栏等与车库整体的接地保护连为一体，其接地电阻<1Ω。

6. 所有穿清洁区的管路均作密闭处理。

7. 特殊用房采用FD-1特殊用房通用图。

8. 特殊用房内的照明插座均为"五眼"插座。

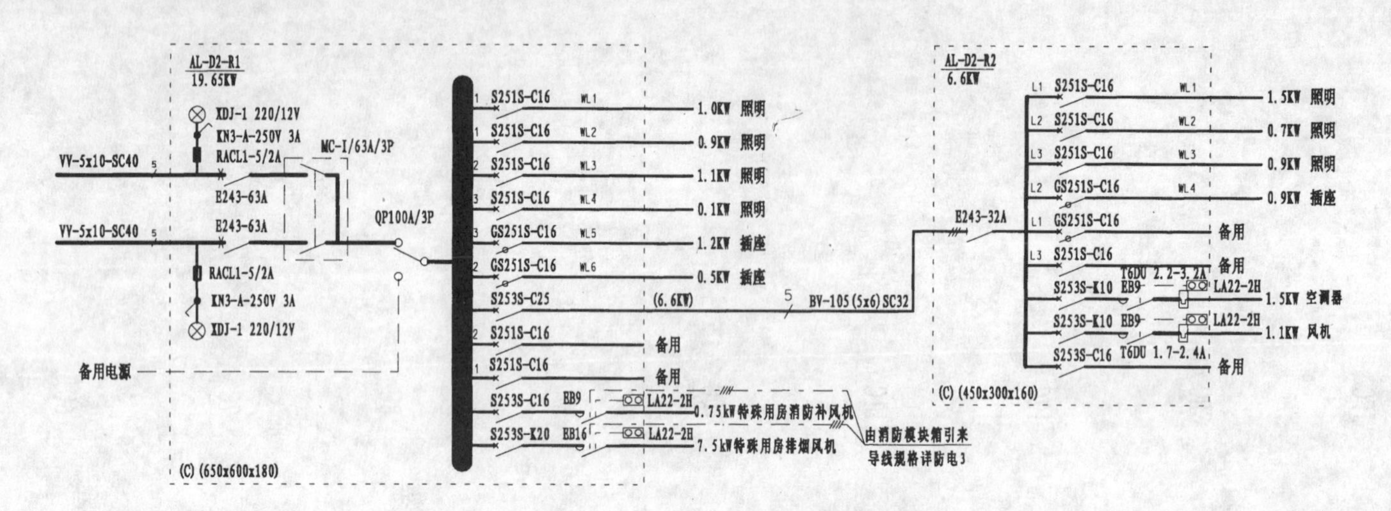

配电盘系统

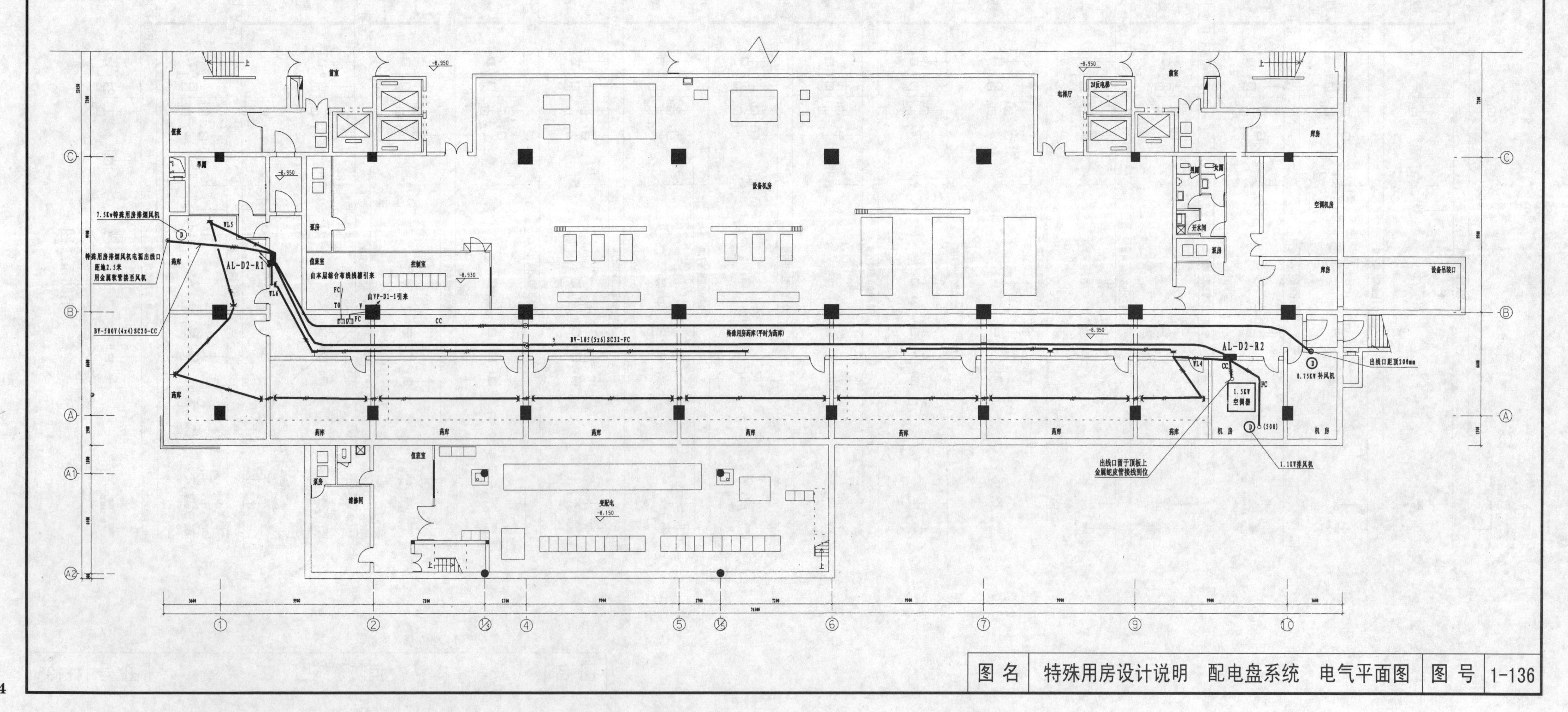

图名	特殊用房设计说明 配电盘系统 电气平面图	图号	1-136

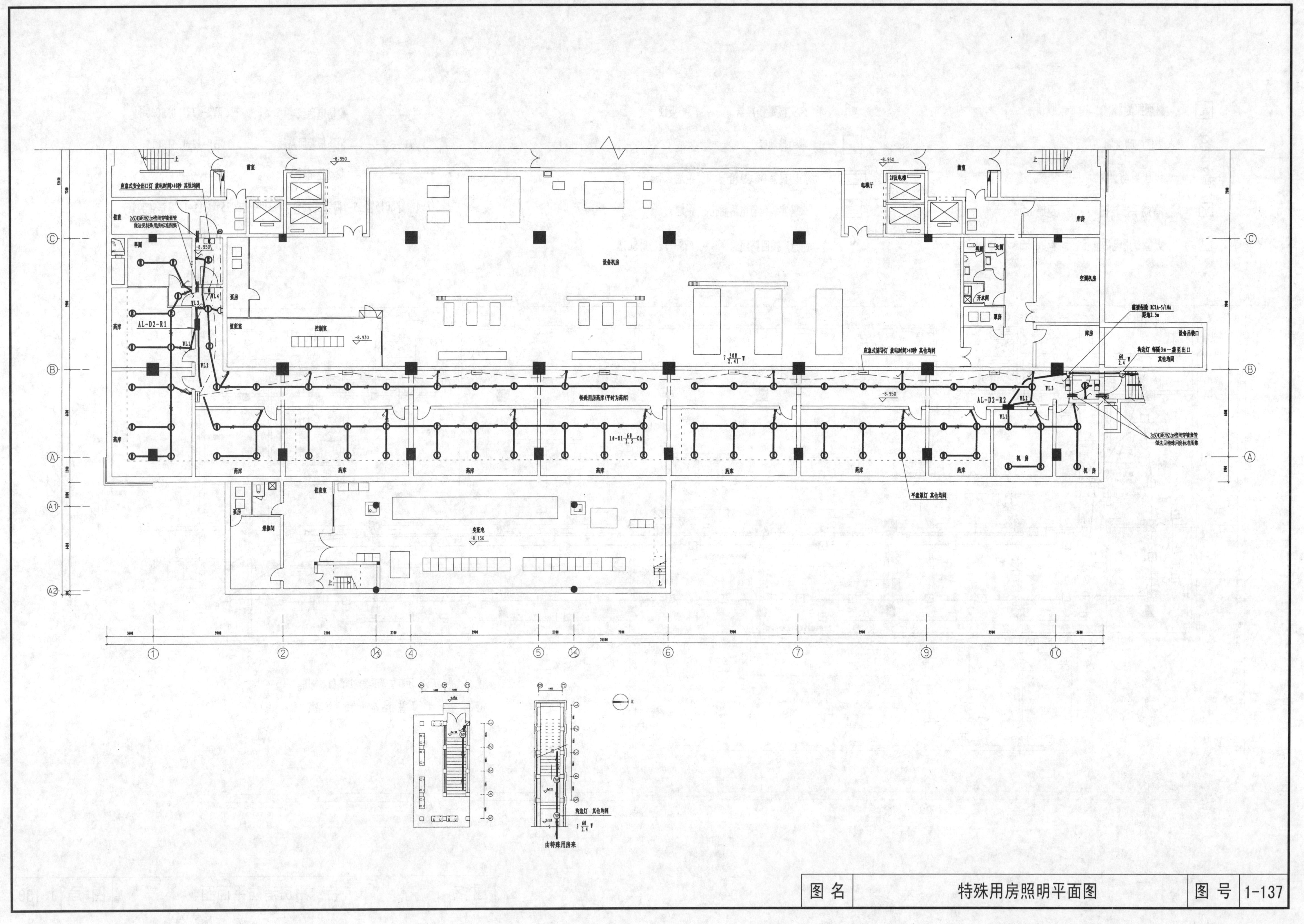

图名	特殊用房照明平面图	图号	1-137

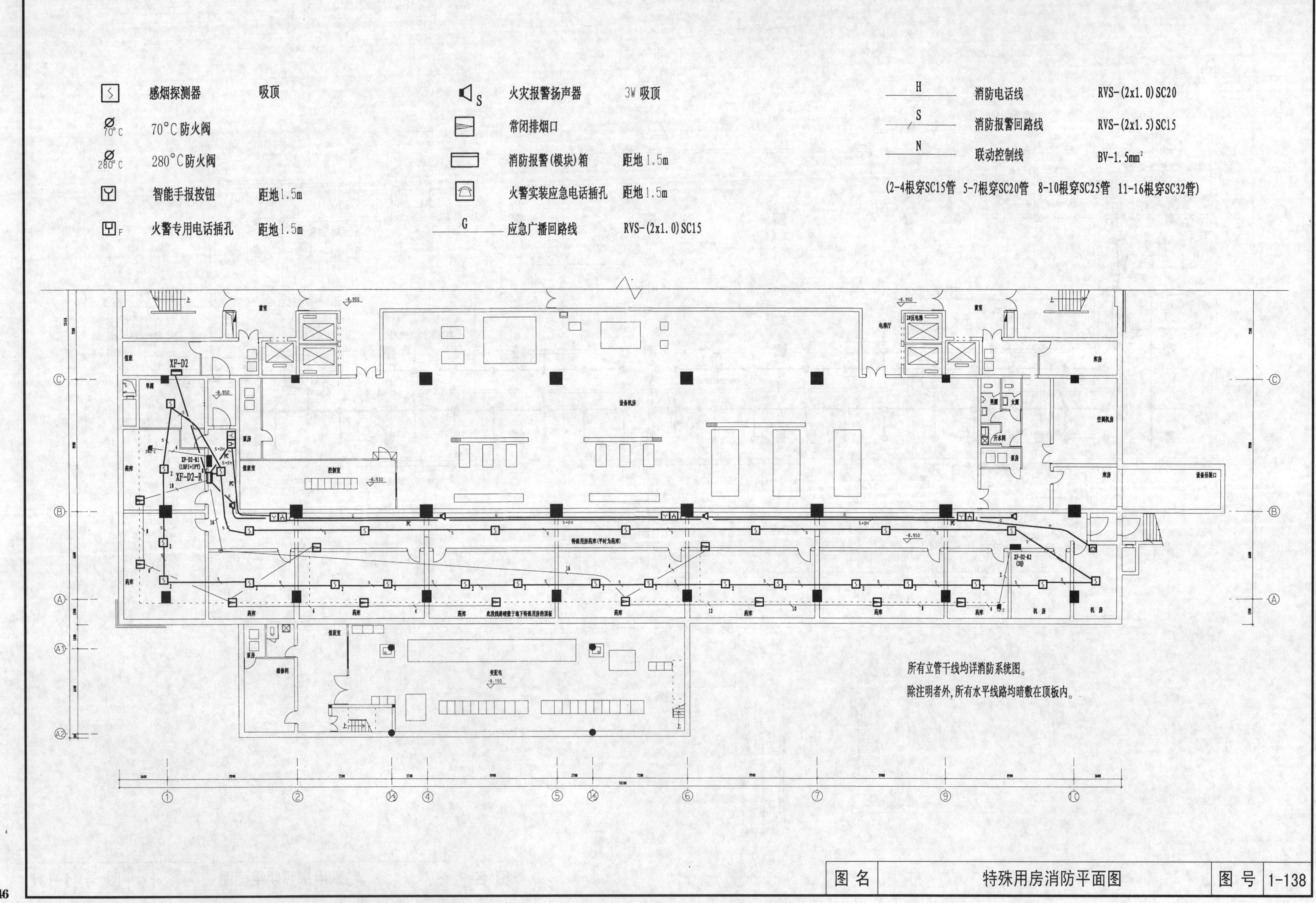
感烟探测器 吸顶
70°C防火阀
280°C防火阀
智能手报按钮 距地1.5m
火警专用电话插孔 距地1.5m
火灾报警扬声器 3W 吸顶
常闭排烟口
消防报警(模块)箱 距地1.5m
火警实装应急电话插孔 距地1.5m
G 应急广播回路线 RVS-(2x1.0)SC15
H 消防电话线 RVS-(2x1.0)SC20
S 消防报警回路线 RVS-(2x1.5)SC15
N 联动控制线 BV-1.5mm²
(2-4根穿SC15管 5-7根穿SC20管 8-10根穿SC25管 11-16根穿SC32管)
XF-D2
XF-D2-R
控制室
设备机房
特殊用房药库(平时为药库)
药库
变配电
所有立管干线均详消防系统图。
除注明者外,所有水平线路均暗敷在顶板内。
图名 特殊用房消防平面图 图号 1-138

变电设计说明

一、建筑概况

本工程为儿童医院门诊楼，总建筑面积约3.5万m^2，由医技门诊与教学部分组成。本工程地上12层，地下2层，其中地下二层层高5.2m。本工程结构形式为框架剪力墙结构。

本工程变电室位于地下二层。变电室梁下空间做高低压电缆托盘以及母线桥。于2~3轴之间预留设备进出吊装口。

二、设计依据

1.《民用建筑电气设计规范》JGJ/T16-92

2.《建筑电气专业设计技术措施》(北京市建筑设计研究院编)

3.《建筑电气通用图集》92DQ1-13

三、电源情况

本医院工程为一级用电负荷，由本单位总高压配电室的不同的高压母线段上引来两路10kV高压电缆，高压电缆埋地引入门诊楼变电室，本楼变电室内不设置π接柜。

变电室内高压柜仅作隔离开关用，保护设在总变电所，高压母线分段运行，共设置4面ZS1型高压开关柜。低压柜正常时单母线分段运行，低压母联开关处于分闸状态。正常运行时两台2000kV变压器各带一半负荷，互为备用，当一路事故或检修时手动倒闸，由另一台变压器带起全部重要负荷。低压进线主开关与母联开关设置电气联锁，母联开关应具备自投自复，自投手复，手动投入三种功能。共设置23面GHD8插拔式开关低压开关柜。变压器选用两台SCB9-10/0.4kV，Dyn11接线，Uk为8%的2000kVA干式变压器。

高低压进出线主开关与母联开关动作状态，电流、电压、功率等测量参数均进入BA管理系统，并将信号分别送至本楼楼宇自控主机与全院总高压配电室的值班室内。

四、计量

高压计量设置在医院总高压配电室内，本变电室不再设置高压计量，于低压总进线柜分别设置电表计量门诊楼用电量，低压动力加挂动力子表，电量信号送至本楼楼宇自控系统。

五、线路敷设

高压开关柜电缆引入与引出采用上进上出方式，变压器采用上进上出方式，变压器低压侧母线送至低压主进线柜，低压柜出线采用上出线方式，电缆线槽设置在低压柜上方，采用托臂吊装方式。干线电缆与密集母线送至门诊楼设备架空层后再分别送至各配电点。

六、接地及安全保护

本工程中变电室接地采用综合接地，其接地电阻小于0.5Ω，室内接地线采用100×5镀锌扁钢做成封闭环，所有电气设备均与室内接地干线有两点连接。

低压配电系统采用TN-S系统。

七、其他

1. 本变电室内设置监控摄像头，视频信号送至本楼值班室内。

2. 除注明者外，所有图例符号与施工做法均详《建筑电气通用图集》92DQ。

主要设备型号

序号	设备名称	型号
1	高压开关柜	ZS1型 宽650×高2200×深1650 上进上出
2	低压开关柜	GHD8型 宽576/768/1152×高2232×深960 上进上出
3	变压器	SCB9-10/0.4kV-2000kVA 宽2300×高2200×深1500
4	高压电缆	YJV22型

注：开关柜内元件选型详系统图。

图名	变电设计说明	图号	1-139

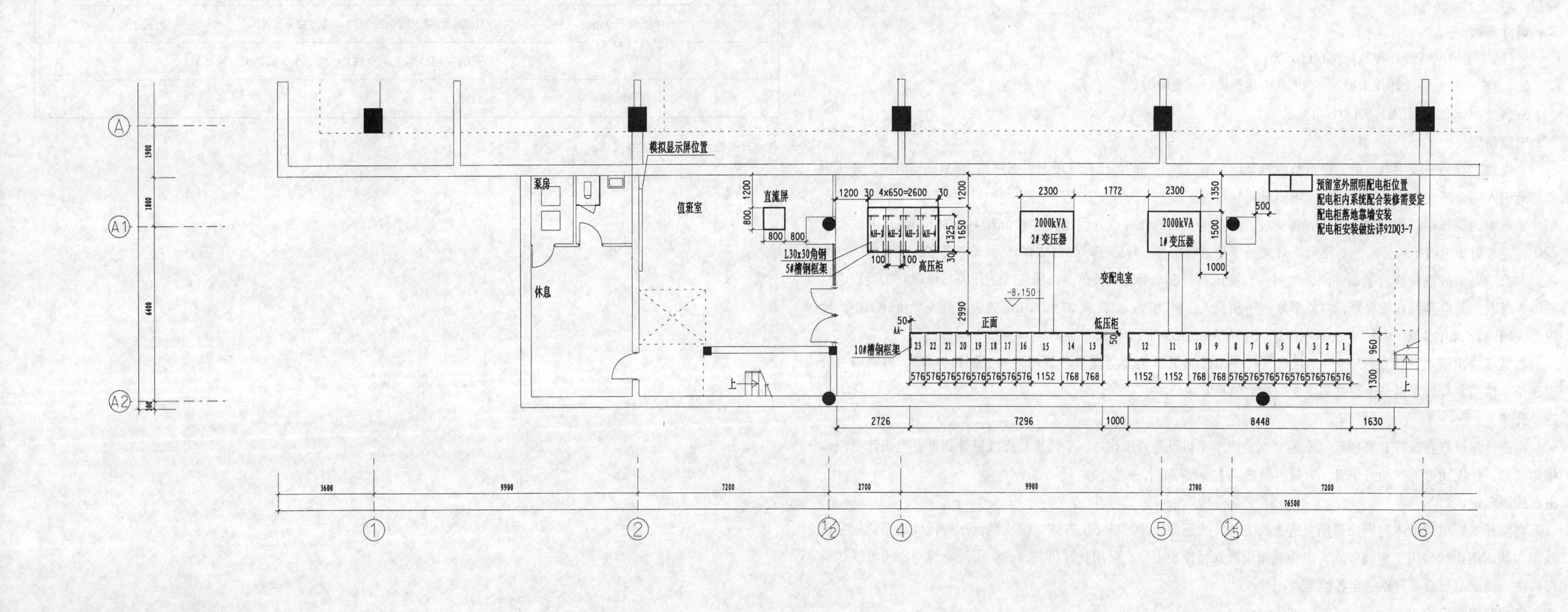

图名	变电室设备布置平面图	图号	1-140

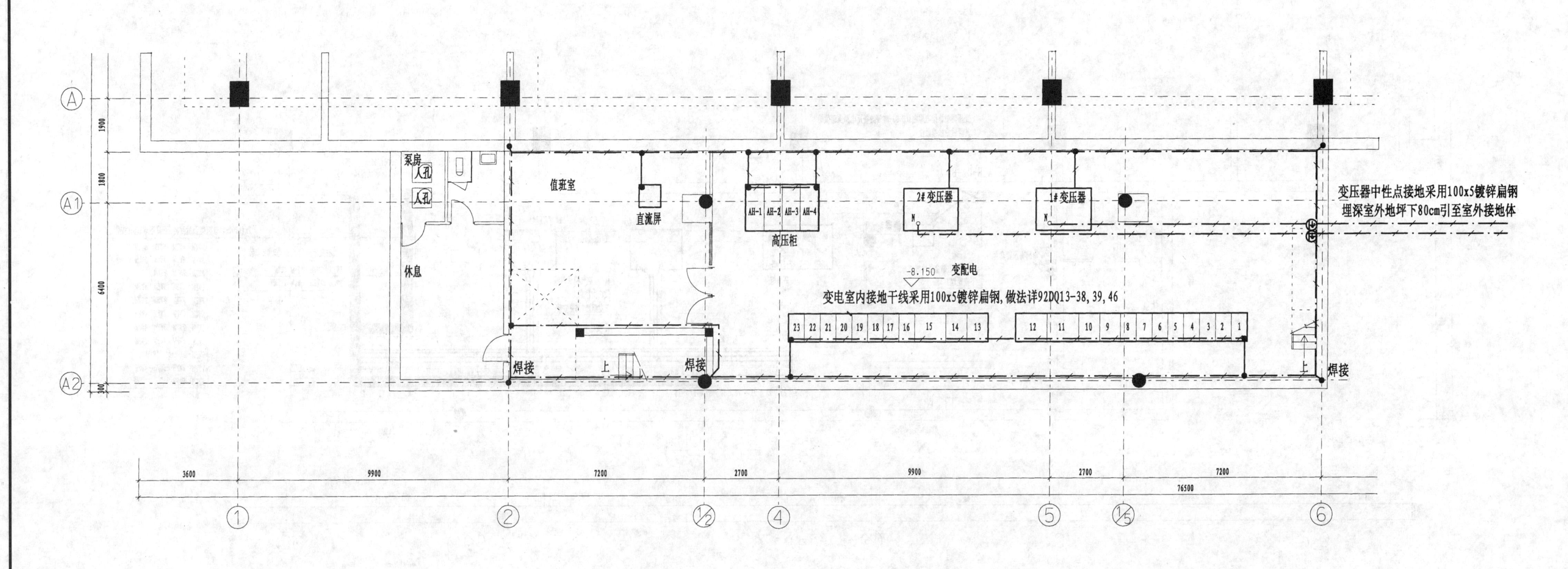

变电室内接地干线通过结构柱主筋与室外环形接地体连接

图名	变电室接地平面图	图号	1-141

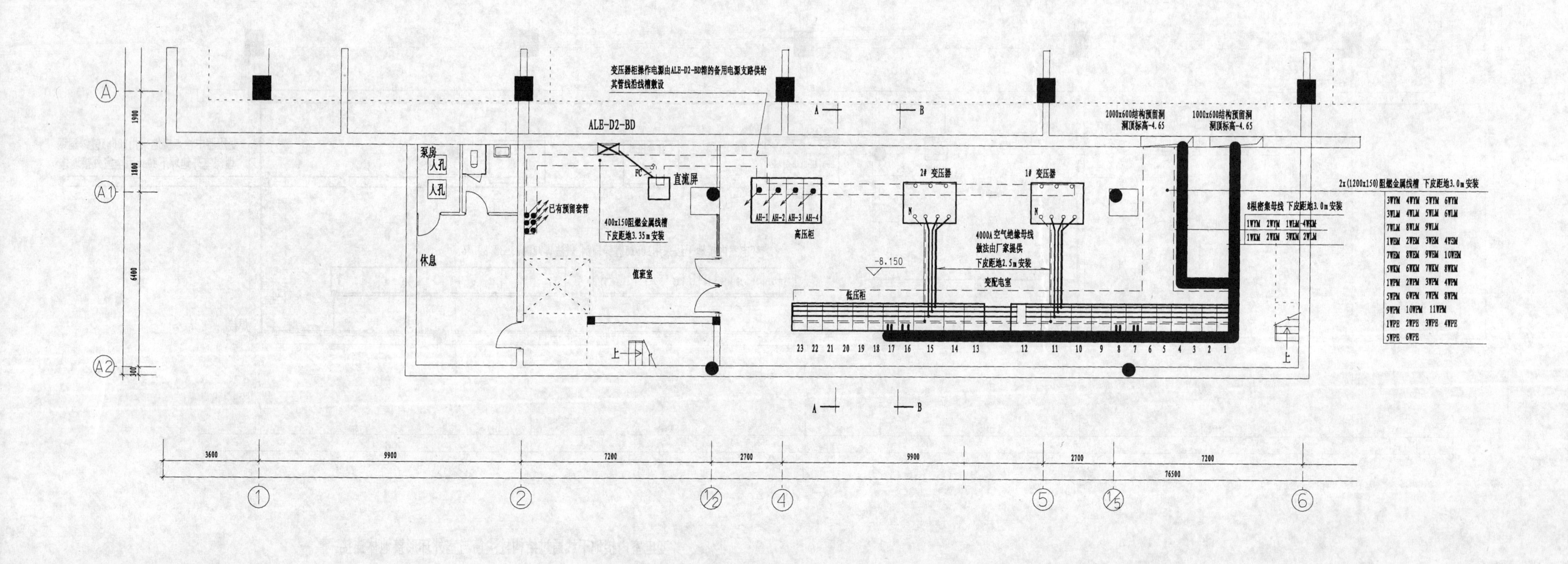

图名	变电室强电干线平面图	图号	1-142

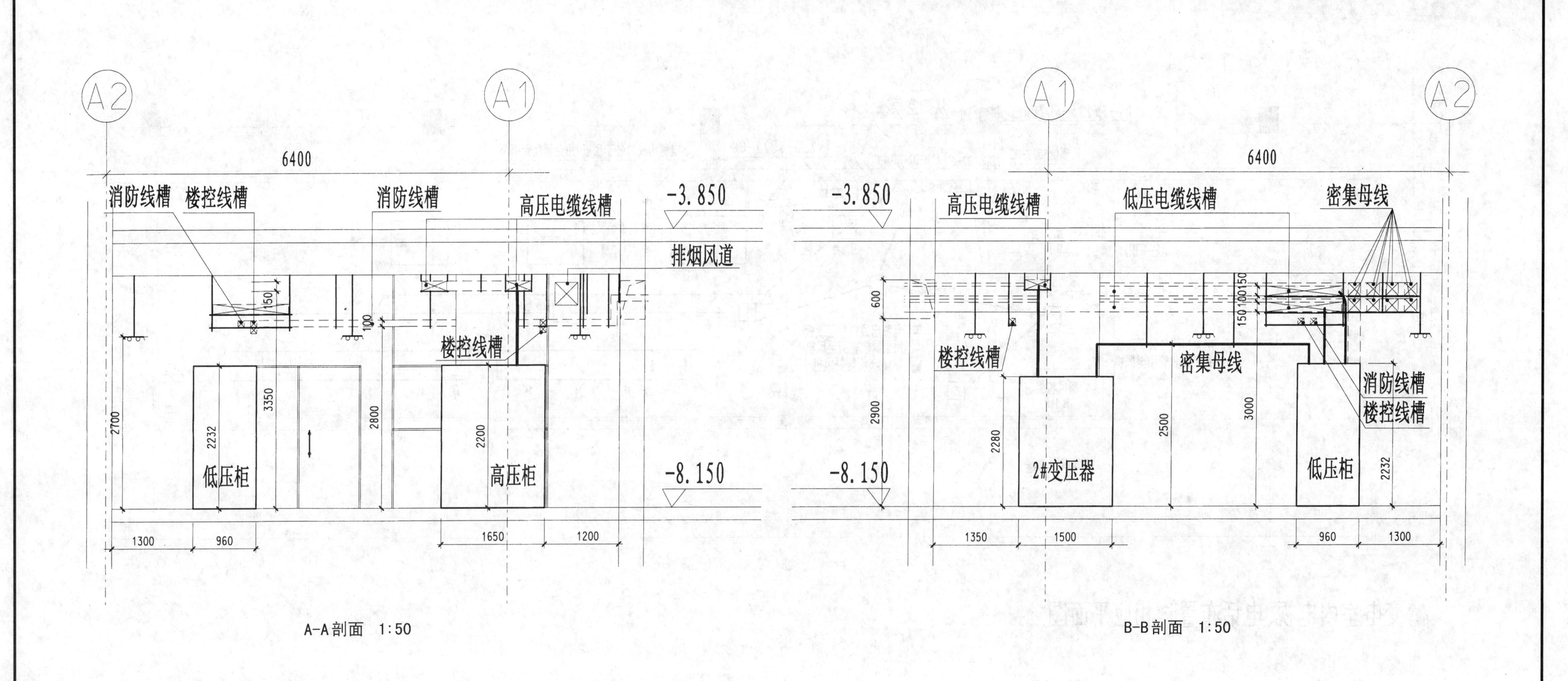

A-A剖面 1:50

B-B剖面 1:50

图名	变电室剖面图	图号	1-143

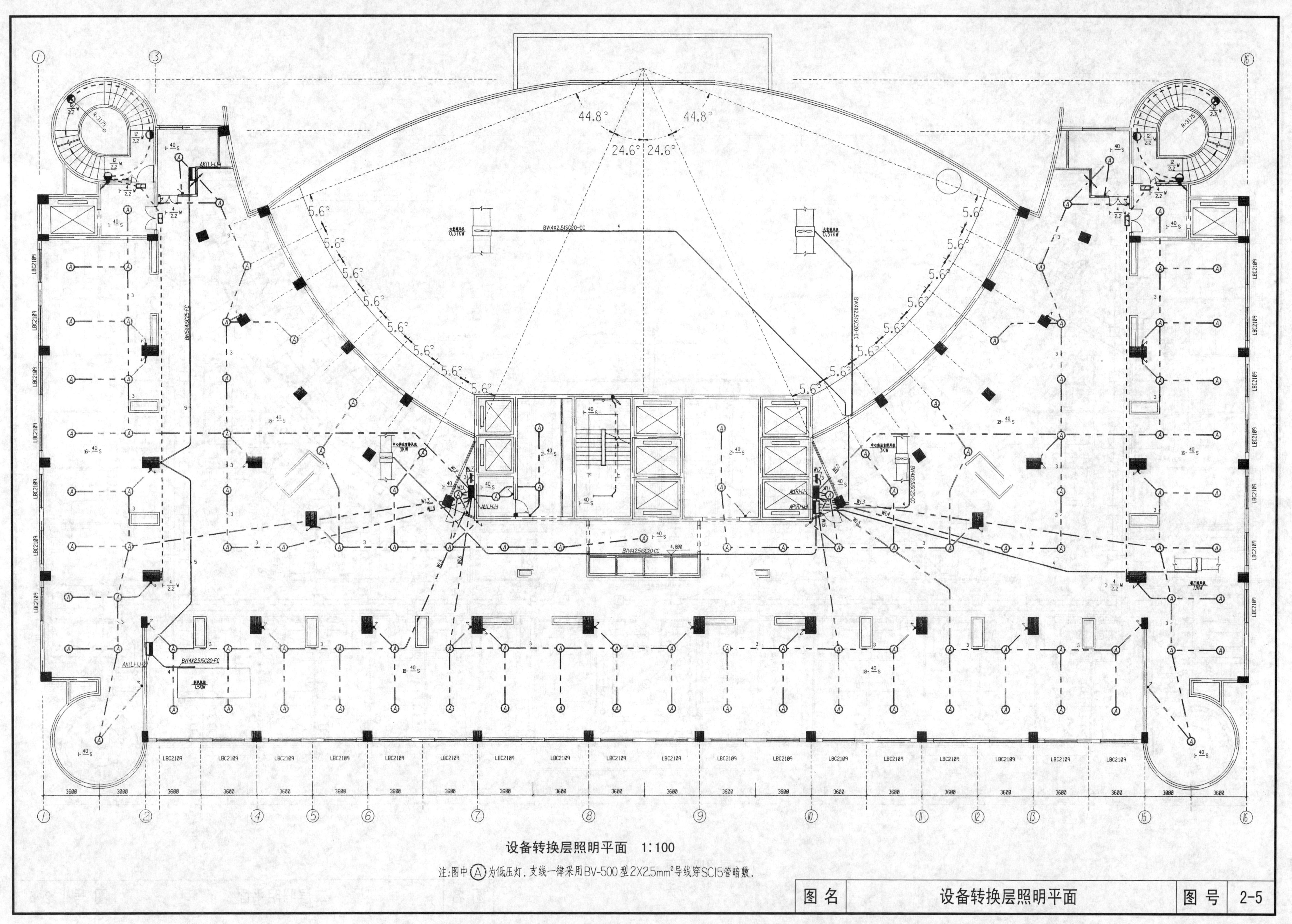
44.8°
44.8°
24.6° 24.6°
5.6°
BV(4X2.5)SC20-CC
BV(4X2.5)SC20-FC
LBC2109
3600
3000
设备转换层照明平面 1:100
注:图中Ⓐ为低压灯.支线一律采用BV-500型2X2.5mm²导线穿SC15管暗敷.
图名
设备转换层照明平面
图号
2-5

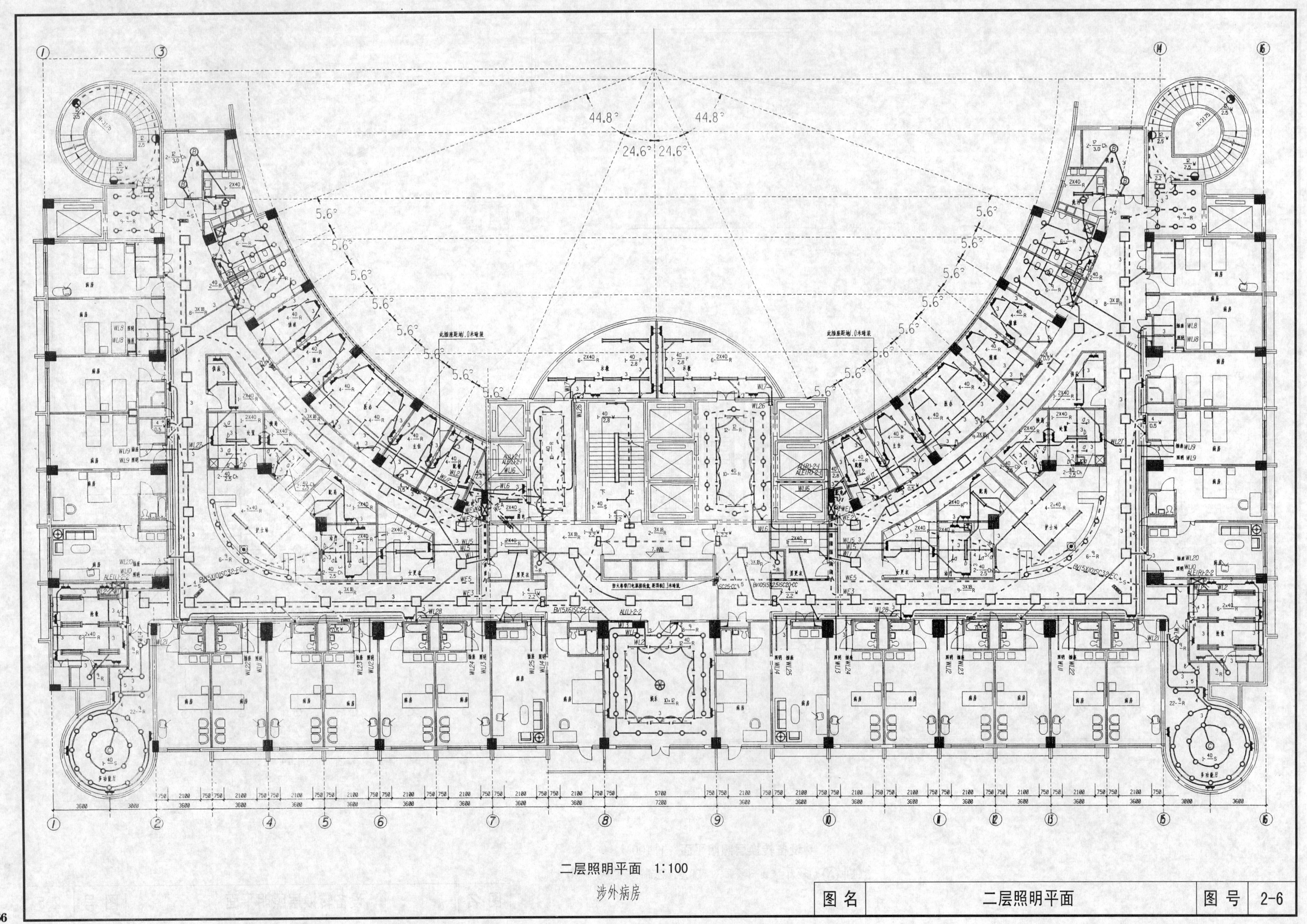

二层照明平面　1:100

涉外病房

图名	二层照明平面	图号	2-6

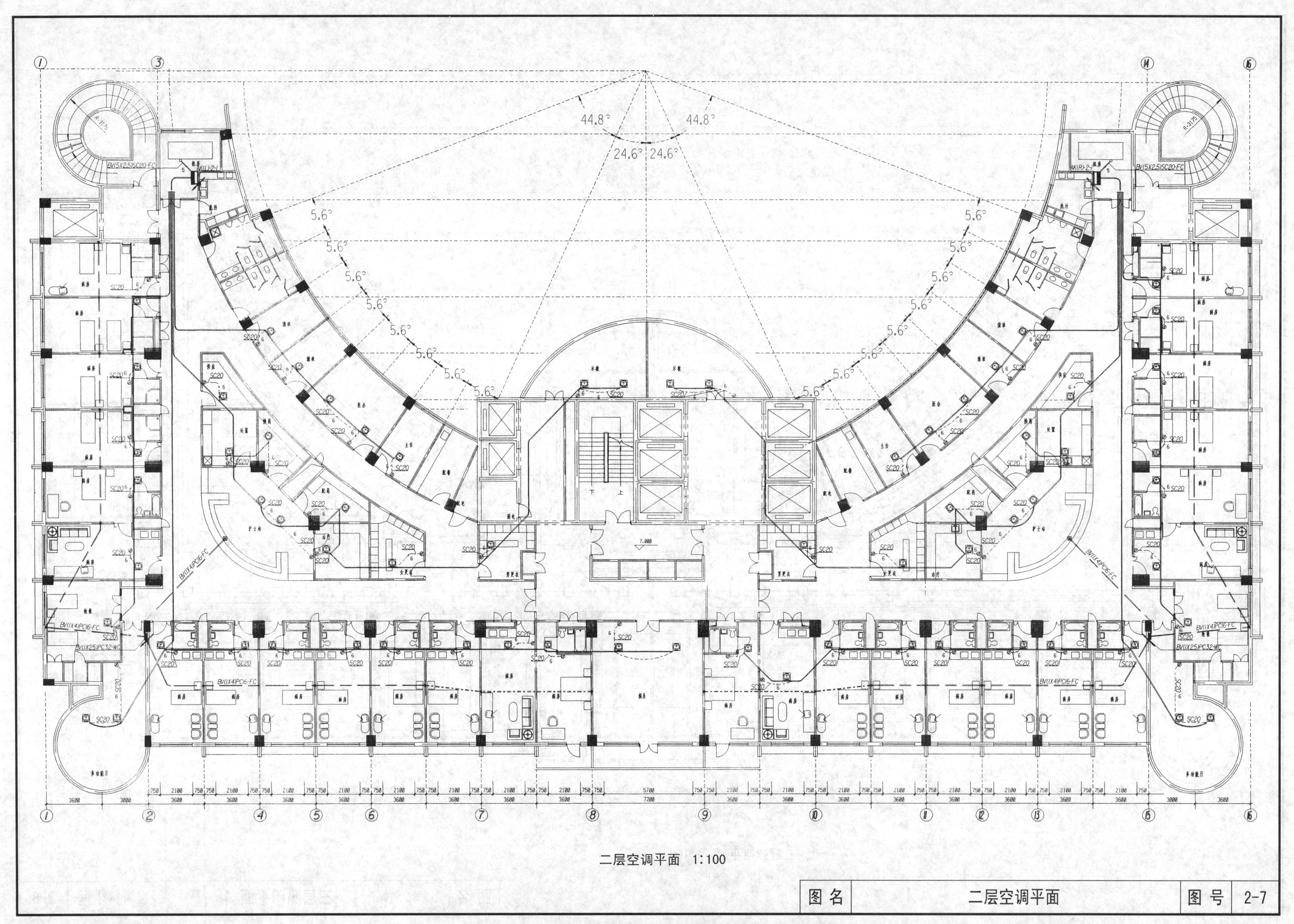

二层空调平面 1:100

图名	二层空调平面	图号	2-7

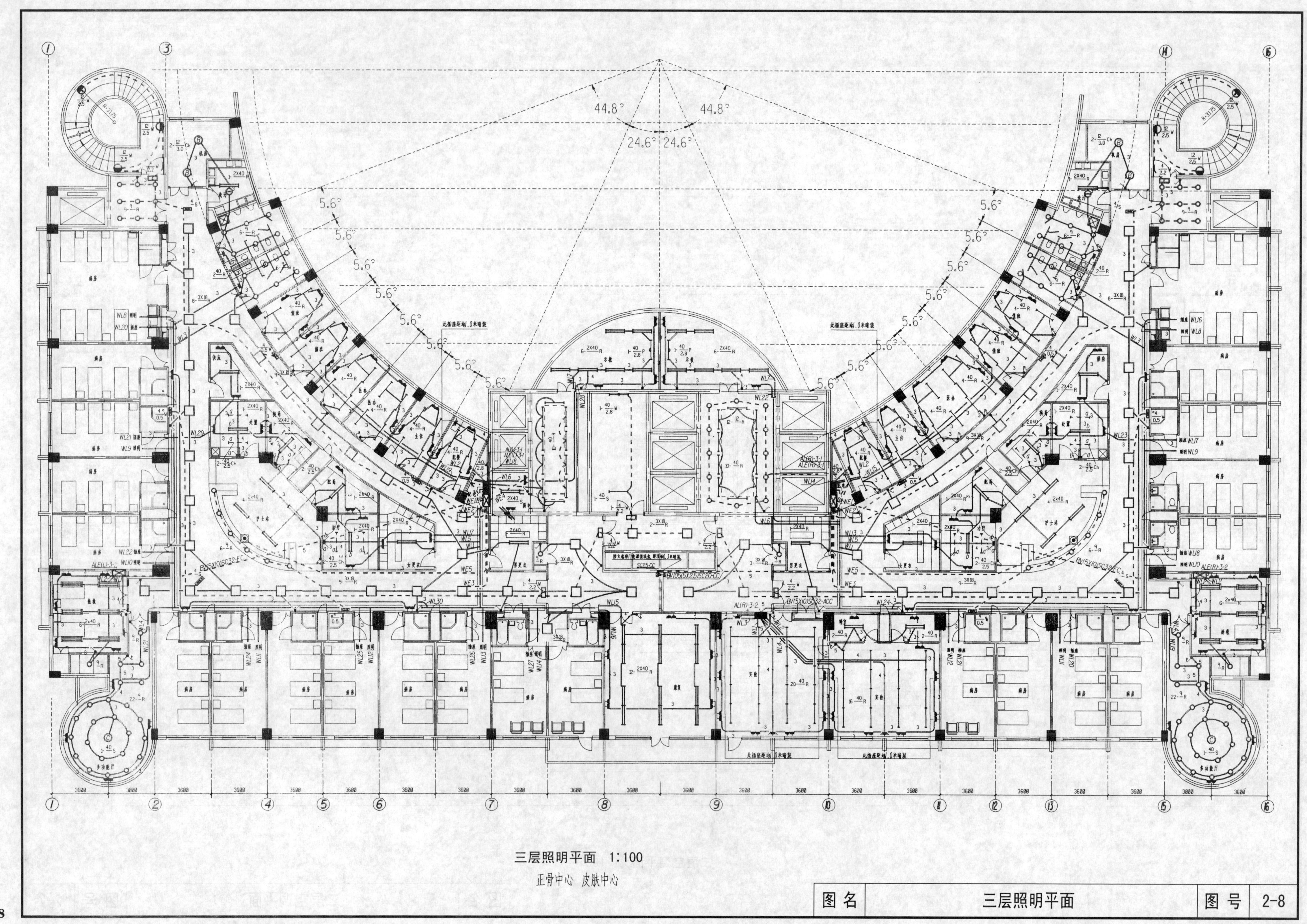

三层照明平面 1:100

正骨中心 皮肤中心

图名	三层照明平面	图号	2-8

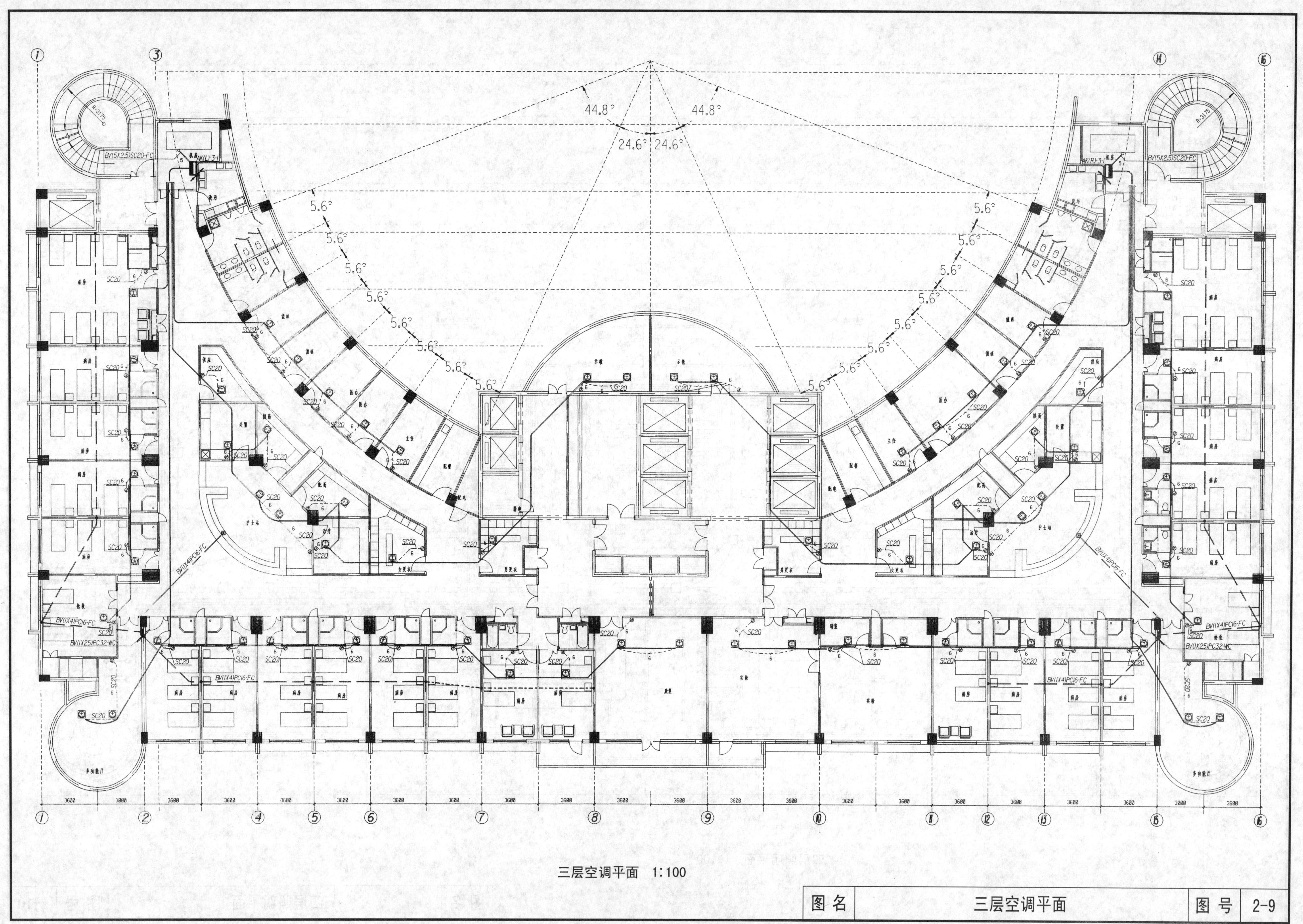

三层空调平面 1:100

图名	三层空调平面	图号	2-9

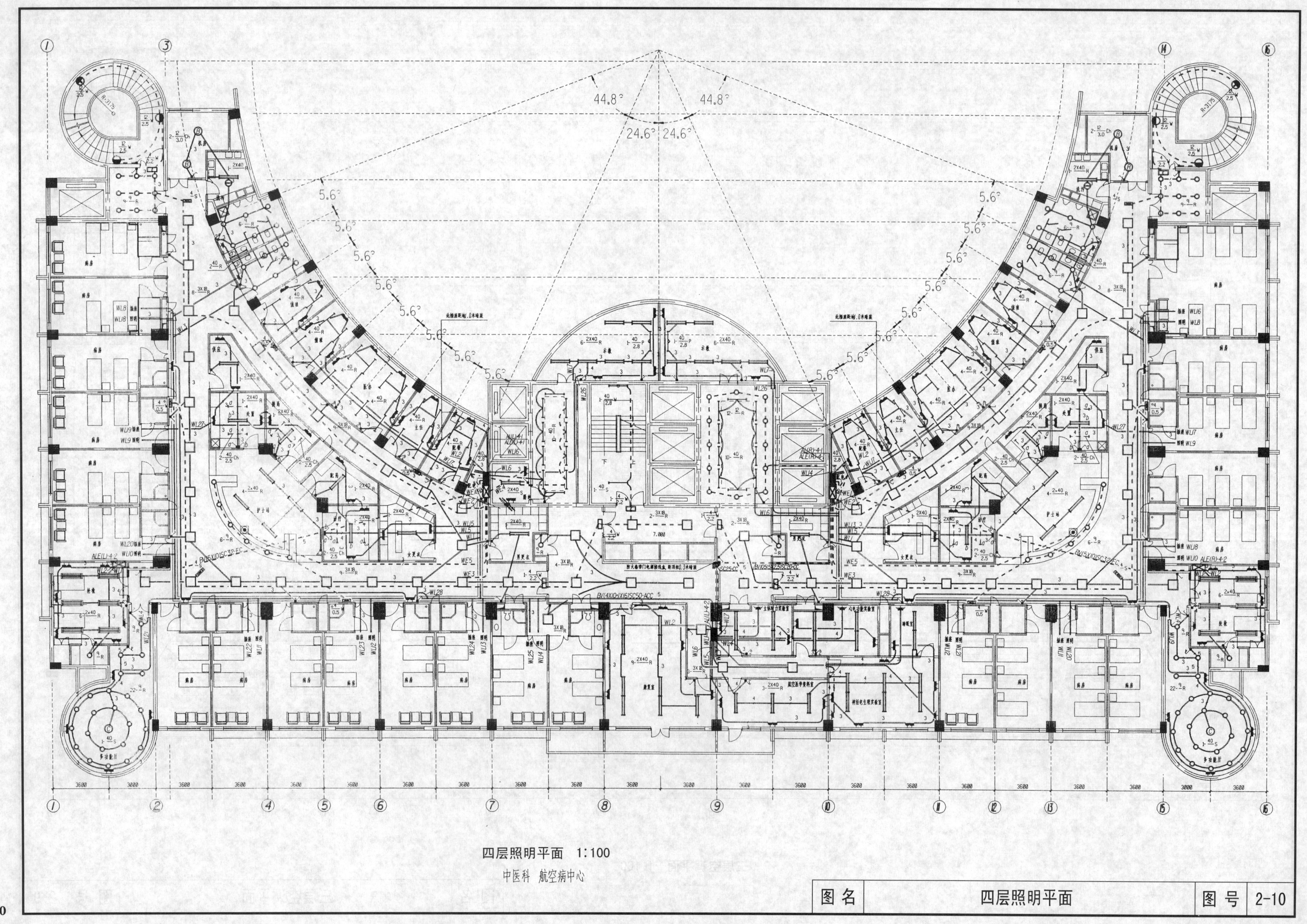

四层照明平面 1:100

中医科 航空病中心

图名	四层照明平面	图号	2-10

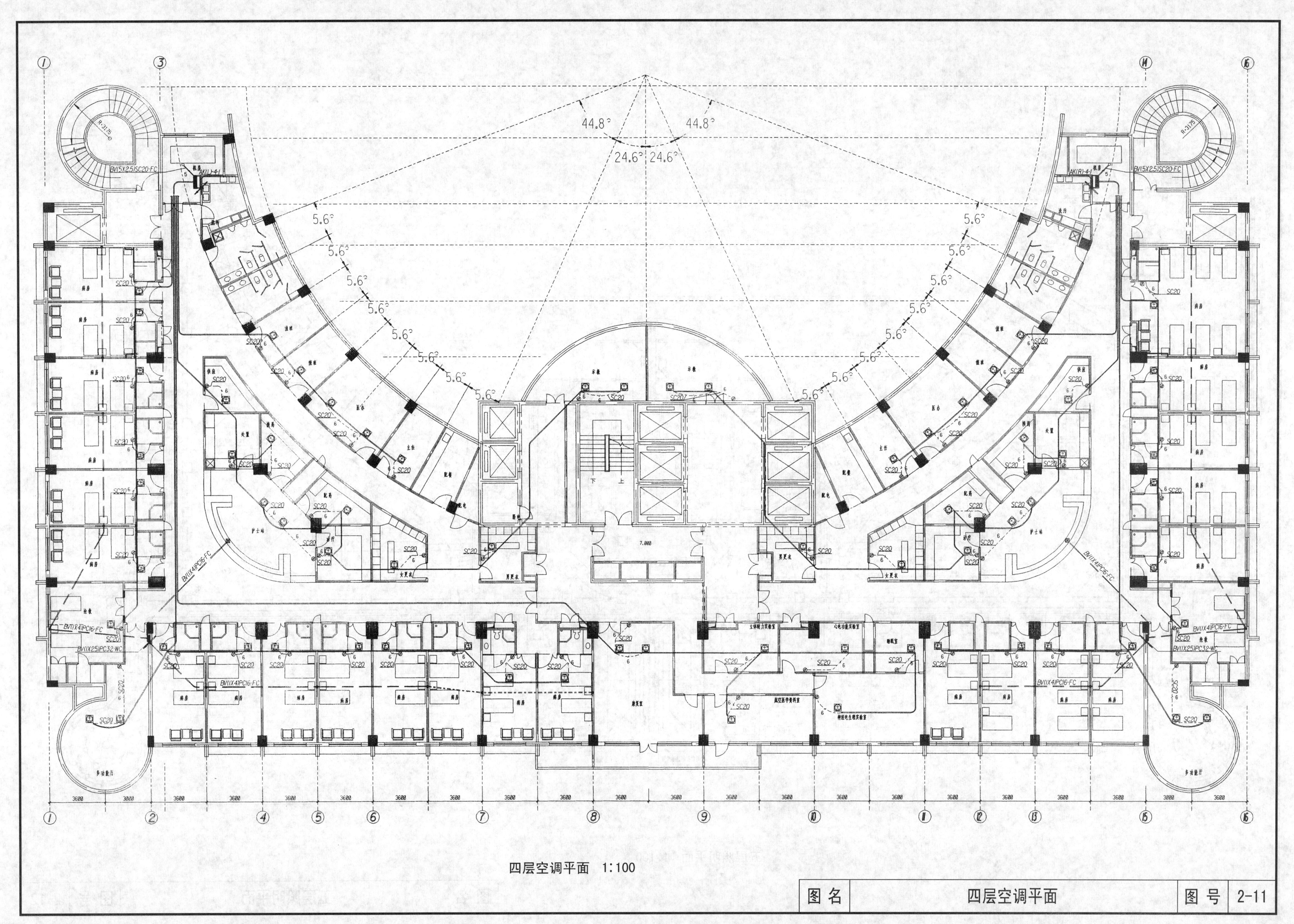

四层空调平面 1:100

图名	四层空调平面	图号	2-11

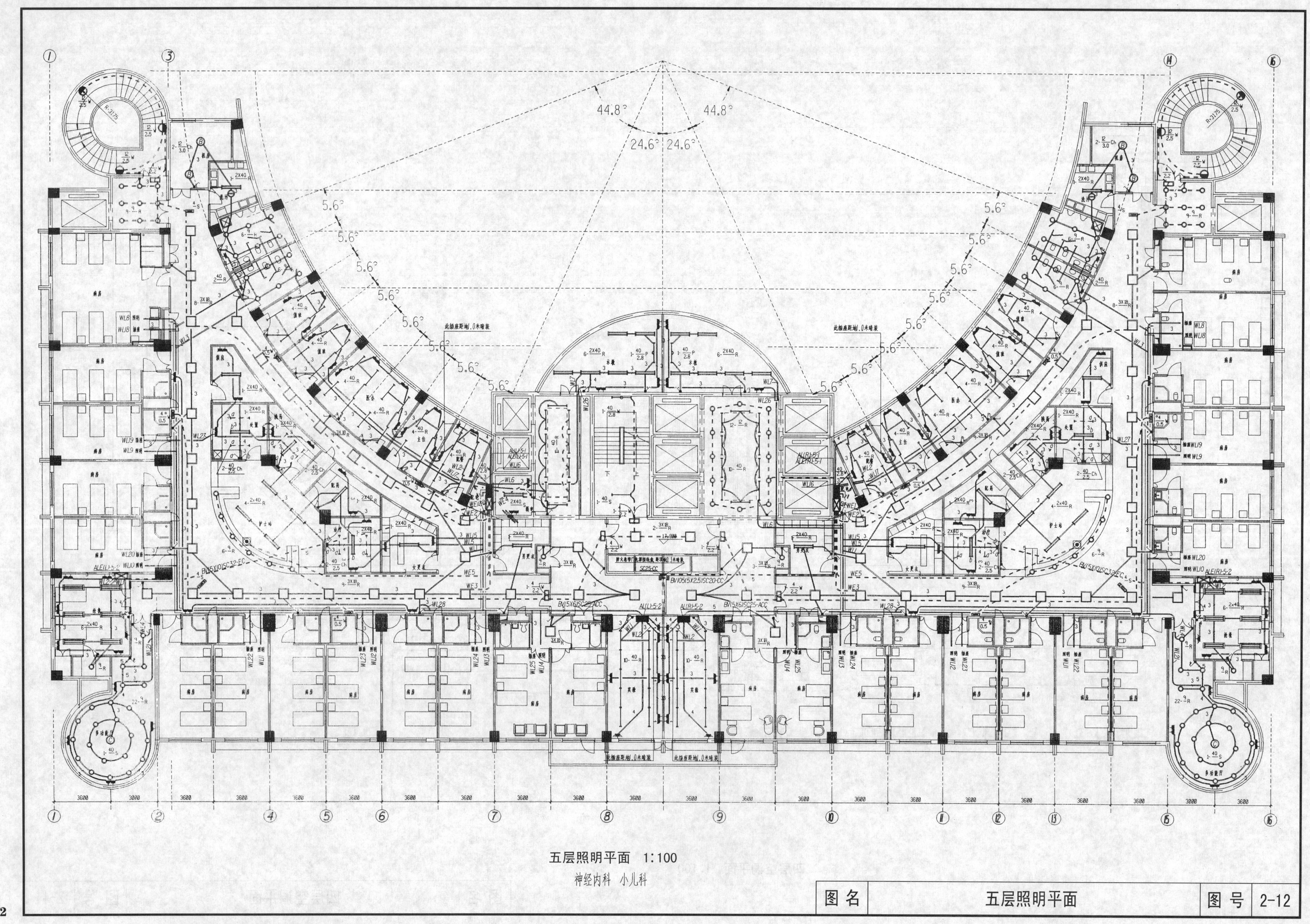

五层照明平面 1:100

神经内科 小儿科

图名	五层照明平面	图号	2-12

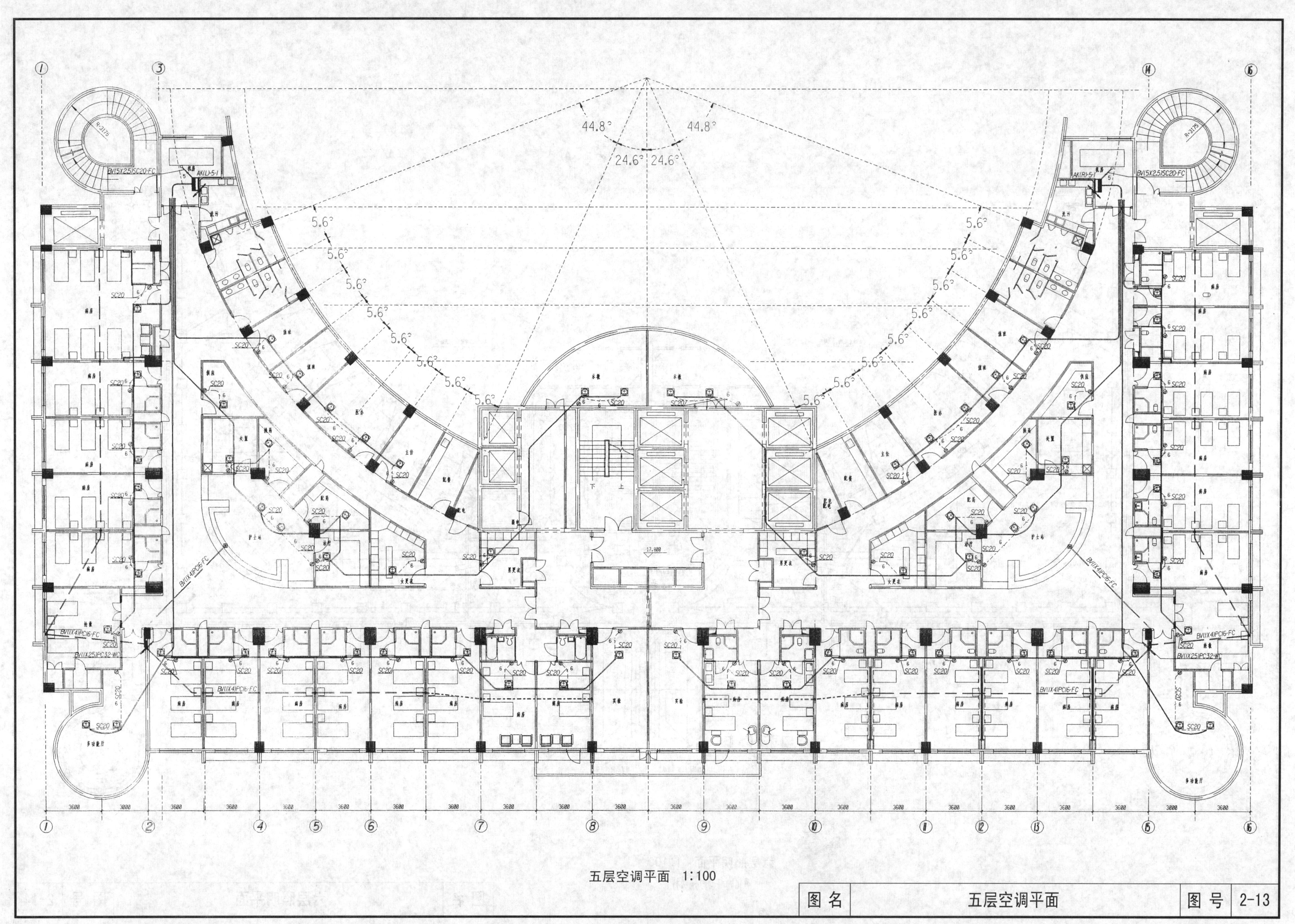
五层空调平面 1:100
图名
五层空调平面
图号
2-13

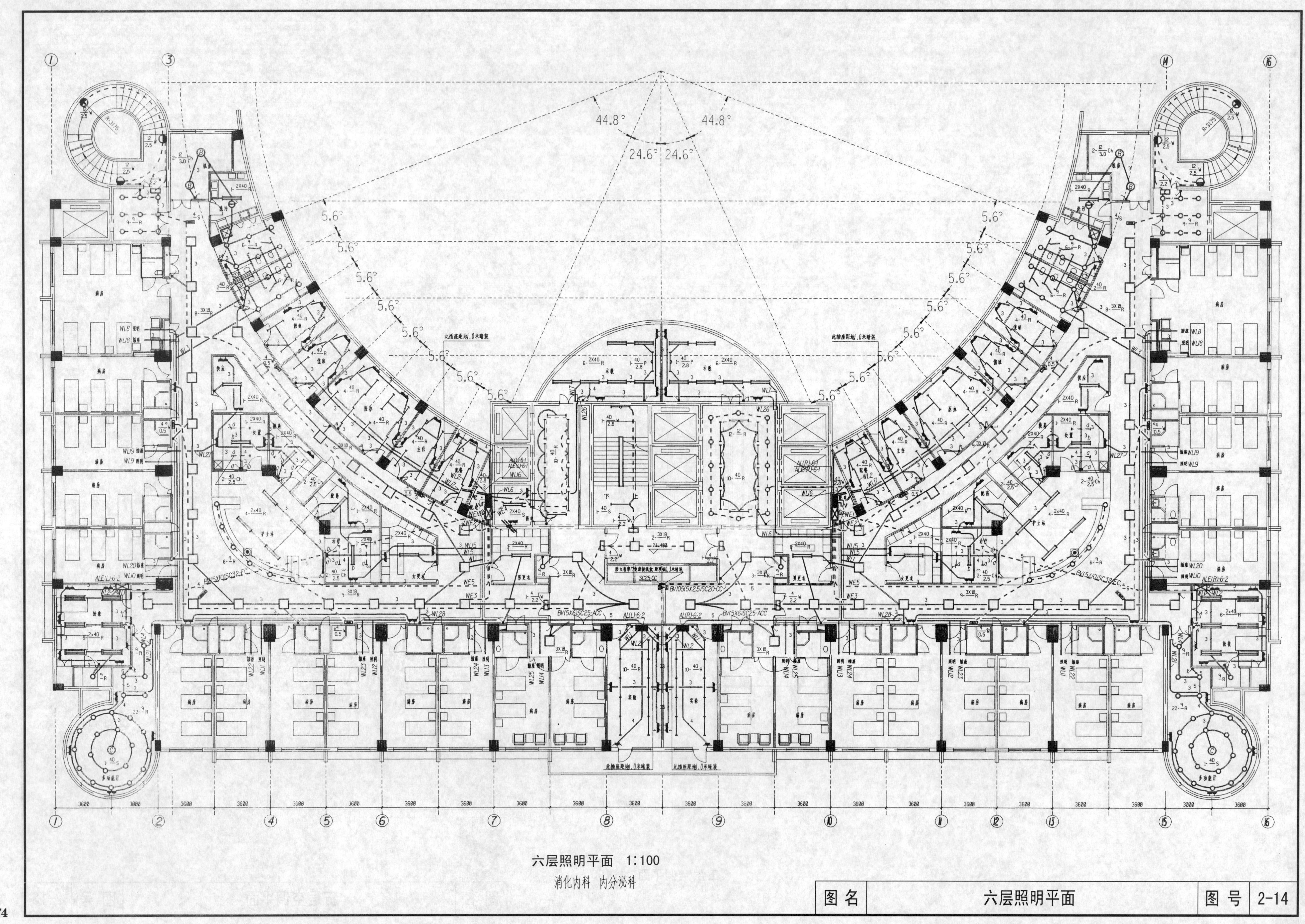

六层照明平面 1:100

消化内科 内分泌科

图名	六层照明平面	图号	2-14

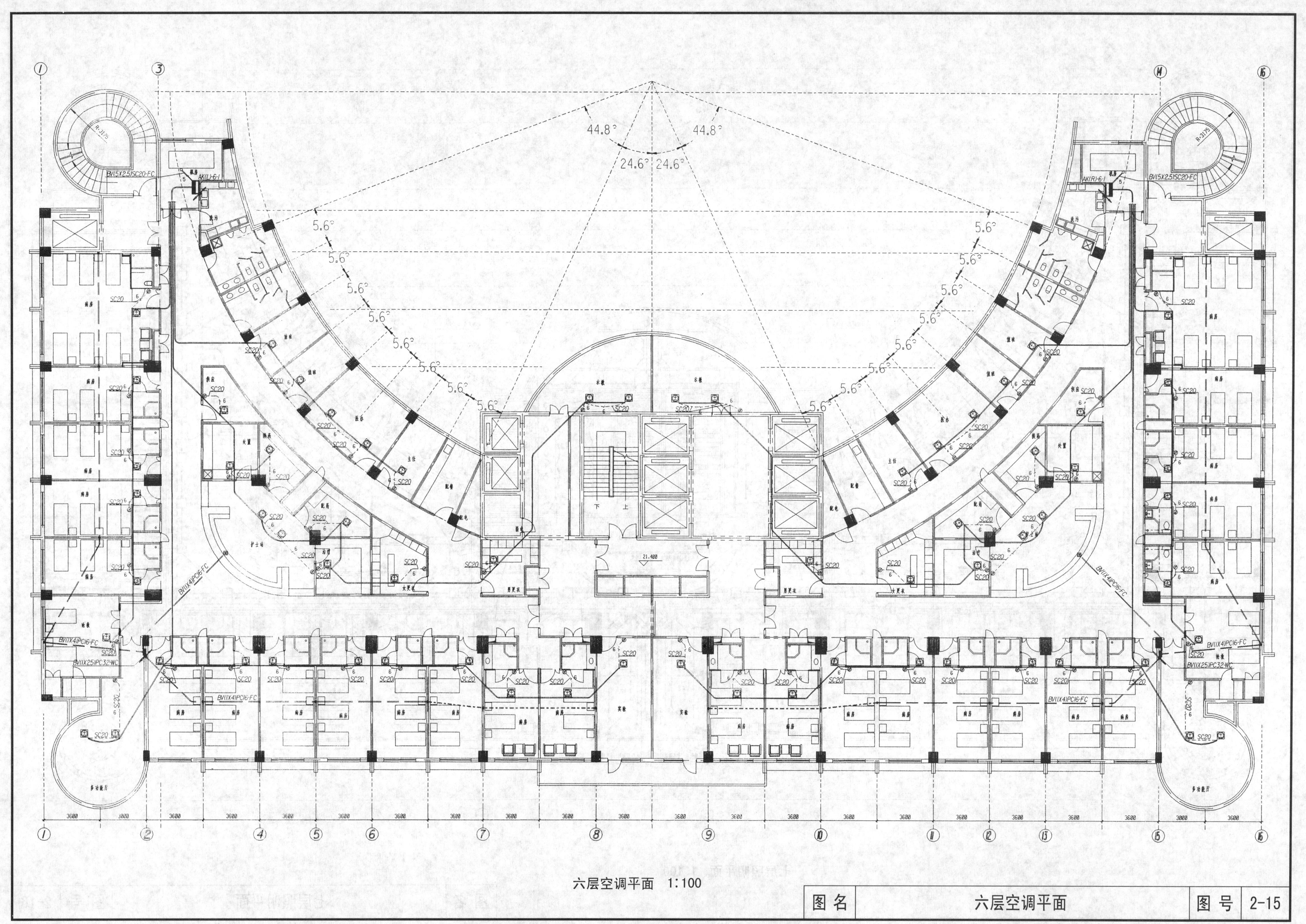

六层空调平面　1:100

图名	六层空调平面	图号	2-15

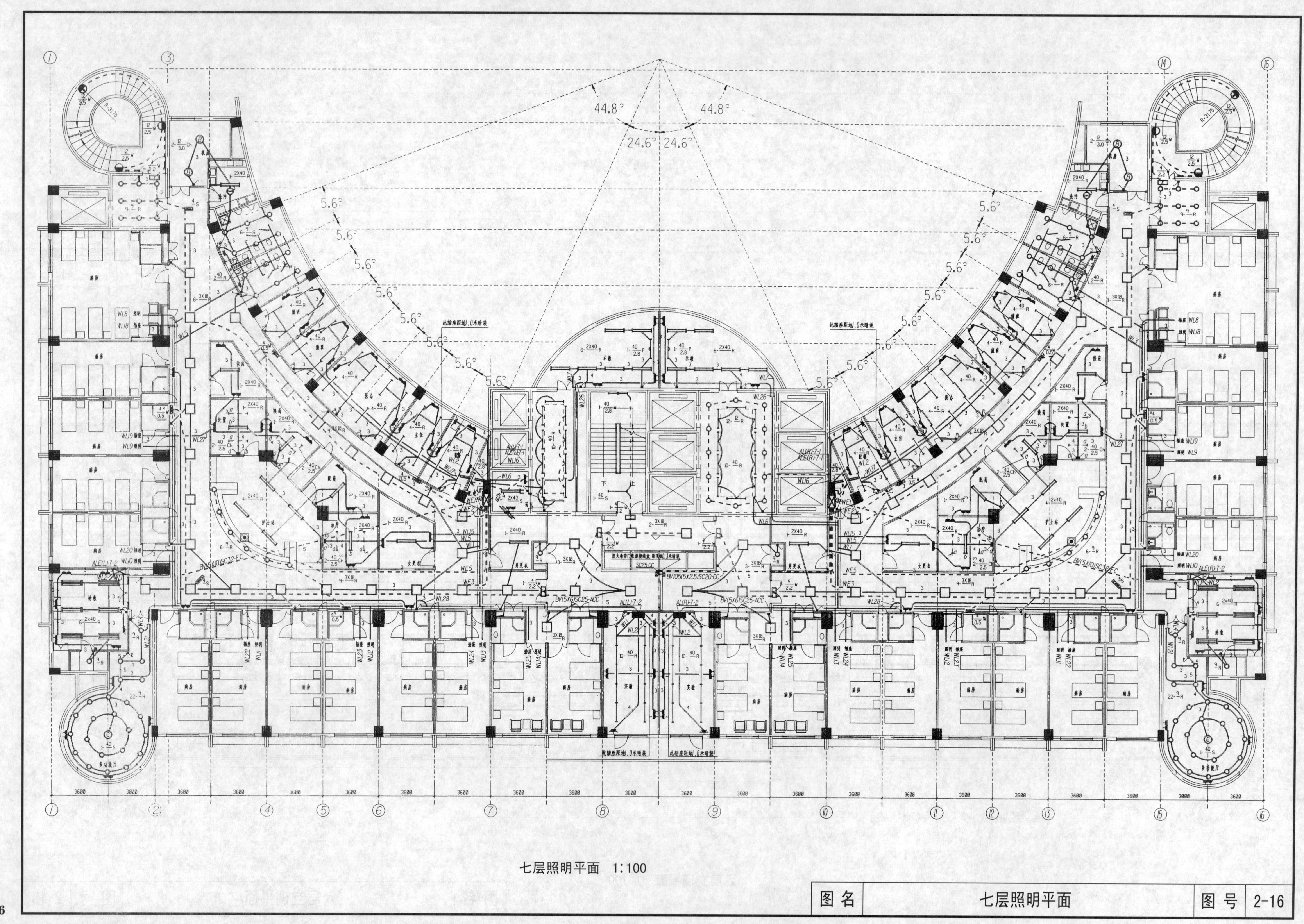

七层照明平面　1:100

图 名	七层照明平面	图 号	2-16

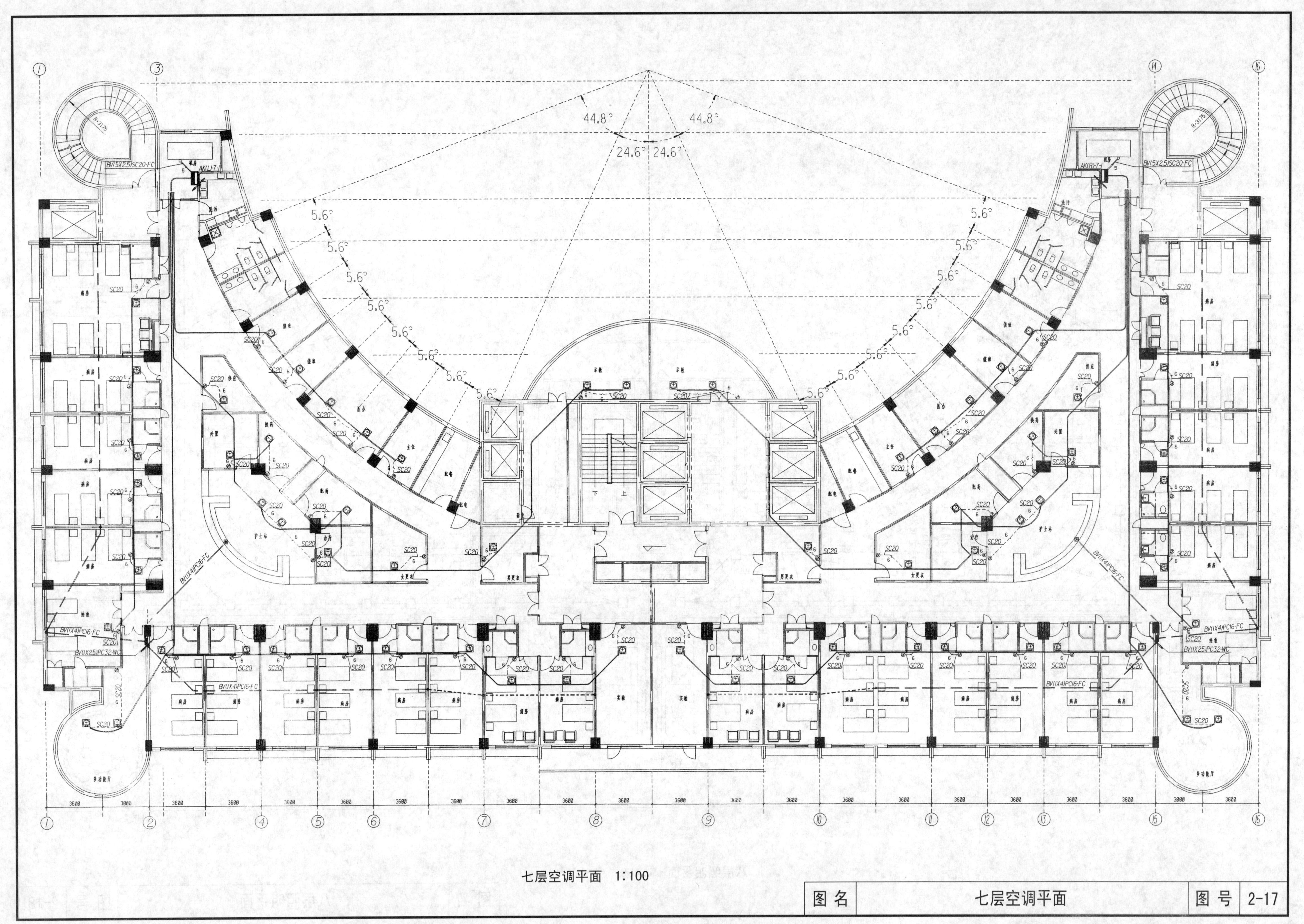

七层空调平面　1:100

图 名	七层空调平面	图 号	2-17

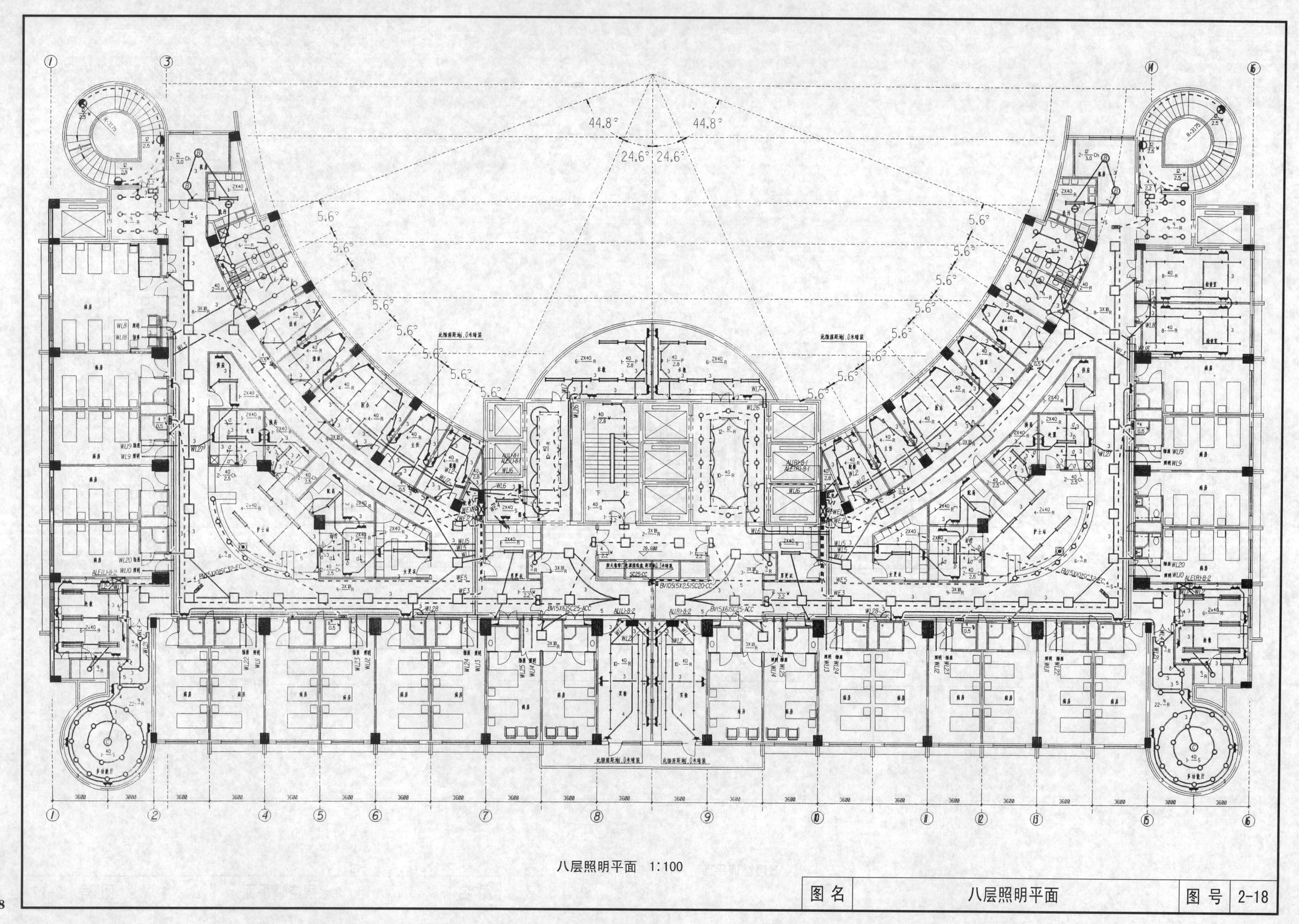

图名	八层照明平面	图号	2-18

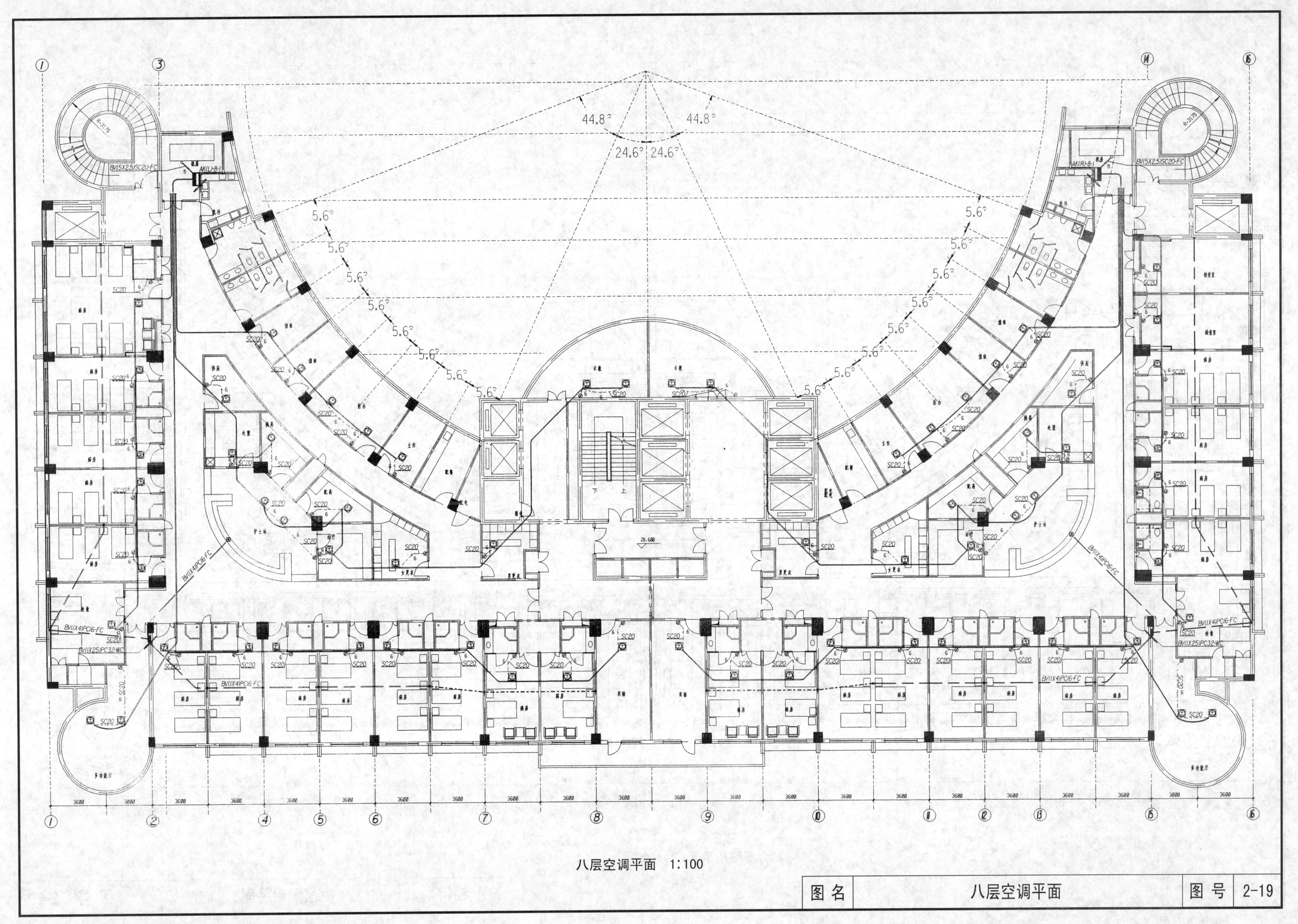

图名	八层空调平面	图号	2-19

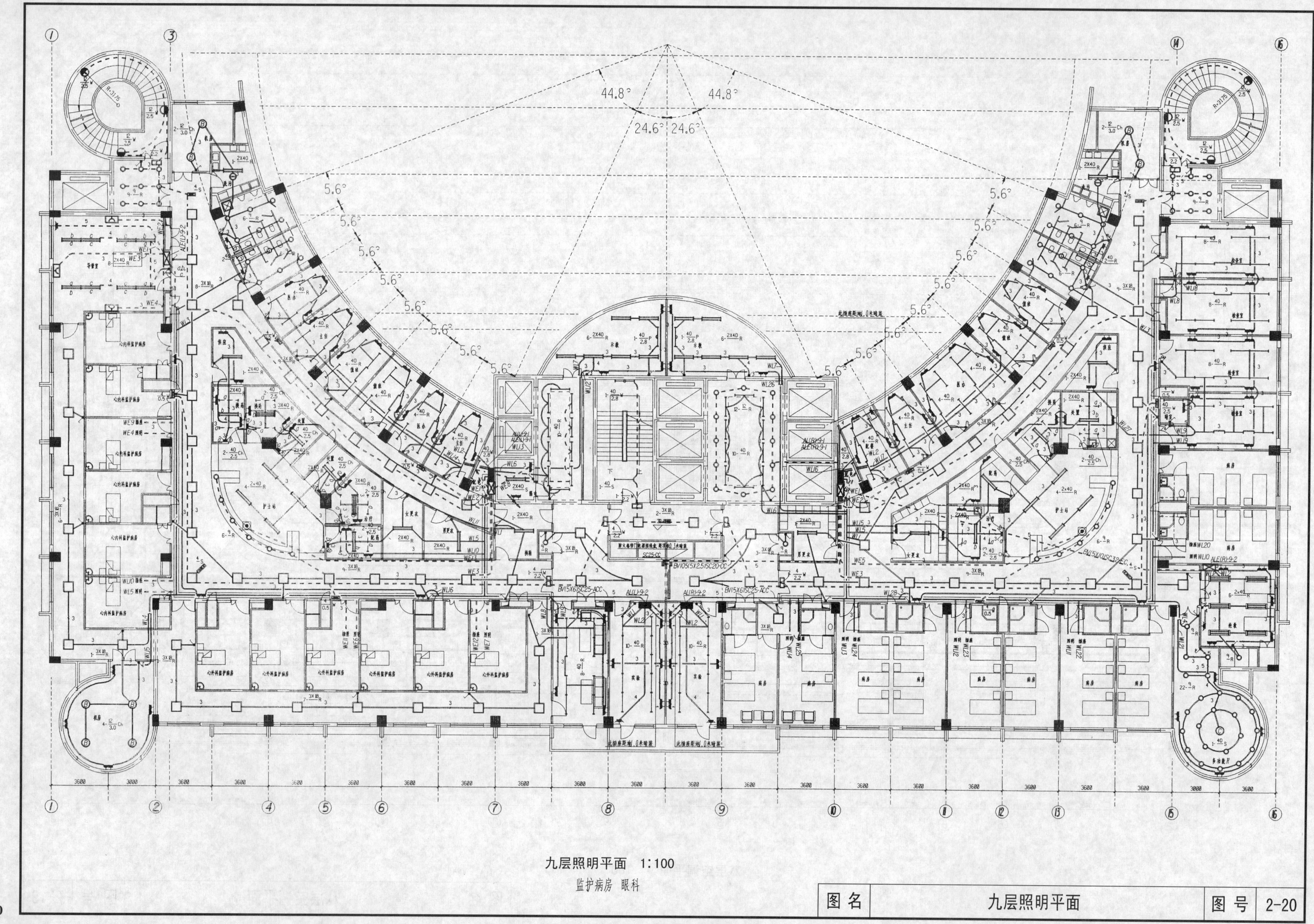

九层照明平面 1:100

监护病房 眼科

图名	九层照明平面	图号	2-20

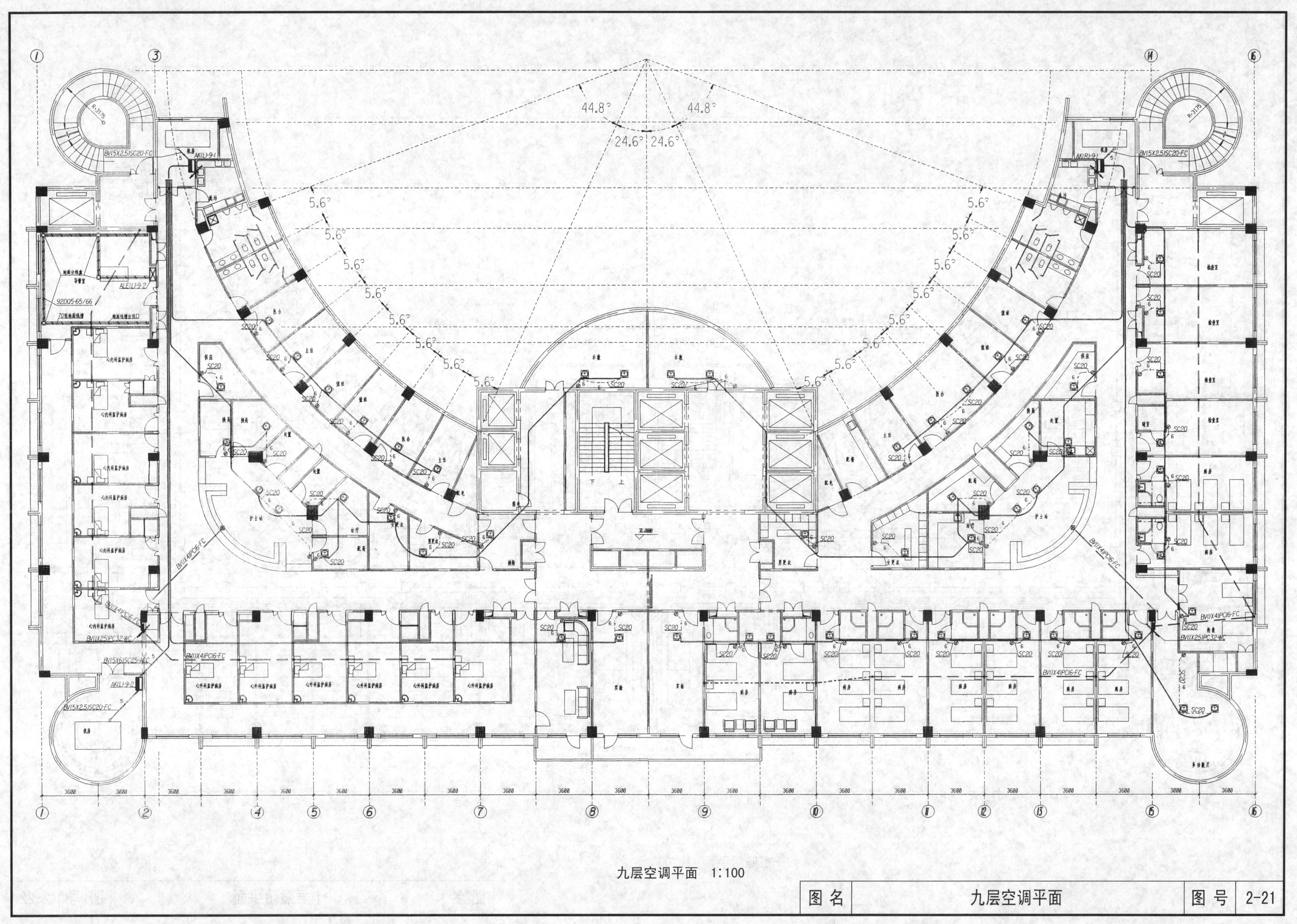

九层空调平面 1:100

图 名	九层空调平面	图 号	2-21

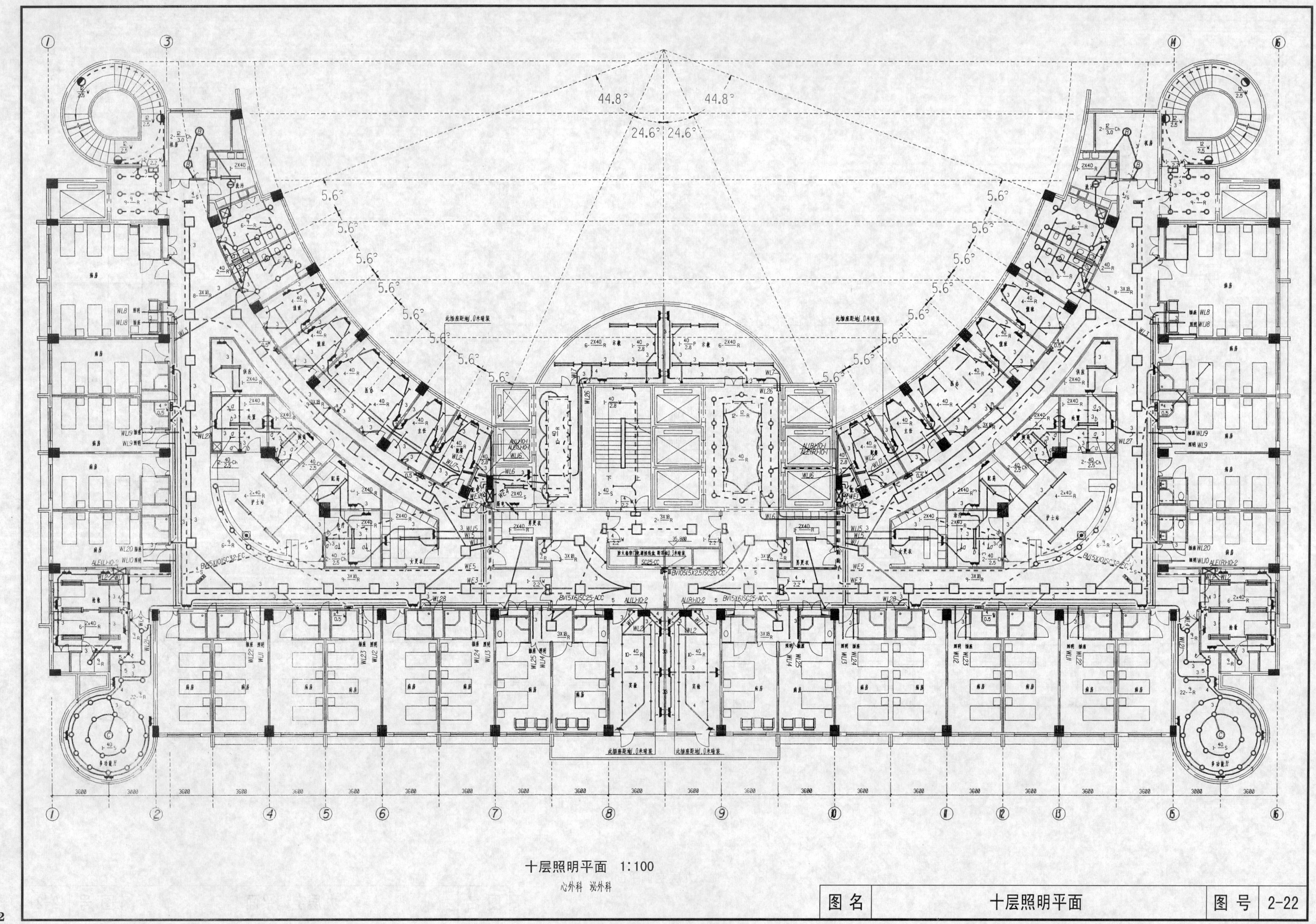

十层照明平面 1:100

心外科 泌外科

图名	十层照明平面	图号	2-22

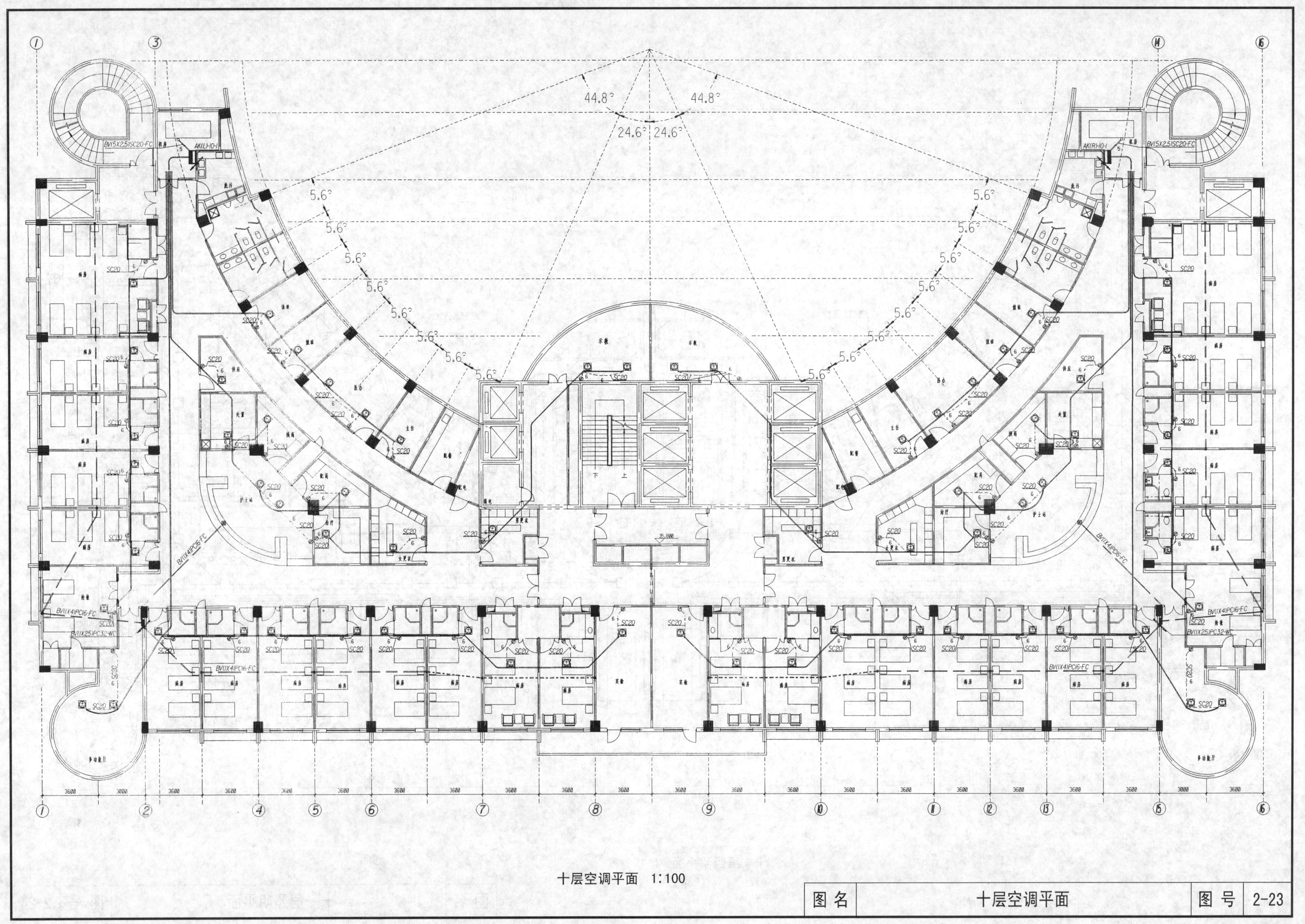

十层空调平面 1:100

图名	十层空调平面	图号	2-23

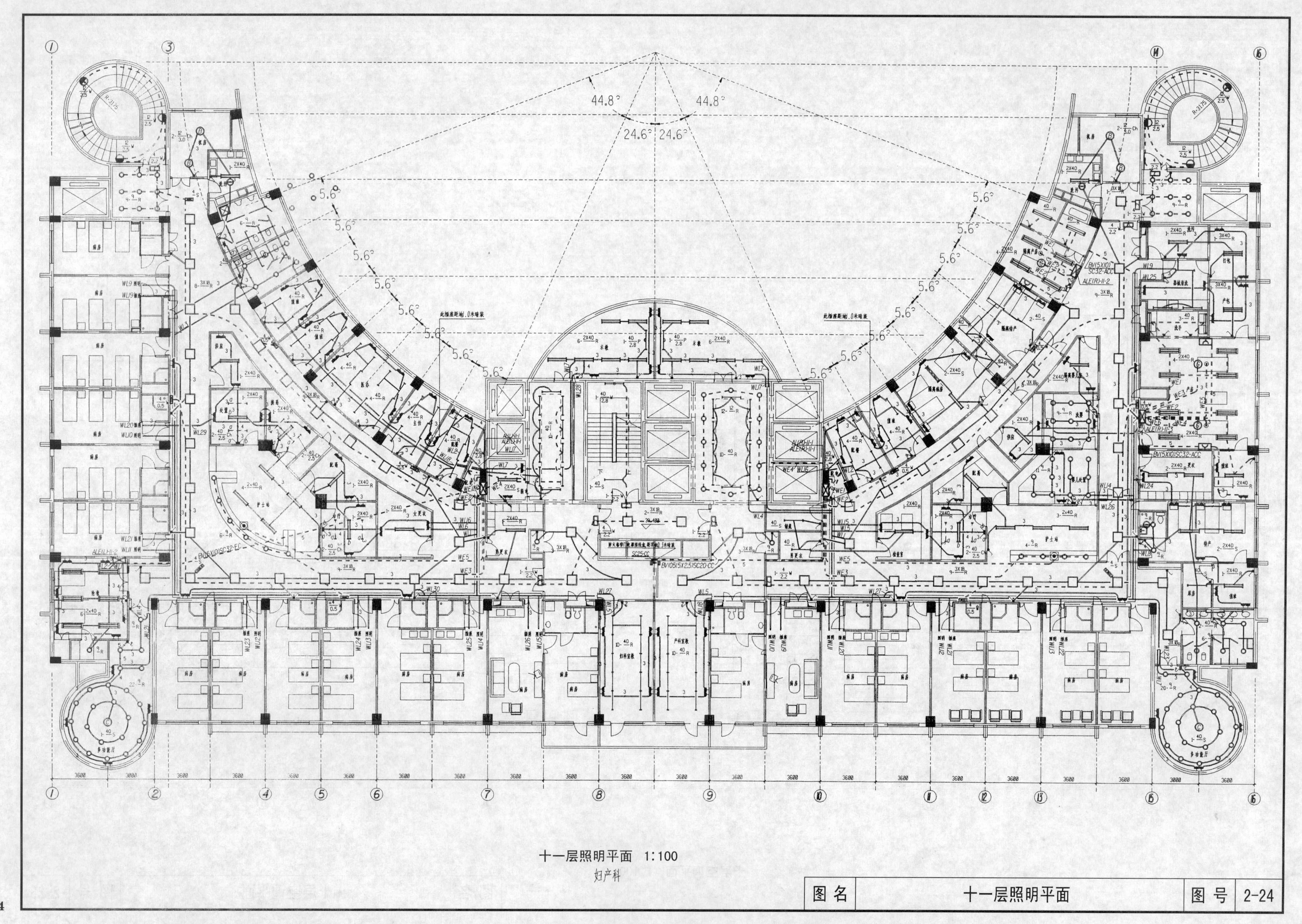

十一层照明平面 1:100

妇产科

图名	十一层照明平面	图号	2-24

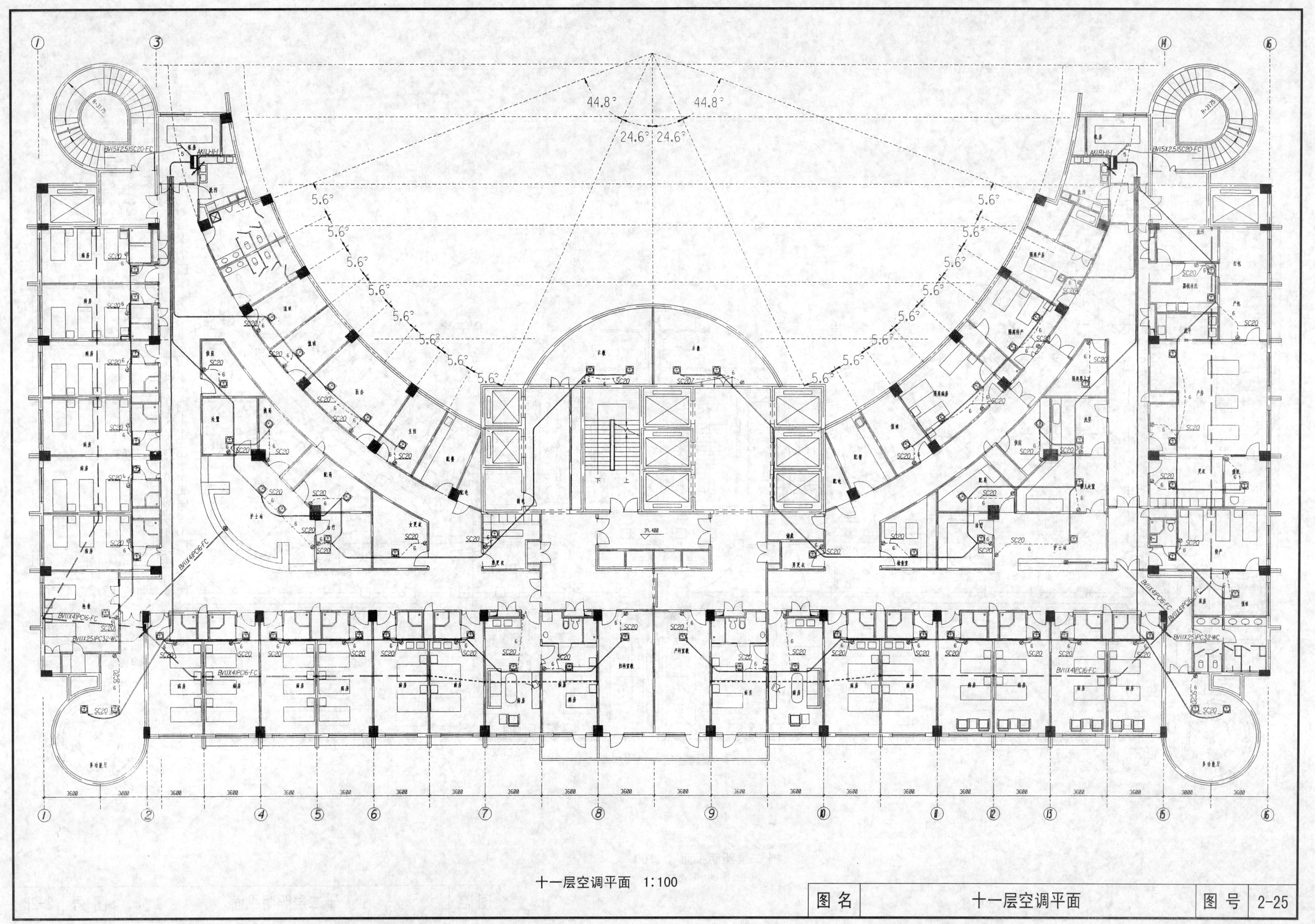

图名	十一层空调平面	图号	2-25

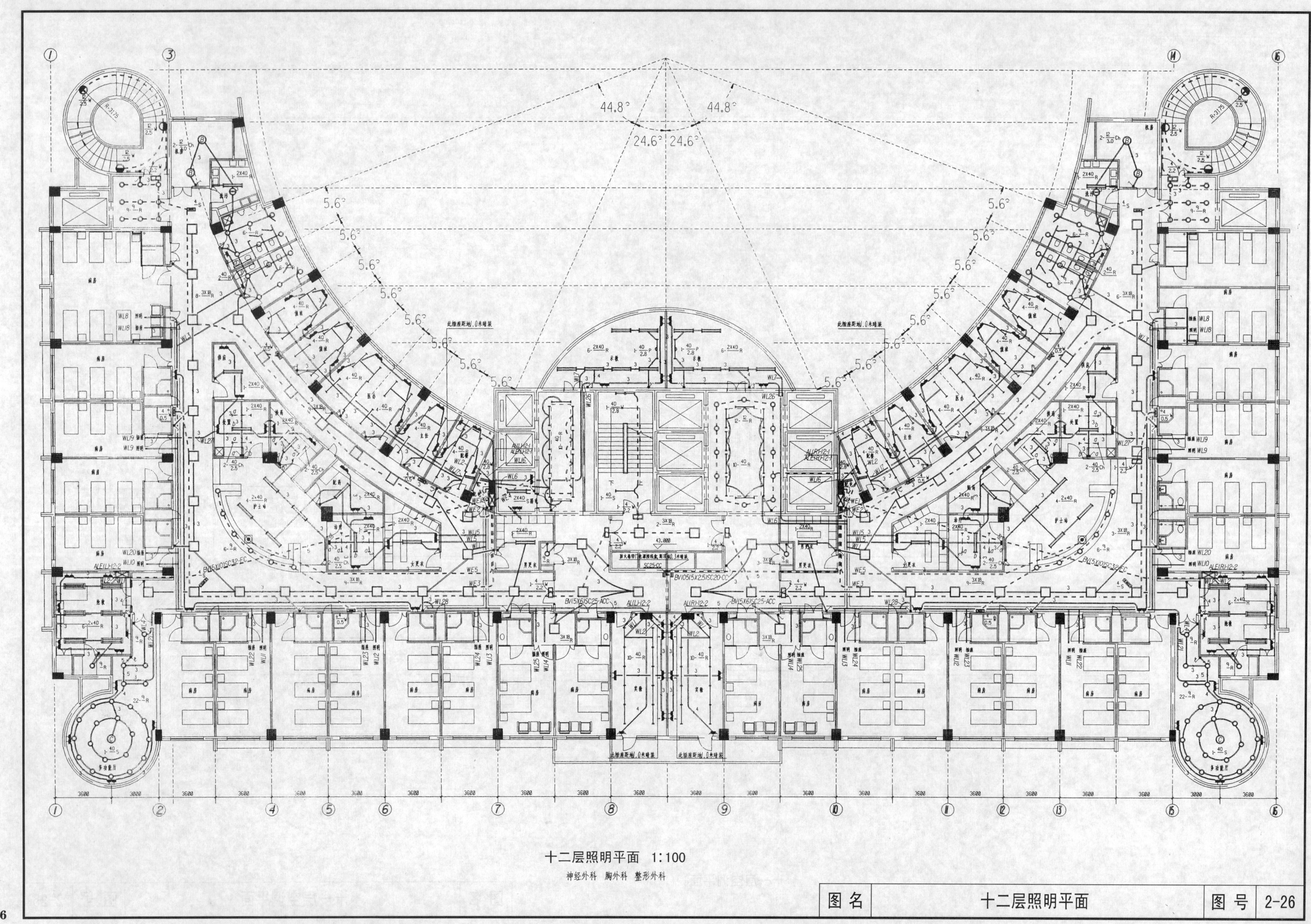

十二层照明平面 1:100

神经外科 胸外科 整形外科

图名	十二层照明平面	图号	2-26

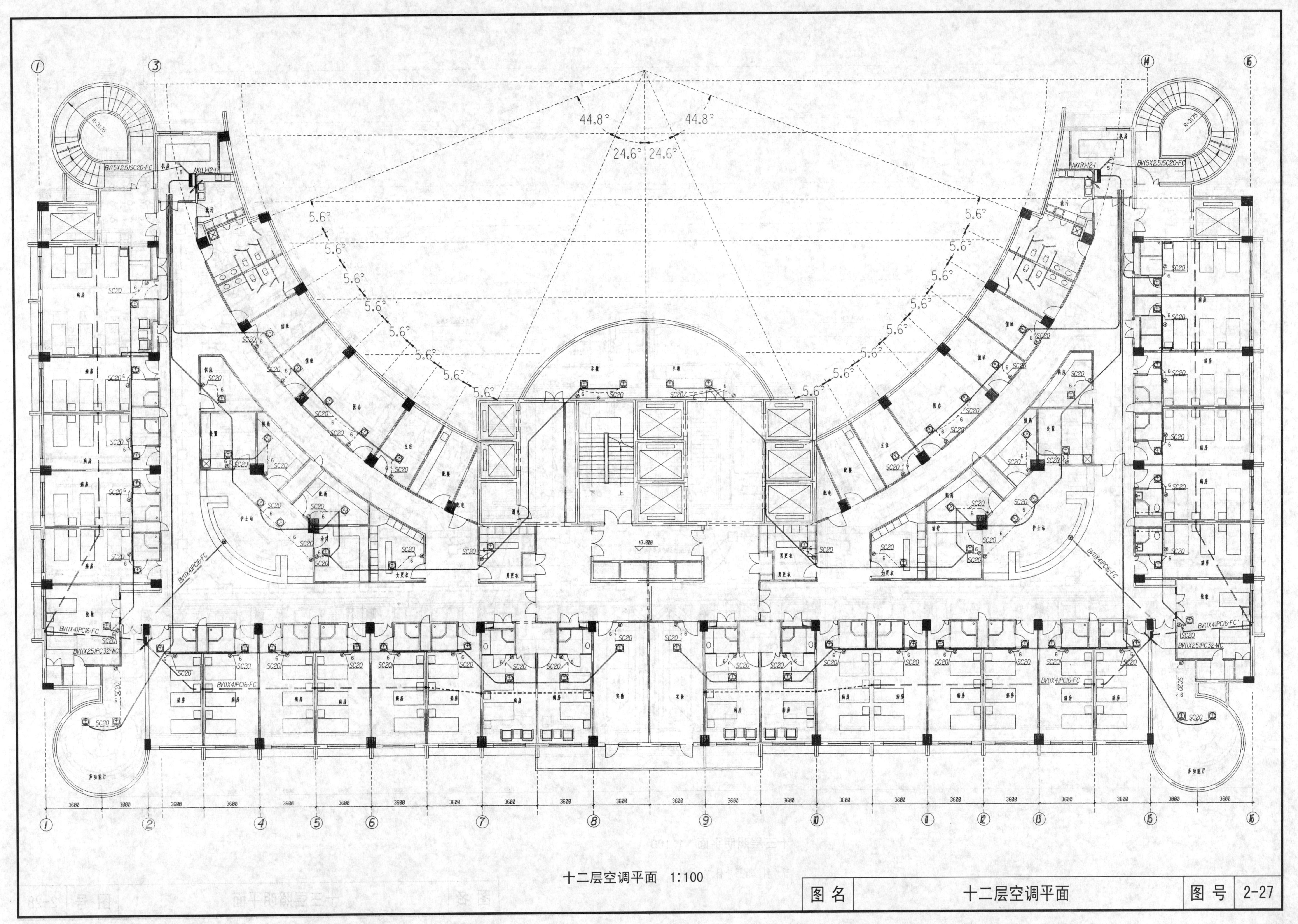

十二层空调平面　1:100

图名	十二层空调平面	图号	2-27

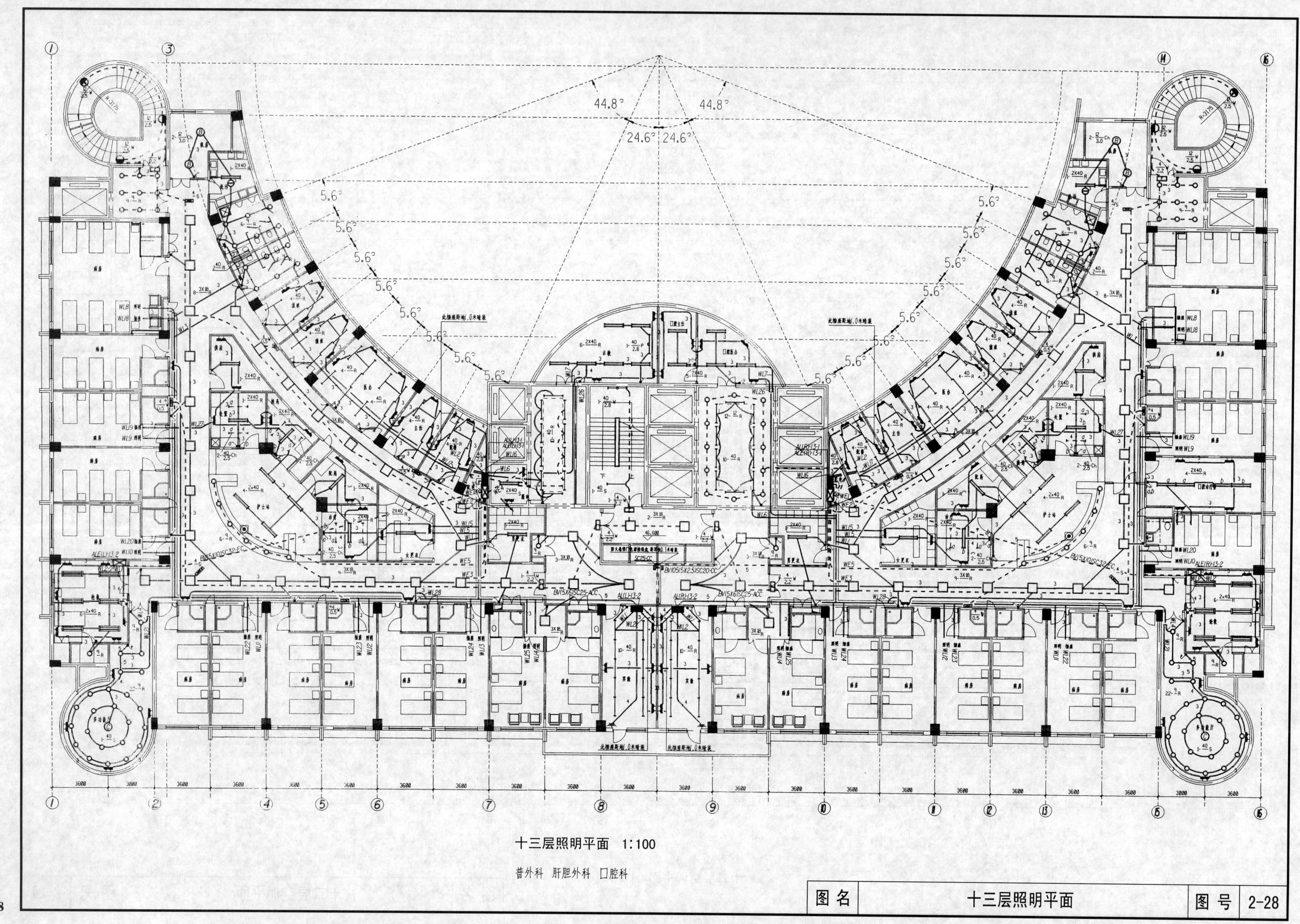

十三层照明平面　1:100

普外科　肝胆外科　口腔科

图名	十三层照明平面	图号	2-28

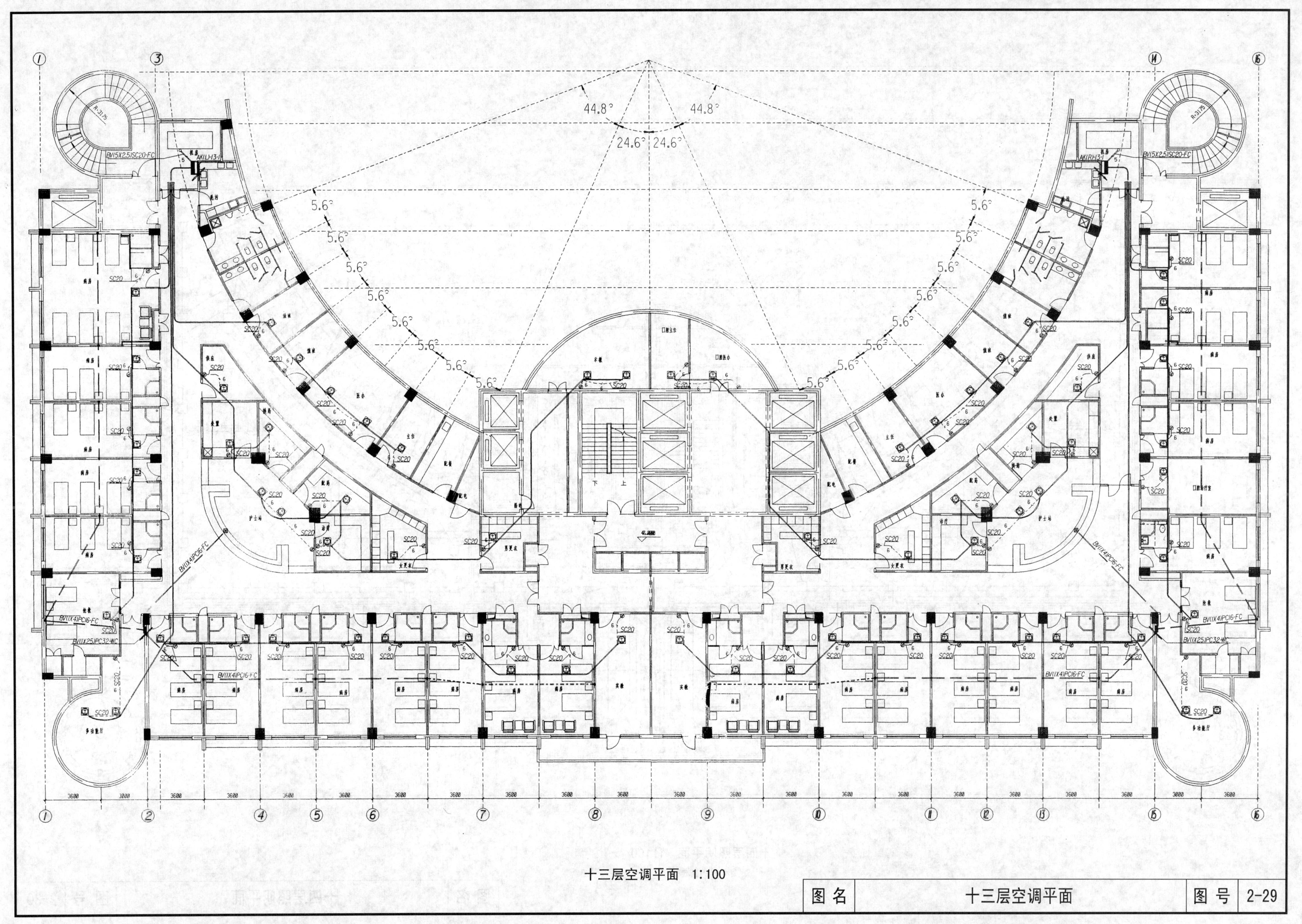

十三层空调平面 1:100

图名	十三层空调平面	图号	2-29

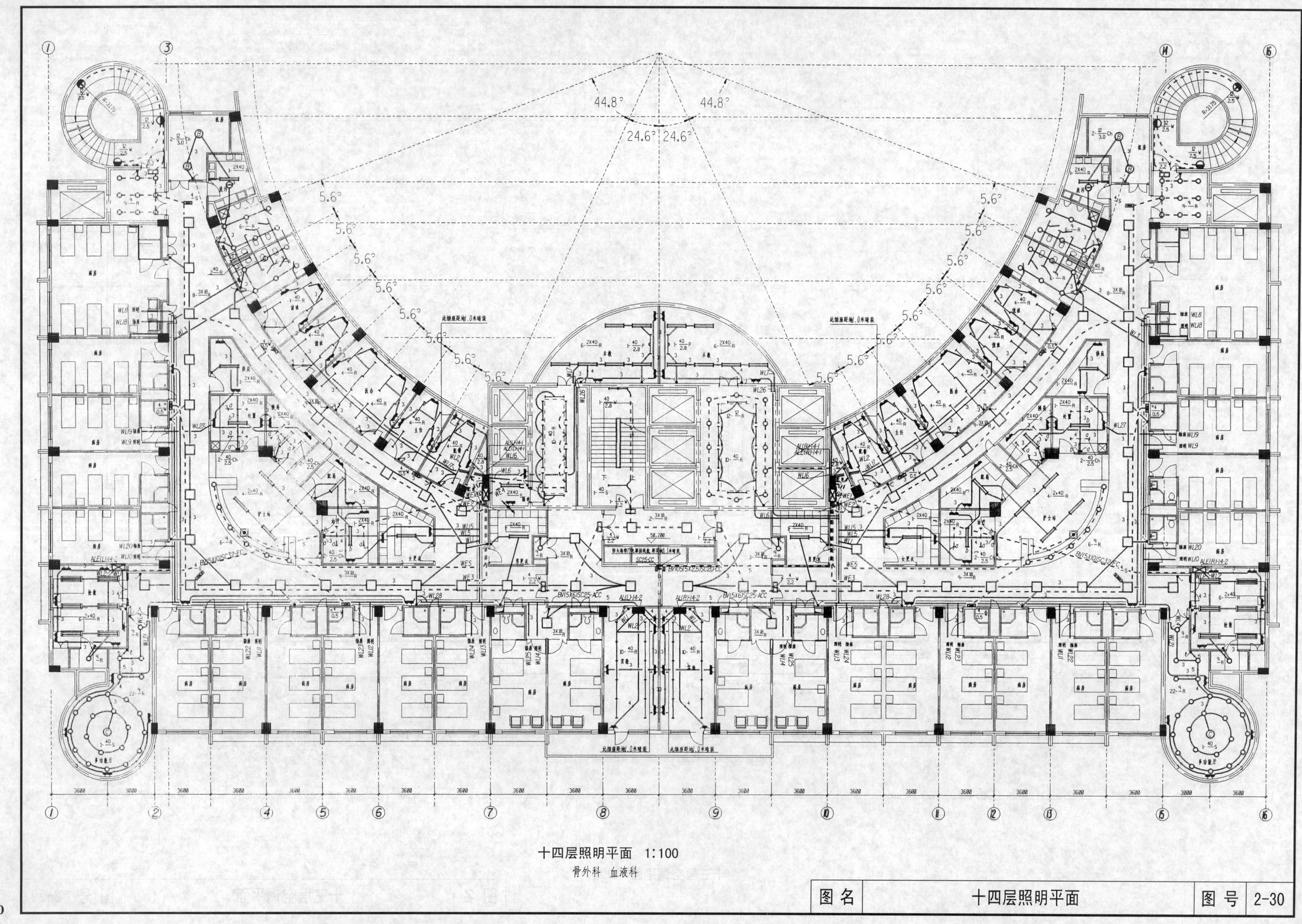

十四层照明平面 1:100

骨外科 血液科

图名	十四层照明平面	图号	2-30

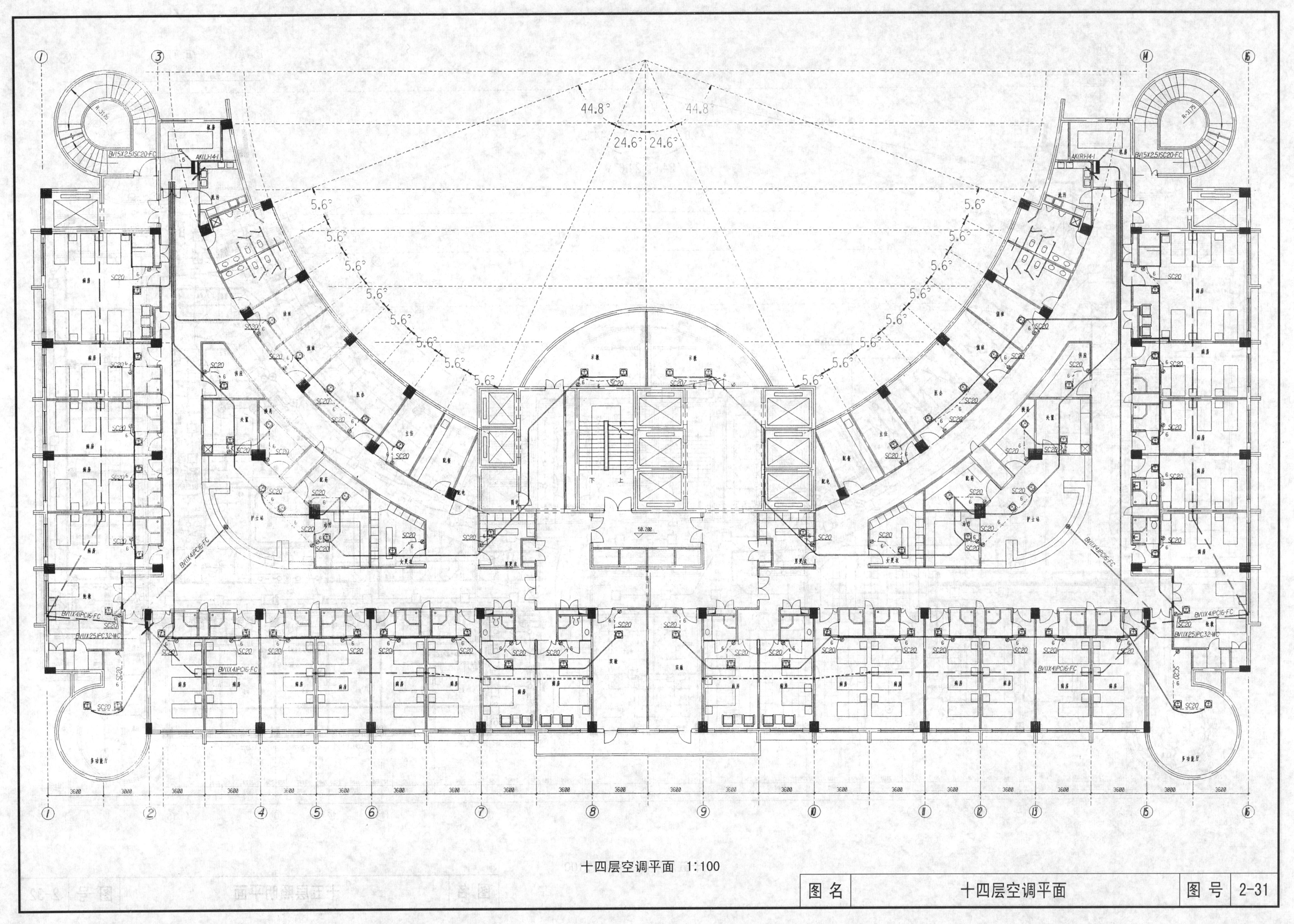

十四层空调平面 1:100
图名
十四层空调平面
图号
2-31

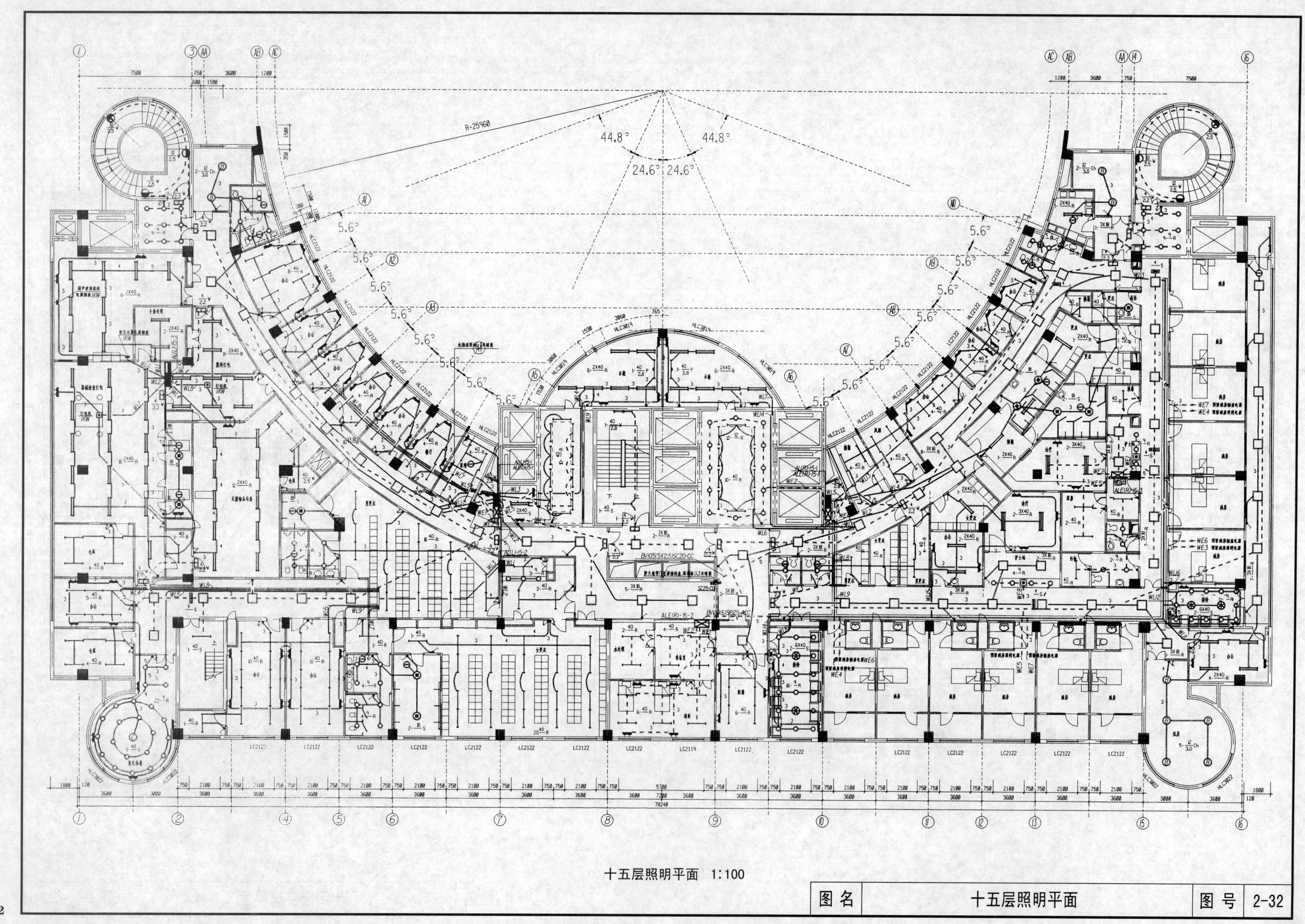

图 名	十五层照明平面	图 号	2-32

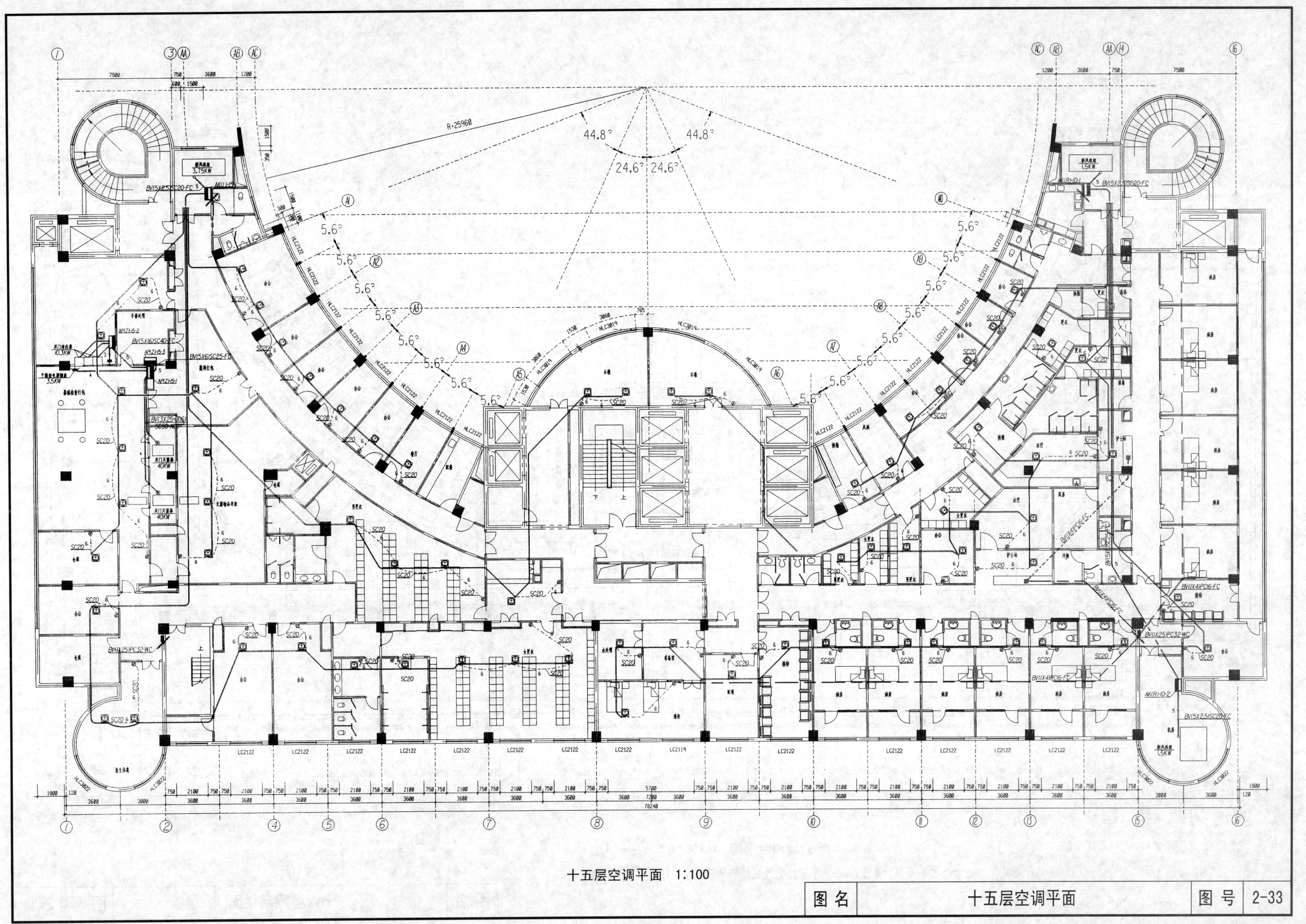

十五层空调平面 1:100

图 名	十五层空调平面	图 号	2-33

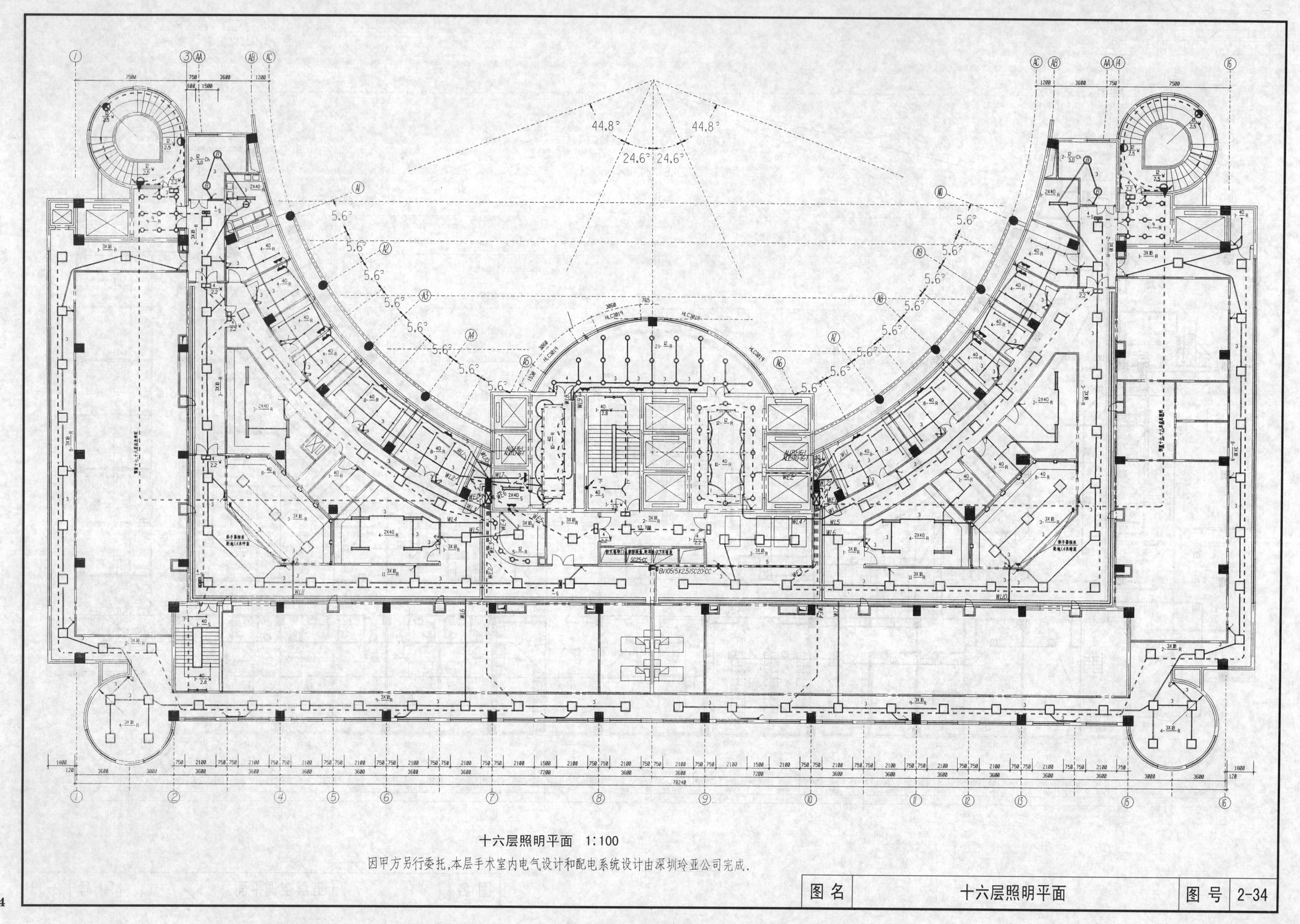

十六层照明平面 1:100

因甲方另行委托,本层手术室内电气设计和配电系统设计由深圳玲亚公司完成.

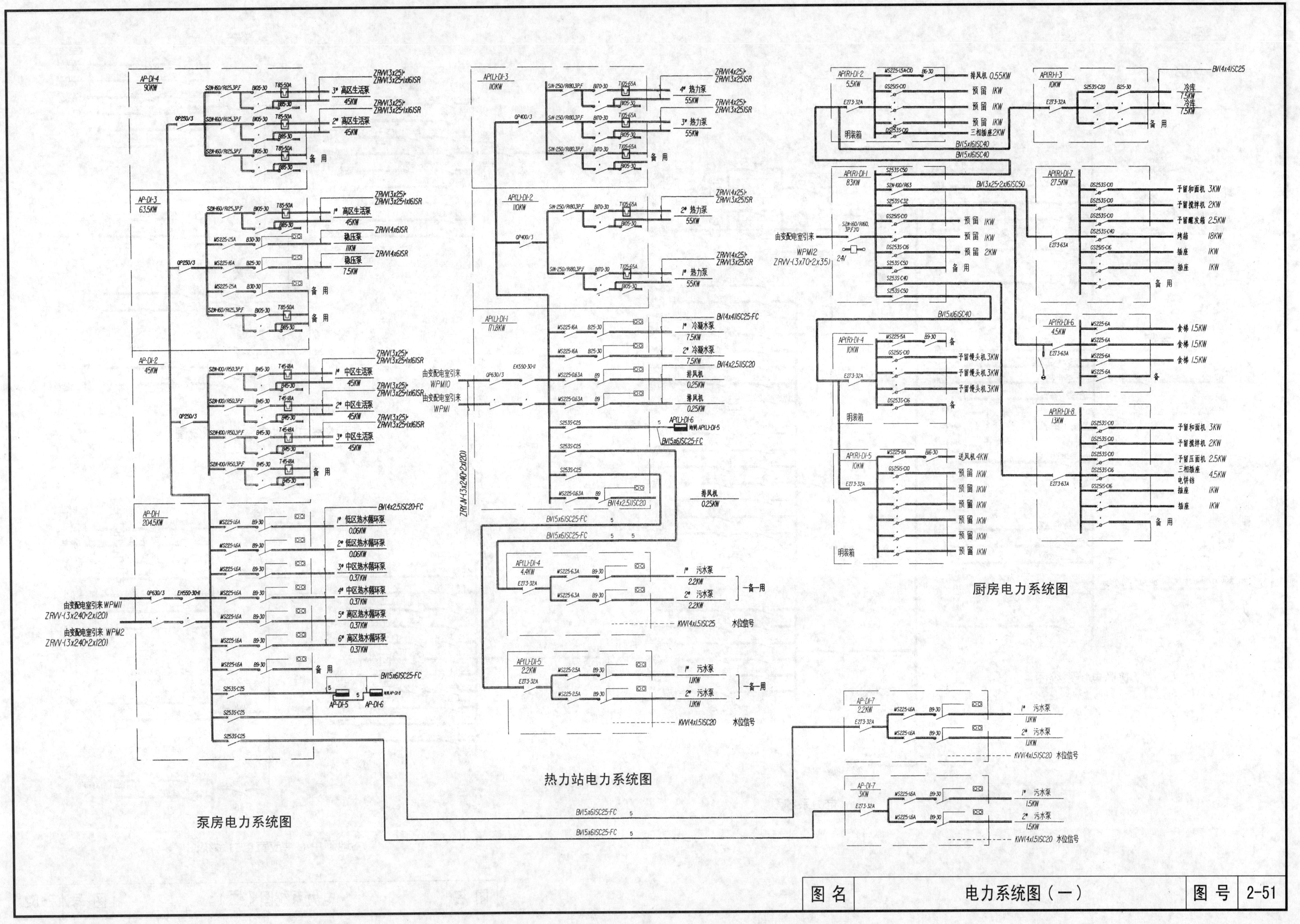
泵房电力系统图
热力站电力系统图
厨房电力系统图
图名
电力系统图（一）
图号
2-51

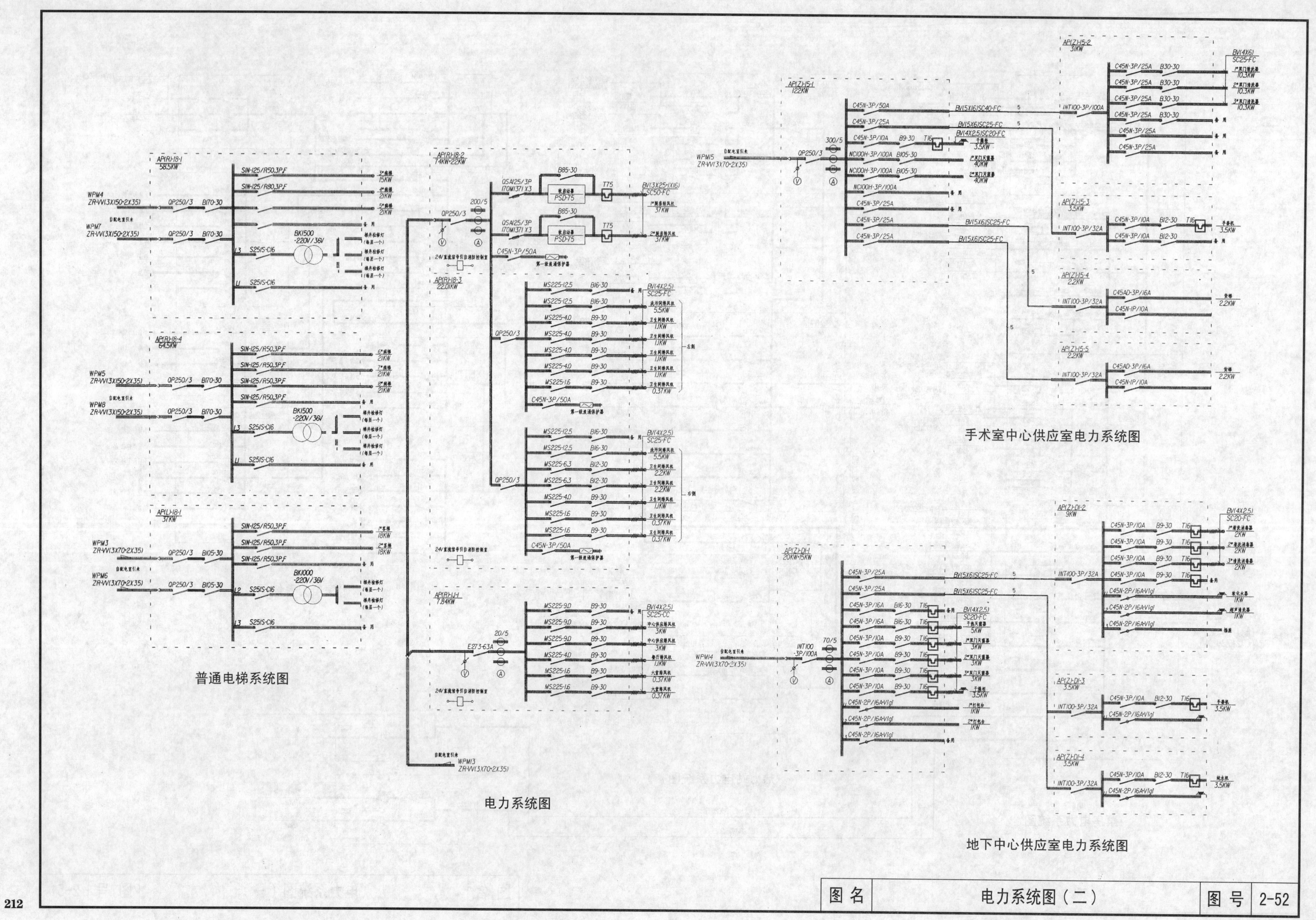

普通电梯系统图
电力系统图
手术室中心供应室电力系统图
地下中心供应室电力系统图
图名
电力系统图（二）
图号
2-52

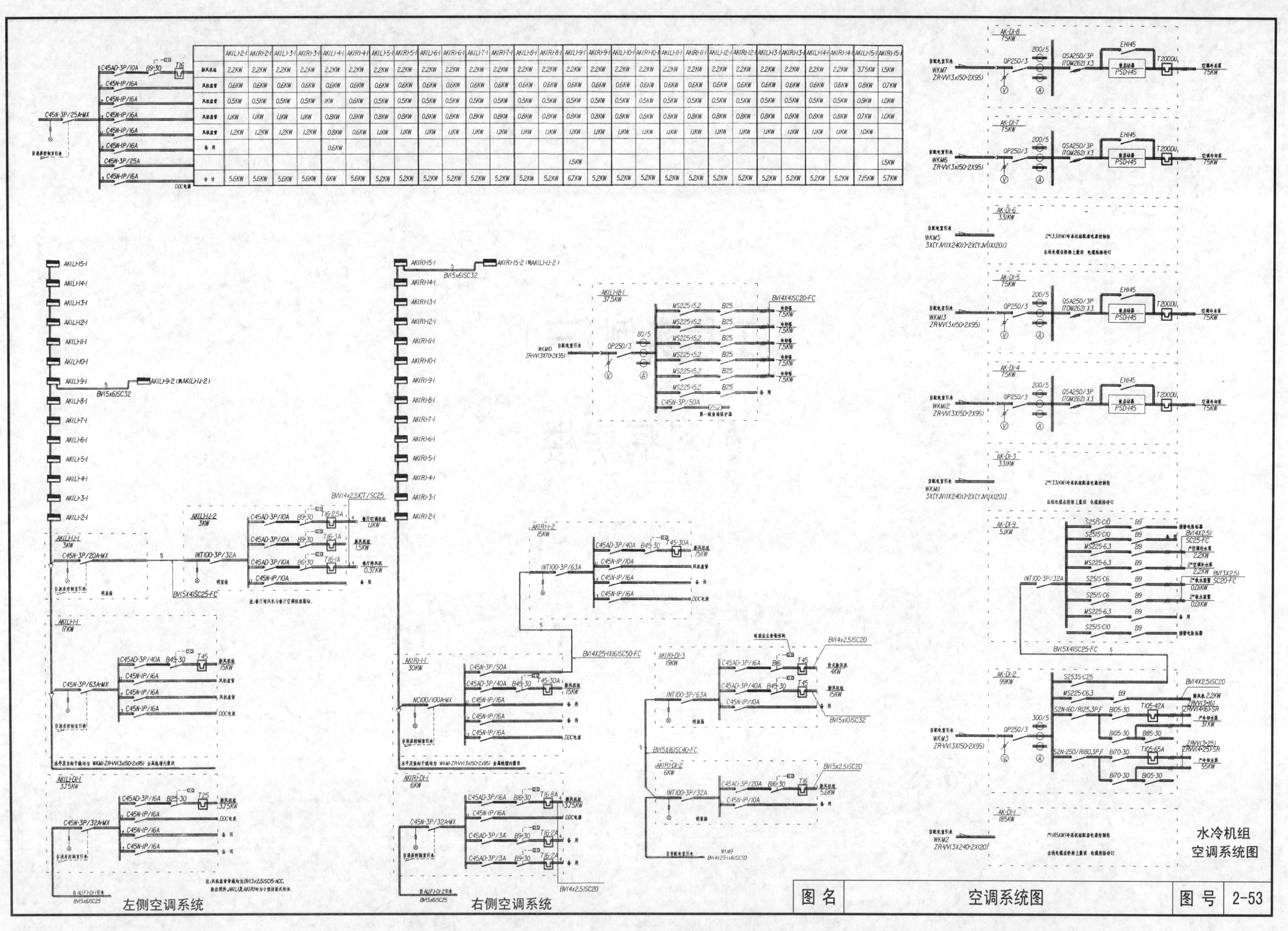

	AK(L)-2-1	AK(R)-2-1	AK(L)-3-1	AK(R)-3-1	AK(L)-4-1	AK(R)-4-1	AK(L)-5-1	AK(R)-5-1	AK(L)-6-1	AK(R)-6-1	AK(L)-7-1	AK(R)-7-1	AK(L)-8-1	AK(R)-8-1
新风机组	2.2KW	2.2KW	2.2KW	2.2KW	2.2KW	2.2KW	2.2KW	2.2KW	2.2KW	2.2KW	2.2KW	2.2KW	2.2KW	2.2KW
风机盘管	0.6KW	0.6KW	0.6KW	0.6KW	0.6KW	0.6KW	0.6KW	0.6KW	0.6KW	0.6KW	0.6KW	0.6KW	0.6KW	0.6KW
风机盘管	0.5KW	0.5KW	0.5KW	0.5KW	1KW	0.6KW	0.5KW	0.5KW	0.5KW	0.5KW	0.5KW	0.5KW	0.5KW	0.5KW
风机盘管	1.1KW	1.1KW	1.1KW	1.1KW	0.8KW	0.8KW	0.8KW	0.8KW	0.8KW	0.8KW	0.8KW	0.8KW	0.8KW	0.8KW
风机盘管	1.2KW	1.2KW	1.2KW	1.2KW	0.8KW	0.6KW	1.1KW	1.1KW	1.1KW	1.1KW	1.1KW	1.1KW	1.1KW	1.1KW
备用					0.6KW									
合计	5.6KW	5.6KW	5.6KW	5.6KW	6KW	5.6KW	5.2KW	5.2KW	5.2KW	5.2KW	5.2KW	5.2KW	5.2KW	5.2KW

	AK(L)-9-1	AK(R)-9-1	AK(L)-10-1	AK(R)-10-1	AK(L)-11-1	AK(R)-11-1	AK(L)-12-1	AK(R)-12-1	AK(L)-13-1	AK(R)-13-1	AK(L)-14-1	AK(R)-14-1	AK(L)-15-1	AK(R)-15-1
新风机组	2.2KW	2.2KW	2.2KW	2.2KW	2.2KW	2.2KW	2.2KW	2.2KW	2.2KW	2.2KW	2.2KW	2.2KW	3.75KW	1.5KW
风机盘管	0.6KW	0.6KW	0.6KW	0.6KW	0.6KW	0.6KW	0.6KW	0.6KW	0.6KW	0.6KW	0.6KW	0.6KW	0.8KW	0.7KW
风机盘管	0.5KW	0.5KW	0.5KW	0.5KW	0.5KW	0.5KW	0.5KW	0.5KW	0.5KW	0.5KW	0.5KW	0.5KW	0.9KW	1.0KW
风机盘管	0.8KW	0.8KW	0.8KW	0.8KW	0.8KW	0.8KW	0.8KW	0.8KW	0.8KW	0.8KW	0.8KW	0.8KW	0.7KW	1.0KW
风机盘管	1.1KW	1.1KW	1.1KW	1.1KW	1.1KW	1.1KW	1.1KW	1.1KW	1.1KW	1.1KW	1.1KW	1.1KW	1.0KW	
备用														
	1.5KW													1.5KW
合计	6.7KW	5.2KW	5.2KW	5.2KW	5.2KW	5.2KW	5.2KW	5.2KW	5.2KW	5.2KW	5.2KW	5.2KW	7.15KW	5.7KW

图名	空调系统图	图号	2-53

工程实例(三)

外科病房楼

设　计　说　明

一、设计依据

1. 国家现行的设计规范和标准

《低压配电设计规范》	GB50054－95
《供配电系统设计规范》	GB50052－95
《民用建筑电气设计规范》	JGJ/T16－92
《高层民用建筑设计防火规范》	GB50045－95（1997年版1999年局部修订条文）
《工业企业照明设计标准》	GB50034－92
《综合医院建筑设计规范》	JGJ49－88
《建筑物防雷设计规范》	GB50057－94
《人民防空地下室设计规范》	GB50038－94

2. 甲方的设计委托书及各工种提出的用电资料

二、设计范围

1. 低压配电系统包括电力及照明等。

2. 建筑物防雷及接地。

三、工程概况

本工程建筑面积约为1.4万m²，主体地上12层，其中一层至十层为各科病房及科室，十一层为监护病房（ICU），十二层为手术区，地下一层为人防层兼设备层。

四、供电设计

1. 业主原有电源情况

业主现有一座变电所，从市西郊变电所引来2路10kV高压进线，一路工作，另一路备用，拟新上一台800kVA变压器对本建筑物采用低压380V供电。

2. 本建筑物的供电电源

本建筑为某市最大的综合性医院附属的高层病房楼，有大量的一级负荷，按设计规范要求需两路独立电源供电。而业主变电所本身并非真正意义上的两路独立电源，经与业主协商，业主同意尽快与供电部门联系，将其变电所的其中一路10kV进线取自另一个地区变电所，这样就能满足规范要求一级负荷需两路独立电源的条件。

虽然为本建筑供电的变压器未投入使用，但其低压配电柜却已在变电所的低配室内设置，其中除进线柜外，还有电容补偿柜一台和出线柜（内设一个1000A和一个630A出线断路器）一台。在本建筑的地下配电室内，本次设计设有三组低压柜，从上述变压器低配柜内两个出线断路器分别引两路电源至380/220V Ⅰ段配电柜和380/220V Ⅱ段配电柜，另外从业主已投入运行的一台800kVA变压器引来一路电源至380/220V应急段配电柜，为本建筑物的一级负荷提供第二电源，以便在负荷末级进行双电源切换（对特别重要的手术室则通过UPS不间断电源对其电力及照明等负荷进行供电）。

本楼所设的380/220V Ⅰ段配电柜的进线断路器选择额定电流为1250A的CW1型断路器。而变电所内低压配电出线柜的原有1000A断路器显然已不能满足实际要求，业主须将其至少更换为额定电流1250A的断路器。同时为使总的功率因数达到0.9进行的电容补偿，经计算所需补偿电容应为200kvar，而变电所低配室内现有电容柜的补偿电容容量仅为120kvar显然也不能满足实际要求，业主同样须在该柜内增大补偿电容容量。

3. 负荷分类及用电量

本工程中消防泵、喷淋泵、消防电梯、消防控制设备、应急照明以及手术室、监护病房等的用电按一级负荷，其余按二、三级负荷设计。

照明及风机盘管	$P_{js}=121.48$kW
电热水器及电开水炉	$P_{js}=204.00$kW
插座配电	$P_{js}=85.32$kW
制冷空调	$P_{js}=48.00$kW
一般动力	$P_{js}=154.03$kW
消防应急负荷	$P_e=P_{js}=182.40$kW

4. 配电系统

照明及电加热装置采用树干式配电，由于地下一层为人防，本建筑物的配电室也设在地下一层，按人防规范要求，穿越人防防护密闭墙时只能穿套管，并要按规范严格做好防护密闭封堵，所以地下一层电气竖井至地下一层配电室的这段密集式插接母线改为电缆，竖井内设插接母线始端箱，将两部分连接。密集式插接母线的安装由地下一层至十二层，通过插接母线各层插接箱配电至各层层箱，再由各层层箱配电至各层照明及动力分配电箱，应急照明供电采用双电源自动切换（普通病房层每3层设一个应急照明箱），一路电源引自层箱，另一路电源引自地下一层配电室应急段配电柜。

电梯、风机、水泵、空调、制冷等分散设备采用放射性式配电。

消防用电设备如消火栓泵、喷淋泵、消防电梯、正压送风机及排烟风机等设备均采用双电源末端切换方式供电，一路电源引自地下一层配电室的Ⅱ段配电柜，另一路电源引自地下一层配电室的应急段配电柜，消火栓泵及喷淋泵设消防巡检设备。

十一及十二层照明和插座等也采用双电源末端切换方式供电，特别是十二层的每个手术室均设一个小配电箱为本手术室的照明及插座负荷供电，其电源来自上述照明切换箱，对特别重要的4个手术室，还加设了UPS不间断电源。

本建筑物低压配电系统的接地型式采用TN－S系统，进线处PE线做重复接地，配电装置引出的回路其中性线和保护地线绝缘。

五、照明设计

1. 本建筑物的一般场所如普通病房、医务办公室等设正常照明。疏散照明主要包括：在楼梯口及疏散出口处设安全出口灯；在疏散走道内设疏散标志灯；在疏散走道、楼梯间及消防前室设一般疏散照明。为确保处于潜在危险之中的人员安全，在监护病房、高危儿室、产房、婴儿室设有安全照明。在消防控制室及保安监控室，配电间，动力值班室及地下一层机房设备用照明。上述三种应急照明（疏散照明、安全照明、备用照明）均由双电源切换的照明切换箱供电，同时疏散照明、安全照明灯具自带蓄电池。

2. 对于十一层监护病房（ICU）层和十二层手术部，由于其特殊重要性，为保证重症危险病人和手术中病人的生命安全，所以照明及插座等负荷均由双电源切换的照明切换箱供电，且部分灯具还自带蓄电池。手术室中另设无影灯为手术提供照度极高的照明。

3. 医院照明光源的显色性是个很重要的问题，手术室、产房、医办、治疗、化验室选用显色指数较高的三基色荧光灯。医院照明光源的色温同样是个重要问题，治疗、病房、手术室、产房、药房、各科诊室选用日光白色荧光灯；患者候诊处选用暖白色荧光灯；配电间、机房选用冷白色荧光灯。为避免对病人产生眩光，病房层选用带磨砂玻璃板及压克力折光面板的照明灯具。

4. 在病房及护理单元通道上设有夜间照明，在护理站集中控制。病房除一般照明外，采用床头设多功能控制面板，其上设床头灯及开关，电源插座，接地端子。二层儿科门诊及病房的电源插座，照明及风机盘管开关设置高度为1.5m，距床水平距离大于0.6m。在有蒸汽及潮湿场所选用防溅型插座，密闭开关。

5. 对设有就地控制开关的自带蓄电池的照明灯具其充电线应从就地跷板开关上方接引，并不受就地跷板开关控制。所有照明系统图中标注的照明部分导线芯数未包括蓄电池的充电线和PE线。

六、做心脏手术的手术室的特殊要求

1. 在医疗场所中做心脏手术的手术室是电击危险最大的场所，其危险在于心脏能承受的通过电流极小，必须慎重地对待。通过设置局部IT系统（即电源中性点不接地系统，设置1:1的隔离变压器，由其不接地的二次侧提供电源）并辅以局部等电位联结措施后，在发生绝缘损坏故障时，故障电流不超过50μA，这样不需要切断电源，手术照常进行，病人的安全也得以确保。

2. 在此局部IT系统的基础上，设置线路隔离和过负荷监视器（LIOM）可以对手术室用电设备即将发生的过负荷及单相接地情况发出报警，报警发生后，不必马上停电，医生可调整用电设备或视病人病情严重程度，决定是否继续手术，并采取必要的措施。

七、管线敷设

1. 本工程普通用电负荷供电回路采用阻燃型铜芯导线或电缆，消防用电负荷供电回路采用阻燃型铜芯导线或耐火型铜芯电缆。全程穿管暗敷的供电线路一般用ZR－BV线，经梯架敷设的供电线路一般采用ZR－YJY或NH－YJY电缆。

2. 在吊顶内暗敷的照明、风机盘管等负荷供电线路可采用扣压式薄壁热镀锌钢管敷设；在楼板内暗敷的照明、风机盘管、插座及动力线路采用普通镀锌钢管敷设。

3. 配电室内各干线电缆沿地下一层的电缆梯架和电气竖井内的电缆梯架敷设至各用电设备配电箱。

4. 有吊顶的房间和楼道的照明及风机盘管管线均在吊顶内暗敷，无吊顶房间照明及风机盘管管线均在本层顶板内暗敷，插座及动力线路在底板及墙内暗敷。

5. 跷板开关及插座除图中特殊注明安装高度的外，均按国家施工验收规范规定的高度装设。

八、建筑物防雷及接地

1. 本建筑按二类防雷建筑物进行防雷设计，防直击雷采用如下措施：用ϕ8镀锌圆钢在屋顶周边女儿墙上设避雷带，屋顶平面内暗敷ϕ8镀锌圆钢并与避雷带相连组成不大于10m×10m的网格，利用建筑物钢筋混凝土柱中的主筋作为引下线，利用建筑物基础作自然接地体。高于屋面的设备设独立避雷针，并与建筑物引下线相连。

2. 利用十、十一及十二层外圈结构梁中的主筋作均压环来防止侧击雷，十层及以上外墙上的栏杆、门窗等较大的金属物应与防雷装置相连接。

3. 屋面上所有凸起的金属构筑物或管道等，均与附近的避雷带相焊接。

4. 本工程采用联合接地，电气设备的工作接地和保护接地、弱电系统的接地与建筑物的防雷接地共用建筑物的基础作接地体，接地电阻不大于1Ω。施工中若实测不满足要求则补打人工接地极。

九、等电位联结

1. 为确保人身安全，本建筑物实行等电位联结。在地下一层配电间内设置总等电位联结箱（MEB），将从本建筑物外引入的各金属管线、低配柜PE母排、各层局部等电位联结箱（LEB）、各电梯导轨等用铜芯电缆分别连至MEB箱，同时MEB箱还以铜芯电缆与防雷引下装置相连。

2. 在十层产房、十一层监护病房（ICU）及十二层手术室还分别设置了若干局部等电位联结箱（LEB），将这些范围内的金属床及水管、多功能板（柱）、手术台、无影灯金属外壳及无影灯控制箱等用铜芯电缆以放射状分别连至LEB箱，同时LEB箱还与防雷引下装置及MEB箱相连。

十、其他

因本建筑物最高点超过45m，所以必须设置航空障碍灯，在建筑物的四角分别设置四盏航空障碍灯。

图 例 符 号

序号	图例	名　称
1		双管荧光灯　2x36W
2		双管荧光灯(带蓄电池)　2x36/1x36W
3		单管荧光灯　1x36W
4		单管荧光灯(带蓄电池)　1x36/1x36W
5		单管荧光灯(镜前灯)　1x18W
6		三管荧光灯　3x18W
7		三管荧光灯(带蓄电池)　3x18/1x18W
8		三管荧光灯　3x36W
9		嵌入式筒灯　1x7W
10		嵌入式筒灯　1x13W
11		吸顶灯　2x40W
12		吸顶灯　1x40W
13		防水防尘灯　1x40W
14		脚灯　1x15W
15		出口灯　1x15W
16		层号灯　1x15W
17		方向指示灯　1x15W
18		灯座　1x40W
19		壁灯　1x40W
20	mj	电子灭菌灯　1x20W
21		无影灯
22	wykx	无影灯控制箱
23		排风扇　25W
24		接线盒
25		动力配电箱
26		插座配电箱
27		动力切换箱
28		照明配电箱
29		照明切换箱
30		单相三极暗装插座
31		单联单控翘板开关
32		双联单控翘板开关
33		三联单控翘板开关
34	FCU	风机盘管
35		风机盘管三速开关
36	dhz	医用多功能综合柱
37	dhb	医用多功能综合板
38	LIOM	线路绝缘及过负荷监视器
39		专用接地端子

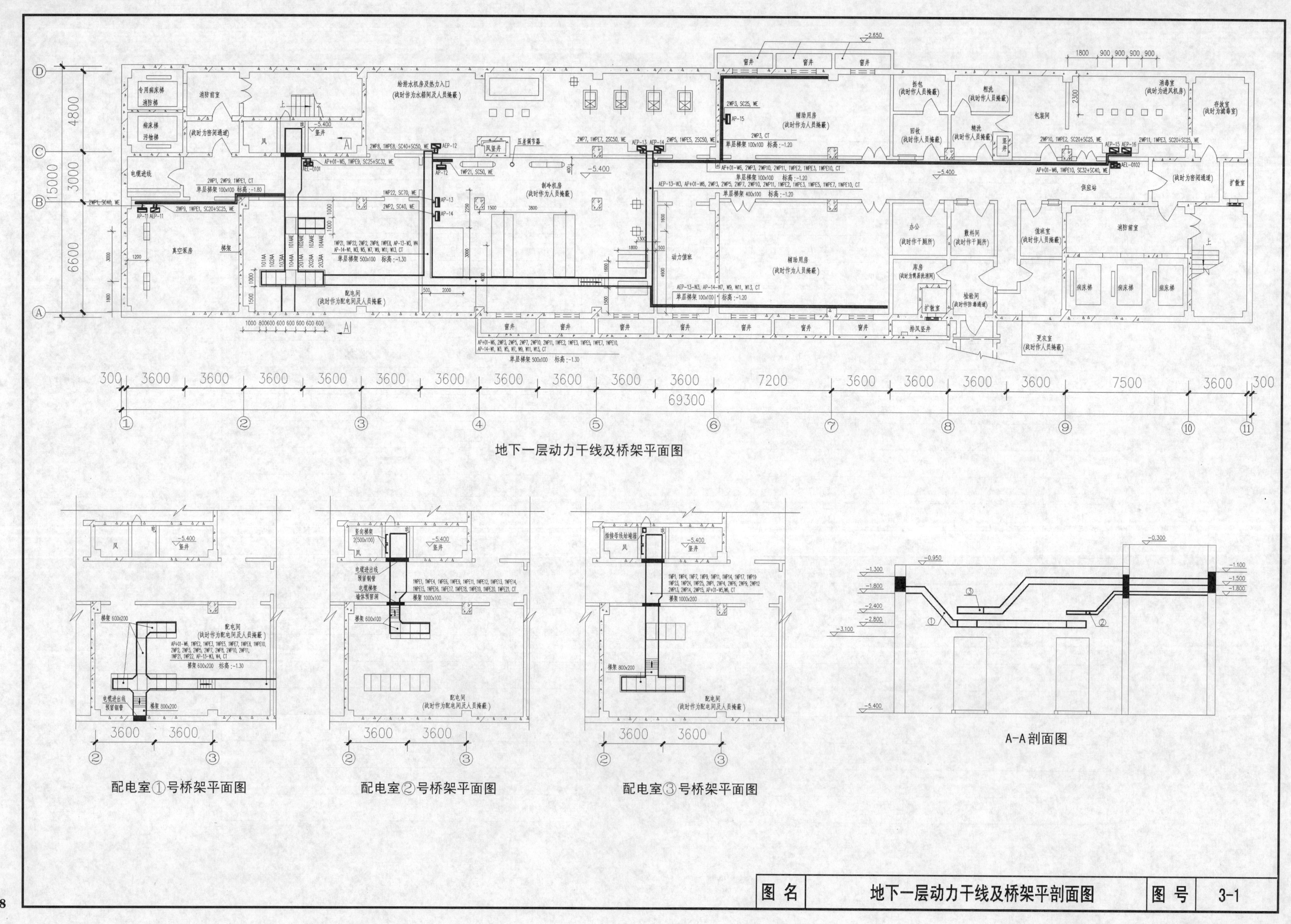
地下一层动力干线及桥架平面图
69300
配电室①号桥架平面图
配电室②号桥架平面图
配电室③号桥架平面图
A-A剖面图
图 名
地下一层动力干线及桥架平剖面图
图 号
3-1

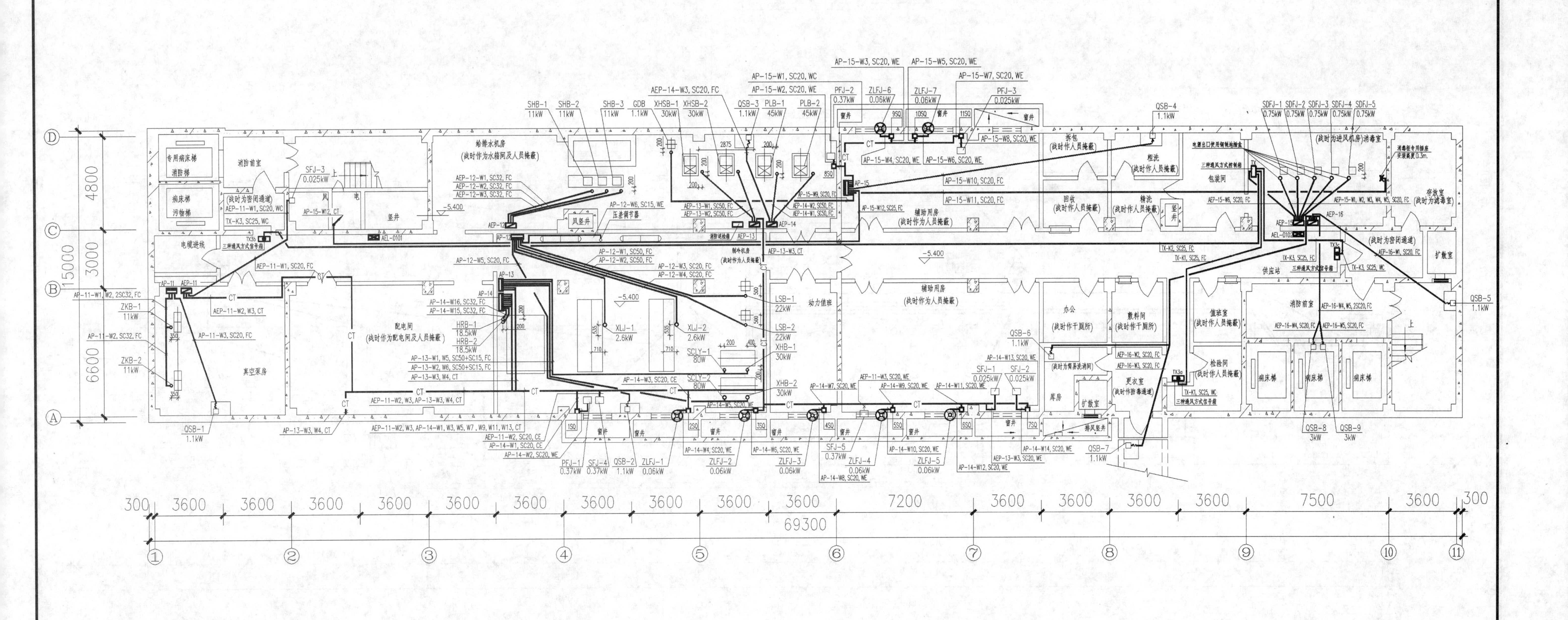

注：

1. 真空泵房、制冷机房、给排水机房、粗洗房间、楼梯间、洗消间、人防出口处的集水坑内给潜水泵供电的电气管线，暗埋高度距坑底800mm。
2. 穿越人防防护结构的管线按标准做法施工。
3. 所有埋管高度均高出设备基础100mm。

图名	地下一层动力平面图（一）	图号	3-2

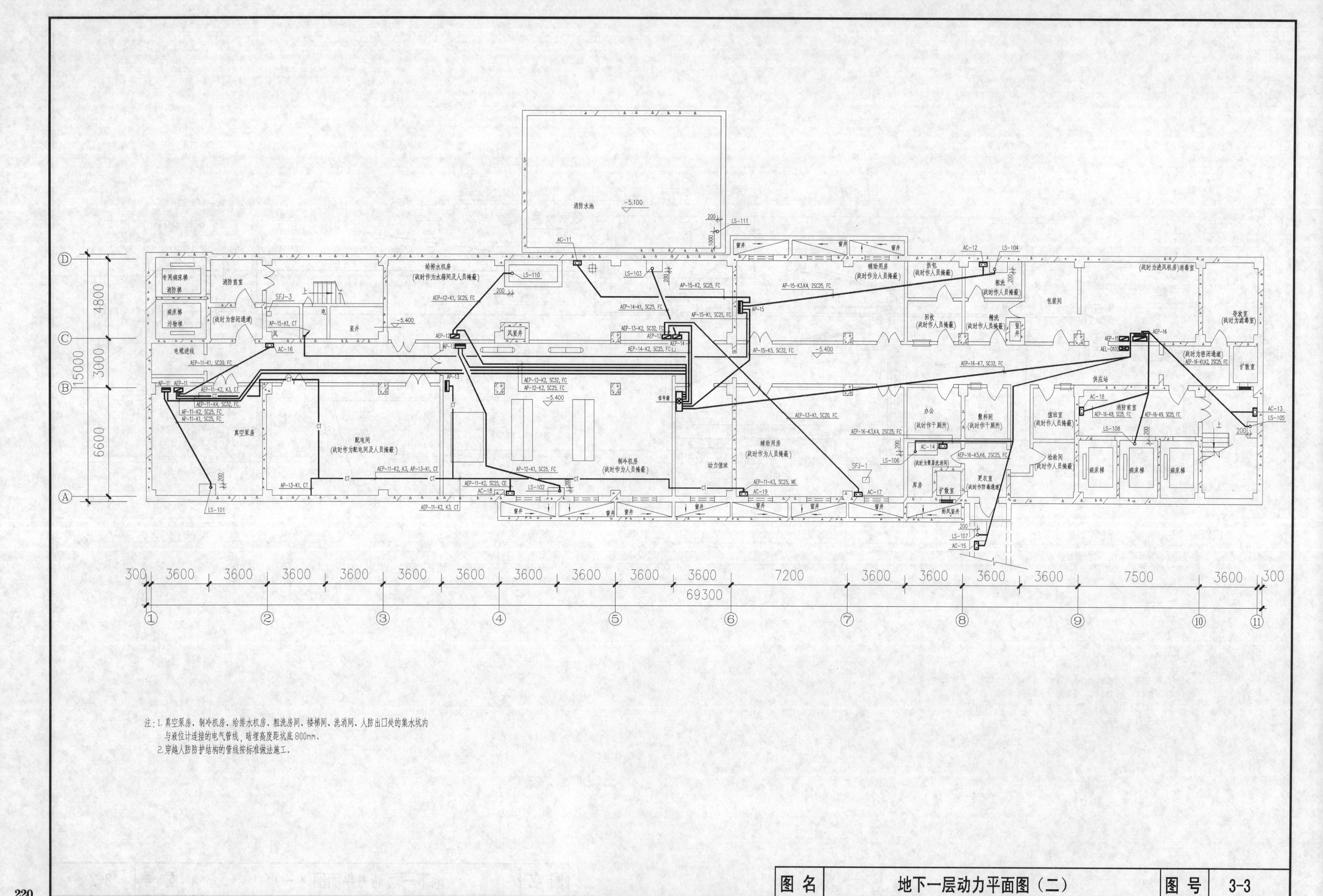

消防水池
-5.100
给排水机房
(战时作为水箱间及人员掩蔽)
真空泵房
配电间
(战时作为配电间及人员掩蔽)
制冷机房
(战时作为人员掩蔽)
动力值班
辅助用房
(战时作为人员掩蔽)
办公
(战时作干厕所)
数料间
(战时作干厕所)
值班室
(战时作人员掩蔽)
消防前室
病床梯
供应站
包装间
存放室
(战时为滤毒室)
扩散室
-5.400
3600
7200
7500
300
69300
15000
4800
3000
6600
注：1. 真空泵房、制冷机房、给排水机房、粗洗房间、楼梯间、洗消间、人防出口处的集水坑内
与液位计连接的电气管线，暗埋高度距坑底800mm.
2.穿越人防防护结构的管线按标准做法施工.
图名
地下一层动力平面图（二）
图号
3-3

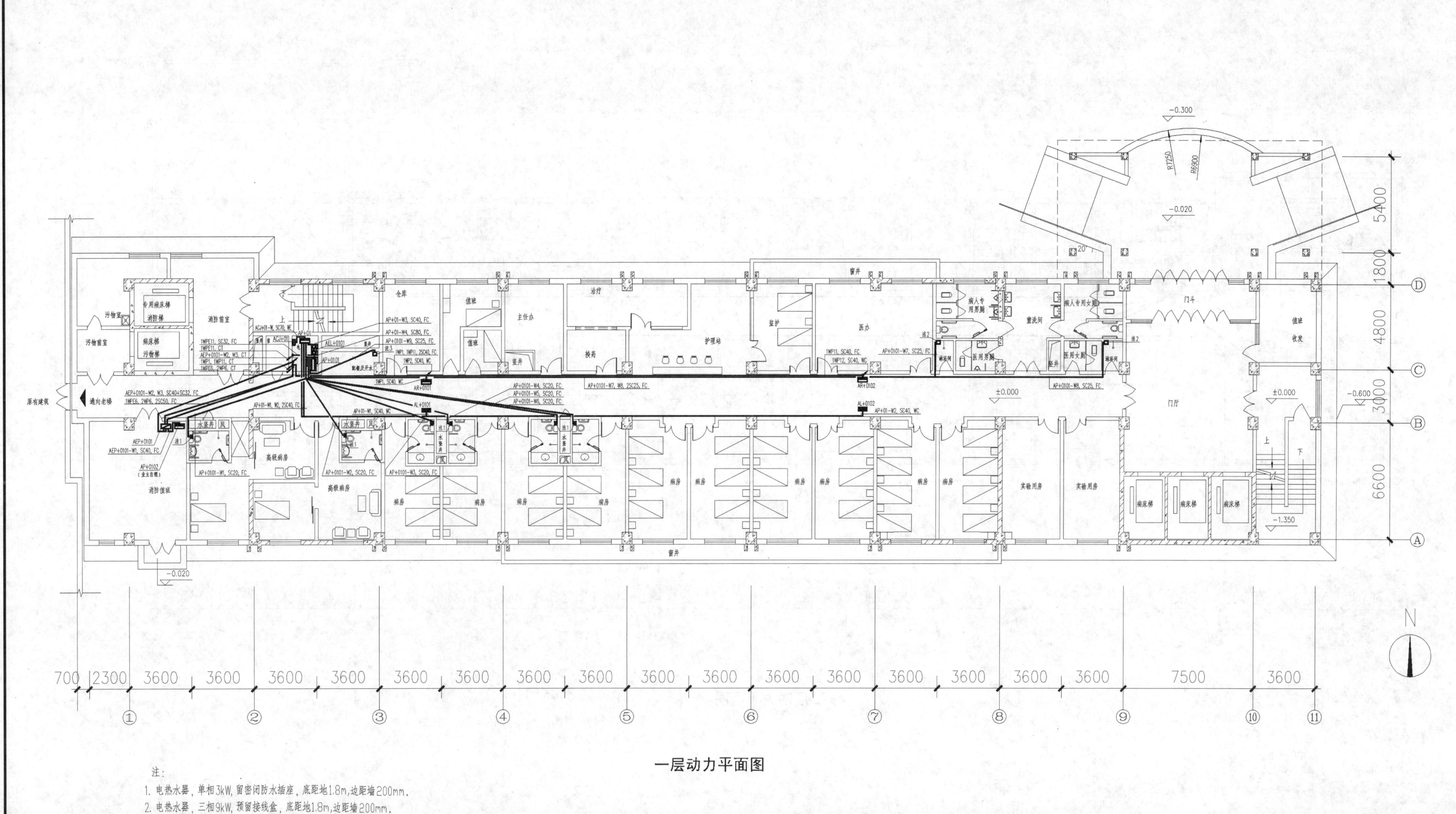

一层动力平面图

注：

1. 电热水器，单相3kW，留密闭防水插座，底距地1.8m，边距墙200mm.
2. 电热水器，三相9kW，预留接线盒，底距地1.8m，边距墙200mm.
3. 电开水炉，三相9kW，预留接线盒，底距地1.3m，边距墙200mm.

图名	一层动力平面图	图号	3-4

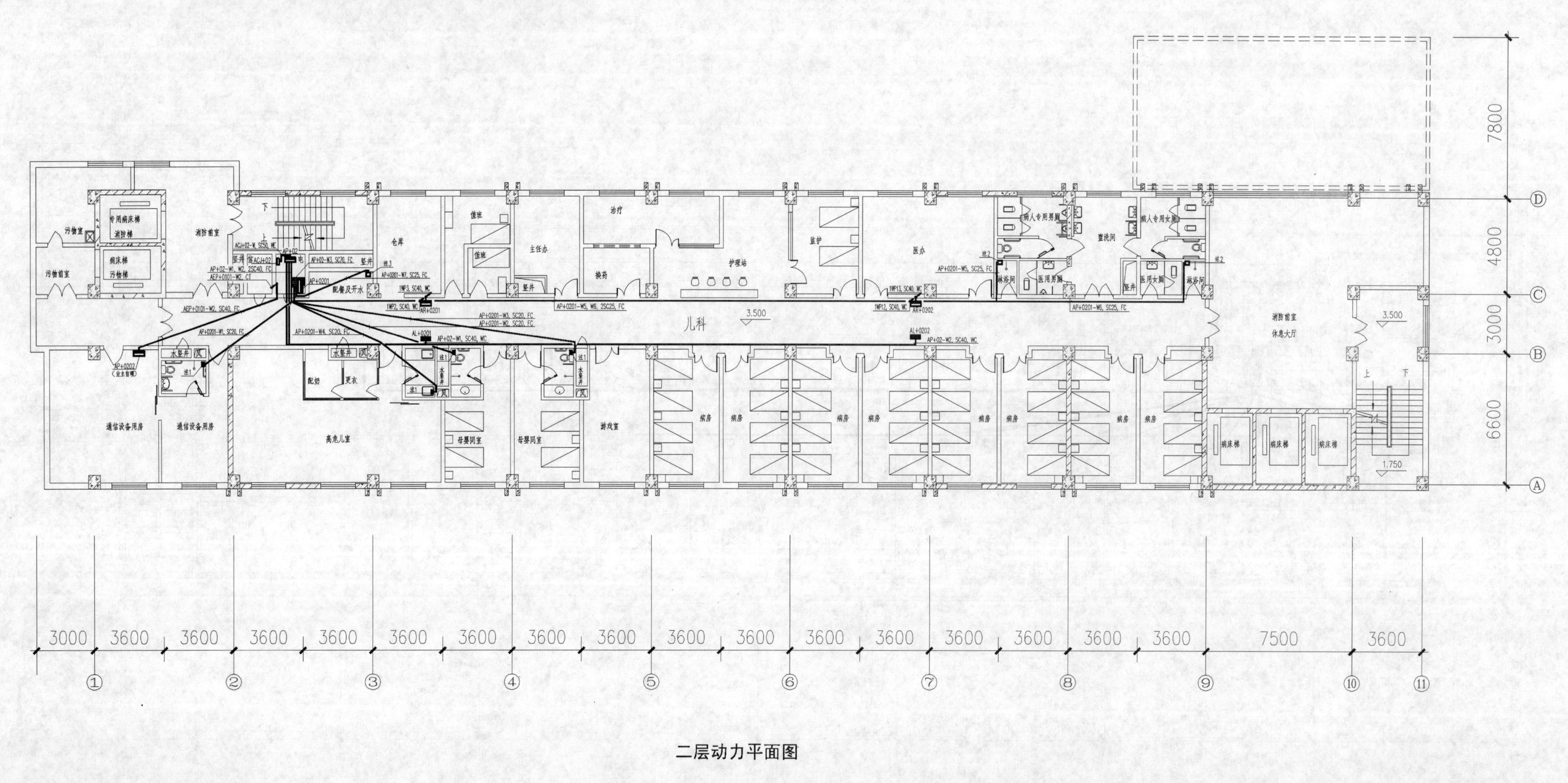

二层动力平面图

注：
1. 电热水器，单相3kW，留密闭防水插座，底距地1.8m，边距墙200mm.
2. 电热水器，三相9kW，预留接线盒，底距地1.8m，边距墙200mm.
3. 电开水炉，三相9kW，预留接线盒，底距地1.3m，边距墙200mm.

图名	二层动力平面图	图号	3-5

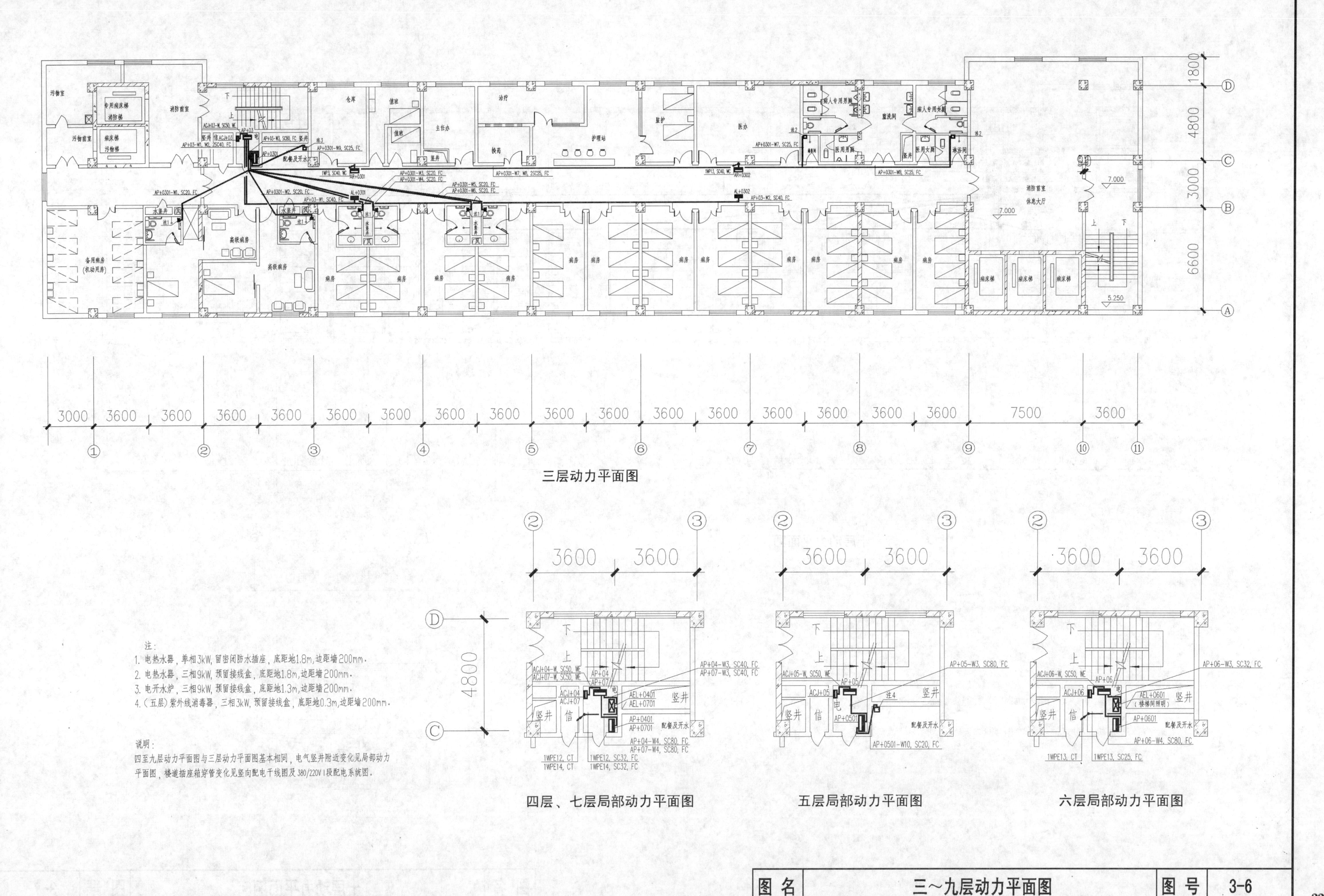
3000 3600 3600 3600 3600 3600 3600 3600 3600 3600 3600 3600 3600 3600 3600 3600 3600 7500 3600
1800 4800 3000 6600
三层动力平面图
3600 3600
4800
四层、七层局部动力平面图
五层局部动力平面图
六层局部动力平面图
注：
1. 电热水器，单相3kW，留密闭防水插座，底距地1.8m，边距墙200mm.
2. 电热水器，三相9kW，预留接线盒，底距地1.8m，边距墙200mm.
3. 电开水炉，三相9kW，预留接线盒，底距地1.3m，边距墙200mm.
4.（五层）紫外线消毒器，三相3kW，预留接线盒，底距地0.3m，边距墙200mm.
说明：
四至九层动力平面图与三层动力平面图基本相同，电气竖井附近变化见局部动力平面图，楼道插座箱穿管变化见竖向配电干线图及380/220V I段配电系统图。
图名
三～九层动力平面图
图号
3-6

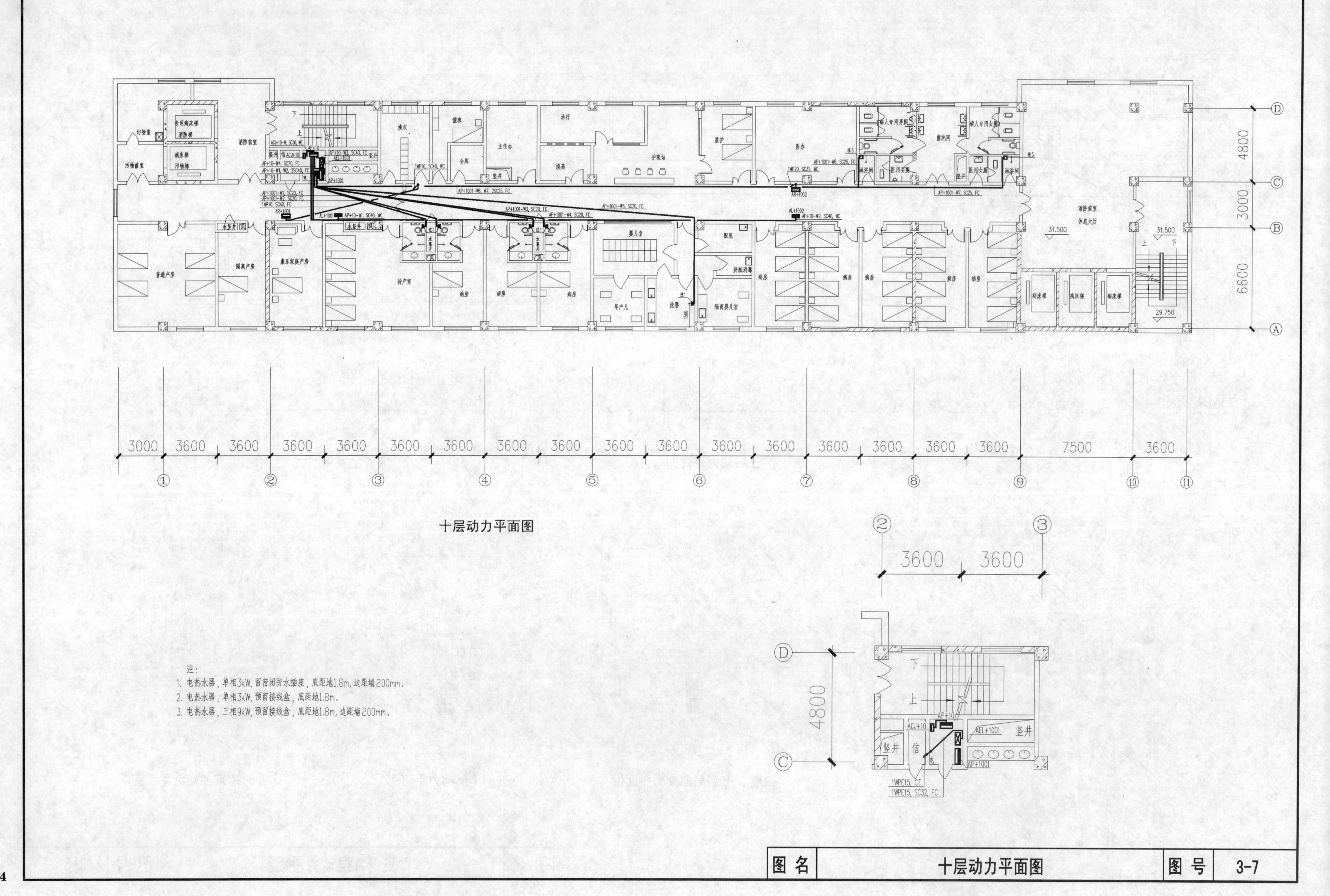

十层动力平面图
3000
3600
7500
4800
6600
31.500
29.750
竖井
信
AP+10
ACJ+10
AEL+1001
AP+1001
1WPE15, CT
1WPE15, SC32, FC
注:
1. 电热水器，单相3kW, 留密闭防水插座，底距地1.8m, 边距墙200mm.
2. 电热水器，单相3kW, 预留接线盒，底距地1.8m.
3. 电热水器，三相9kW, 预留接线盒，底距地1.8m, 边距墙200mm.
图名
十层动力平面图
图号
3-7

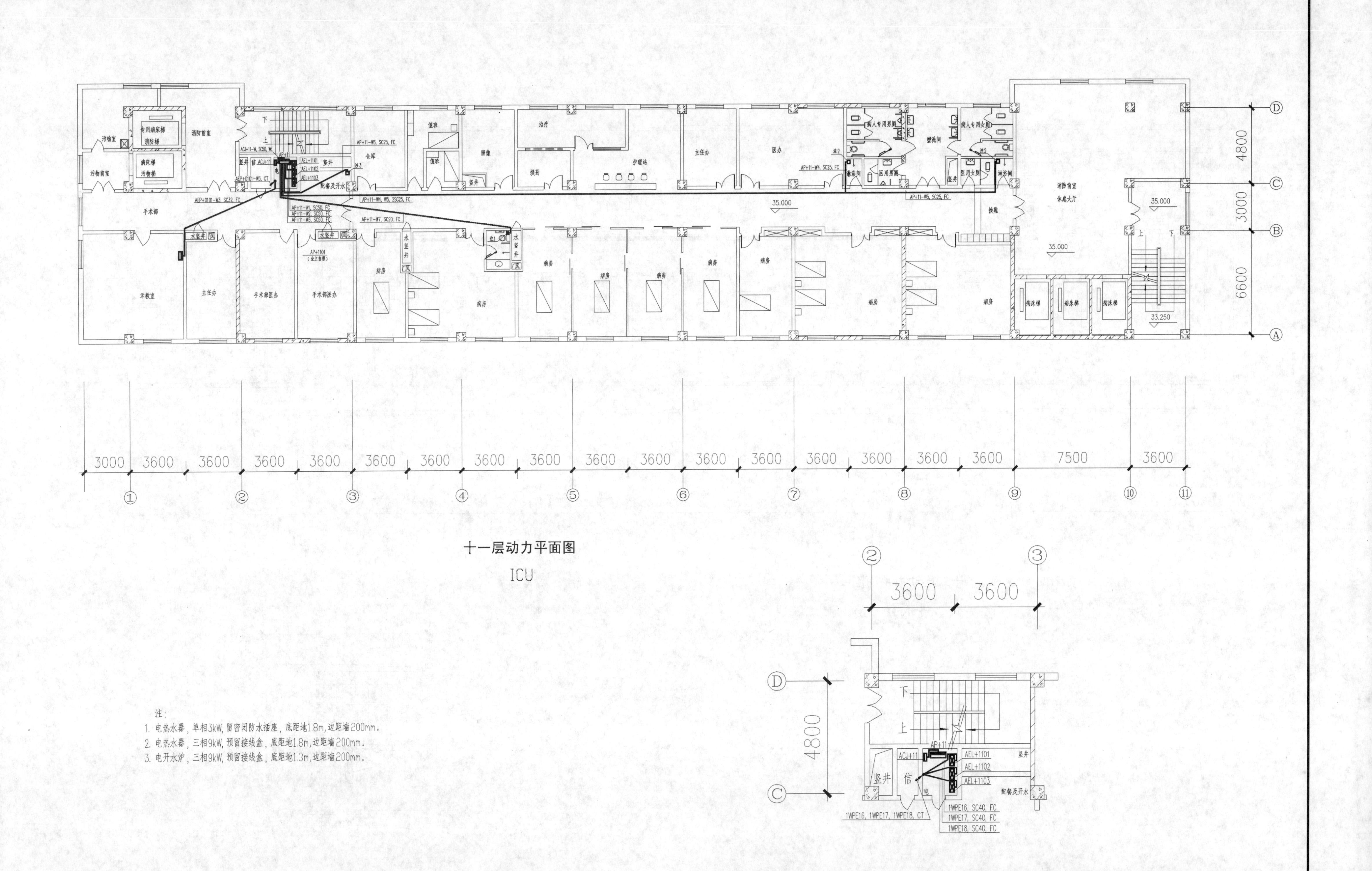

注：

1. 电热水器，单相3kW，留密闭防水插座，底距地1.8m，边距墙200mm.
2. 电热水器，三相9kW，预留接线盒，底距地1.8m，边距墙200mm.
3. 电开水炉，三相9kW，预留接线盒，底距地1.3m，边距墙200mm.

图名	十一层动力平面图	图号	3-8

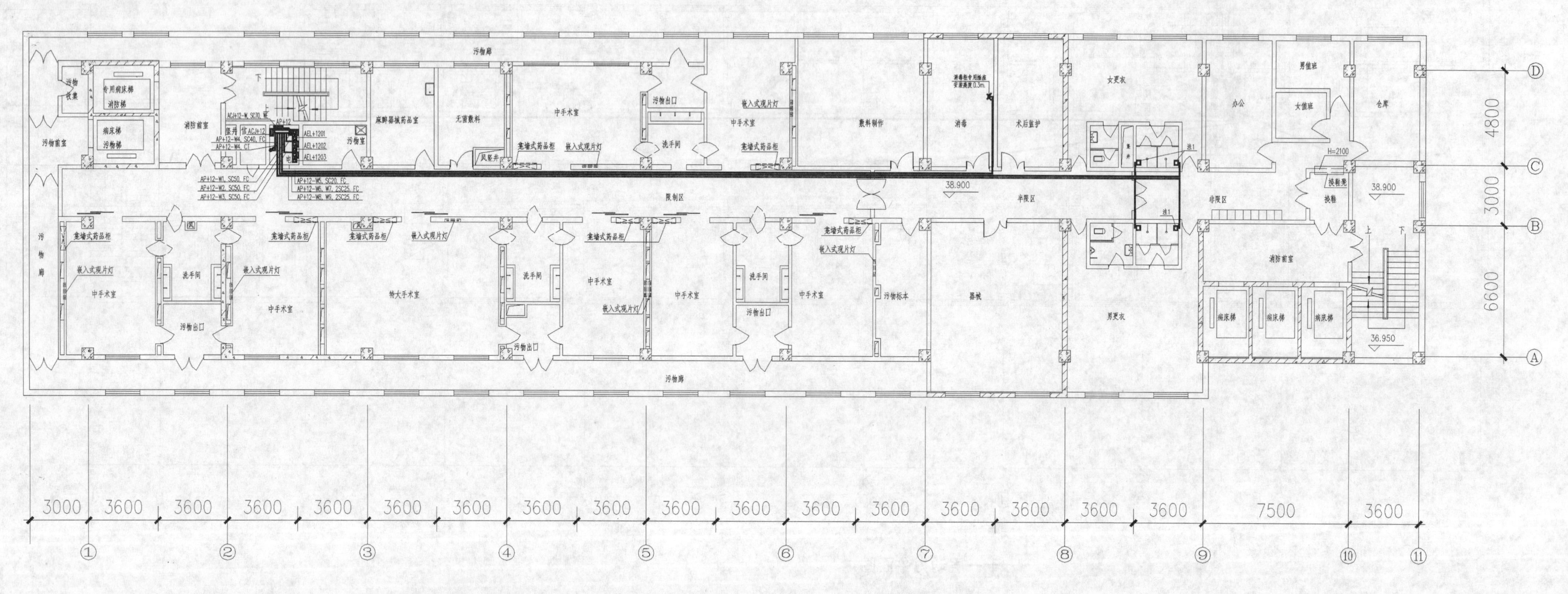

十二层动力平面图

手术部

注：电热水器，三相9kW，预留接线盒，底距地1.8m，边距墙200mm。

3600 3600

4800

AP+12

ACJ+12

AEL+1201

AEL+1202

AEL+1203

竖井

污物室

1WPE19, 1WPE20, 1WPE21, CT

1WPE19, SC40, FC

1WPE20, SC40, FC

1WPE21, SC40, FC

图 名	十二层动力平面图	图 号	3-9

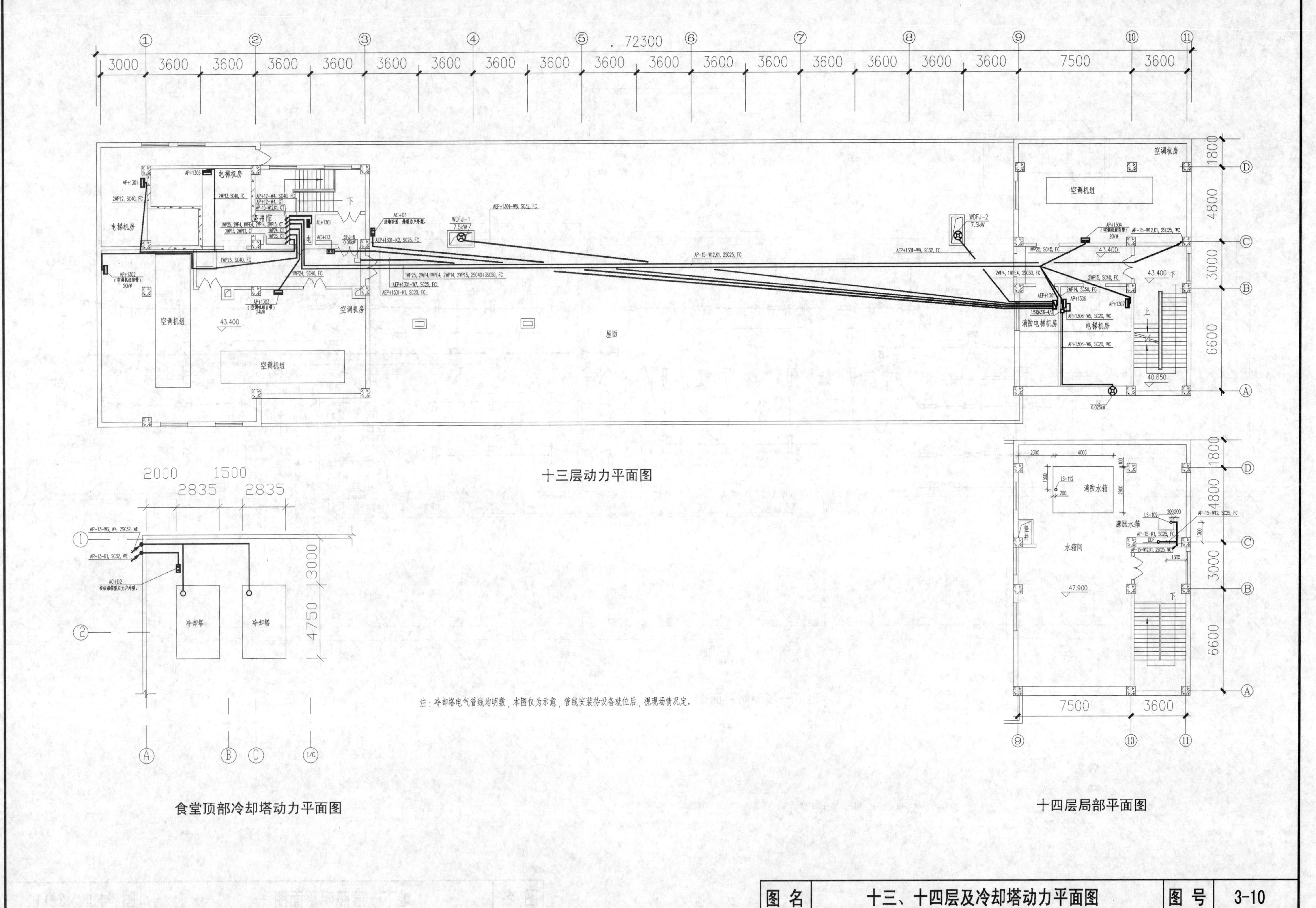

72300
3000
3600
7500
电梯机房
空调机房
空调机组
屋面
消防电梯机房
43.400
40.650
WDFJ-1
7.5kW
WDFJ-2
7.5kW
十三层动力平面图
2000
1500
2835
3000
4750
冷却塔
食堂顶部冷却塔动力平面图
消防水箱
膨胀水箱
水箱间
47.900
十四层局部平面图
注：冷却塔电气管线均明敷，本图仅为示意，管线安装待设备就位后，视现场情况定。
图名
十三、十四层及冷却塔动力平面图
图号
3-10

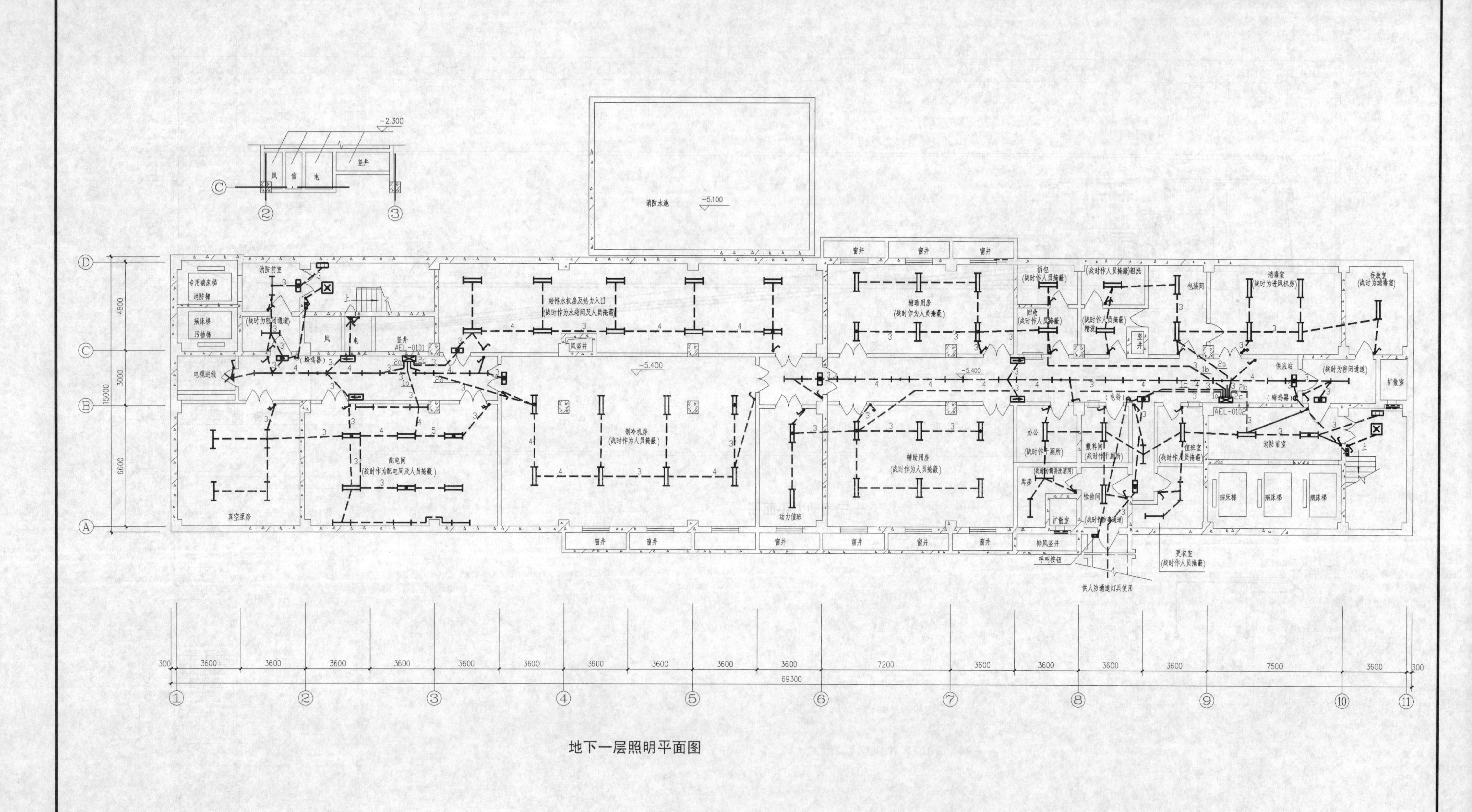

地下一层照明平面图

注：1. 电铃，蜂鸣器安装高度2.2m。

呼叫按纽安装高度1.3m。

2. 高度低于2.4m（含2.4m）的灯具（包括电铃，蜂鸣器）应加PE线。

图名	地下一层照明平面图	图号	3-11

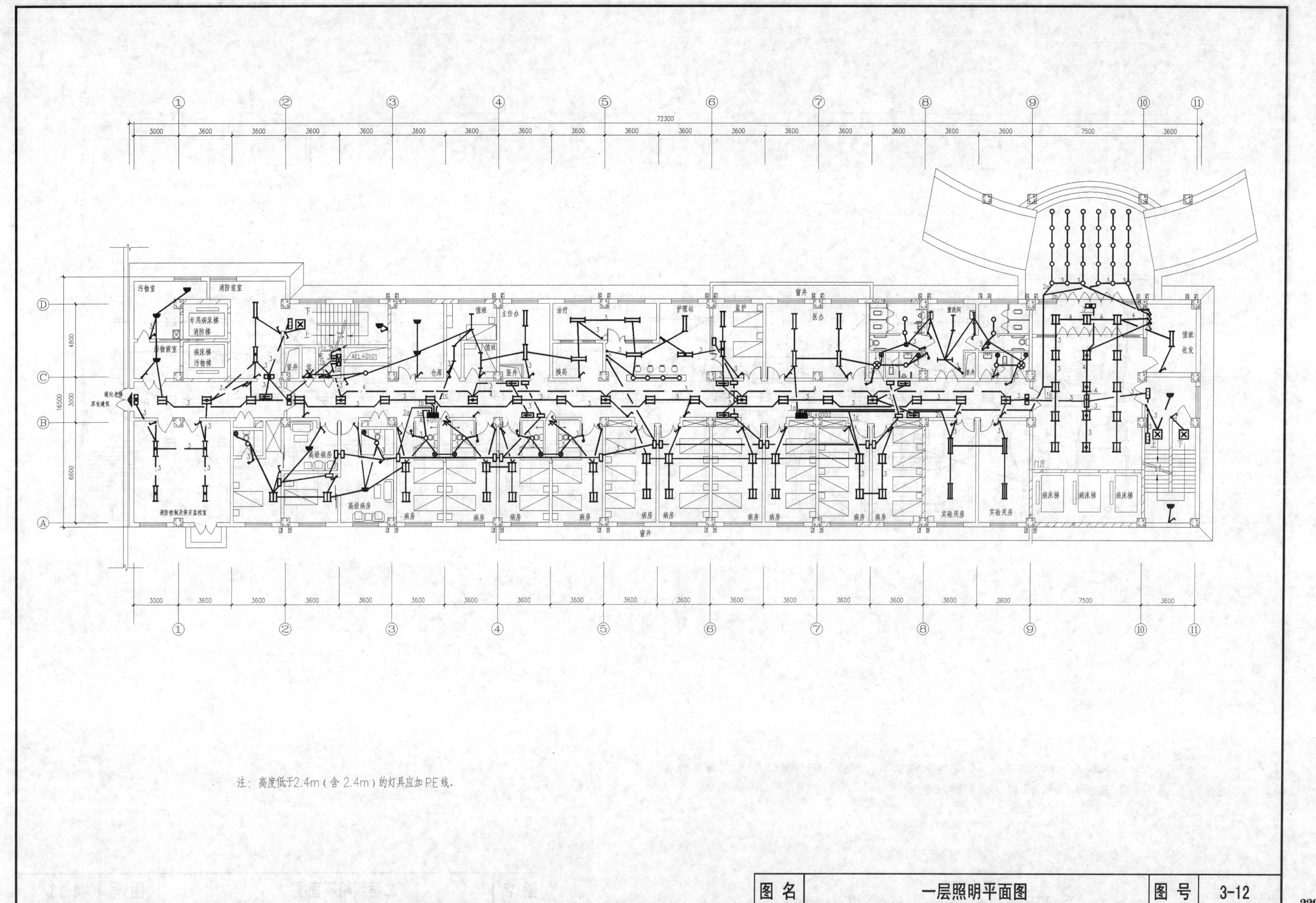
注：高度低于2.4m（含 2.4m）的灯具应加PE线。
图名
一层照明平面图
图号
3-12

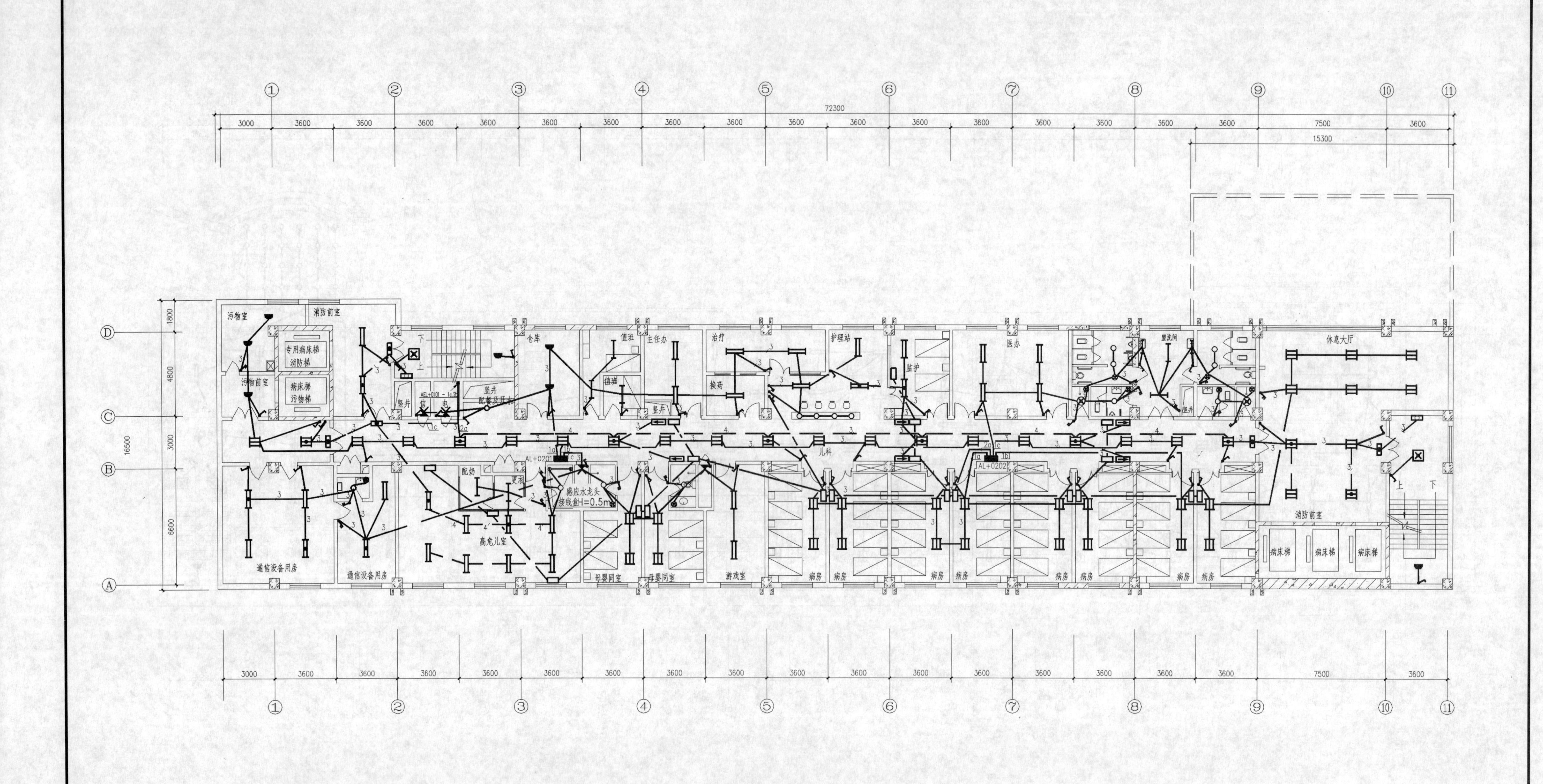

注：1. 病房、高危儿室、治疗、换药、监护、医办、护理站、主任办、游戏室、走廊、消防前室及休息大厅开关底距地1.5m。

2. 高度低于2.4m(含2.4m)的灯具应加PE线。

图名	二层照明平面图	图号	3-13

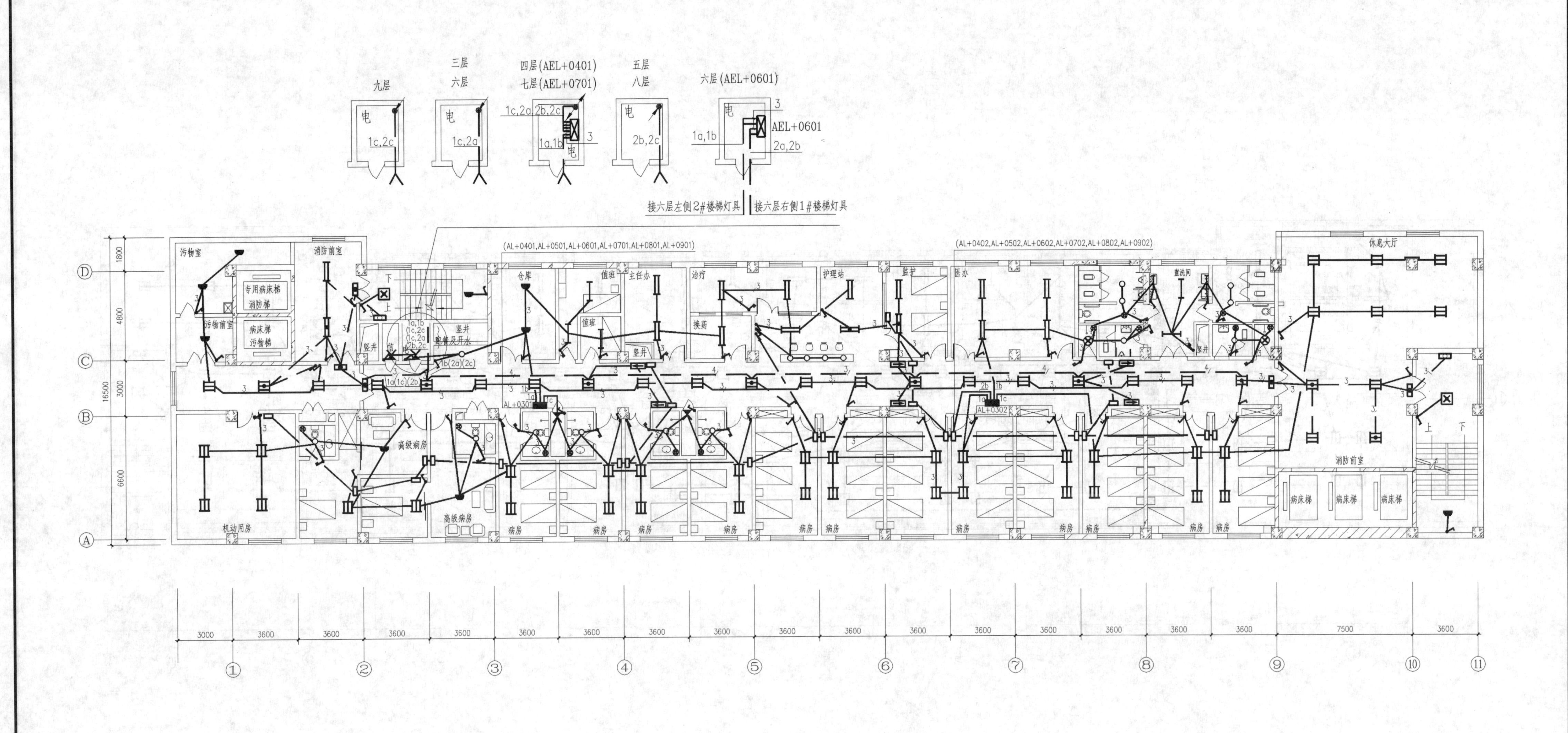

注：高度低于2.4m(含2.4m)的灯具应加PE线。

图名	三～九层照明平面图	图号	3-14

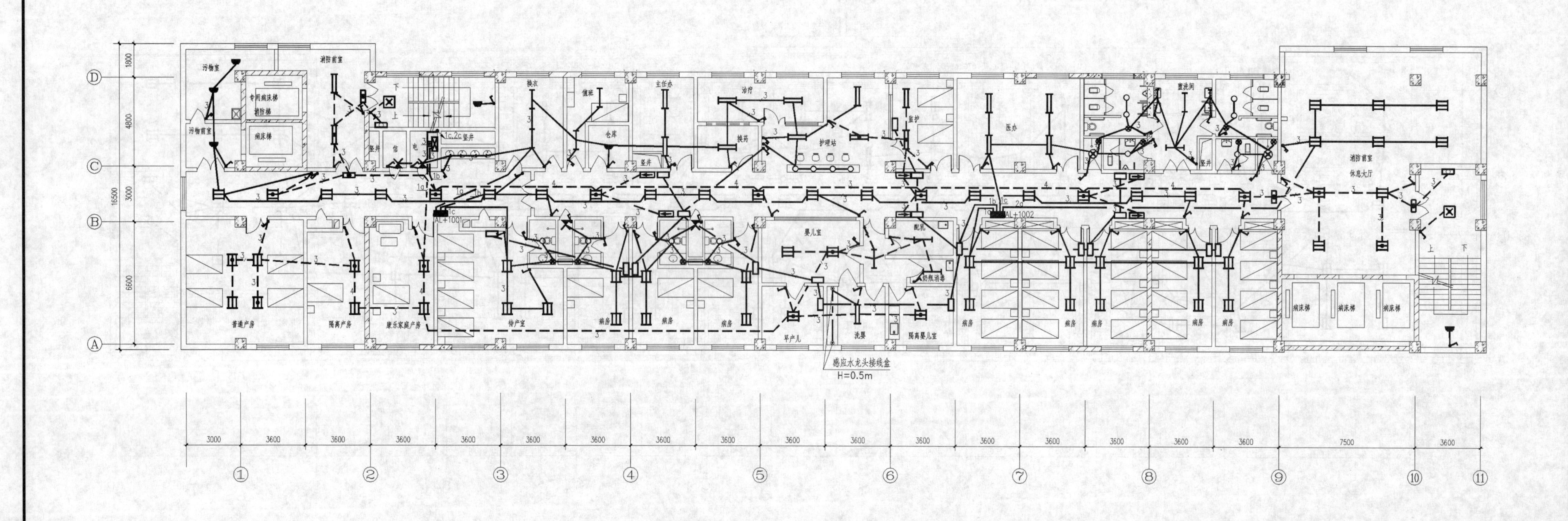

注：高度低于2.4m（含2.4m）的灯具应加PE线。

图名	十层照明平面图	图号	3-15

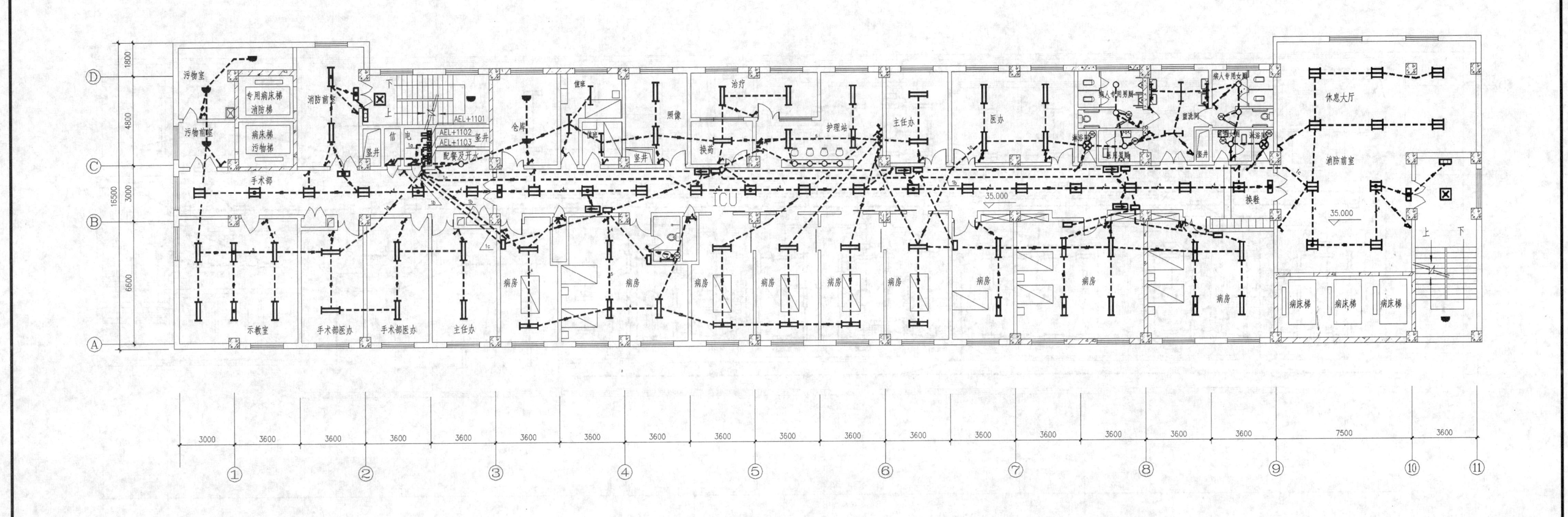

注：高度低于2.4m(含2.4m)的灯具应加PE线。

图 名	十一层照明平面图	图 号	3-16

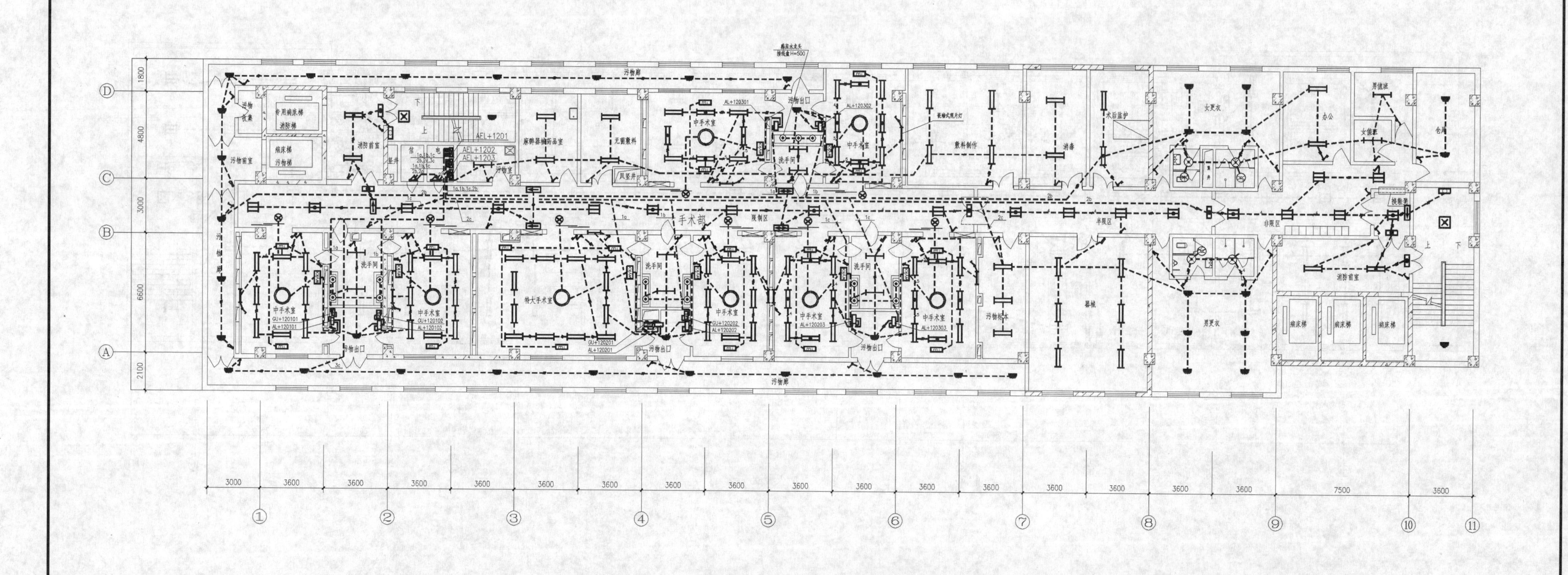

注：高度低于2.4m（含2.4m）的灯具应加PE线。

图名	十二层照明平面图	图号	3-17

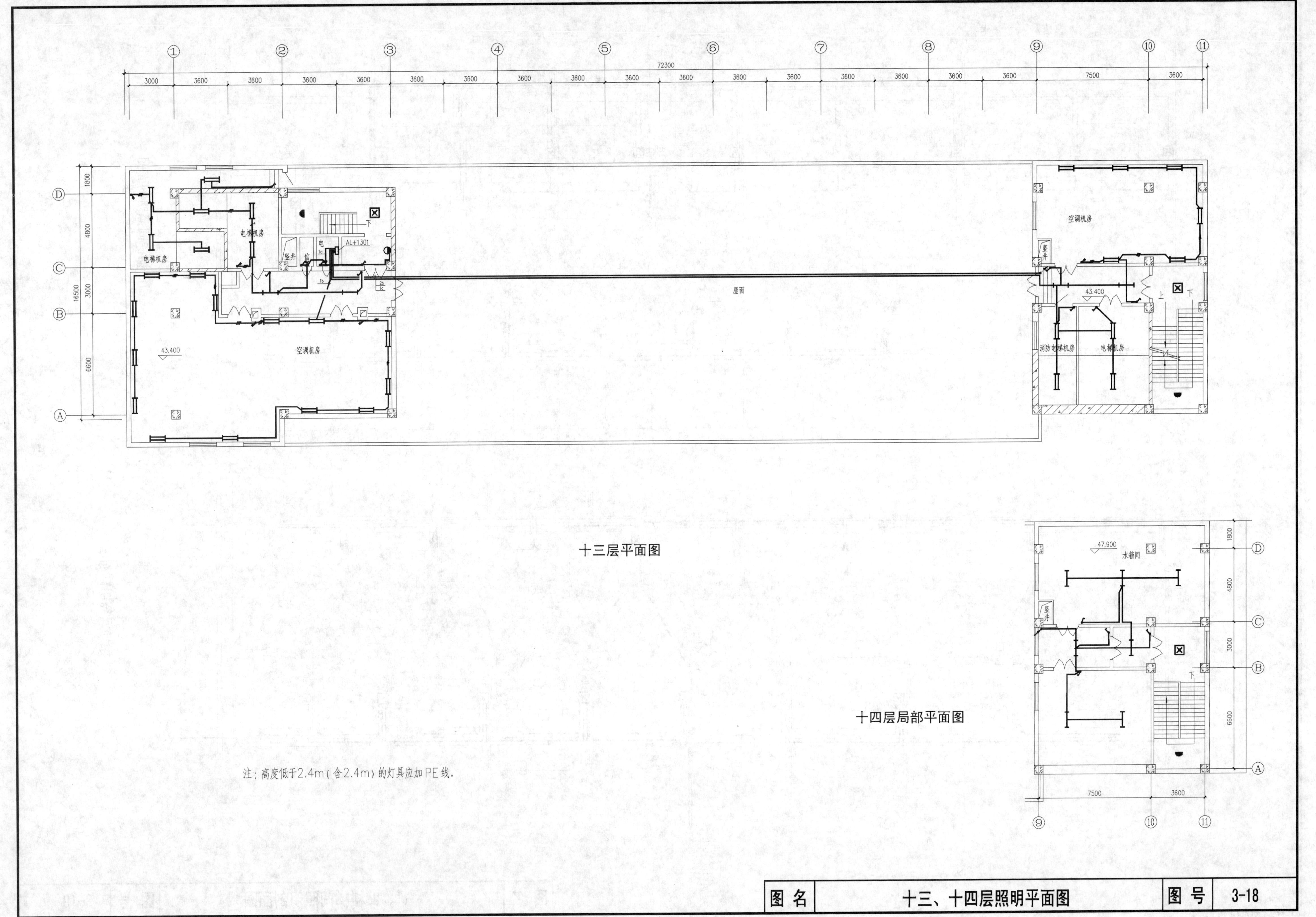

十三层平面图

十四层局部平面图

注：高度低于2.4m（含2.4m）的灯具应加PE线。

图名	十三、十四层照明平面图	图号	3-18

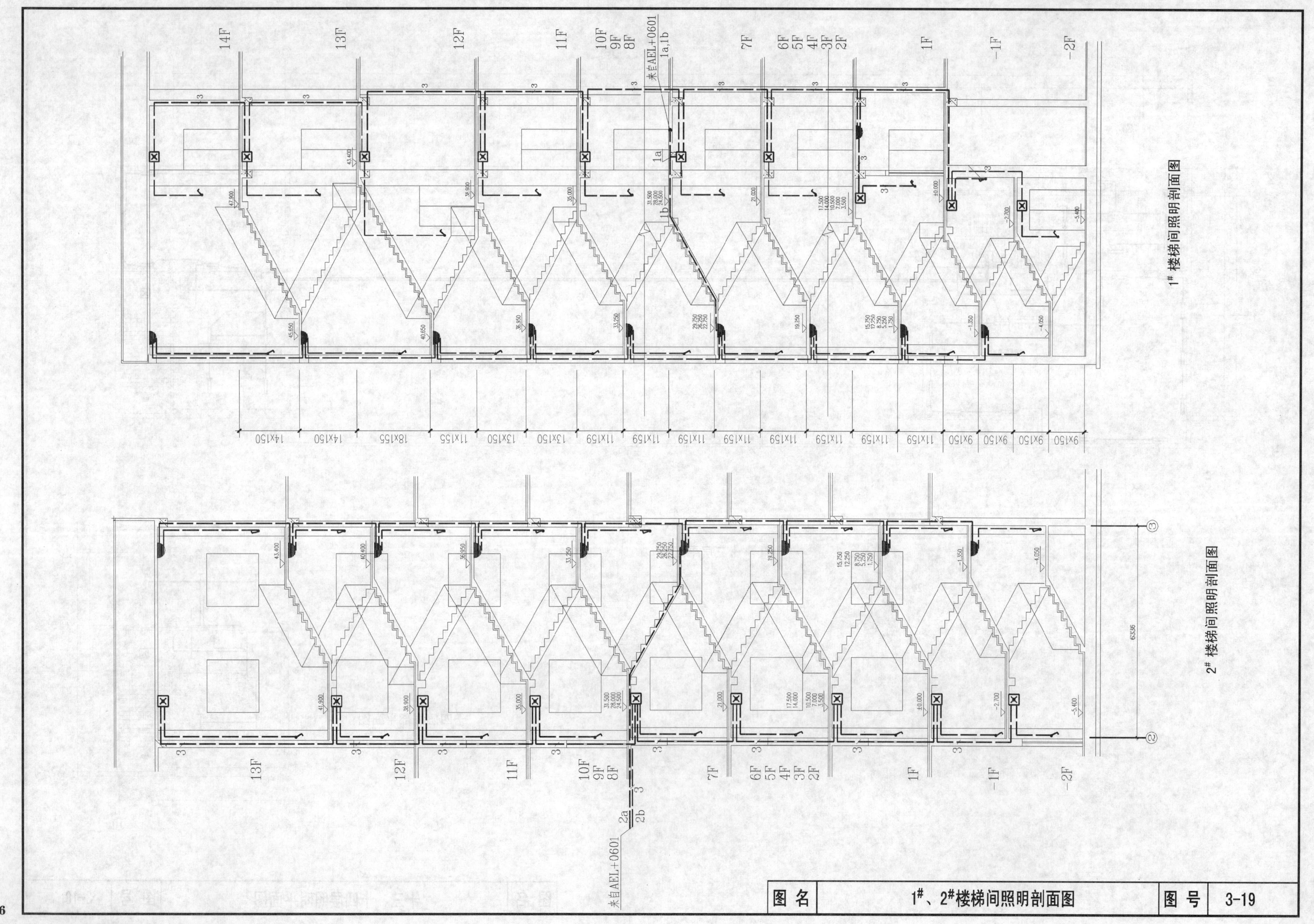

图名	1#、2#楼梯间照明剖面图	图号	3-19

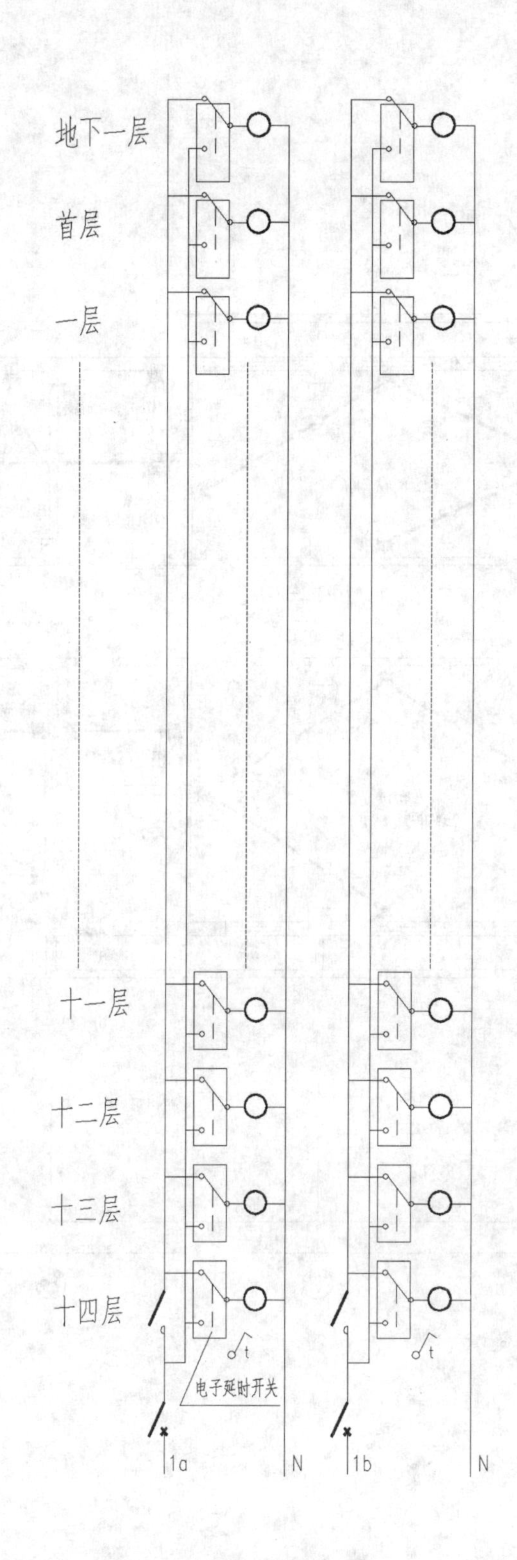

1#楼梯间

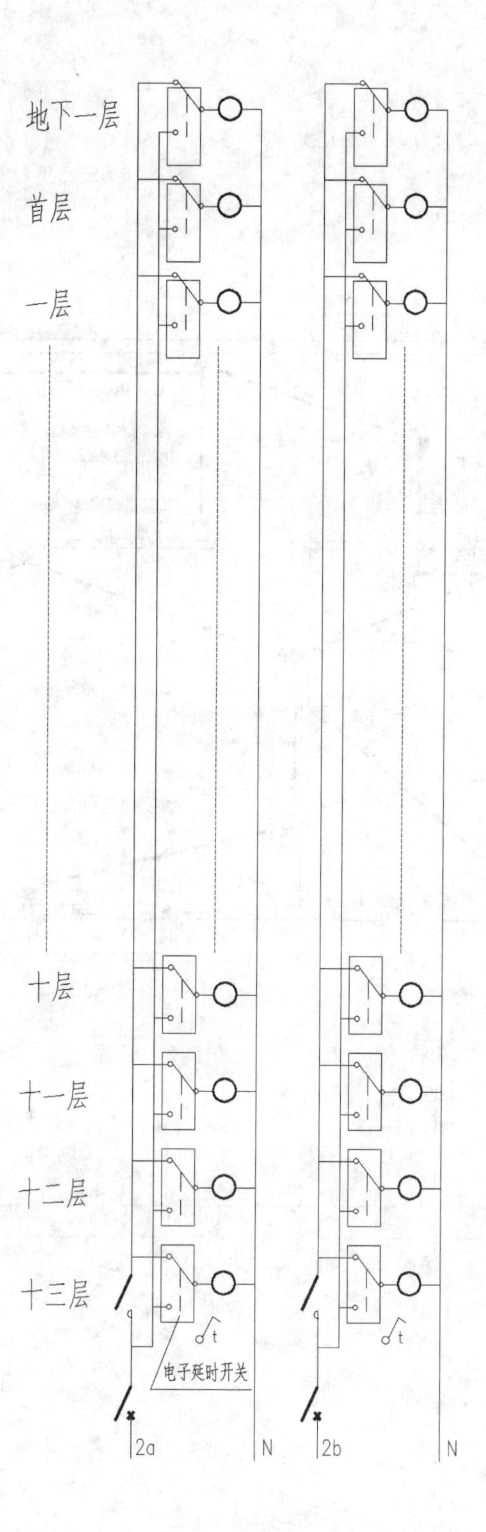

2#楼梯间

图名	1#、2#楼梯间事故照明接线示意图	图号	3-20

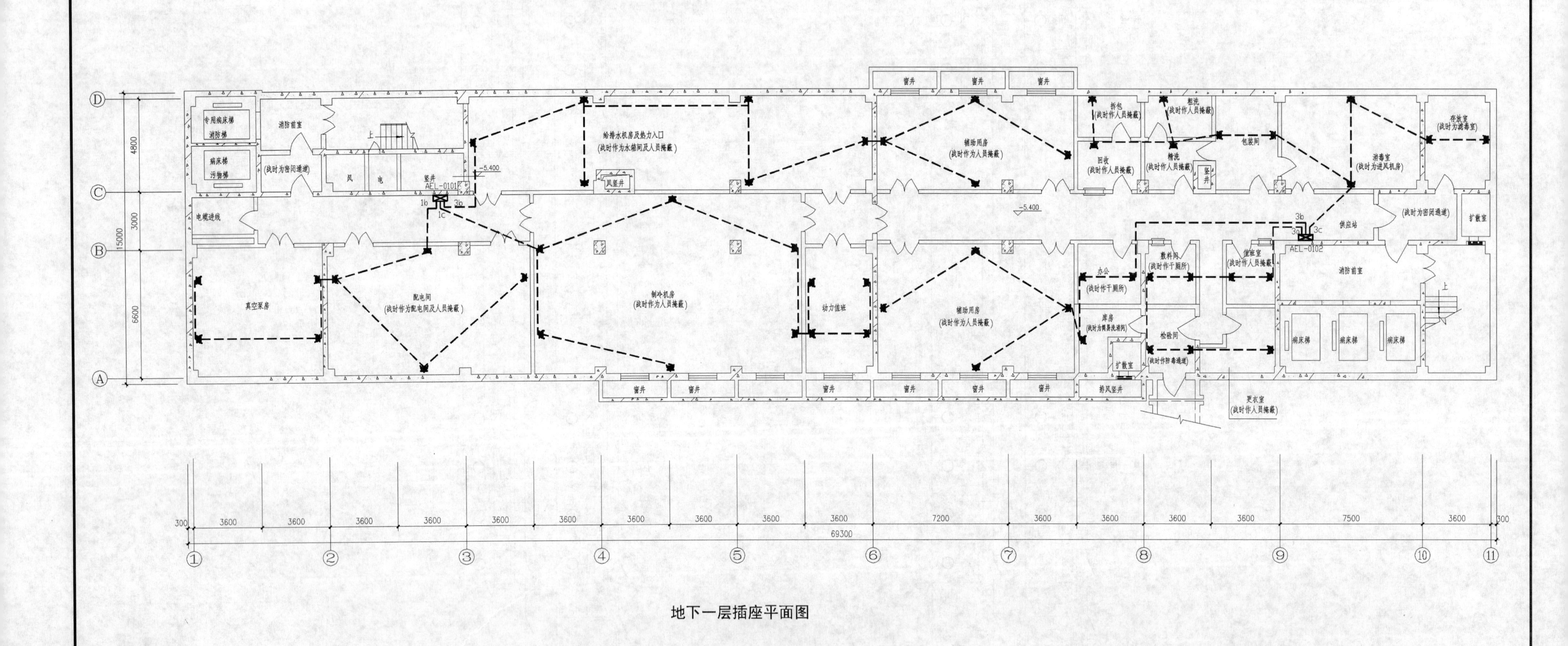

地下一层插座平面图

注：粗洗、精洗、办公、库房、数料间选防溅型插座。

图名	地下一层插座平面图	图号	3-21

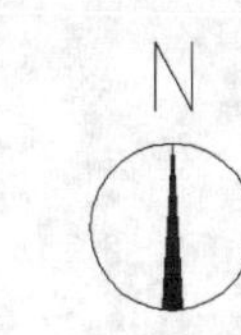

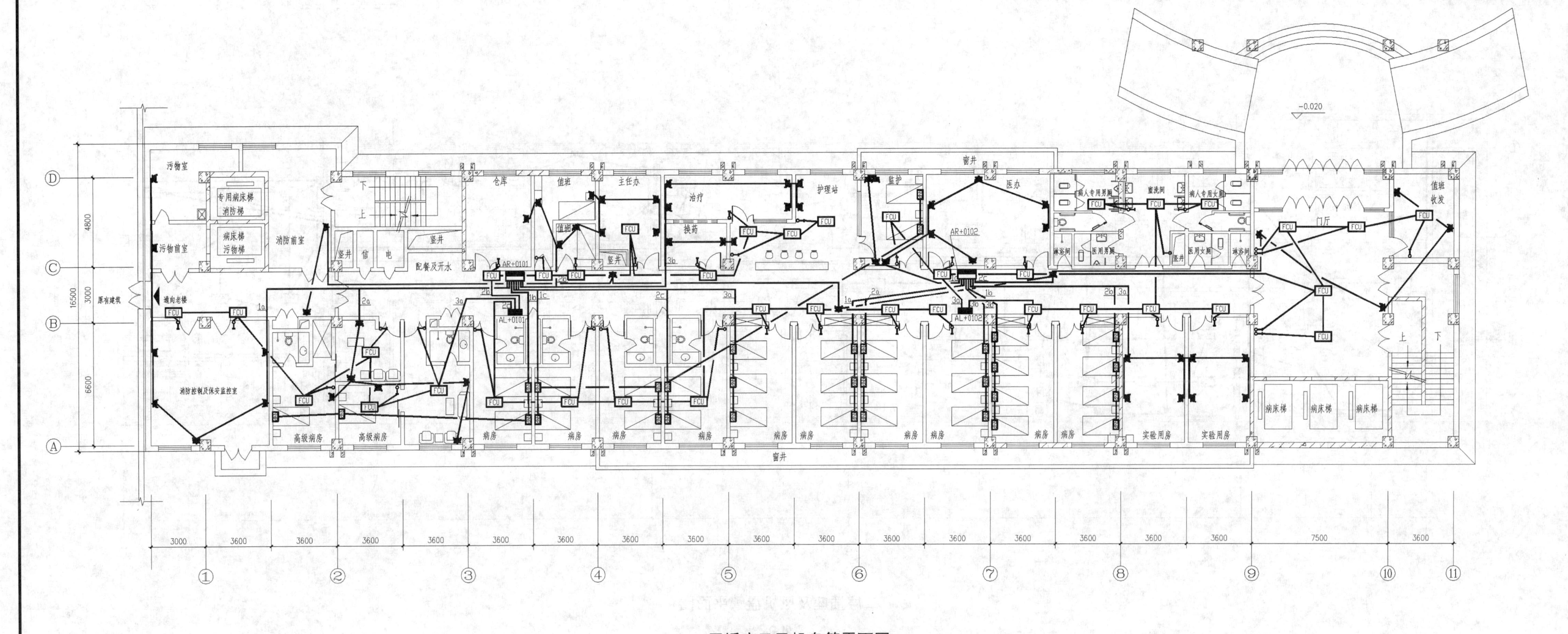

一层插座及风机盘管平面图

图 名	一层插座及风机盘管平面图	图 号	3-22

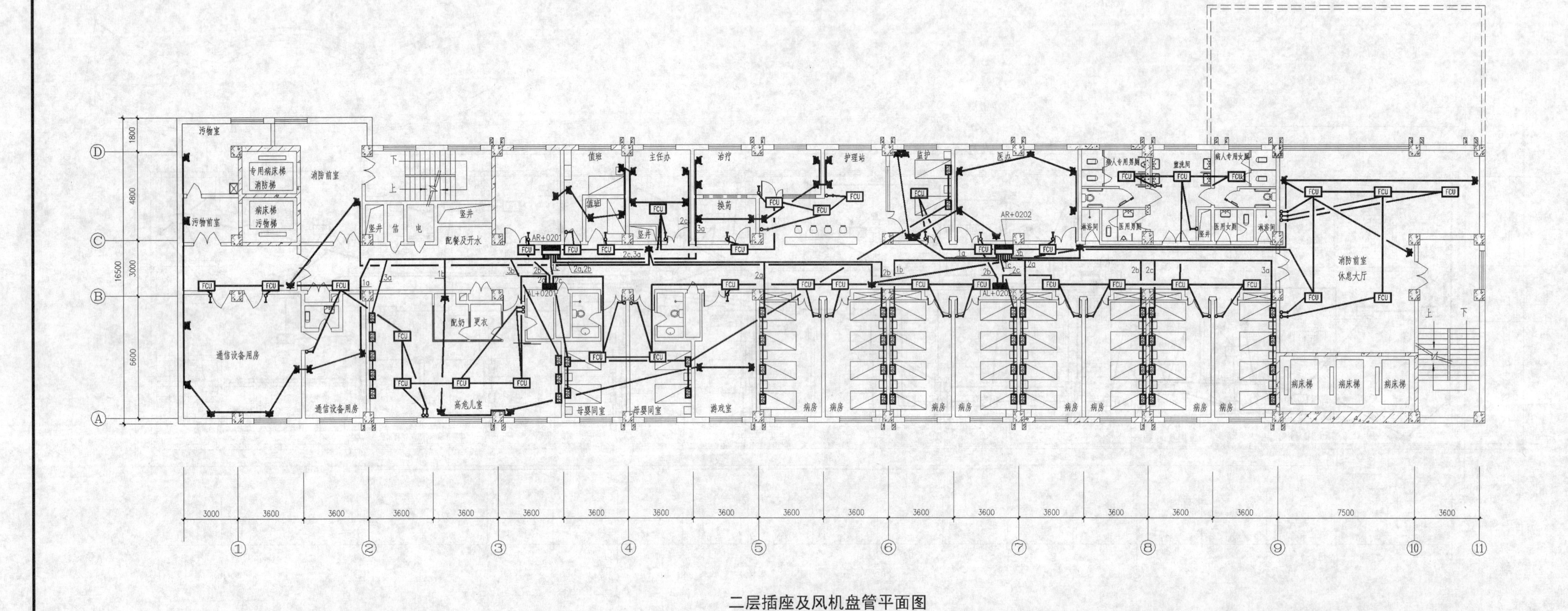

二层插座及风机盘管平面图

儿科

注：治疗、换药、护理站、主任办、监护、医办、高危儿室、游戏室、病房、走廊、消防前室及休息大厅插座及风机盘管开关底距地1.5m。

图名	二层插座及风机盘管平面图	图号	3-23

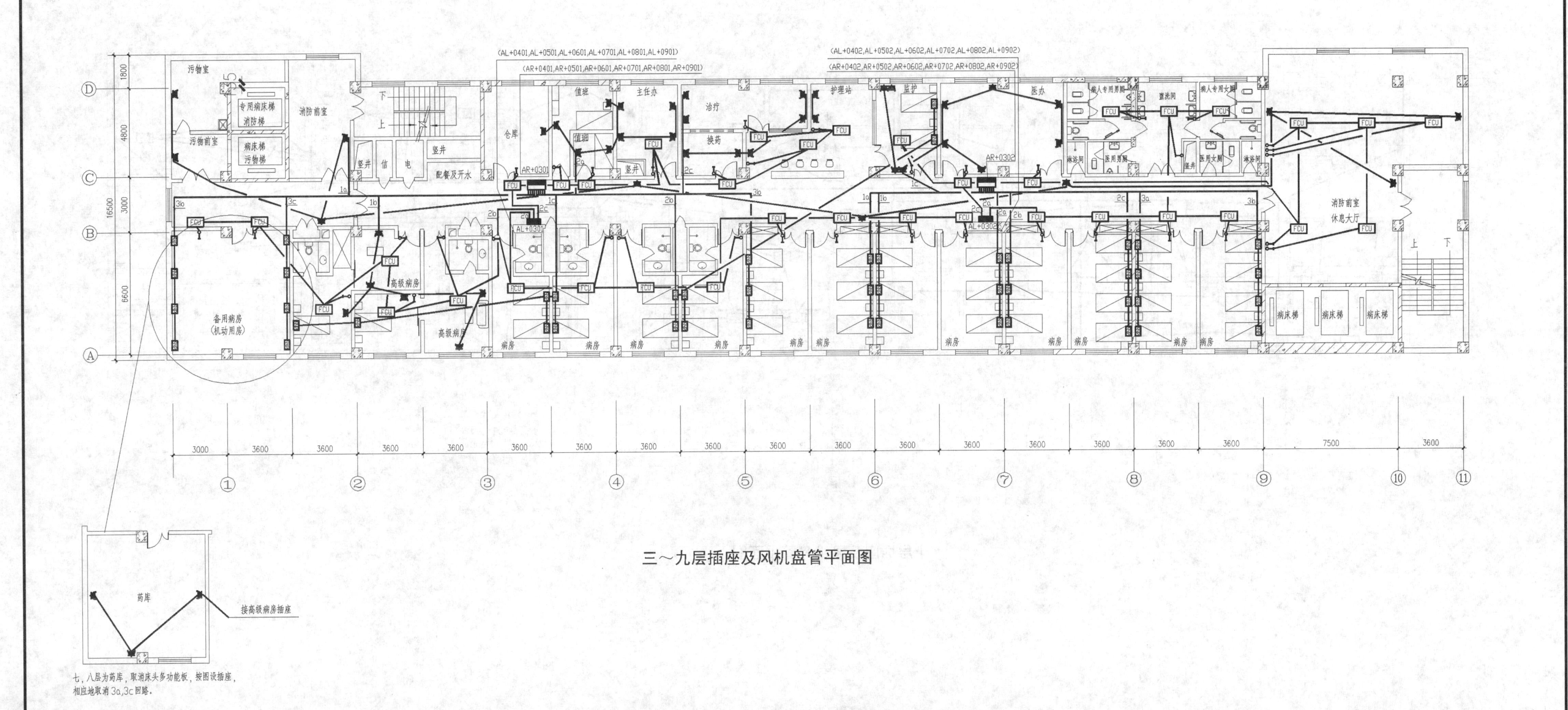

三～九层插座及风机盘管平面图

七、八层为药库，取消床头多功能板，按图设插座，相应地取消3a,3c回路。

图名	三～九层插座及风机盘管平面图	图号	3-24

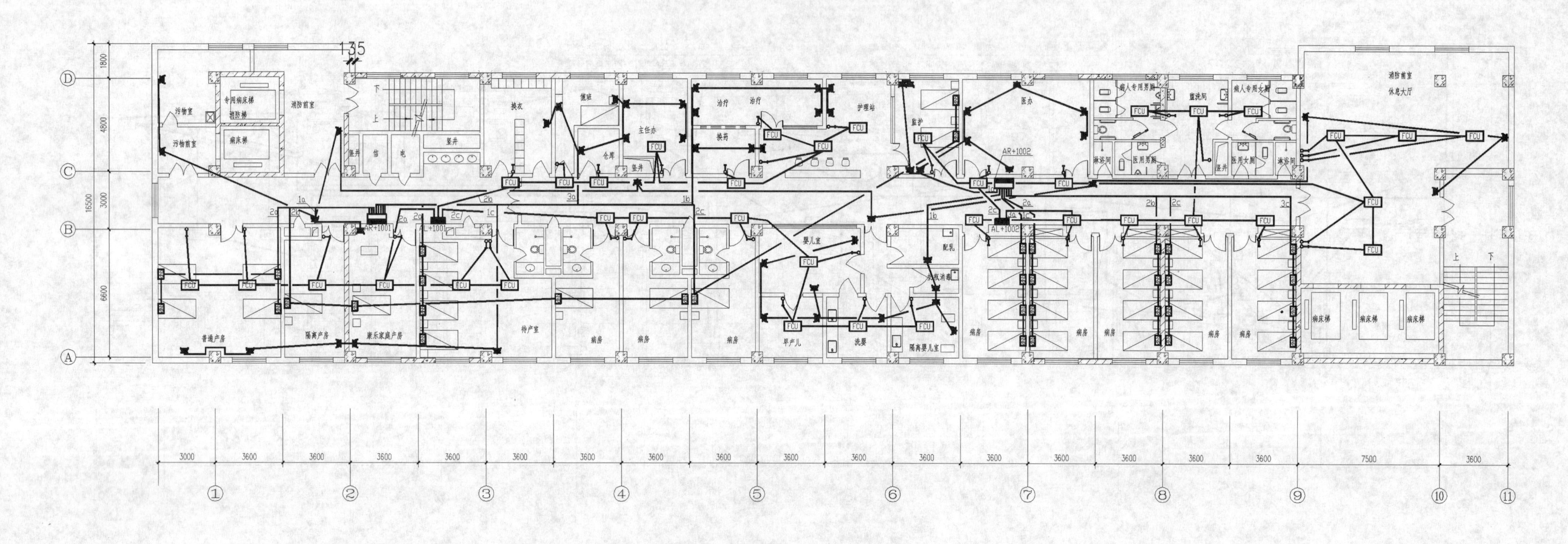

十层插座及风机盘管平面图

注：洗婴间、奶瓶消毒间选用防溅型插座。

图名	十层插座及风机盘管平面图	图号	3-25

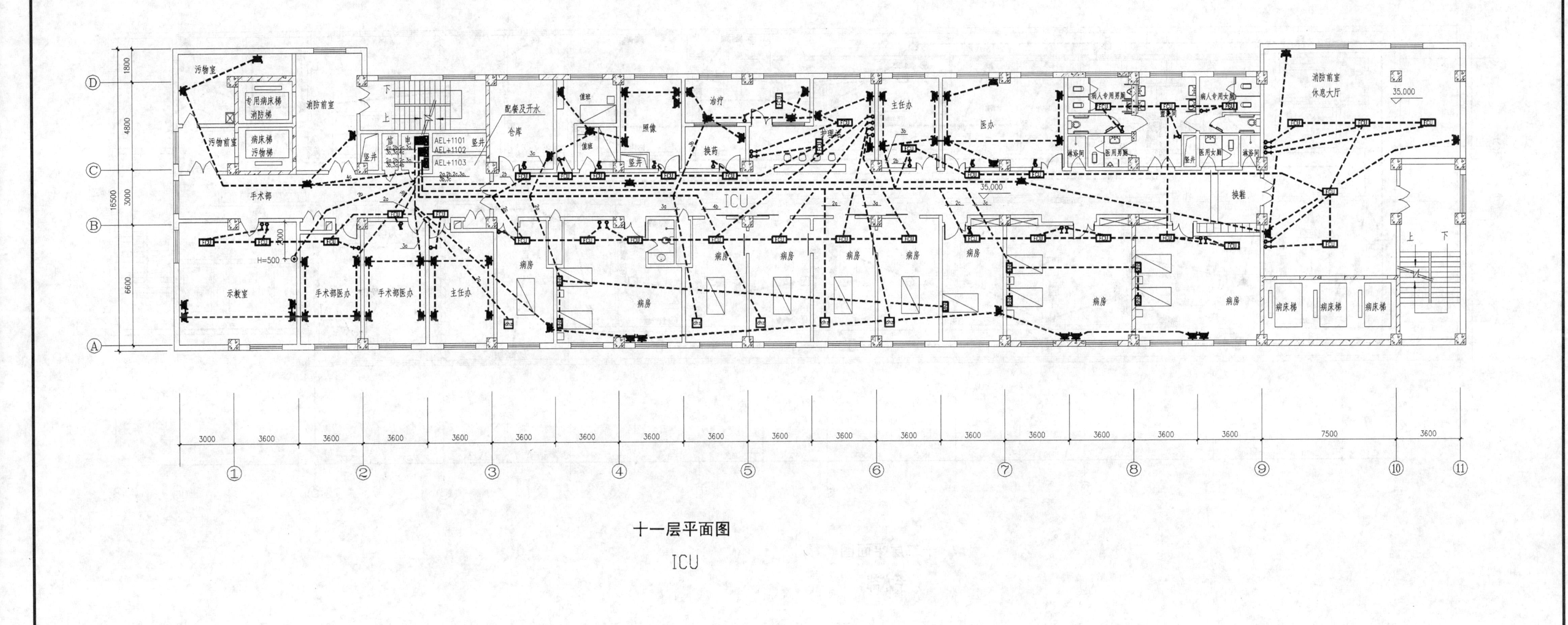

图 名	十一层插座及风机盘管平面图	图 号	3-26

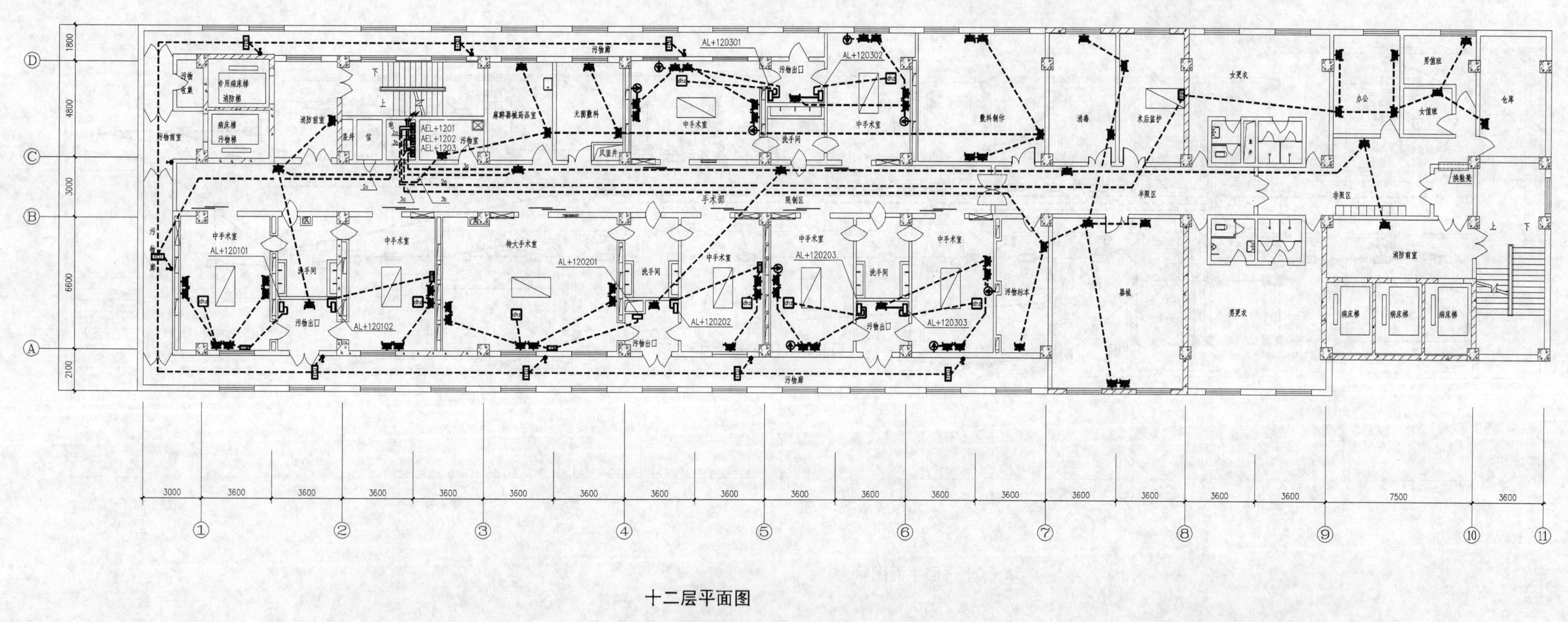

十二层平面图

手术部

图名	十二层插座及风机盘管平面图	图号	3-27

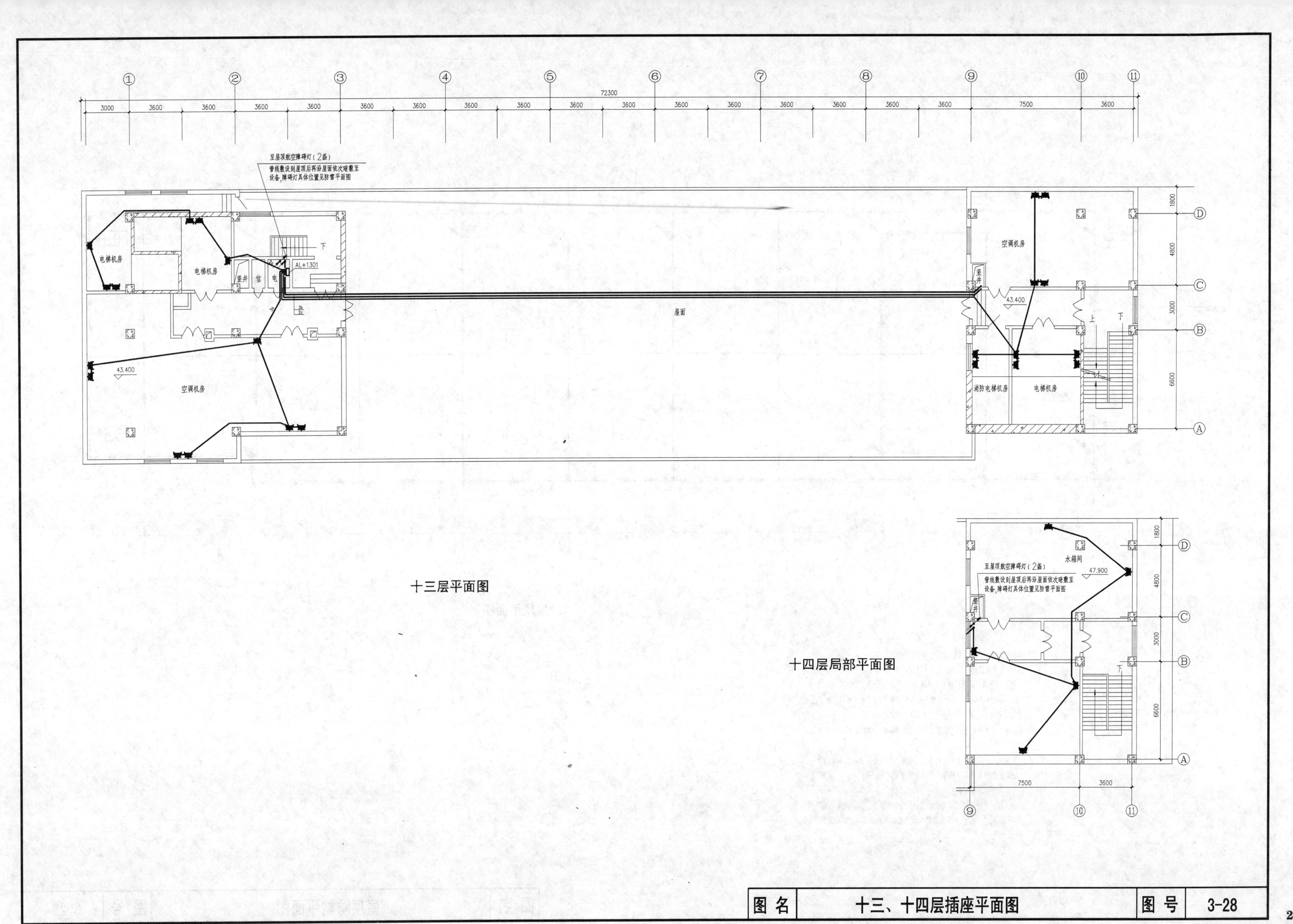

图名	十三、十四层插座平面图	图号	3-28

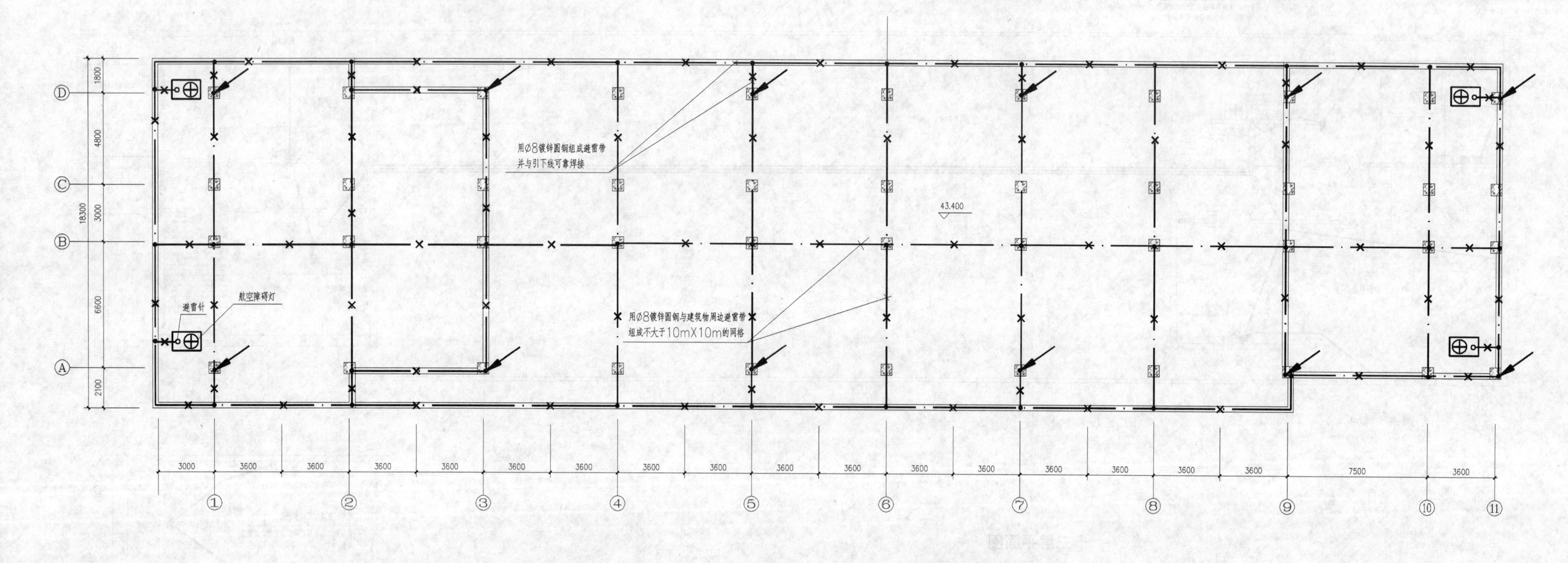

屋顶平面图

注：

1. 本建筑物按民用二类防雷建筑物设置防雷措施。
2. 将图中箭头所示柱子内选2根不小于Ø10的主筋上下通长焊接作为防雷引下线，引下线伸出女儿墙或屋顶200mm。
3. 用Ø8镀锌圆钢沿屋顶女儿墙周圈设置避雷带，并与防雷引下线伸出部分可靠焊接，避雷带每隔1m安装一支架进行固定。
4. 建筑物屋面内暗敷Ø8镀锌圆钢与周边避雷带可靠焊接组成如图所示的不大于10mX10m的网格。
5. 屋面上所有凸起的金属构筑物或管道等，均应与附近的避雷带相焊接。
6. 防雷装置的具体做法参见华北标办的建筑电气通用图集92DQ13《防雷与接地装置》。
7. 屋顶四角的航空障碍灯安装时应分别加装避雷针，具体做法参见国标图集99D562《建筑物防雷设施安装》，并分别与附近的避雷带焊接连通。

图名	屋顶防雷平面图	图号	3-29

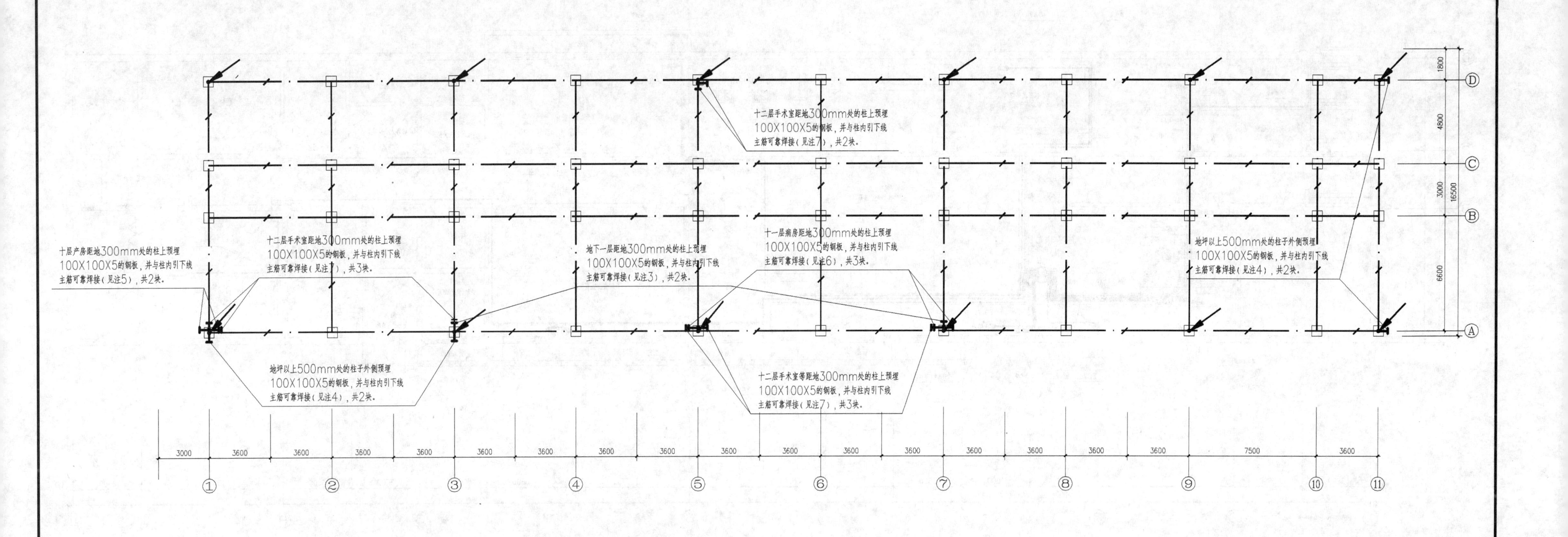

注：

1. 本建筑物防雷接地与用电设备接地共用一个接地系统，利用图中箭头所示的柱子内，两根不小于Ø10的主筋由底层基础至顶层通长焊接成电气通路，作为接地引下线装置。
2. 利用建筑物的基础钢筋作为自然接地体，在底板基础所有水平轴线位置均选择两根主筋作通长焊接，并组成约7m见方的网格，与注1中所述的接地引下线焊成通路，接地电阻不大于1Ω。
3. 地下一层配电间和辅助用房内，在A/3和A/7柱子上距地板300mm处预埋100X100X5的钢板2块，并与柱内引下线主筋可靠焊接。
4. 在A/1,A/3,A/11和D/11柱子的外侧，地坪以上0.5m处预埋100X100X5的钢板4块，此预埋钢板与柱内引下线主筋可靠焊接，作为接地测试点。
5. 十层普通产房内，在A/1柱子2个侧面上距地板300mm处预埋100X100X5的钢板2块，并与柱内引下线主筋可靠焊接。
6. 十一层病房内，在A/5和A/7柱子的侧面上距地板300mm处预埋100X100X5的钢板3块，并与柱内引下线主筋可靠焊接.
7. 十二层手术室,污物标本室及污物出口内，在A/1,A/3,A/5,A/7和D/5柱子的正面及侧面上距地板300mm处预埋100X100X5的钢板8块，并与柱内引下线主筋可靠焊接。
8. 十层、十一层、十二层设均压环，即将结构圈梁内主筋作贯通性连接，并将其与柱内引下线焊接。
9. 做均压环的十层、十一层、十二层外墙上的金属栏杆，金属门窗等较大金属物直接或间接通过金属门窗埋铁与圈梁内钢筋或引下线内两根通长主筋相焊接；这些楼层内的各种金属管道均要与防雷引下装置相连。
10. 接地装置安装参见标准图集JSJT-85.86D563、JSJT-36.86SD566及92DQ13.
11. 施工时电气工种与结构工种密切配合。

图名	接地平面图	图号	3-30

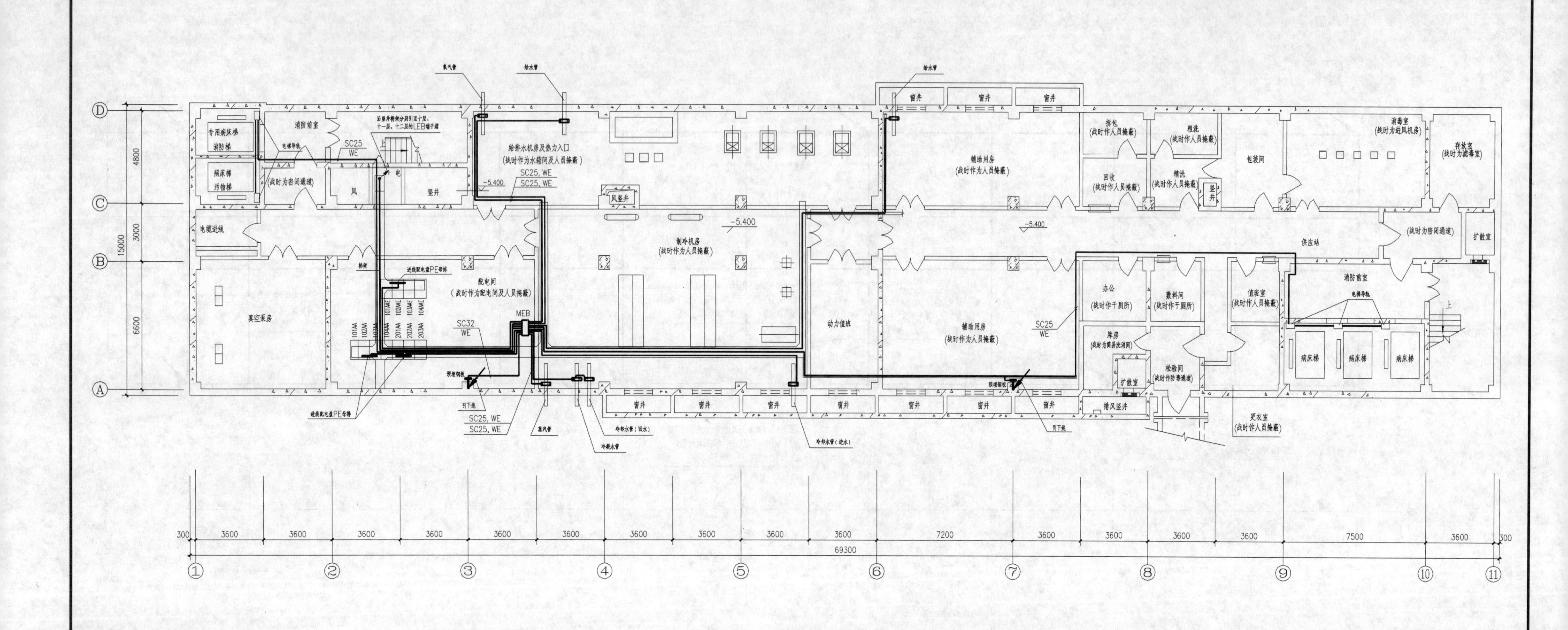

地下一层总等电位联结平面图

注:

1. 为了消除由雷电或其他原因引起的破坏性电位差，确保人身安全，本建筑物将实行总等电位联结，对部分场所还实行局部等电位联结。
2. 在地下一层的配电间内设一个明装的总等电位联结箱（MEB），从此箱内分别引出2根截面为 $1\times50mm^2$ 的单芯铜电缆接至配电间和辅助用房内的土建预埋钢板（与引下线焊通）上。另外，由此箱中再引出如图所示的13根截面为$1\times25mm^2$的单芯铜电缆分别接至给水管、冷却水管、进线配电盘PE母排、电梯金属导轨等上面进行总等电位联结。
3. 等电位联结电缆沿桥架或穿镀锌钢管沿墙明敷至各联结设备点。
4. 在做均压环的十、十一、十二层，给排水及通风竖井内的各金属干管均要与电气竖井内的LEB等电位联结端子箱通过$1\times16mm^2$的单芯铜电缆进行连接。
5. 等电位联结应保证有可靠的电气连接，可采用焊接，焊接时，焊接处不应有夹渣、咬边、气孔及未焊透的情况，也可采用螺栓连接。
6. 等电位联结线应用黄绿相间的颜色作标记。
7. 为保证等电位联结的顺利实施，电气、土建、水暖施工人员须密切配合，等电位联结施工完毕后应作检测，保证连接导电良好。具体做法参见国标图集97SD567。

图名	地下一层总等电位联结平面图	图号	3-31

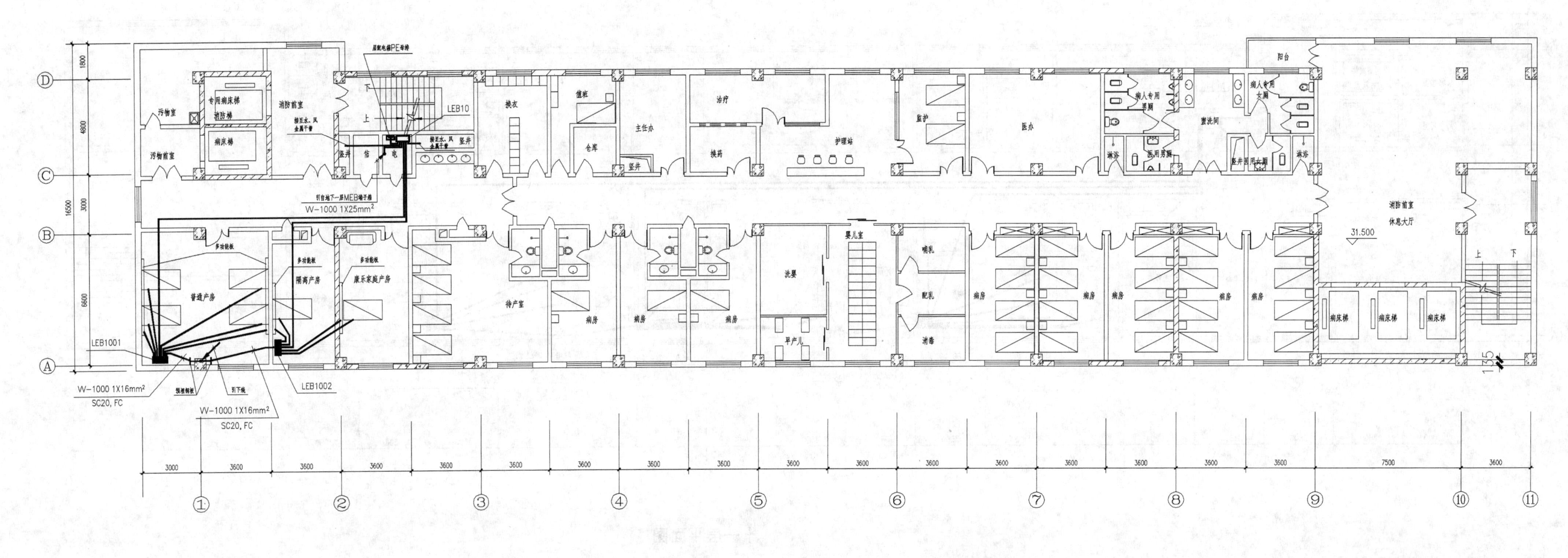

十层平面图

注:

1. 本层设局部等电位联结(LEB),其中LEB10端子箱明装在电气竖井内,LEB1001~1002端子箱暗装在产房内。安装高度为箱底距地1.5m。
2. 各端子箱引出的电缆或电线截面按如下原则来选:图中除已注明电缆截面的回路外,从LEB10箱引出的回路均选VV-1000 1X16mm²的单芯铜电缆,穿SC20钢管埋地暗敷;从LEB1001~1002箱引出的回路均选BV-500 1X4mm²的铜导线,穿SC15钢管埋地暗敷。
3. 所有电缆或导线均穿镀锌钢管在地面内或墙内暗敷,但电气竖井内沿墙敷设的管线可以明敷。
4. 具体的施工及安装要求与总等电位联结平面图中第5、6、7条注相同。

图名	局部等电位联结十层平面图	图号	3-32

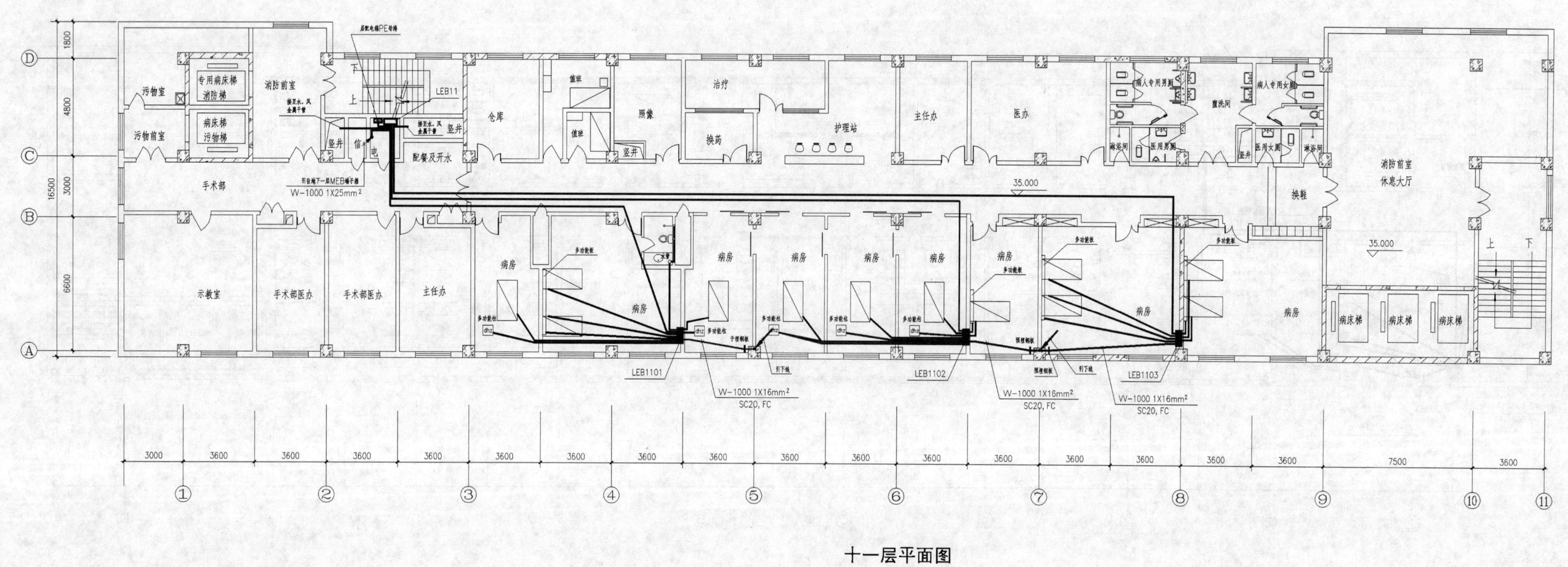

十一层平面图

ICU

注:

1. 本层设局部等电位联结(LEB),其中LEB11端子箱明装在电气竖井内,LEB1101~1103端子箱暗装在病房内。安装高度为箱底距地1.5m。
2. 各端子箱引出的电缆或电线截面按如下原则来选:图中除已注明电缆截面的回路外,从LEB11箱引出的回路均选VV-1000 1X16mm²的单芯铜电缆,穿SC20钢管埋地暗敷;从LEB1101~1103箱引出的回路均选BV-500 1X4mm²的铜导线,穿SC15钢管埋地暗敷。
3. 所有电缆或导线均穿镀锌钢管在地面内或墙内暗敷,但电气竖井内沿墙敷设的管线可以明敷。
4. 具体的施工及安装要求与总等电位联结平面图中第5、6、7条注相同。

图名	局部等电位联结十一层平面图	图号	3-33

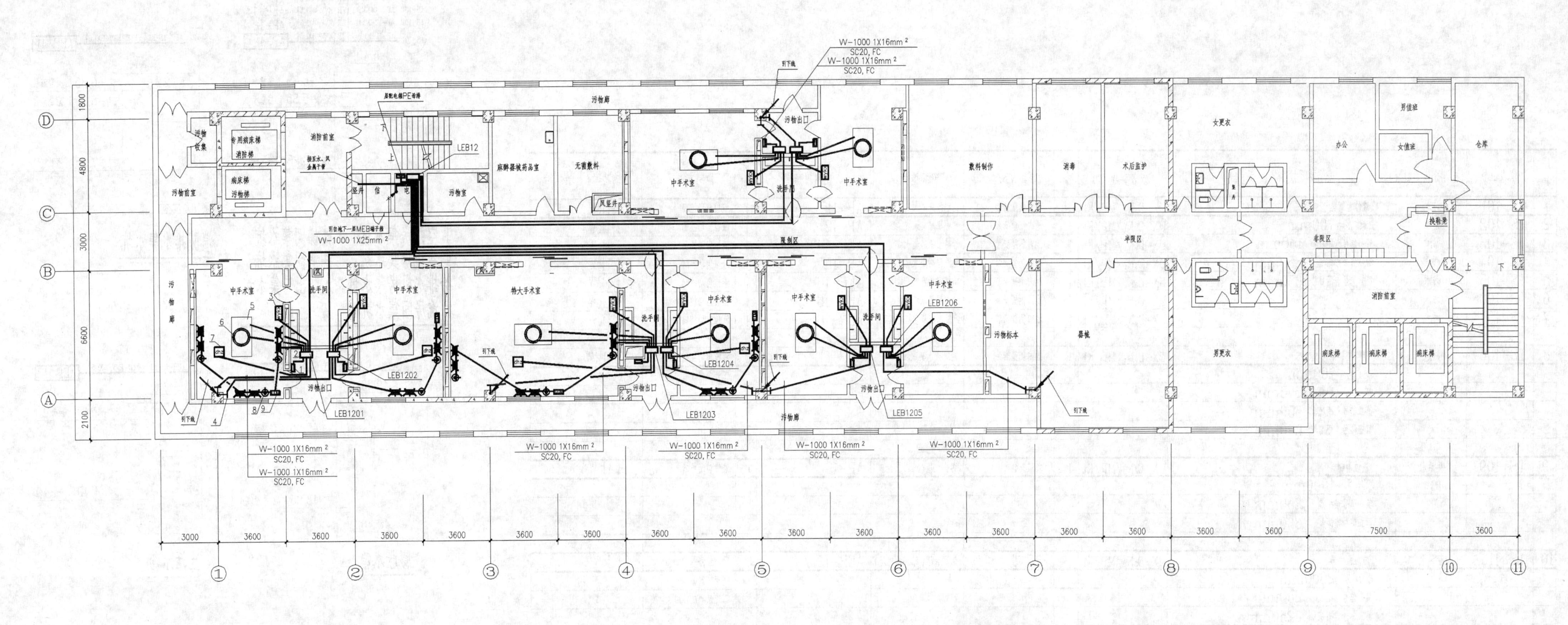

十二层平面图

手术部

注：

1. 本层设局部等电位联结（LEB），其中LEB12端子箱明装在电气竖井内，LEB1201～1208端子箱明装在手术室污物出口内。安装高度为箱底距地1.5m。
2. 各端子箱引出的电缆或电线截面按如下原则来选：图中除已注明电缆截面的回路外，从LEB11箱引出的回路均选VV－1000 1X16mm²的单芯铜电缆，穿SC20钢管埋地暗敷；从LEB1101～1103箱引出的回路均选BV－500 1X4mm²的铜导线，穿SC15钢管埋地暗敷。
3. 所有电缆或导线均穿镀锌钢管在地面内或墙内暗敷，但电气竖井和污物出口内沿墙敷设的管线可以明敷。
4. 具体的施工及安装要求与总等电位联结平面图中第5、6、7条注相同。

说明：

1 手术室配电箱
2 LEB端子箱
3 无影灯控制箱
4 予埋钢板（与引下线焊通）
5 手术台
6 无影灯
7 多功能综合柱
8 接地端子
9 线路绝缘及过负荷监视器

图 名	局部等电位联结十二层平面图	图 号	3-34

序号	仪表位号	被测介质参数	仪表名称及技术特性	仪表型号	数量	安装方式	安装地点	控制箱编号	泵数	控制方式	泵的功率(kW/台)
1	LS-101	污水	液位控制器	UX-D_3N_1/MP/K1	1	池内侧壁安装	真空泵房集水坑	AP-11	1	液位自动控制	1.1kW
2	LS-102	污水	总长 L=700mm	UX-D_3N_1/MP/K1	1	池内侧壁安装	制冷机房集水坑	AP-12	1	液位自动控制	1.1kW
3	LS-103	污水	第一信号点距底 150mm	UX-D_3N_1/MP/K1	1	池内侧壁安装	给排水机房集水坑	AEP-14	1	液位自动控制	1.1kW
4	LS-104	污水	第二信号点距底 550mm	UX-D_3N_1/MP/K1	1	池内侧壁安装	粗洗房间集水坑	AP-15	1	液位自动控制	1.1kW
5	LS-105	污水	第三信号点距底 650mm	UX-D_3N_1/MP/K1	1	池内侧壁安装	楼梯间集水坑(战时)	AEP-16	1	液位自动控制	1.1kW
6	LS-106	污水		UX-D_3N_1/MP/K1	1	池内侧壁安装	洗消间集水坑(战时)	AEP-16	1	液位自动控制	1.1kW
7	LS-107	污水		UX-D_3N_1/MP/K1	1	池内侧壁安装	人防出口集水坑(战时)	AEP-16	1	液位自动控制	1.1kW
8	LS-108	污水	液位控制器	UX-D_3N_1/MP/K1	1	池内侧壁安装	消防排水集水坑	AEP-11	2	液位自动控制	3.0kW
			总长 L=700mm							工作泵事故备用泵自投	
			第一信号点距底 250mm								
			第二信号点距底 550mm								
			第三信号点距底 650mm								
9	LS-109	生活水	液位控制器	UX-D_2N_2/MP/K1	1	箱顶安装	膨胀水箱(十四层)	AP-15	1	液位自动控制	1.1kW
			总长 L=1000mm								
			第一信号点距底 250mm								
			第二信号点距底 600mm								
10	LS-110	生活水	液位控制器	UX-D_2N_2/MP/K1	1	箱顶安装	生活水箱(给排水机房)	AEP-12	3	低液位停泵	11kW
			总长 L=2600mm							高液位报警	
			第一信号点距底 250mm							工作泵事故备用泵自投	
			第二信号点距底 2250mm								
11	LS-111	生活水	液位控制器	UX-D_2N_1/MP/K1	1	池内侧壁安装	消防水池	M-9	4	低液位报警	30kW(消火栓泵)
			总长 L=3200mm							高液位报警	45kW(喷淋泵)
			第一信号点距底 300mm							工作泵事故备用泵自投	
			第二信号点距底 2950mm								
12	LS-112	生活水	液位控制器	UX-D_2N_2/MP/K1	1	箱顶安装	消防水箱(十四层)	M-10	4	低液位报警	30kW(消火栓泵)
			总长 L=2100mm							高液位报警	45kW(喷淋泵)
			第一信号点距底 1400mm							工作泵事故备用泵自投	
			第二信号点距底 1600mm								

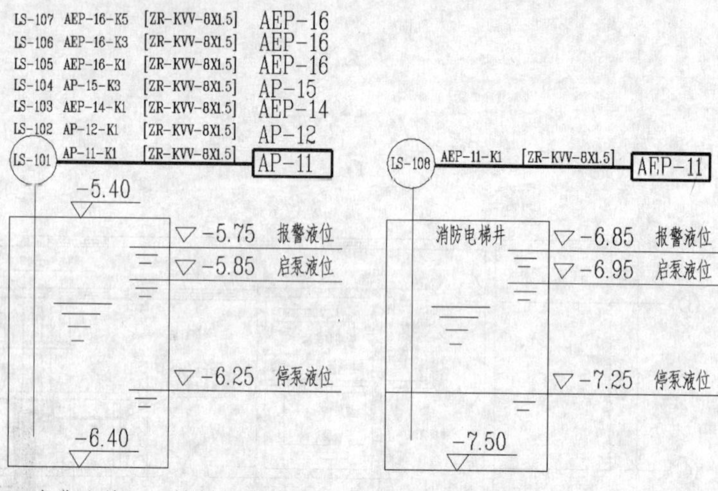

真空泵房集水坑 楼梯间集水坑
制冷机房集水坑 洗消间集水坑
给排水机房集水坑 人防出口集水坑
粗洗房间集水坑

消防排水集水坑

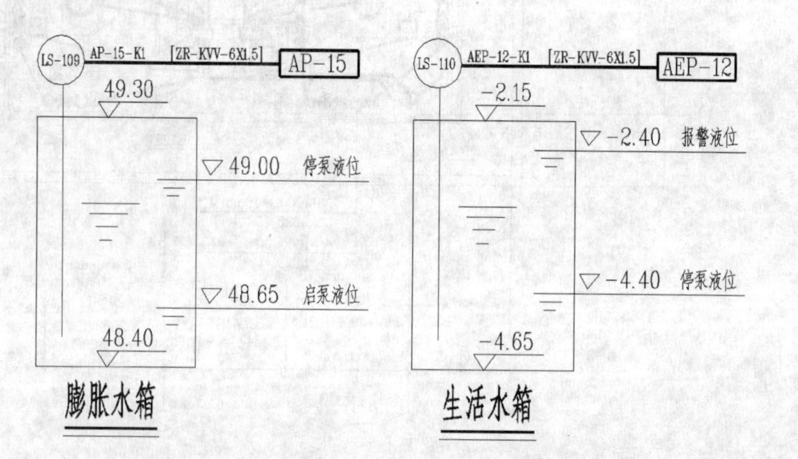

膨胀水箱

生活水箱

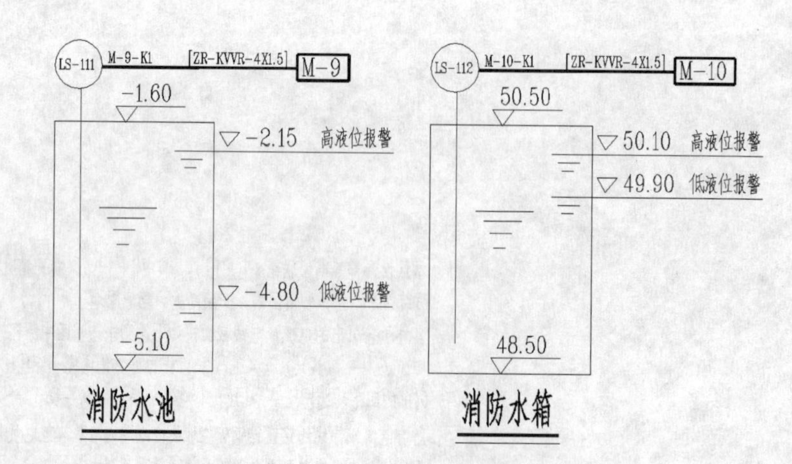

消防水池

消防水箱

图名	液位控制流程图及液位计明细表	图号	3-35

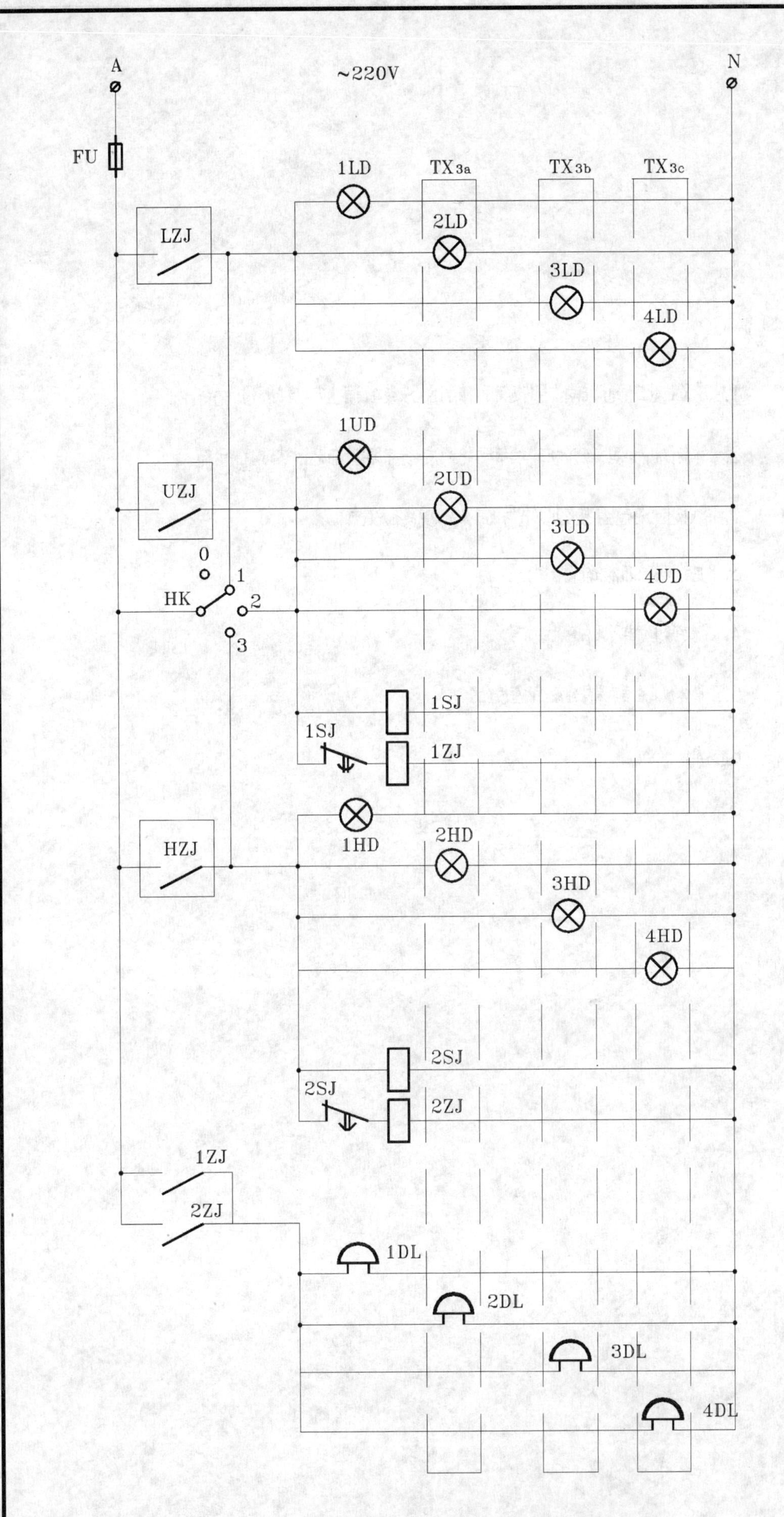

TX三种通风方式控制原理图

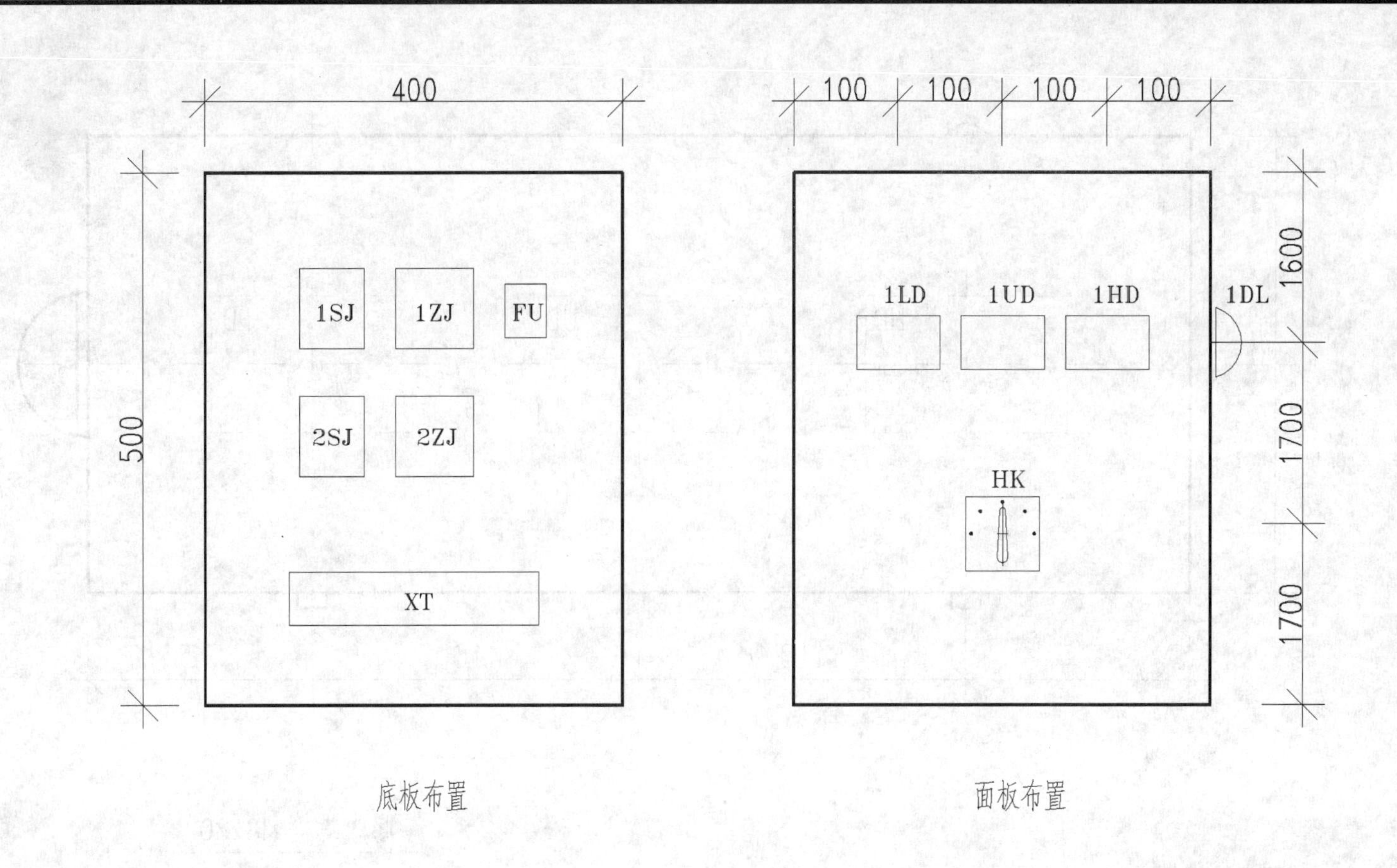

底板布置

面板布置

TX控制箱布置图

图例：

图中 LD为绿色信号灯 清洁式指示灯，

UD为黄色信号灯 滤毒式指示灯，

HD为红色信号灯 隔绝式指示灯。

序号	代号	名称	规格	数量	备注
9	XT	接线端子			
8	HK	转换开关	LW5-F0501	1	
7	1~4HD	信号灯	AD11-25/21-1R ~220V	4	
6	1~4UD	信号灯	AD11-25/21-1Y ~220V	4	
5	1~4LD	信号灯	AD11-25/21-1G ~220V	4	
4	1~4DL	电铃	ø60 ~220V	4	
3	1SJ, 2SJ	时间继电器	JS7-11 ~220V	2	
2	1ZJ, 2ZJ	中间继电器	JZ17-44 ~220V	2	
1	FU	熔断器	RL1-15/5	1	

设备材料表

注：

1. 三种通风方式控制箱TX明装，中心距地1.5m，电源由AEP-15动力切换箱引来。
2. 原理图中LZJ，UZJ，HZJ为进风机房输出的控制接点，虚线框内灯及铃分别设在三个TX3a，b，c信号箱，安装在人防入口部。
3. 箱体采用标准结构箱。

图名	三种通风方式控制箱原理图	图号	3-36

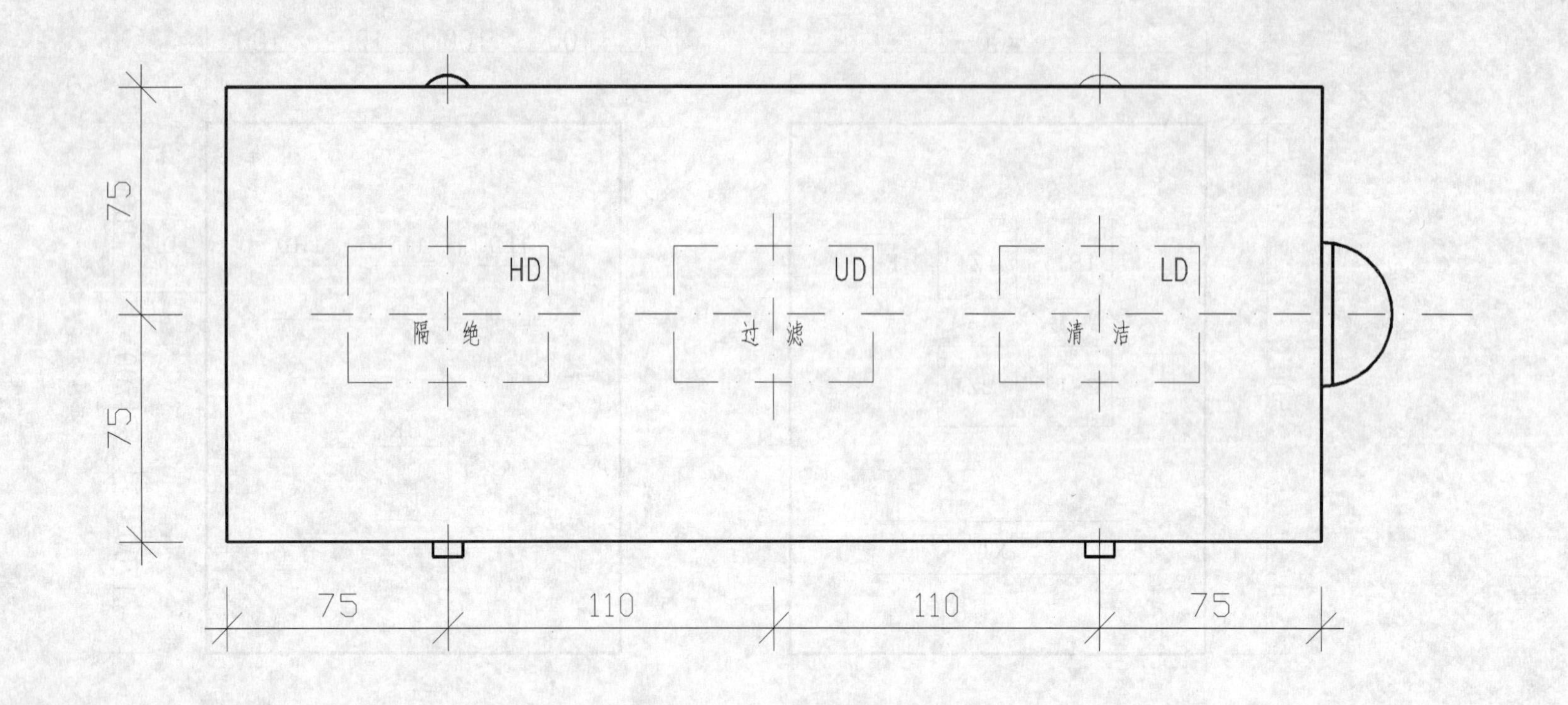

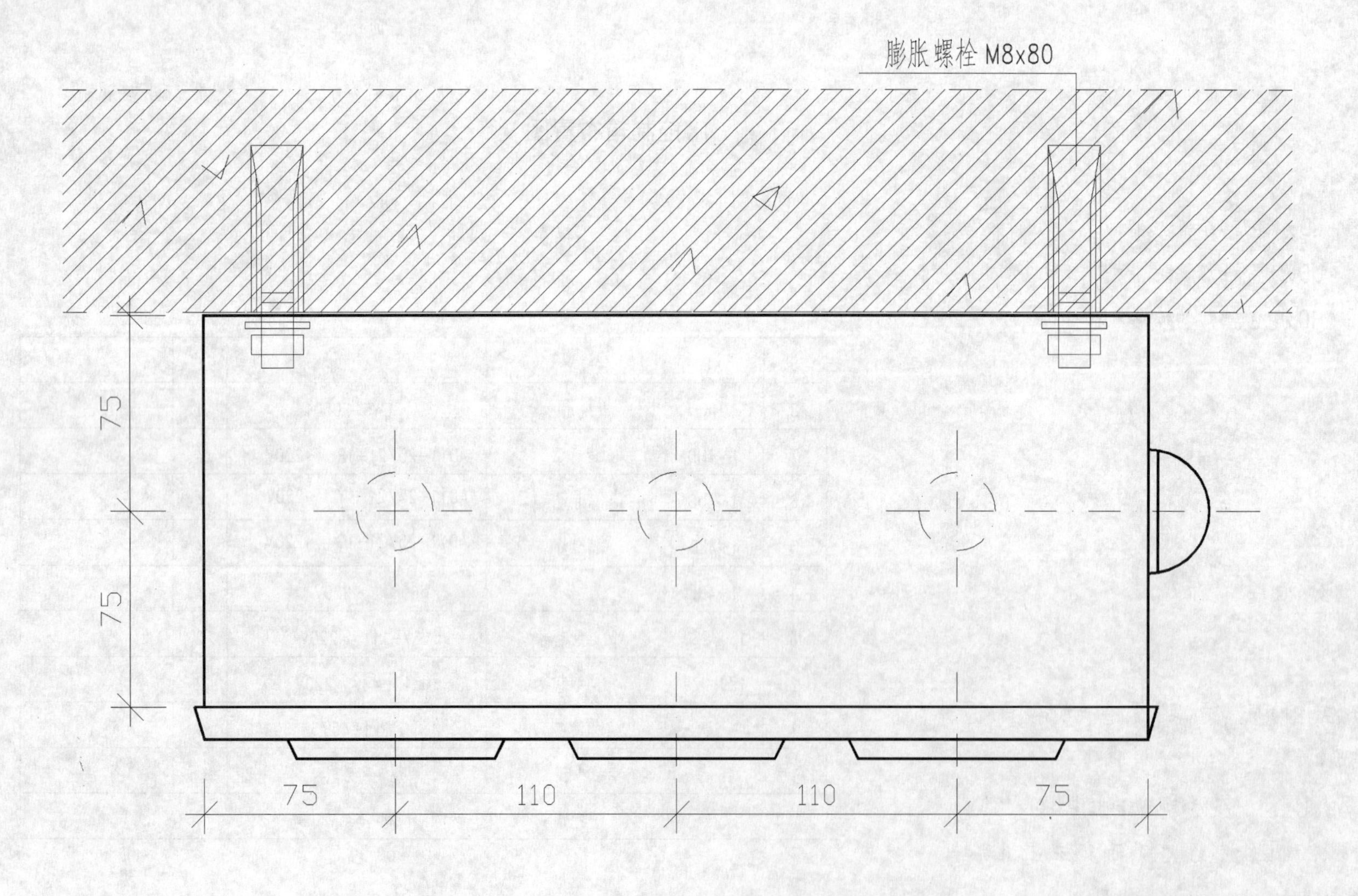

注:

1. TX_3 型三种通风方式信号箱适用于密闭门内，安装在门框上方，离门框0.15m。
2. 本箱仿TX_2 型按钮箱加工，由钢板焊接而成，光字牌装于箱壳上，端子板装于箱底板上，箱壳上下壁各开 Ø25 孔，分别为穿线孔及散热孔。
3. 电铃安装在箱体右外侧箱板上。
4. 光字牌上字样可用白色油漆书写。
5. 箱体加工后喷苹果绿油漆，内壁喷白漆。
6. 单位：mm。

图名	三种通风方式信号箱	图号	3-37

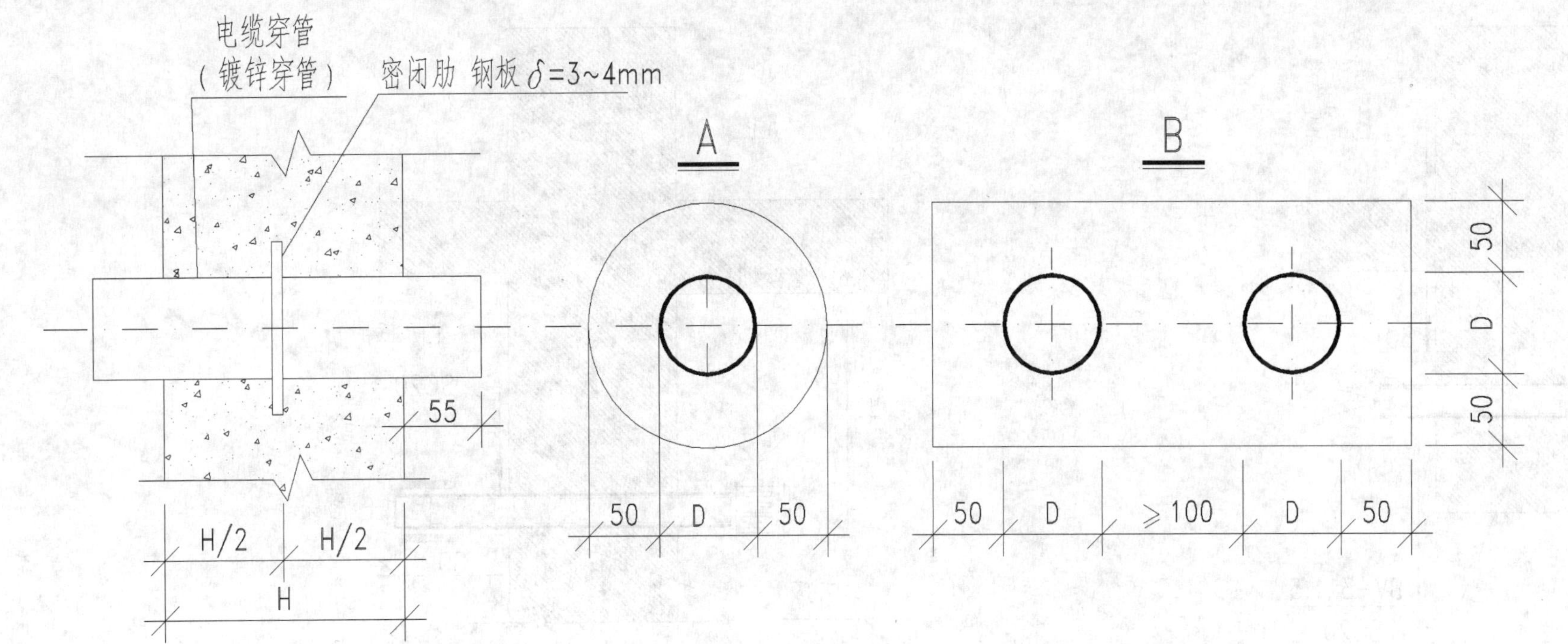

电缆穿管在密闭墙安装

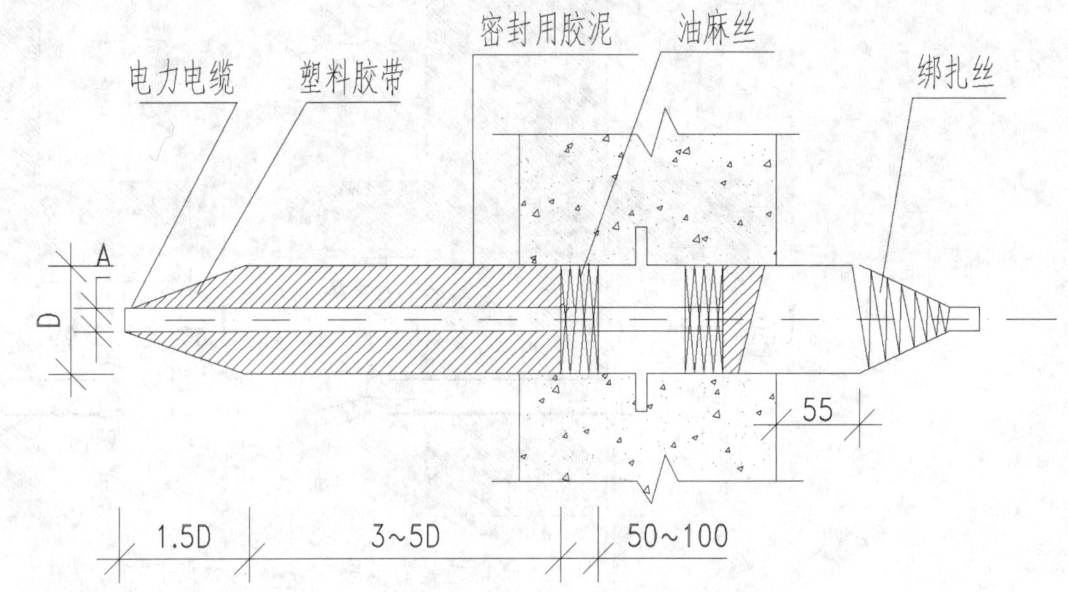

电缆穿管在密闭墙安装

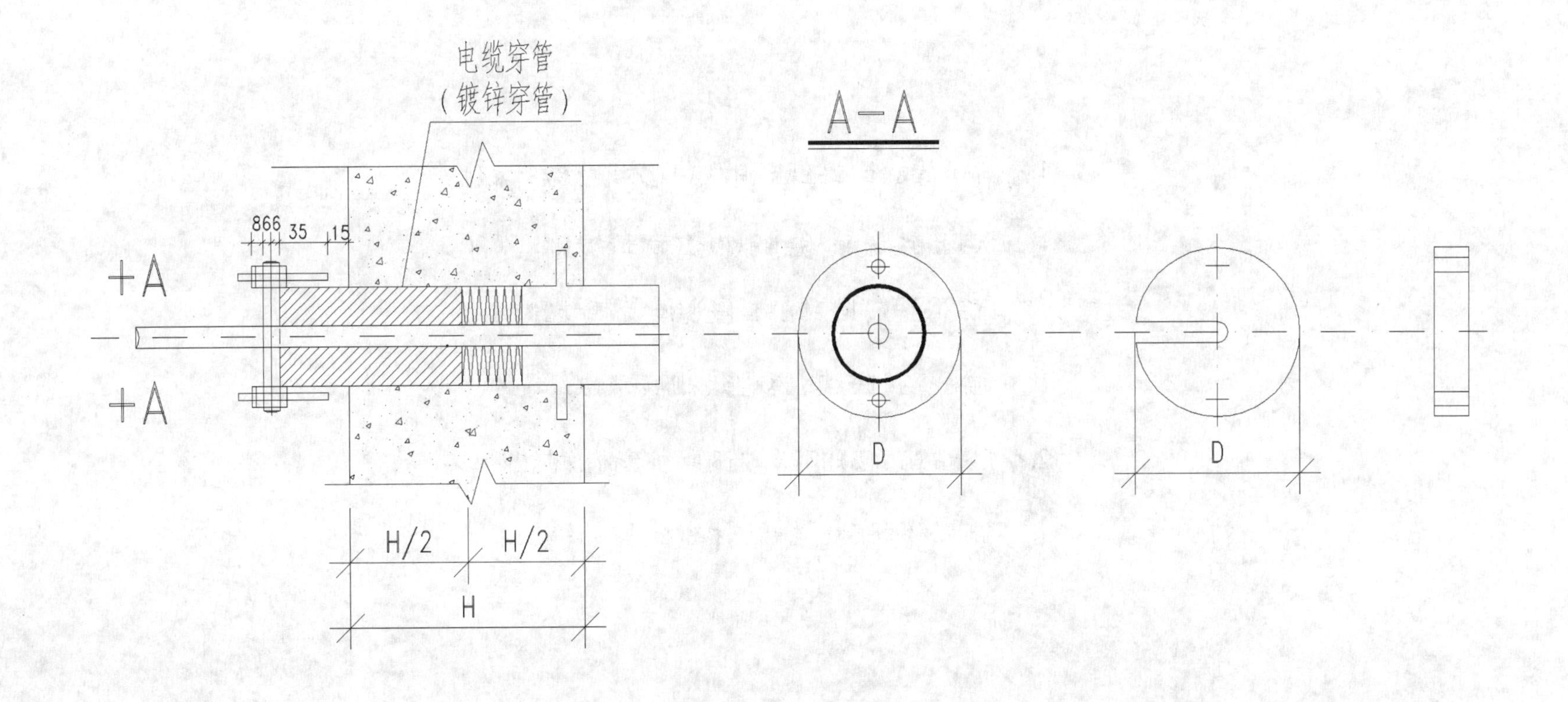

电缆穿管在防护密闭墙安装

注：

本图适用于防护密闭墙电缆穿管安装施工，电缆穿墙根数适用于单根和多根（A、B）电缆穿过防护密闭墙穿管应加抗力片。

图名	电缆穿墙防护密闭图	图号	3-38

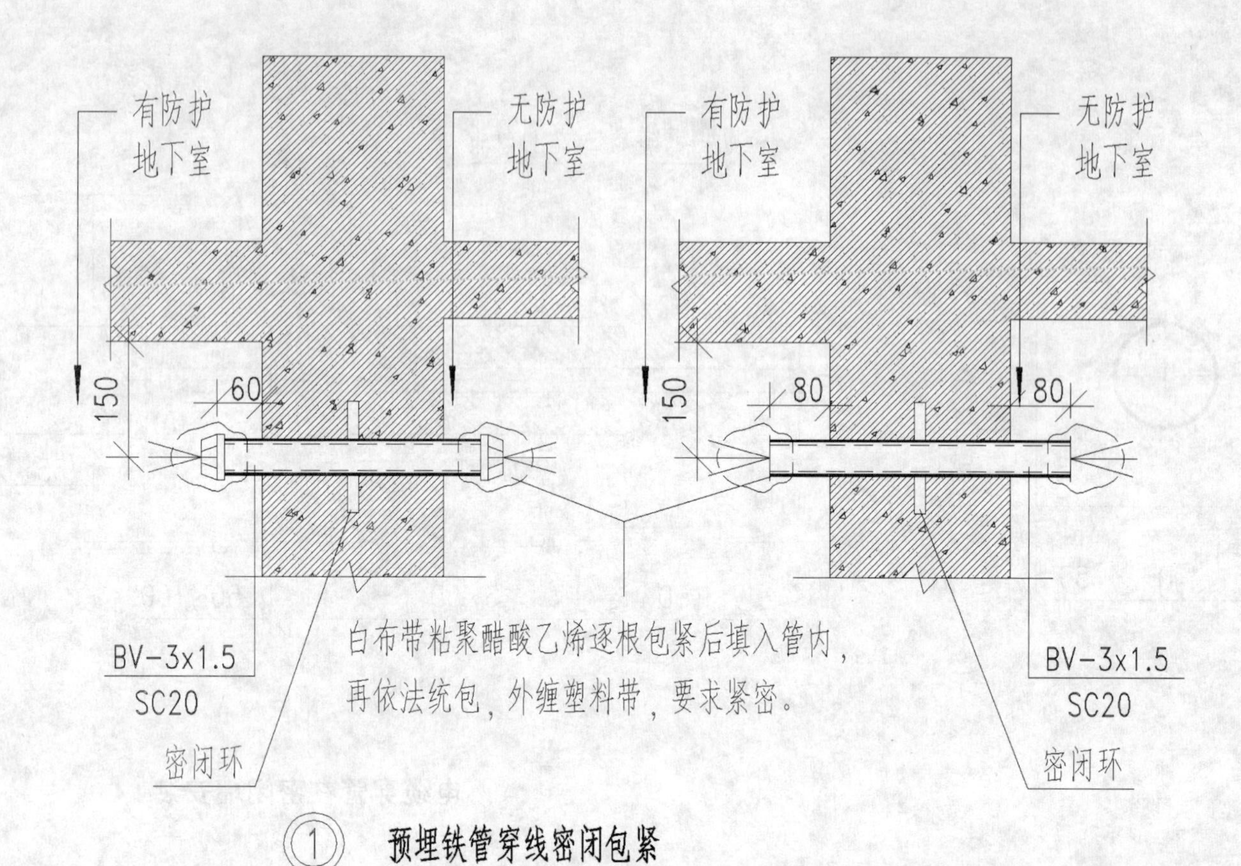

① 预埋铁管穿线密闭包紧

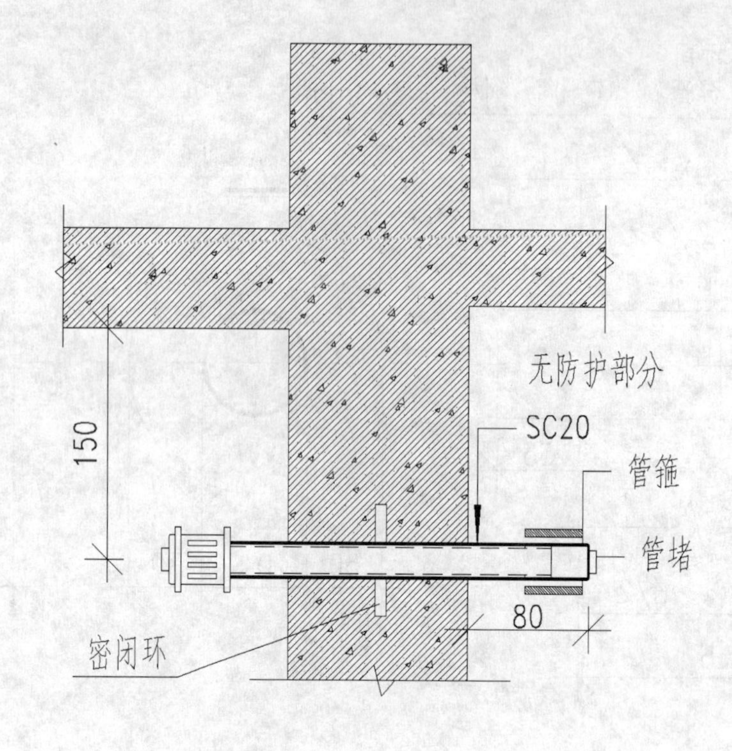

② 预埋铁管不穿线 1/10

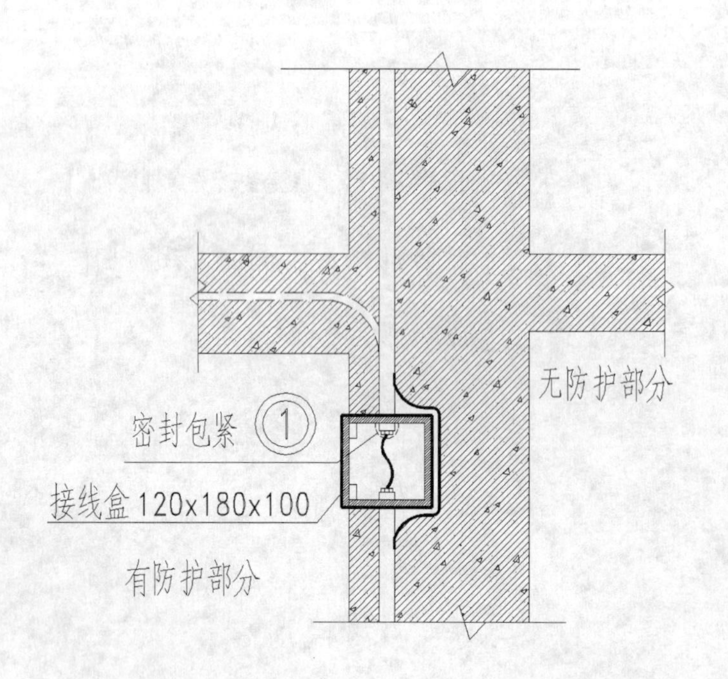

③ 电源引入地下室密闭包紧做法 1/10

注：

1. 引入地下室电源管，应在金属管两侧均按大样①密封包紧严实，楼梯及出入口均预留备用管两支，做法详见大样②（混凝土墙如支钢模时，两侧先预留SC32管，拆模后管内再套SC20钢管，两侧再加装管箍管堵）所有穿进地下室的管子之间和墙体间空隙均采用水泥砂浆填实。

2. 凡穿越围护结构、防护密闭隔墙、密闭隔墙的电源预埋管均须带有密闭环，密闭环的具体做法可参考“电缆穿墙防护密闭图”中密闭肋的做法。

图名	人防电气构件通用图	图号	3-39

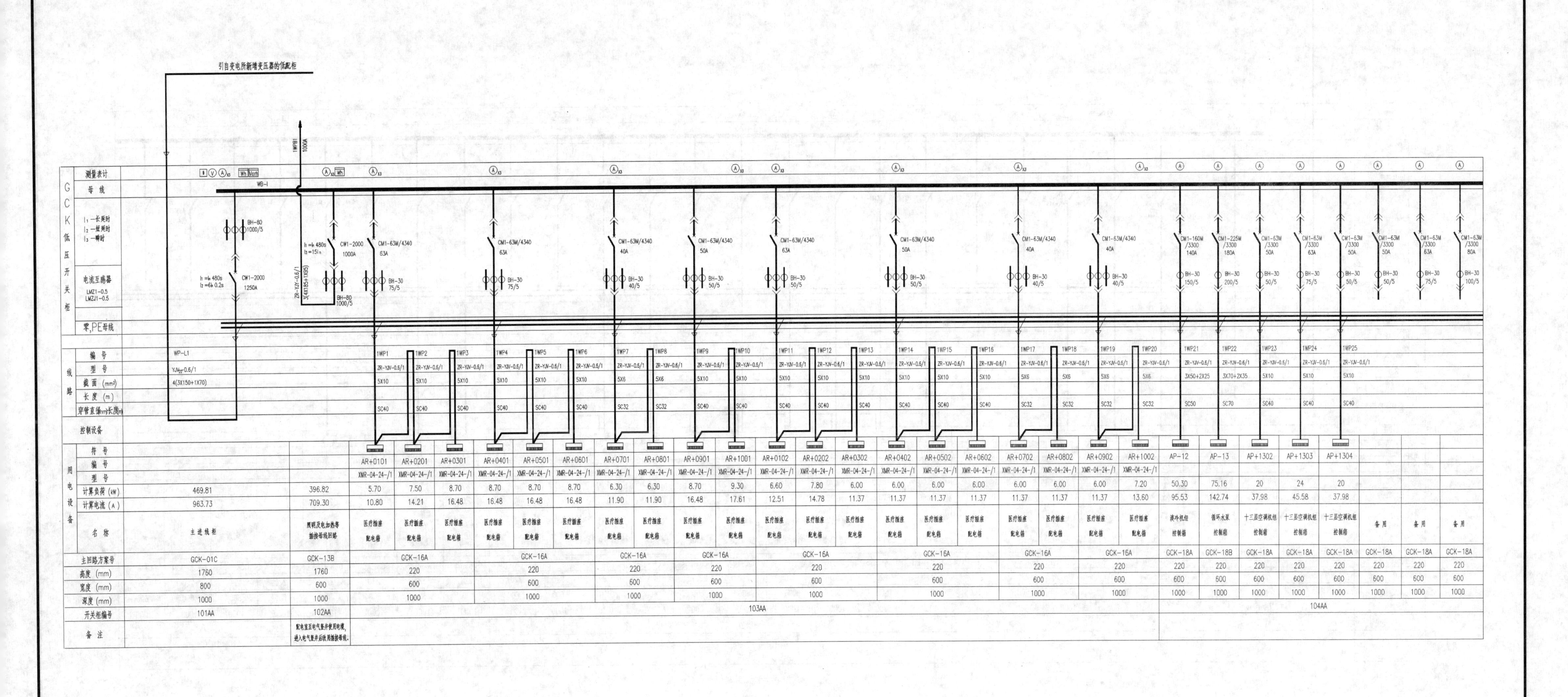

线路	101AA	102AA	1WP1	1WP2	1WP3	1WP4	1WP5	1WP6	1WP7	1WP8
编号	WP-L1		1WP1	1WP2	1WP3	1WP4	1WP5	1WP6	1WP7	1WP8
型号	YJV_{22}-0.6/1		ZR-YJV-0.6/1	ZR-YJV-0.6/1	ZR-YJV-0.6/1	ZR-YJV-0.6/1	ZR-YJV-0.6/1	ZR-YJV-0.6/1	ZR-YJV-0.6/1	ZR-YJV-0.6/1
截面 (mm^2)	4(3X150+1X70)		5X10	5X10	5X10	5X10	5X10	5X10	5X6	5X6
长度 (m)										
穿管直径(mm)长度(m)			SC40	SC40	SC40	SC40	SC40	SC40	SC32	SC32
控制设备										

线路	1WP9	1WP10	1WP11	1WP12	1WP13	1WP14	1WP15	1WP16	1WP17	1WP18
编号	1WP9	1WP10	1WP11	1WP12	1WP13	1WP14	1WP15	1WP16	1WP17	1WP18
型号	ZR-YJV-0.6/1	ZR-YJV-0.6/1	ZR-YJV-0.6/1	ZR-YJV-0.6/1	ZR-YJV-0.6/1	ZR-YJV-0.6/1	ZR-YJV-0.6/1	ZR-YJV-0.6/1	ZR-YJV-0.6/1	ZR-YJV-0.6/1
截面 (mm^2)	5X10	5X10	5X10	5X10	5X10	5X10	5X10	5X10	5X6	5X6
长度 (m)										
穿管直径(mm)长度(m)	SC40	SC40	SC40	SC40	SC40	SC40	SC40	SC40	SC32	SC32
控制设备										

线路	1WP19	1WP20	1WP21	1WP22	1WP23	1WP24	1WP25			
编号	1WP19	1WP20	1WP21	1WP22	1WP23	1WP24	1WP25			
型号	ZR-YJV-0.6/1	ZR-YJV-0.6/1	ZR-YJV-0.6/1	ZR-YJV-0.6/1	ZR-YJV-0.6/1	ZR-YJV-0.6/1	ZR-YJV-0.6/1			
截面 (mm^2)	5X6	5X6	3X50+2X25	3X70+2X35	5X10	5X10	5X10			
长度 (m)										
穿管直径(mm)长度(m)	SC32	SC32	SC50	SC70	SC40	SC40	SC40			
控制设备										

用电设备										
符号										
编号			AR+0101	AR+0201	AR+0301	AR+0401	AR+0501	AR+0601	AR+0701	AR+0801
型号			XMR-04-24-/1	XMR-04-24-/1	XMR-04-24-/1	XMR-04-24-/1	XMR-04-24-/1	XMR-04-24-/1	XMR-04-24-/1	XMR-04-24-/1
计算负荷 (kW)	469.81	396.82	5.70	7.50	8.70	8.70	8.70	8.70	6.30	6.30
计算电流 (A)	963.73	709.30	10.80	14.21	16.48	16.48	16.48	16.48	11.90	11.90
名称	主进线柜	照明及电加热等插接母线回路	医疗插座配电箱	医疗插座配电箱	医疗插座配电箱	医疗插座配电箱	医疗插座配电箱	医疗插座配电箱	医疗插座配电箱	医疗插座配电箱
主回路方案号	GCK-01C	GCK-13B	GCK-16A			GCK-16A			GCK-16A	
高度 (mm)	1760	1760	220			220			220	
宽度 (mm)	800	600	600			600			600	
深度 (mm)	1000	1000	1000			1000			1000	
开关柜编号	101AA	102AA	103AA							
备注		配电室至电气竖井使用电缆，进入电气竖井后改用插接母线。								

用电设备										
符号										
编号	AR+0901	AR+1001	AR+0102	AR+0202	AR+0302	AR+0402	AR+0502	AR+0602	AR+0702	AR+0802
型号	XMR-04-24-/1	XMR-04-24-/1	XMR-04-24-/1	XMR-04-24-/1	XMR-04-24-/1	XMR-04-24-/1	XMR-04-24-/1	XMR-04-24-/1	XMR-04-24-/1	XMR-04-24-/1
计算负荷 (kW)	8.70	9.30	6.60	7.80	6.00	6.00	6.00	6.00	6.00	6.00
计算电流 (A)	16.48	17.61	12.51	14.78	11.37	11.37	11.37	11.37	11.37	11.37
名称	医疗插座配电箱	医疗插座配电箱	医疗插座配电箱	医疗插座配电箱	医疗插座配电箱	医疗插座配电箱	医疗插座配电箱	医疗插座配电箱	医疗插座配电箱	医疗插座配电箱
主回路方案号	GCK-16A		GCK-16A			GCK-16A			GCK-16A	
高度 (mm)	220		220			220			220	
宽度 (mm)	600		600			600			600	
深度 (mm)	1000		1000			1000			1000	
开关柜编号										
备注										

用电设备										
符号										
编号	AR+0902	AR+1002	AP-12	AP-13	AP+1302	AP+1303	AP+1304			
型号	XMR-04-24-/1	XMR-04-24-/1								
计算负荷 (kW)	6.00	7.20	50.30	75.16	20	24	20			
计算电流 (A)	11.37	13.60	95.53	142.74	37.98	45.58	37.98			
名称	医疗插座配电箱	医疗插座配电箱	溴冷机组控制箱	循环水泵控制箱	十三层空调机组控制箱	十三层空调机组控制箱	十三层空调机组控制箱	备用	备用	备用
主回路方案号	GCK-16A		GCK-18A	GCK-18B	GCK-18A	GCK-18A	GCK-18A	GCK-18A	GCK-18A	GCK-18A
高度 (mm)	220		220	220	220	220	220	220	220	220
宽度 (mm)	600		600	600	600	600	600	600	600	600
深度 (mm)	1000		1000	1000	1000	1000	1000	1000	1000	1000
开关柜编号			104AA							
备注										

图 名	低压配电I段系统图	图 号	3-40

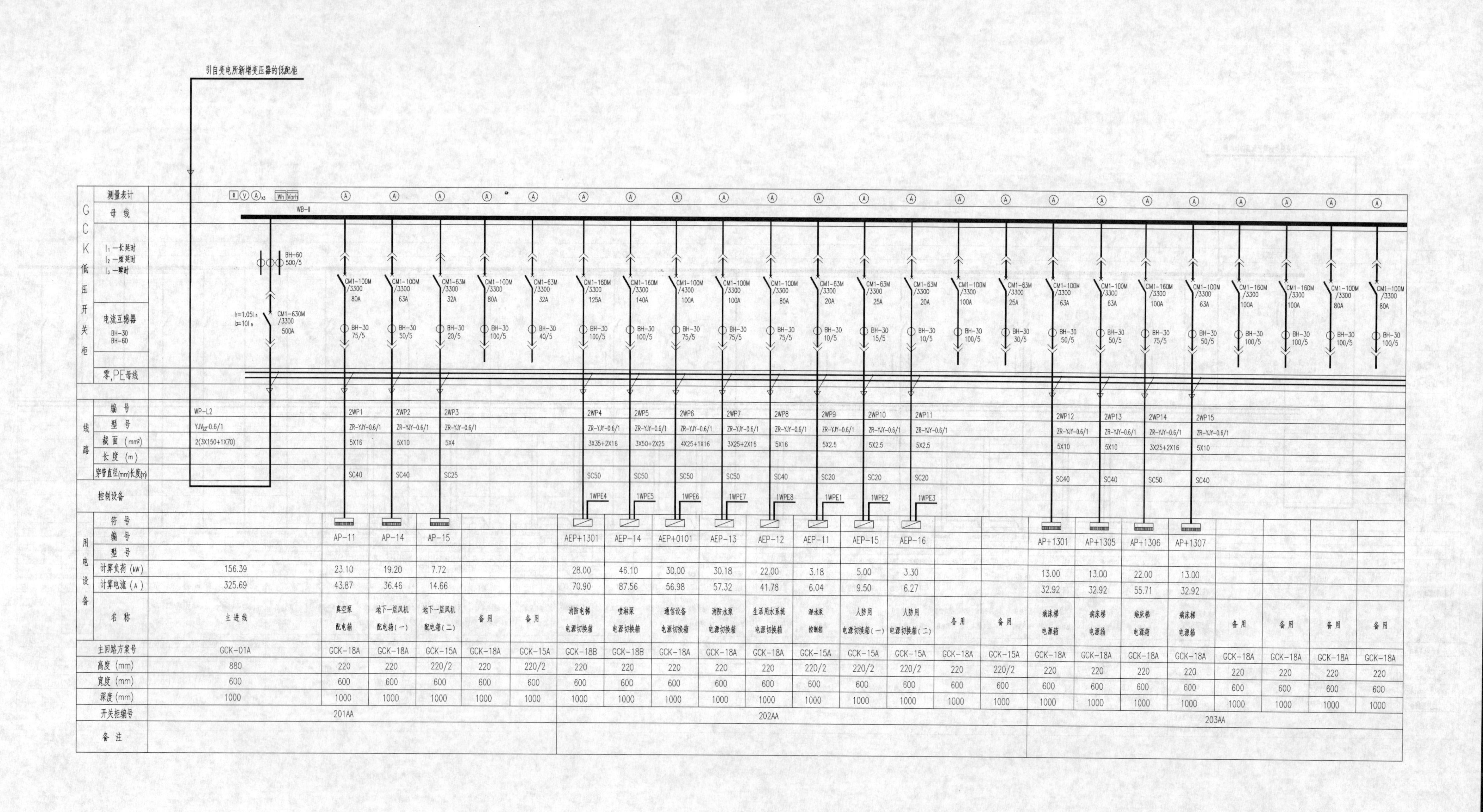

图名	低压配电II段系统图	图号	3-41

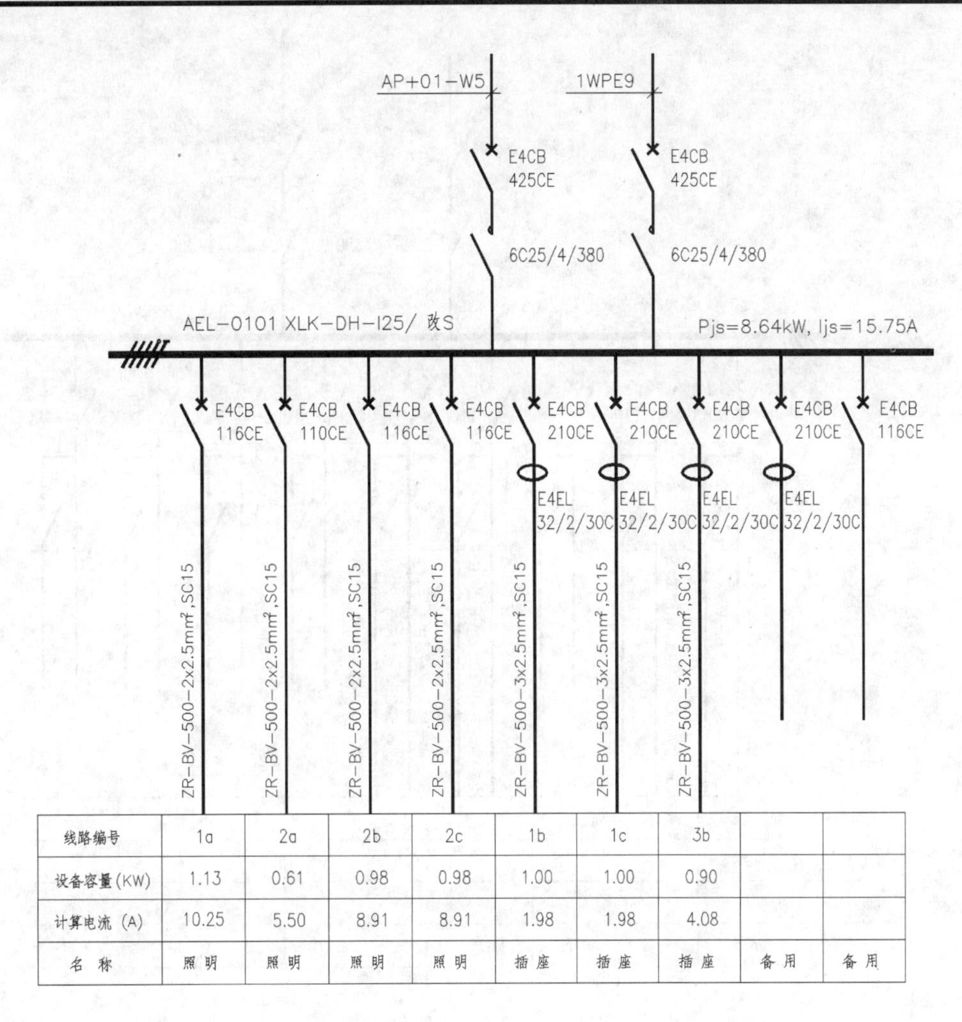

线路编号	1a	2a	2b	2c	1b	1c	3b		
设备容量(KW)	1.13	0.61	0.98	0.98	1.00	1.00	0.90		
计算电流 (A)	10.25	5.50	8.91	8.91	1.98	1.98	4.08		
名 称	照 明	照 明	照 明	照 明	插 座	插 座	插 座	备 用	备 用

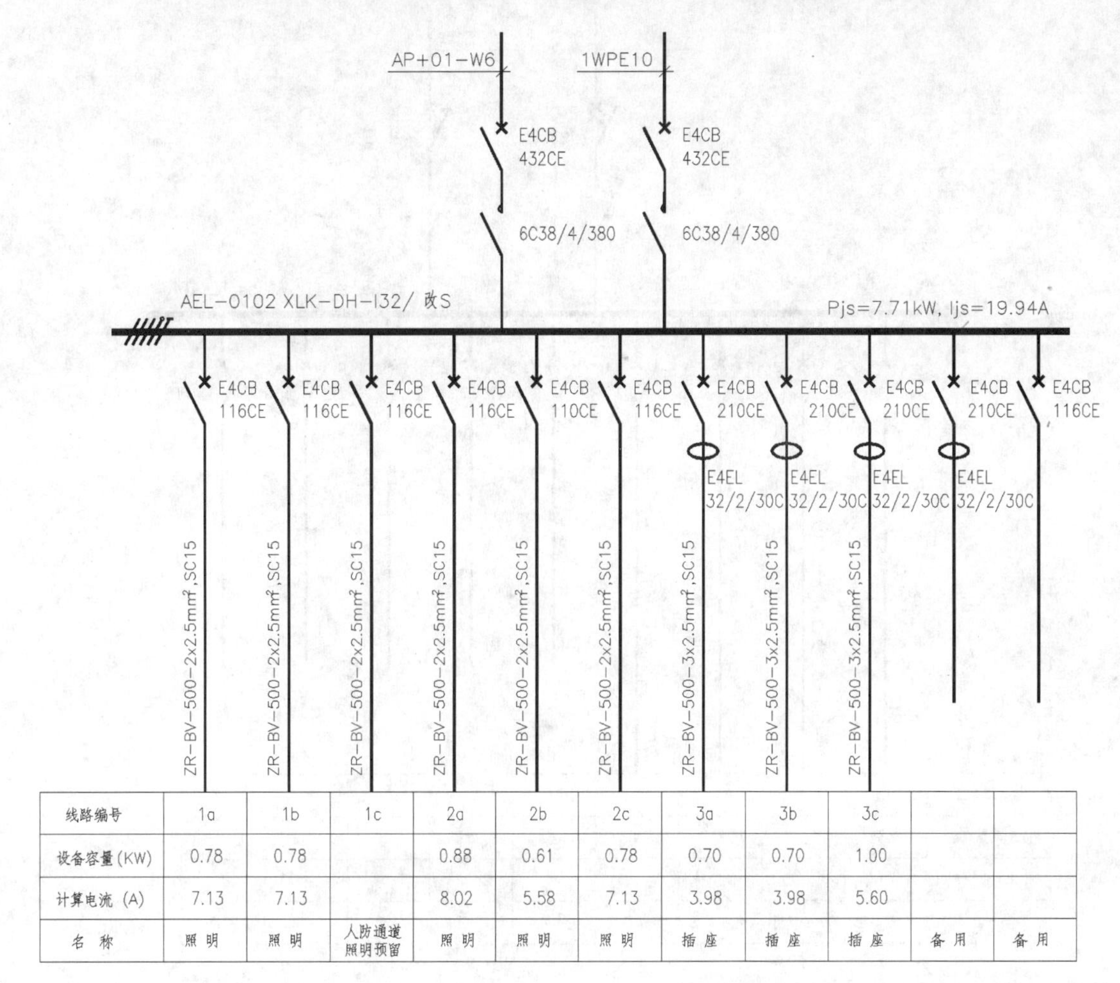

线路编号	1a	1b	1c	2a	2b	2c	3a	3b	3c		
设备容量(KW)	0.78	0.78		0.88	0.61	0.78	0.70	0.70	1.00		
计算电流 (A)	7.13	7.13		8.02	5.58	7.13	3.98	3.98	5.60		
名 称	照 明	照 明	人防通道照明预留	照 明	照 明	照 明	插 座	插 座	插 座	备 用	备 用

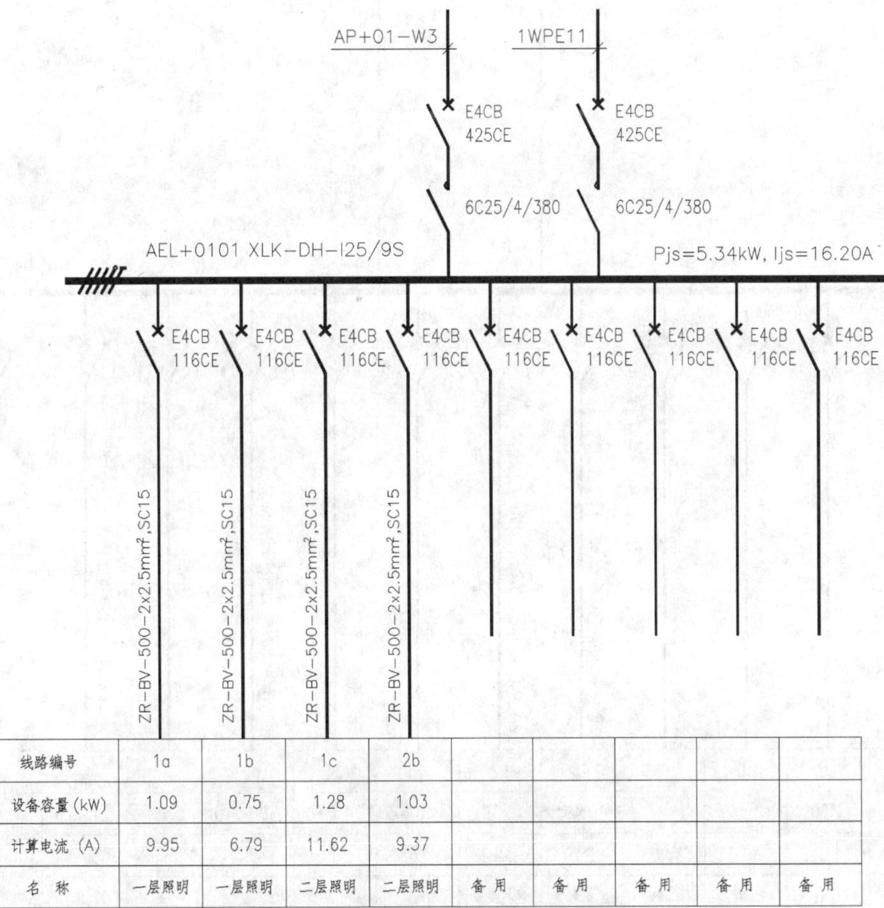

线路编号	1a	1b	1c	2b					
设备容量(kW)	1.09	0.75	1.28	1.03					
计算电流 (A)	9.95	6.79	11.62	9.37					
名 称	一层照明	一层照明	二层照明	二层照明	备 用	备 用	备 用	备 用	备 用

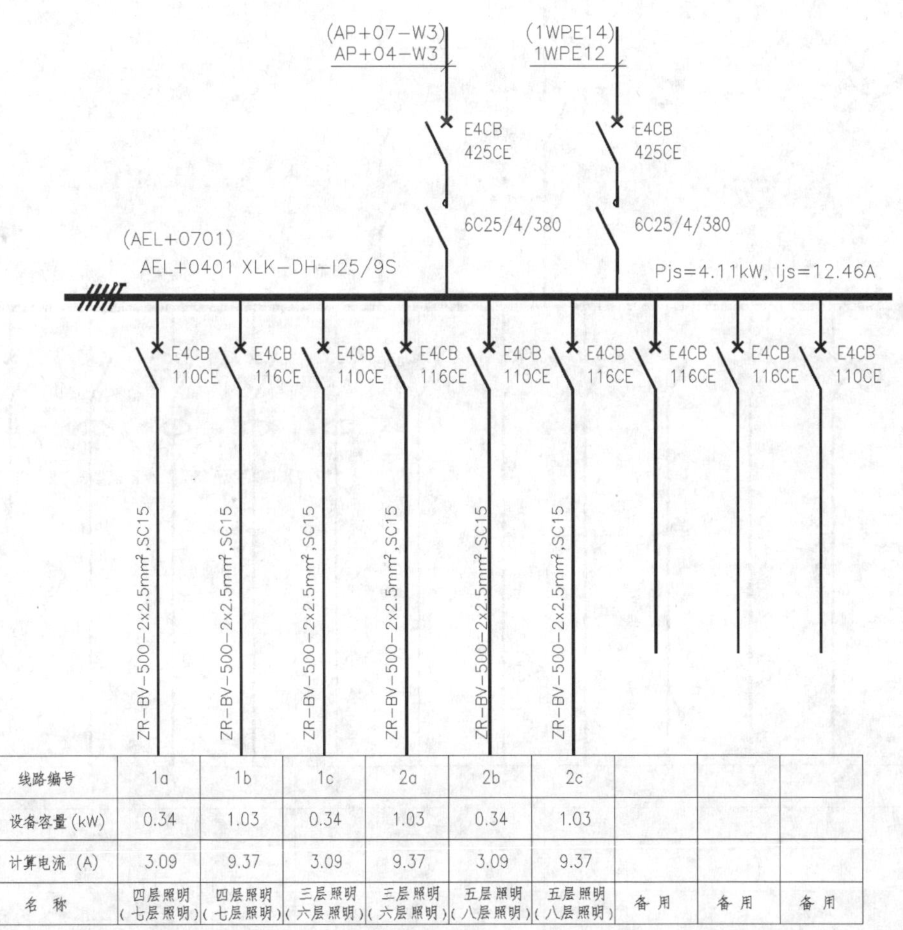

线路编号	1a	1b	1c	2a	2b	2c			
设备容量(kW)	0.34	1.03	0.34	1.03	0.34	1.03			
计算电流 (A)	3.09	9.37	3.09	9.37	3.09	9.37			
名 称	四层照明（七层照明）	四层照明（七层照明）	三层照明（六层照明）	三层照明（六层照明）	五层照明（八层照明）	五层照明（八层照明）	备 用	备 用	备 用

注：照明切换箱均带零线（N）、地线（PE）端子。

图 名	地下一、一、四、七层照明切换箱系统图	图 号	3-56

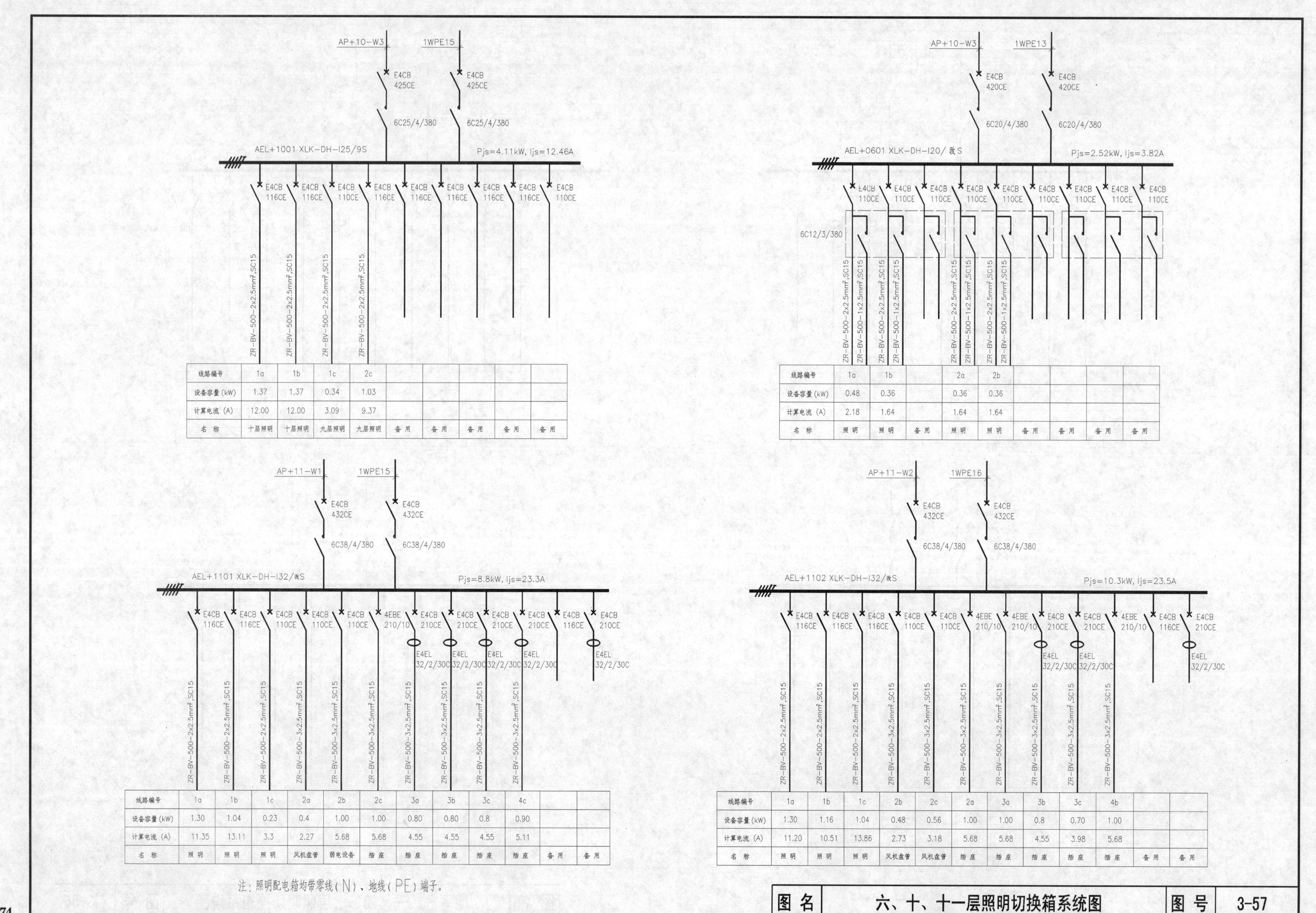

线路编号	1a	1b	1c	2c					
设备容量(kW)	1.37	1.37	0.34	1.03					
计算电流(A)	12.00	12.00	3.09	9.37					
名称	十层照明	十层照明	九层照明	九层照明	备用	备用	备用	备用	备用

线路编号	1a	1b		2a	2b				
设备容量(kW)	0.48	0.36		0.36	0.36				
计算电流(A)	2.18	1.64		1.64	1.64				
名称	照明	照明	备用	照明	照明	备用	备用	备用	备用

线路编号	1a	1b	1c	2a	2b	2c	3a	3b	3c	4c		
设备容量(kW)	1.30	1.04	0.23	0.4	1.00	1.00	0.80	0.80	0.8	0.90		
计算电流(A)	11.35	13.11	3.3	2.27	5.68	5.68	4.55	4.55	4.55	5.11		
名称	照明	照明	照明	风机盘管	弱电设备	插座	插座	插座	插座	插座	备用	备用

线路编号	1a	1b	1c	2b	2c	2a	3a	3b	3c	4b		
设备容量(kW)	1.30	1.16	1.04	0.48	0.56	1.00	1.00	0.8	0.70	1.00		
计算电流(A)	11.20	10.51	13.86	2.73	3.18	5.68	5.68	4.55	3.98	5.68		
名称	照明	照明	照明	风机盘管	风机盘管	插座	插座	插座	插座	插座	备用	备用

注：照明配电箱均带零线（N）、地线（PE）端子。

图名	六、十、十一层照明切换箱系统图	图号	3-57

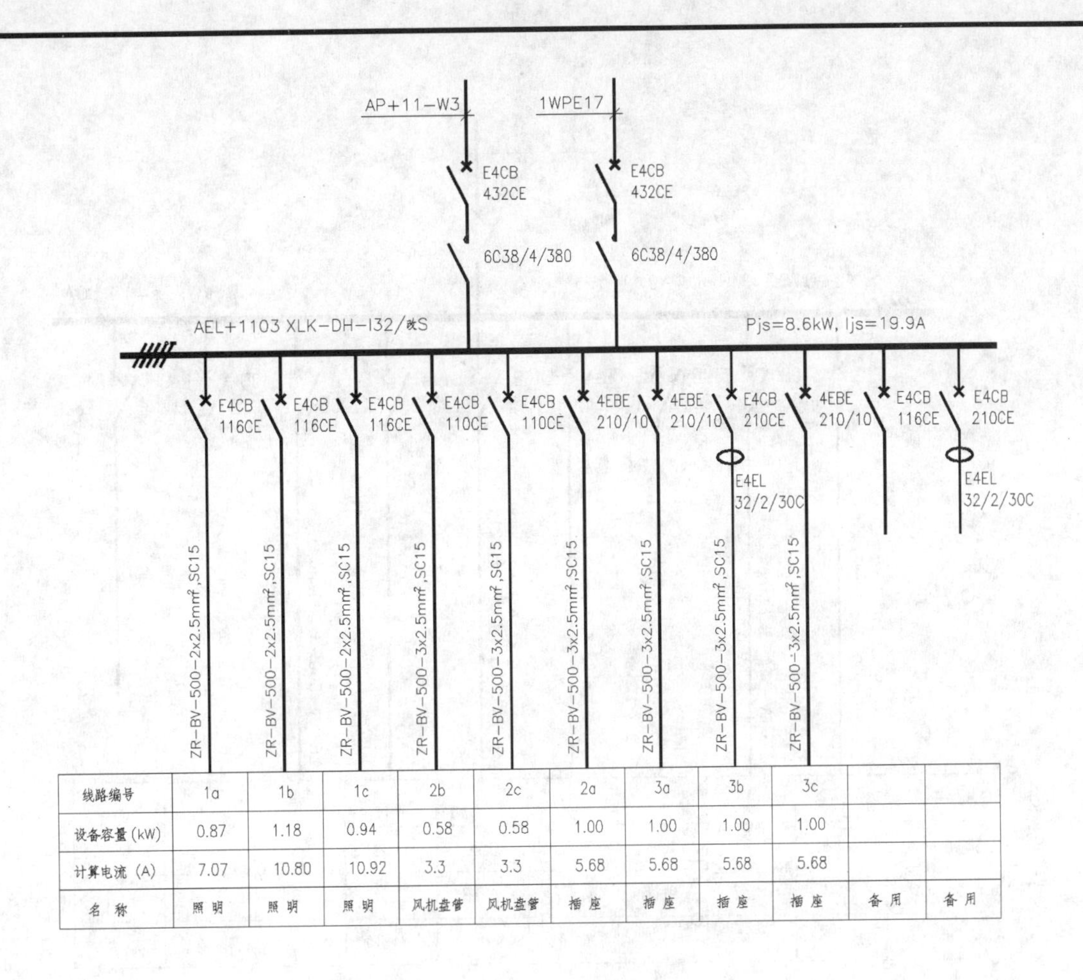

线路编号	1a	1b	1c	2b	2c	2a	3a	3b	3c		
设备容量 (kW)	0.87	1.18	0.94	0.58	0.58	1.00	1.00	1.00	1.00		
计算电流 (A)	7.07	10.80	10.92	3.3	3.3	5.68	5.68	5.68	5.68		
名 称	照 明	照 明	照 明	风机盘管	风机盘管	插 座	插 座	插 座	插 座	备 用	备 用

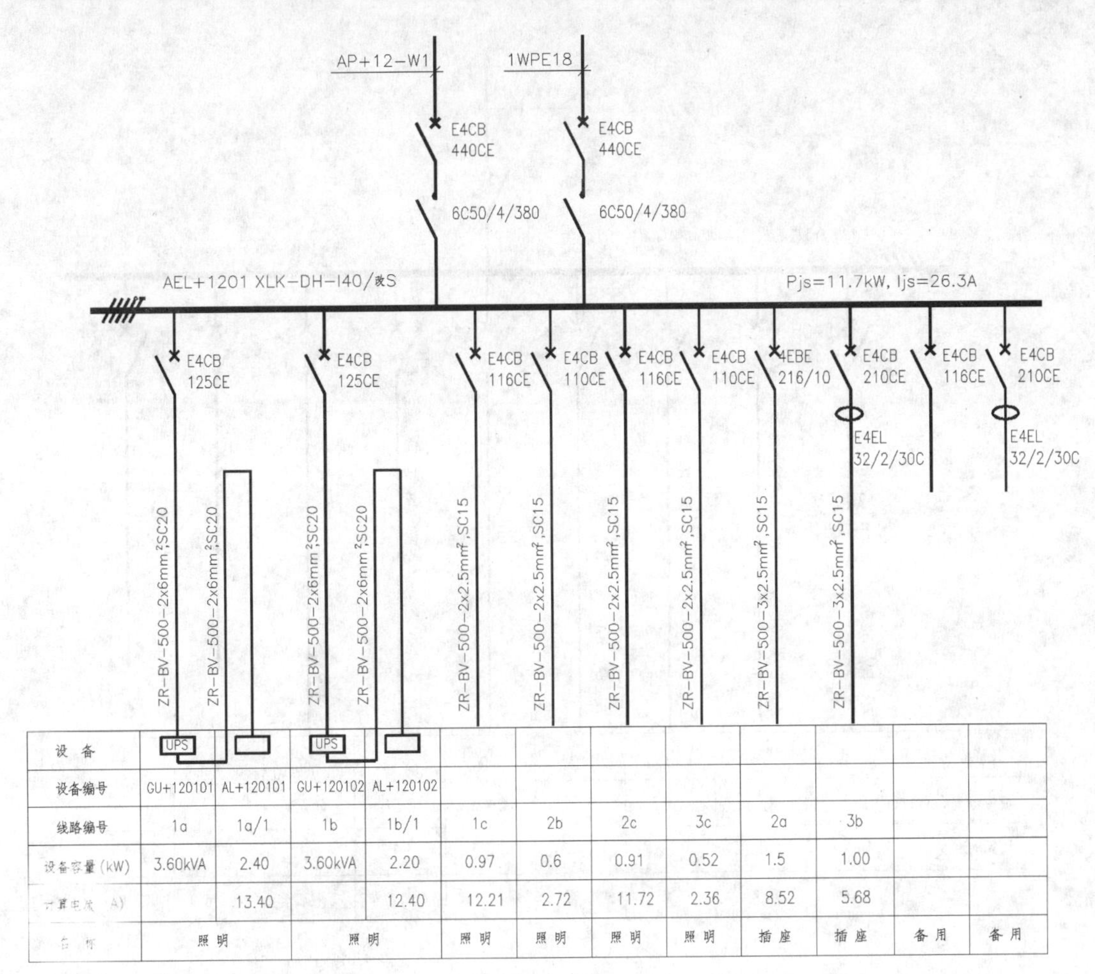

设 备	UPS		UPS									
设备编号	GU+120101	AL+120101	GU+120102	AL+120102								
线路编号	1a	1a/1	1b	1b/1	1c	2b	2c	3c	2a	3b		
设备容量 (kW)	3.60kVA	2.40	3.60kVA	2.20	0.97	0.6	0.91	0.52	1.5	1.00		
计算电流 (A)		13.40		12.40	12.21	2.72	11.72	2.36	8.52	5.68		
名 称	照 明		照 明		照 明	照 明	照 明	照 明	插 座	插 座	备 用	备 用

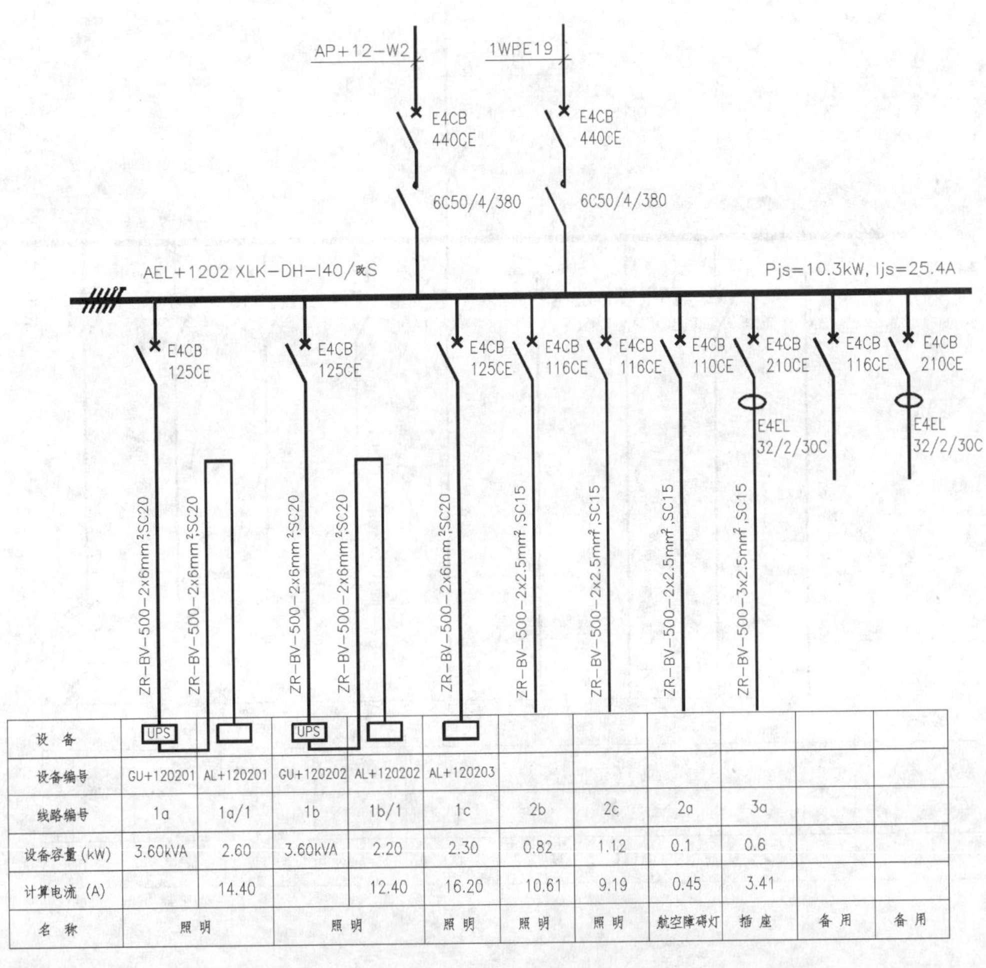

设 备	UPS		UPS								
设备编号	GU+120201	AL+120201	GU+120202	AL+120202	AL+120203						
线路编号	1a	1a/1	1b	1b/1	1c	2b	2c	2a	3a		
设备容量 (kW)	3.60kVA	2.60	3.60kVA	2.20	2.30	0.82	1.12	0.1	0.6		
计算电流 (A)		14.40		12.40	16.20	10.61	9.19	0.45	3.41		
名 称	照 明		照 明		照 明	照 明	照 明	航空障碍灯	插 座	备 用	备 用

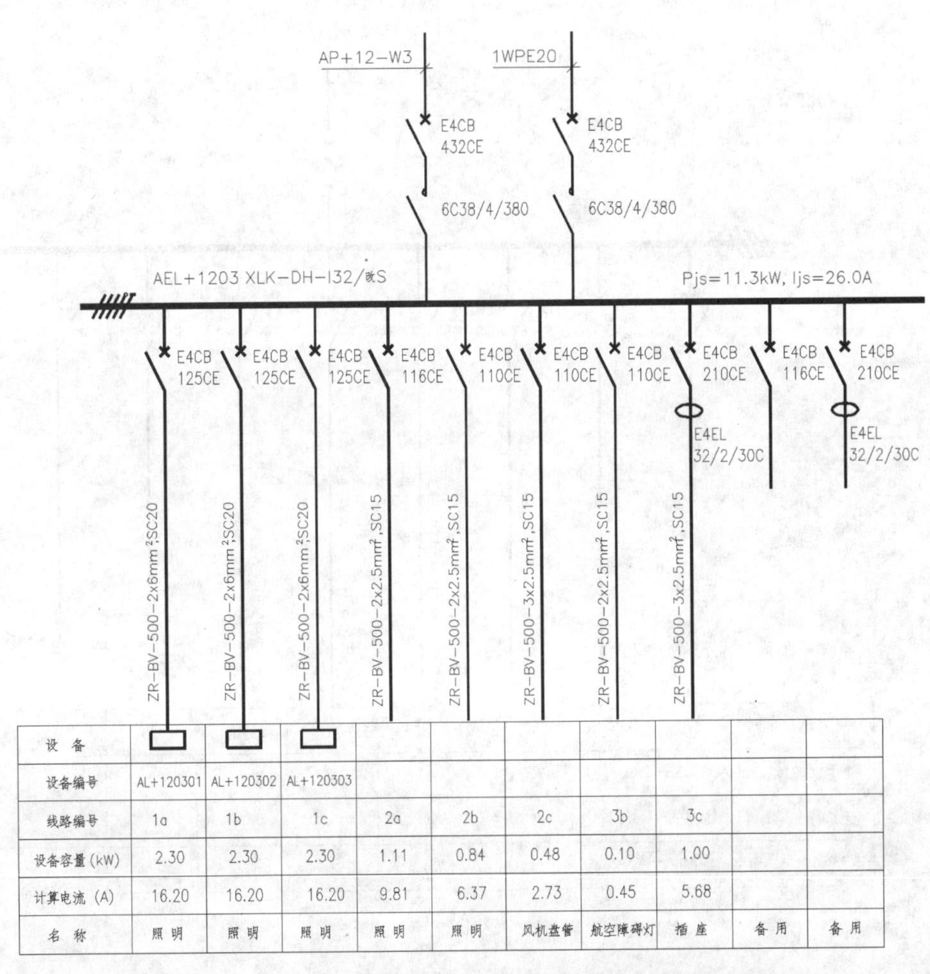

设 备										
设备编号	AL+120301	AL+120302	AL+120303							
线路编号	1a	1b	1c	2a	2b	2c	3b	3c		
设备容量 (kW)	2.30	2.30	2.30	1.11	0.84	0.48	0.10	1.00		
计算电流 (A)	16.20	16.20	16.20	9.81	6.37	2.73	0.45	5.68		
名 称	照 明	照 明	照 明	照 明	照 明	风机盘管	航空障碍灯	插 座	备 用	备 用

注：照明配电箱均带零线（N）、地线（PE）端子。

图 名	十一、十二层照明切换箱系统图	图 号	3-58

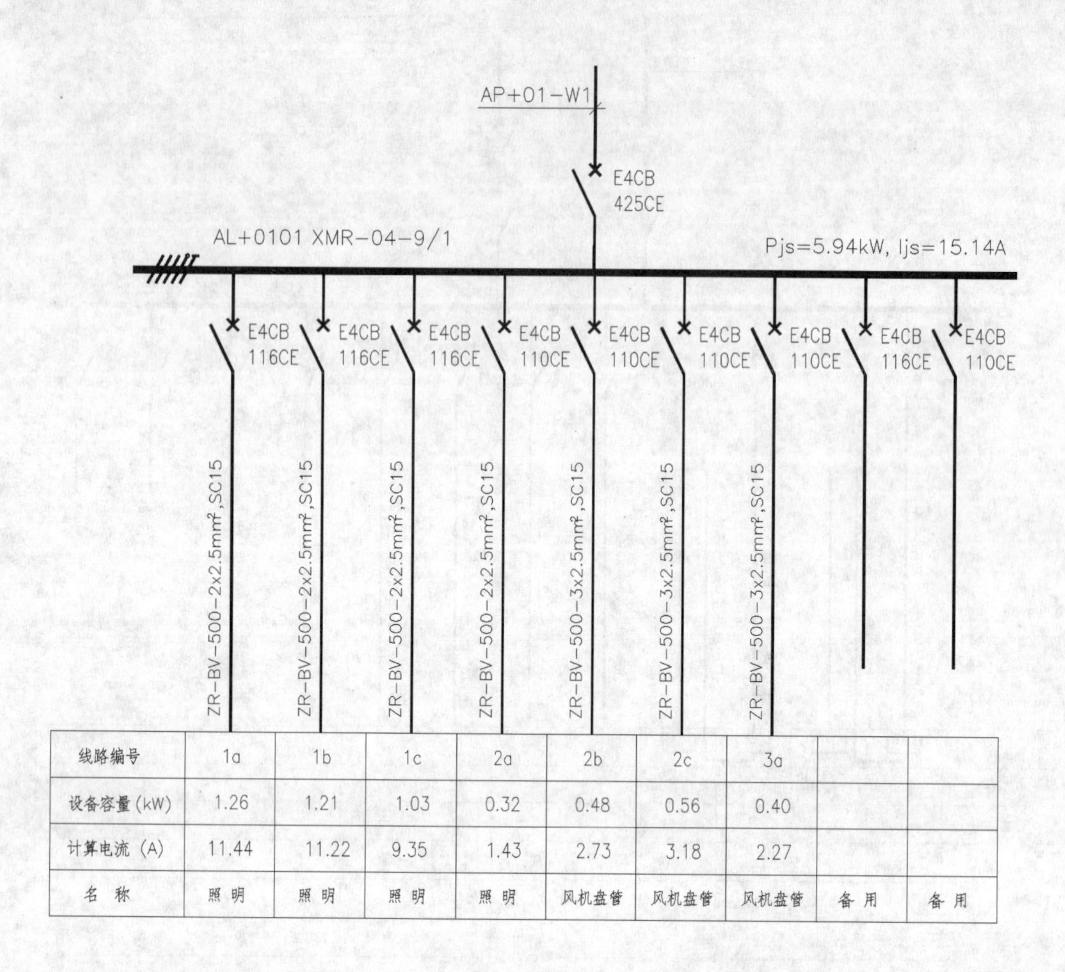

线路编号	1a	1b	1c	2a	2b	2c	3a		
设备容量(kW)	1.26	1.21	1.03	0.32	0.48	0.56	0.40		
计算电流 (A)	11.44	11.22	9.35	1.43	2.73	3.18	2.27		
名 称	照 明	照 明	照 明	照 明	风机盘管	风机盘管	风机盘管	备 用	备 用

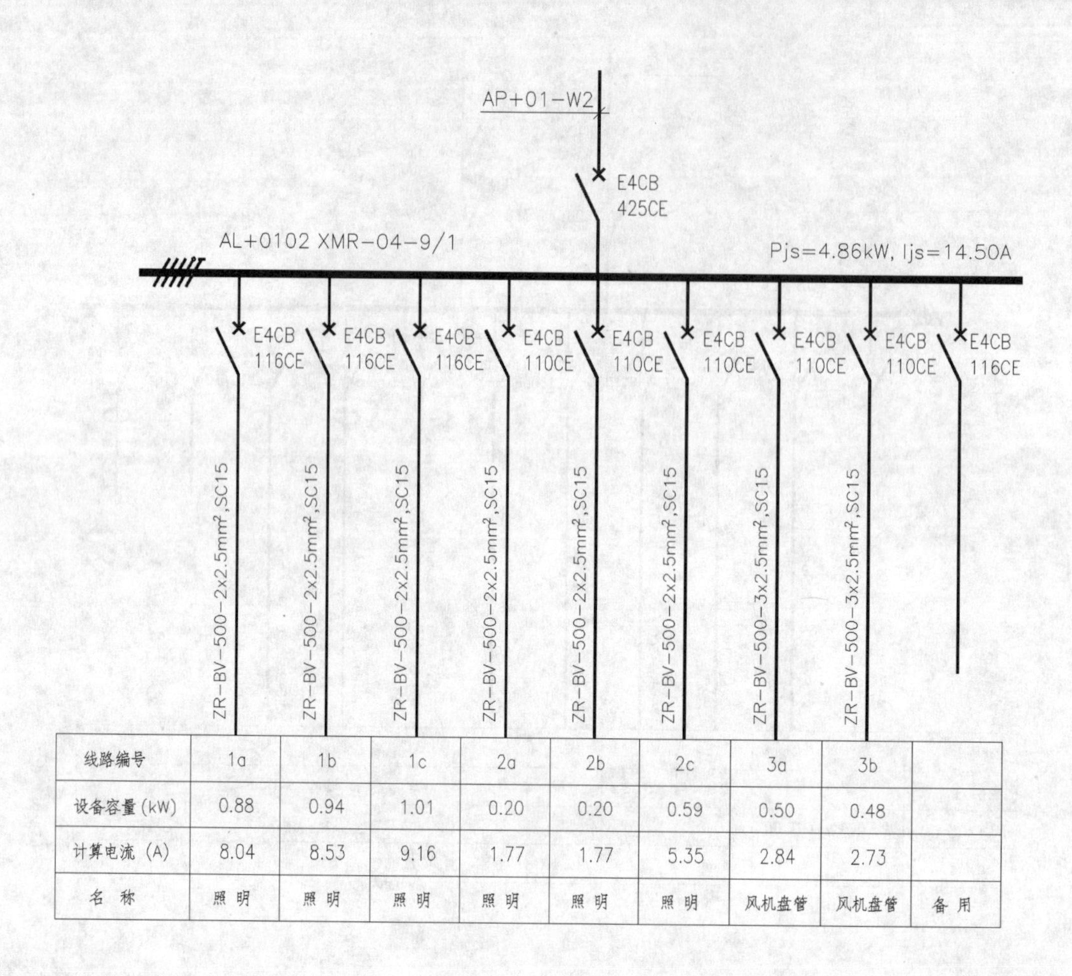

线路编号	1a	1b	1c	2a	2b	2c	3a	3b	
设备容量(kW)	0.88	0.94	1.01	0.20	0.20	0.59	0.50	0.48	
计算电流 (A)	8.04	8.53	9.16	1.77	1.77	5.35	2.84	2.73	
名 称	照 明	照 明	照 明	照 明	照 明	照 明	风机盘管	风机盘管	备 用

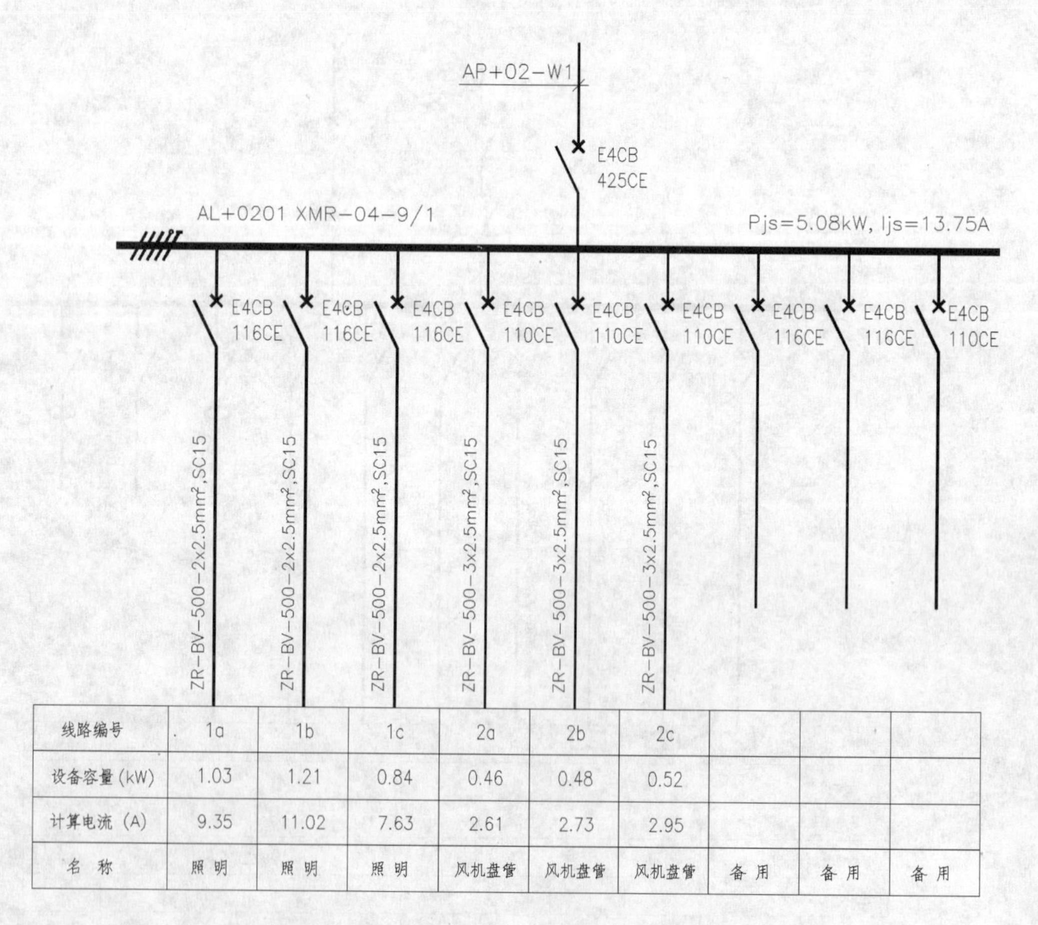

线路编号	1a	1b	1c	2a	2b	2c			
设备容量(kW)	1.03	1.21	0.84	0.46	0.48	0.52			
计算电流 (A)	9.35	11.02	7.63	2.61	2.73	2.95			
名 称	照 明	照 明	照 明	风机盘管	风机盘管	风机盘管	备 用	备 用	备 用

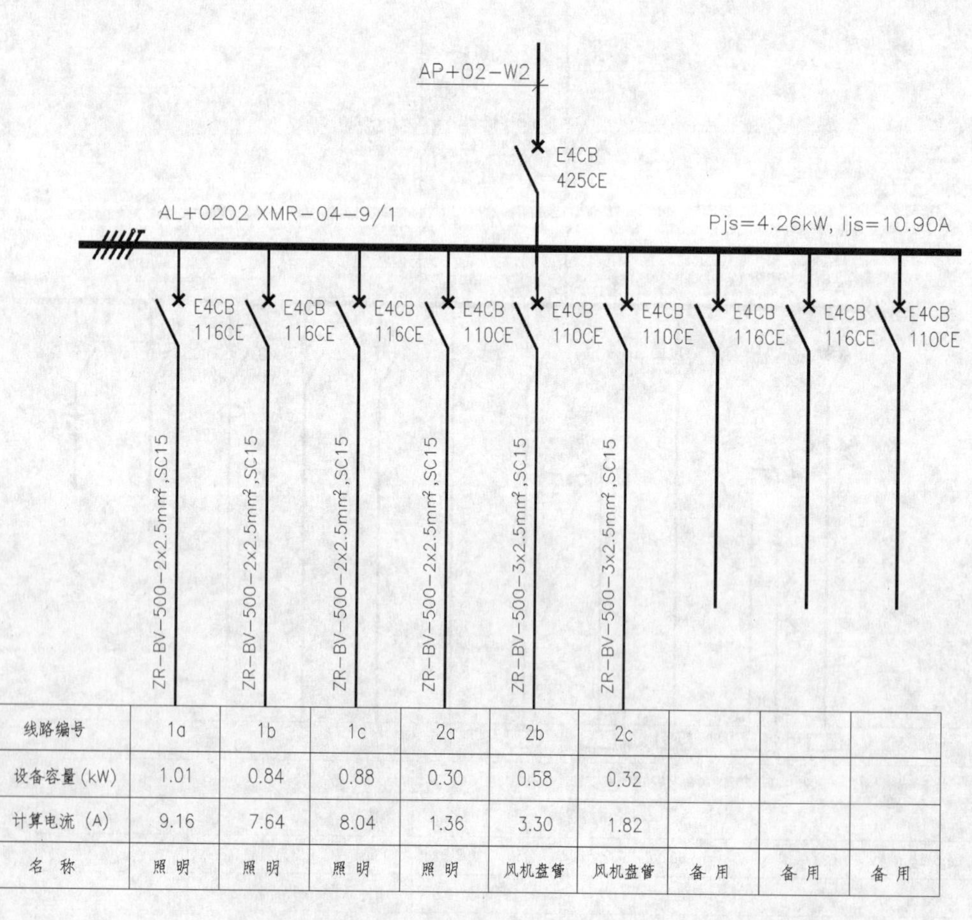

线路编号	1a	1b	1c	2a	2b	2c			
设备容量(kW)	1.01	0.84	0.88	0.30	0.58	0.32			
计算电流 (A)	9.16	7.64	8.04	1.36	3.30	1.82			
名 称	照 明	照 明	照 明	照 明	风机盘管	风机盘管	备 用	备 用	备 用

注：照明配电箱均带零线（N）、地线（PE）端子。

图 名	一、二层照明配电箱系统图	图 号	3-59

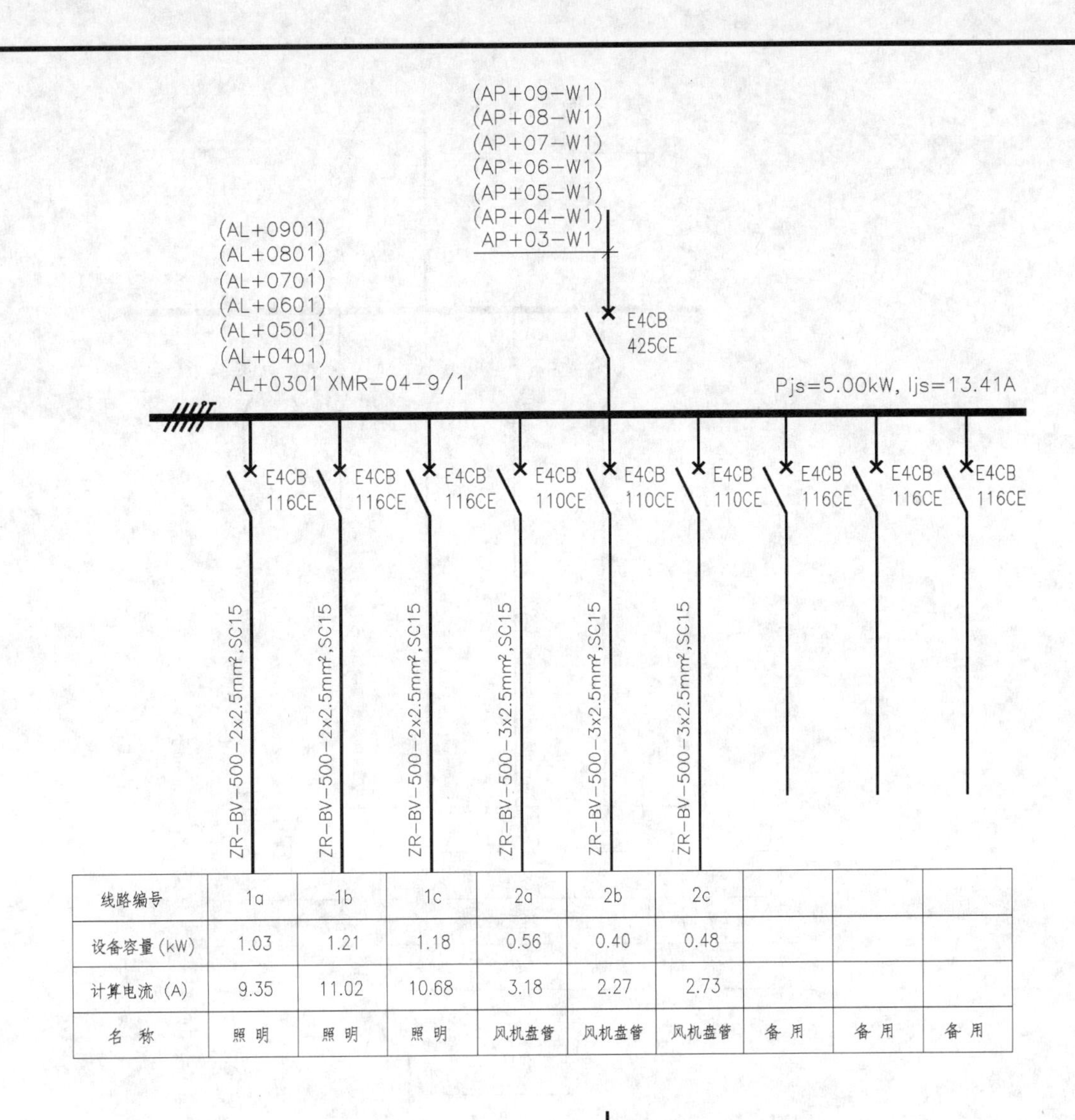

线路编号	1a	1b	1c	2a	2b	2c			
设备容量(kW)	1.03	1.21	1.18	0.56	0.40	0.48			
计算电流 (A)	9.35	11.02	10.68	3.18	2.27	2.73			
名 称	照 明	照 明	照 明	风机盘管	风机盘管	风机盘管	备 用	备 用	备 用

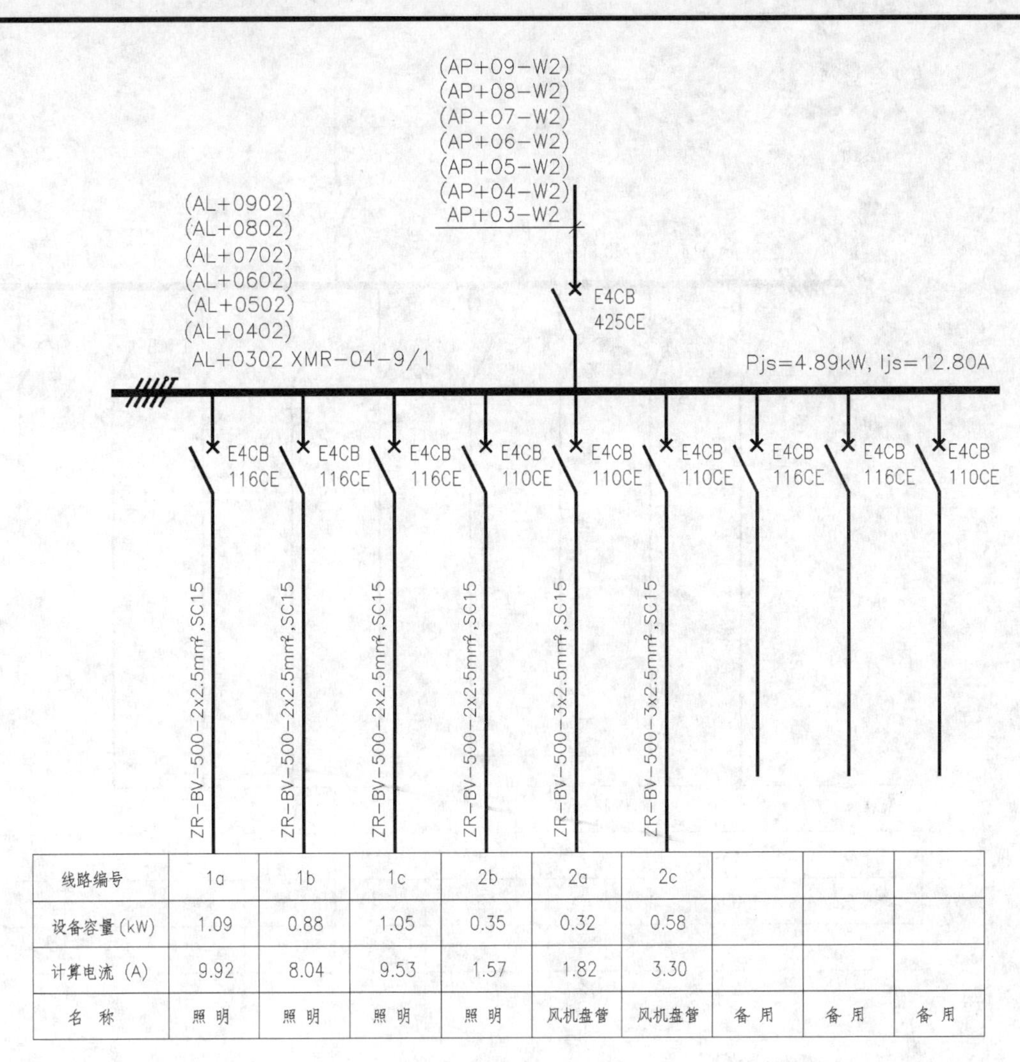

线路编号	1a	1b	1c	2b	2a	2c			
设备容量 (kW)	1.09	0.88	1.05	0.35	0.32	0.58			
计算电流 (A)	9.92	8.04	9.53	1.57	1.82	3.30			
名 称	照 明	照 明	照 明	照 明	风机盘管	风机盘管	备 用	备 用	备 用

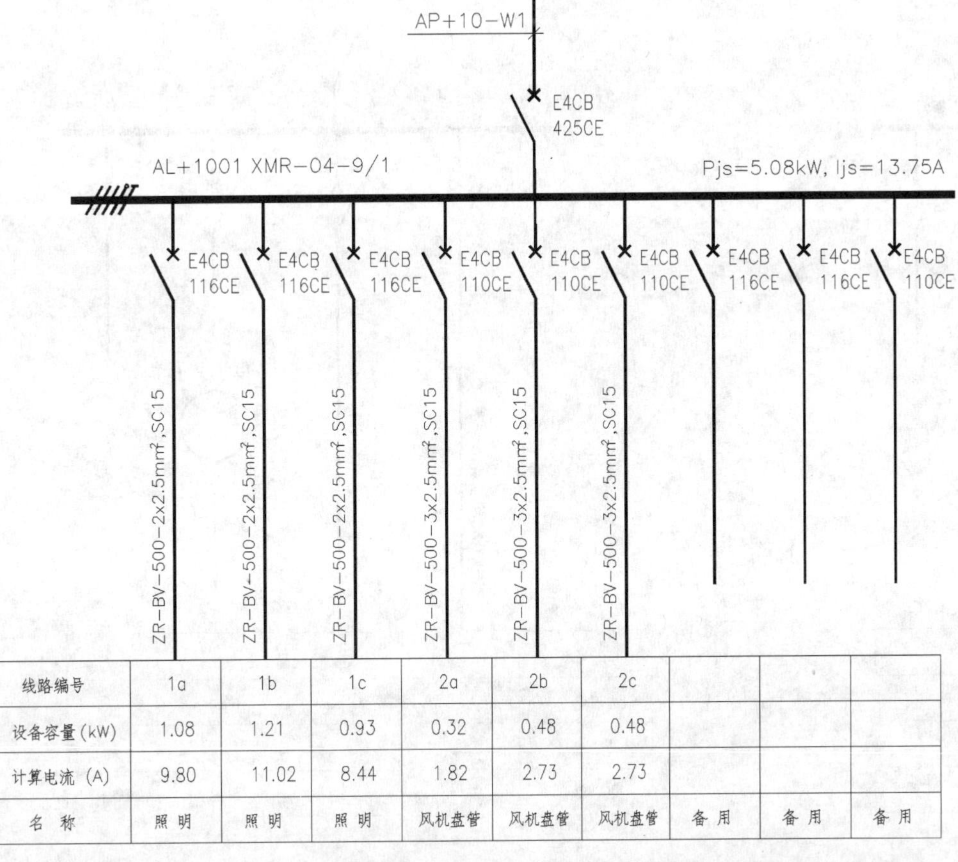

线路编号	1a	1b	1c	2a	2b	2c			
设备容量(kW)	1.08	1.21	0.93	0.32	0.48	0.48			
计算电流 (A)	9.80	11.02	8.44	1.82	2.73	2.73			
名 称	照 明	照 明	照 明	风机盘管	风机盘管	风机盘管	备 用	备 用	备 用

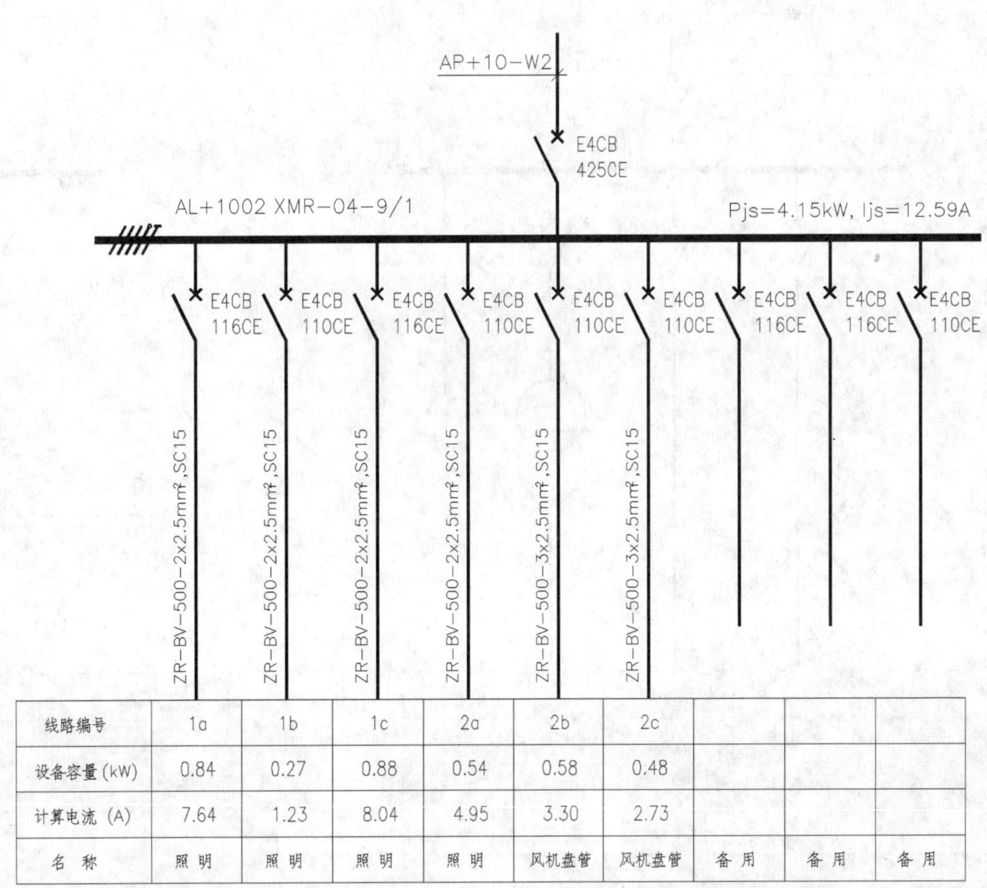

线路编号	1a	1b	1c	2a	2b	2c			
设备容量(kW)	0.84	0.27	0.88	0.54	0.58	0.48			
计算电流 (A)	7.64	1.23	8.04	4.95	3.30	2.73			
名 称	照 明	照 明	照 明	照 明	风机盘管	风机盘管	备 用	备 用	备 用

注：照明配电箱均带零线(N)、地线(PE)端子。

图 名	三～十层照明配电箱系统图	图 号	3-60

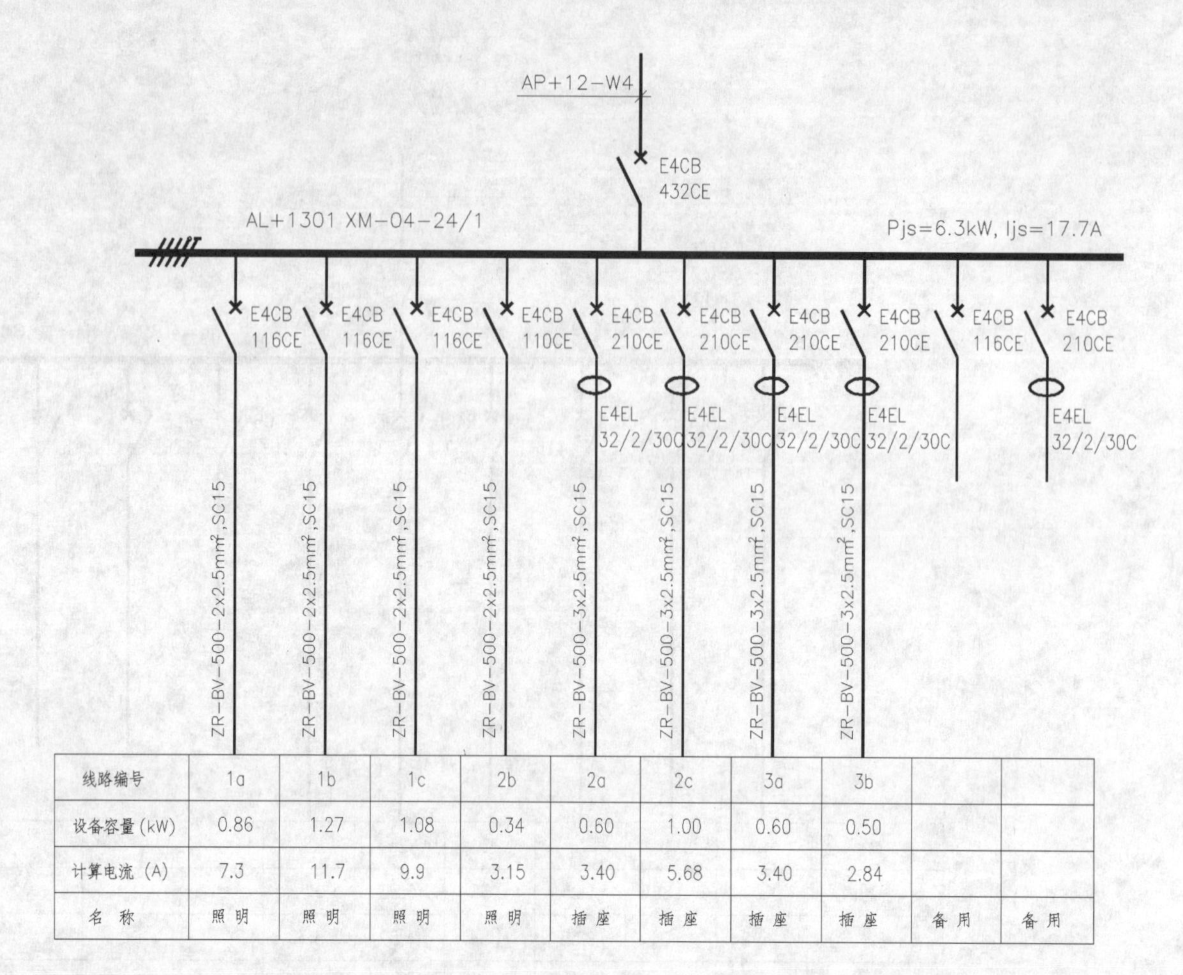

线路编号	1a	1b	1c	2b	2a	2c	3a	3b		
设备容量(kW)	0.86	1.27	1.08	0.34	0.60	1.00	0.60	0.50		
计算电流 (A)	7.3	11.7	9.9	3.15	3.40	5.68	3.40	2.84		
名 称	照 明	照 明	照 明	照 明	插 座	插 座	插 座	插 座	备 用	备 用

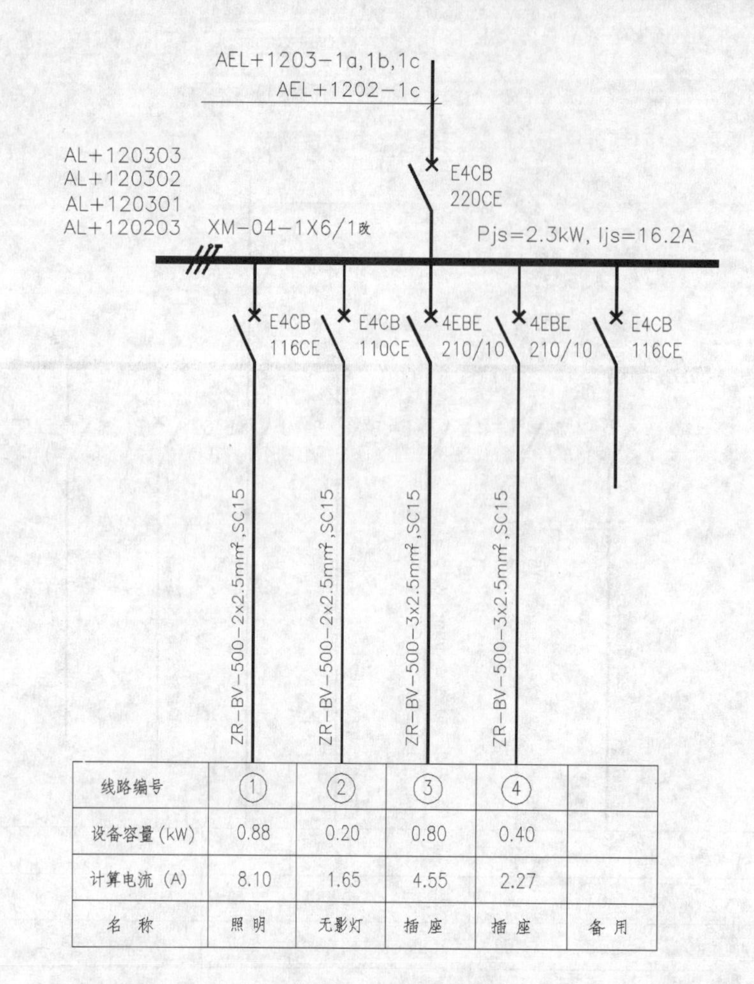

线路编号	①	②	③	④	
设备容量(kW)	0.88	0.20	0.80	0.40	
计算电流 (A)	8.10	1.65	4.55	2.27	
名 称	照 明	无影灯	插 座	插 座	备 用

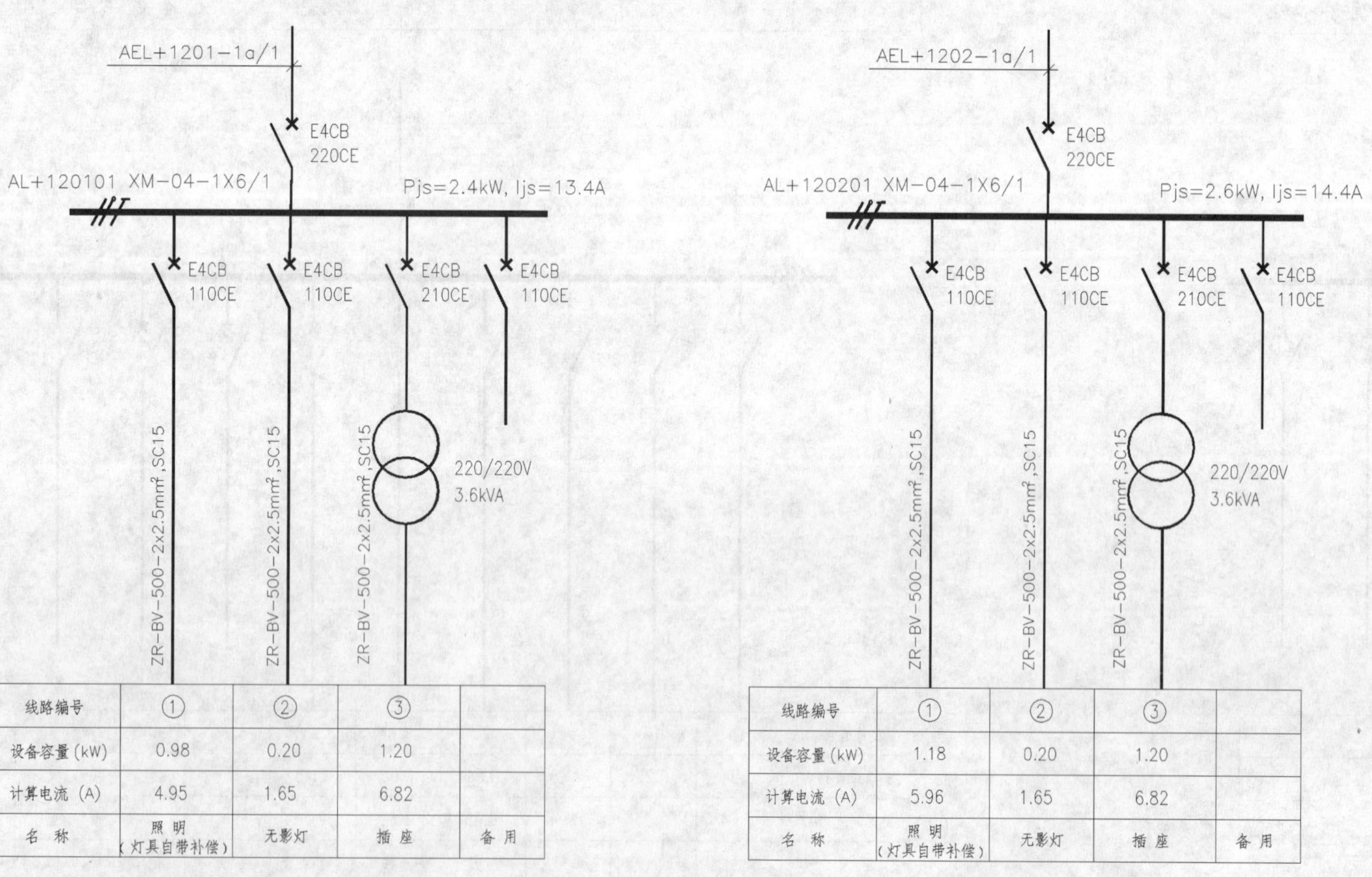

线路编号	①	②	③	
设备容量(kW)	0.98	0.20	1.20	
计算电流 (A)	4.95	1.65	6.82	
名 称	照明（灯具自带补偿）	无影灯	插 座	备 用

线路编号	①	②	③	
设备容量(kW)	1.18	0.20	1.20	
计算电流 (A)	5.96	1.65	6.82	
名 称	照明（灯具自带补偿）	无影灯	插 座	备 用

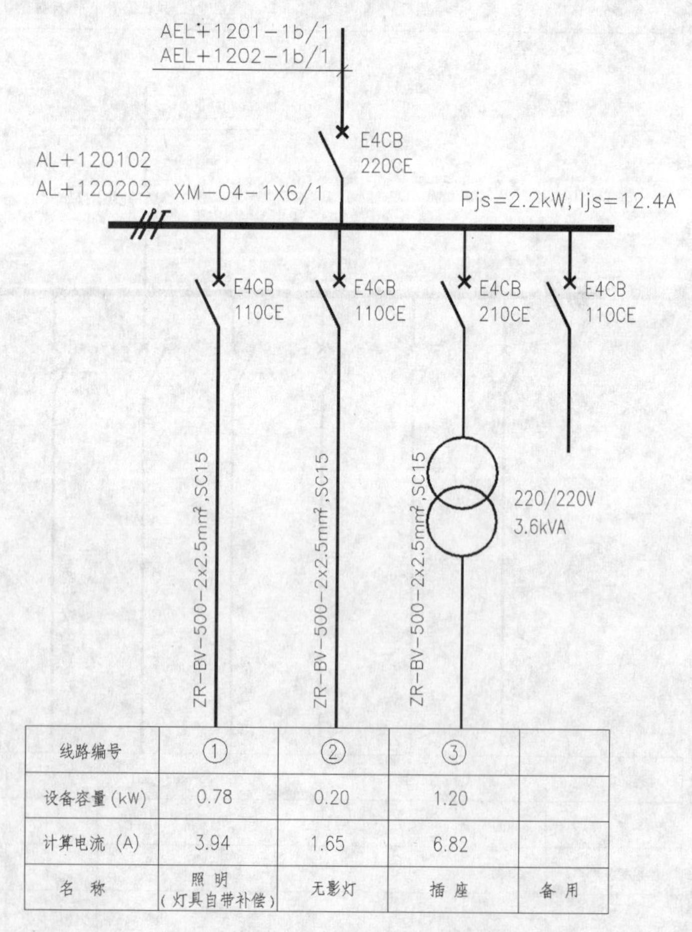

线路编号	①	②	③	
设备容量(kW)	0.78	0.20	1.20	
计算电流 (A)	3.94	1.65	6.82	
名 称	照明（灯具自带补偿）	无影灯	插 座	备 用

注：照明配电箱均带零线（N）、地线（PE）端子。

图 名	十三层及手术室照明配电箱系统图	图 号	3-61

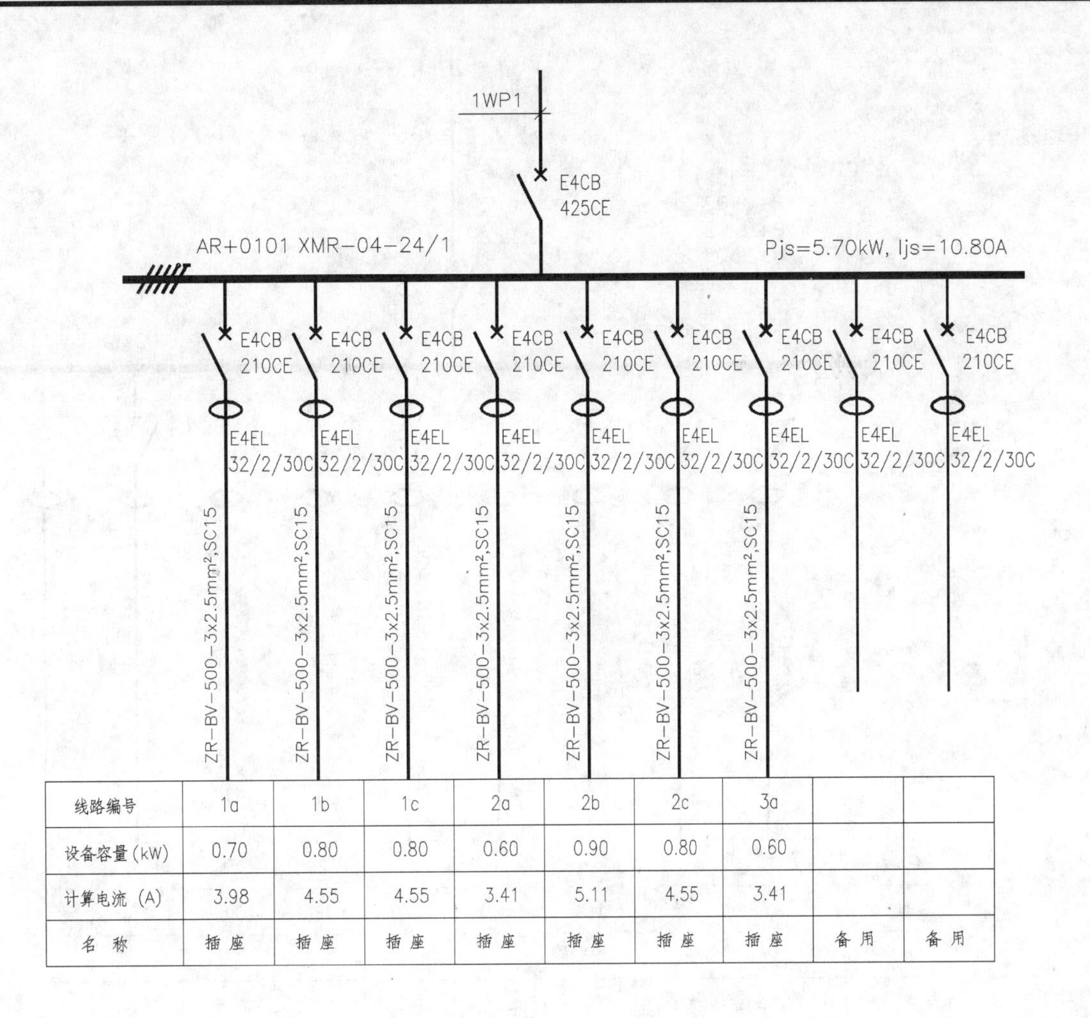

线路编号	1a	1b	1c	2a	2b	2c	3a		
设备容量(kW)	0.70	0.80	0.80	0.60	0.90	0.80	0.60		
计算电流 (A)	3.98	4.55	4.55	3.41	5.11	4.55	3.41		
名 称	插座	插座	插座	插座	插座	插座	插座	备用	备用

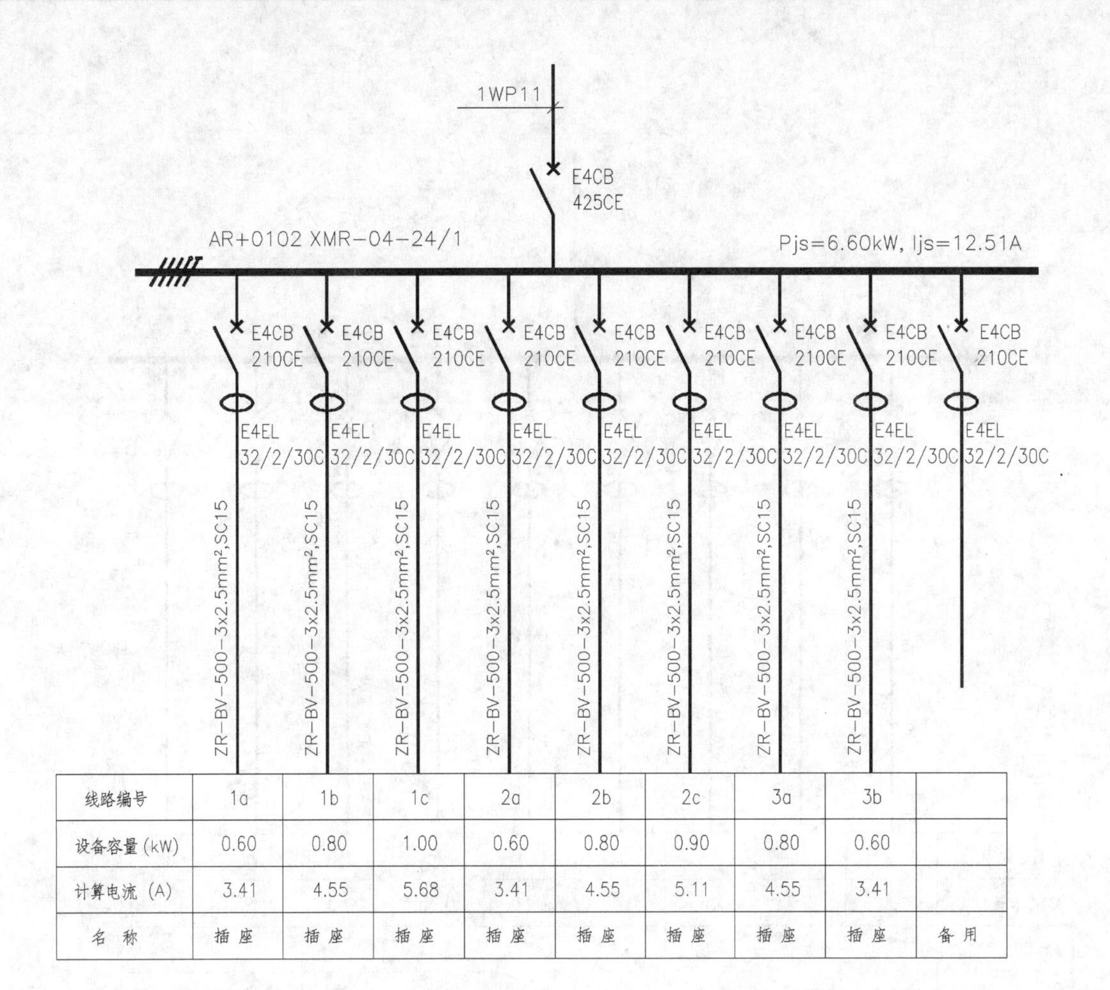

线路编号	1a	1b	1c	2a	2b	2c	3a	3b	
设备容量(kW)	0.60	0.80	1.00	0.60	0.80	0.90	0.80	0.60	
计算电流 (A)	3.41	4.55	5.68	3.41	4.55	5.11	4.55	3.41	
名 称	插座	插座	插座	插座	插座	插座	插座	插座	备用

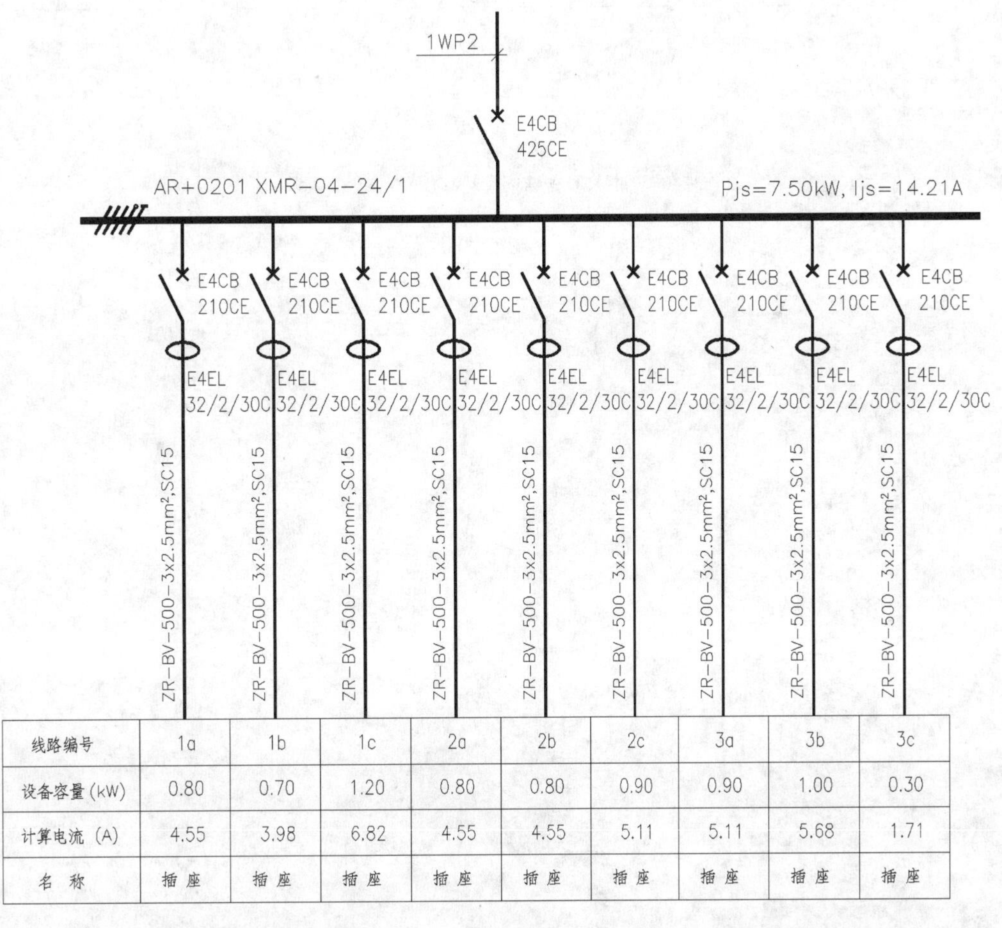

线路编号	1a	1b	1c	2a	2b	2c	3a	3b	3c
设备容量(kW)	0.80	0.70	1.20	0.80	0.80	0.90	0.90	1.00	0.30
计算电流 (A)	4.55	3.98	6.82	4.55	4.55	5.11	5.11	5.68	1.71
名 称	插座	插座	插座	插座	插座	插座	插座	插座	插座

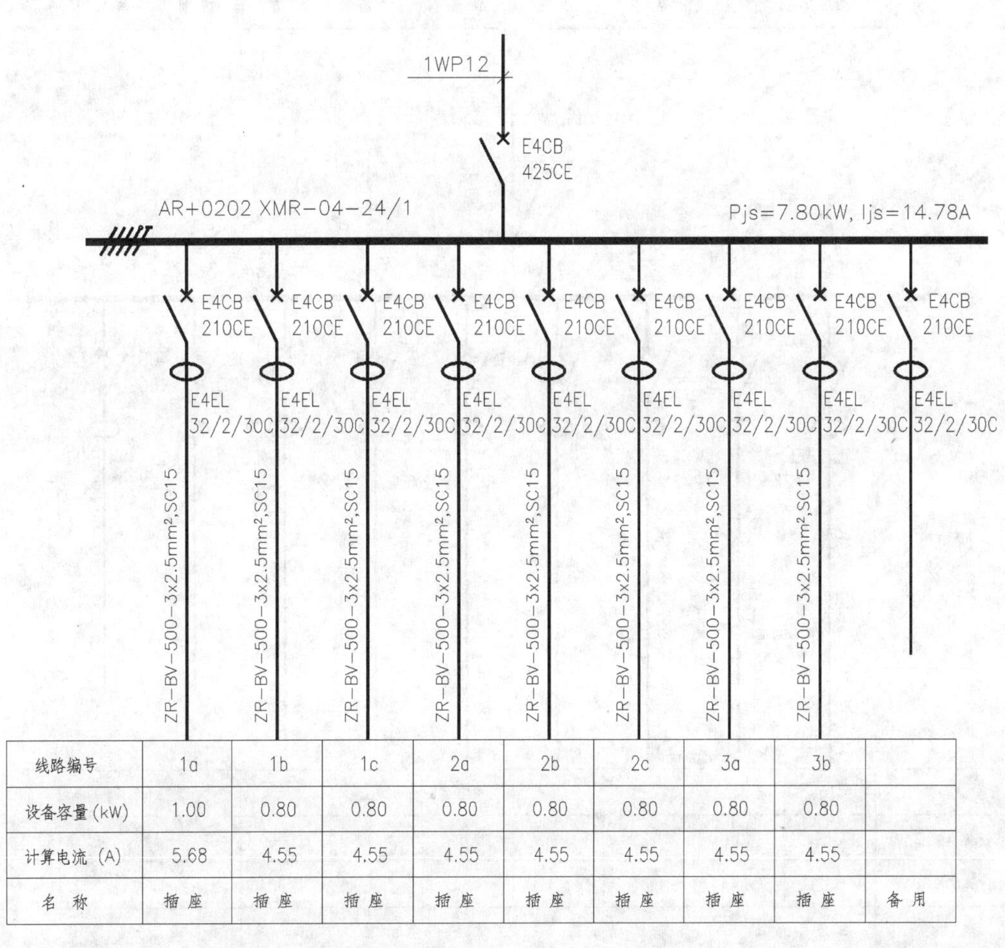

线路编号	1a	1b	1c	2a	2b	2c	3a	3b	
设备容量(kW)	1.00	0.80	0.80	0.80	0.80	0.80	0.80	0.80	
计算电流 (A)	5.68	4.55	4.55	4.55	4.55	4.55	4.55	4.55	
名 称	插座	插座	插座	插座	插座	插座	插座	插座	备用

注：插座配电箱均带零线（N）、地线（PE）端子。

图名	一、二层插座配电箱系统图	图号	3-62

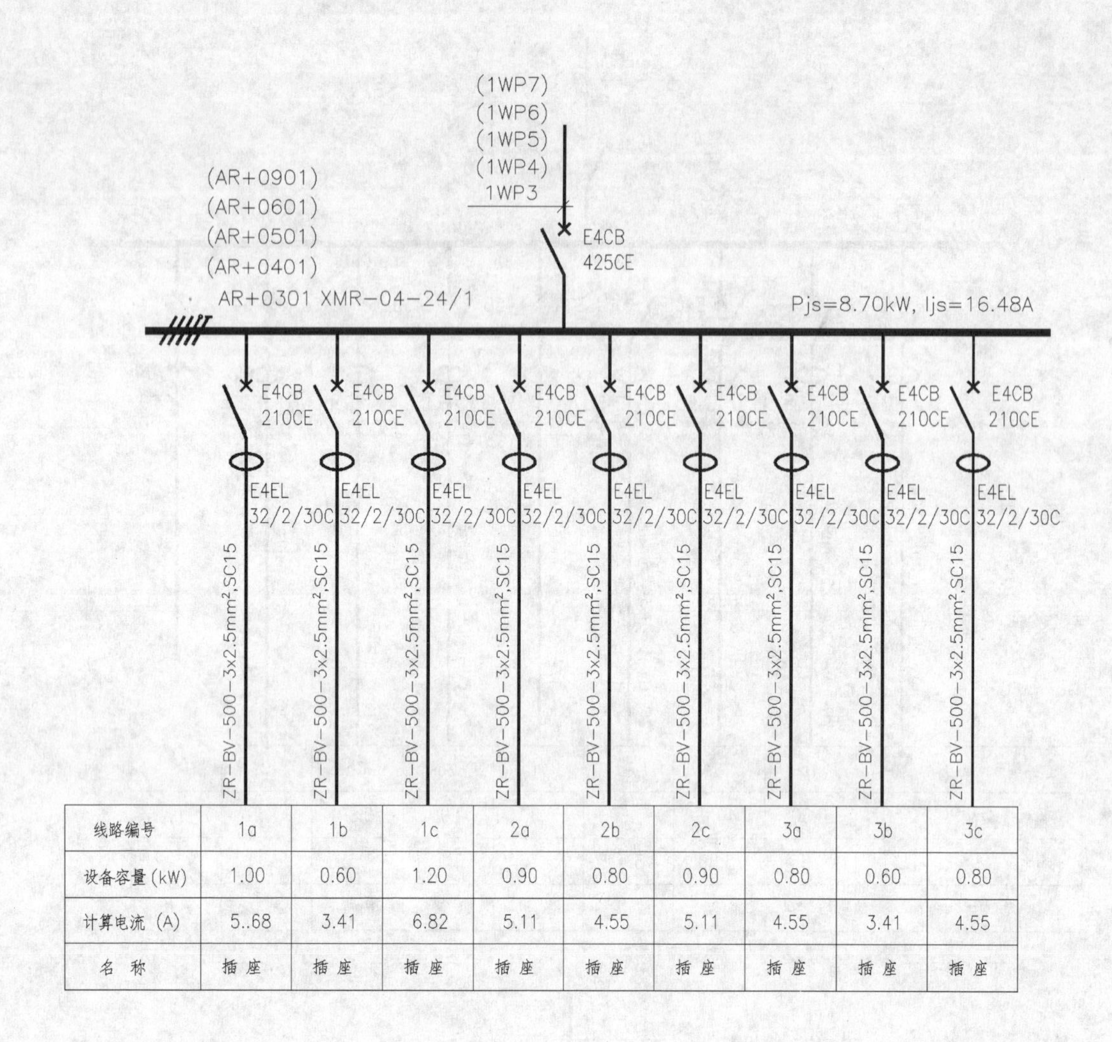

线路编号	1a	1b	1c	2a	2b	2c	3a	3b	3c
设备容量 (kW)	1.00	0.60	1.20	0.90	0.80	0.90	0.80	0.60	0.80
计算电流 (A)	5..68	3.41	6.82	5.11	4.55	5.11	4.55	3.41	4.55
名 称	插座	插座	插座	插座	插座	插座	插座	插座	插座

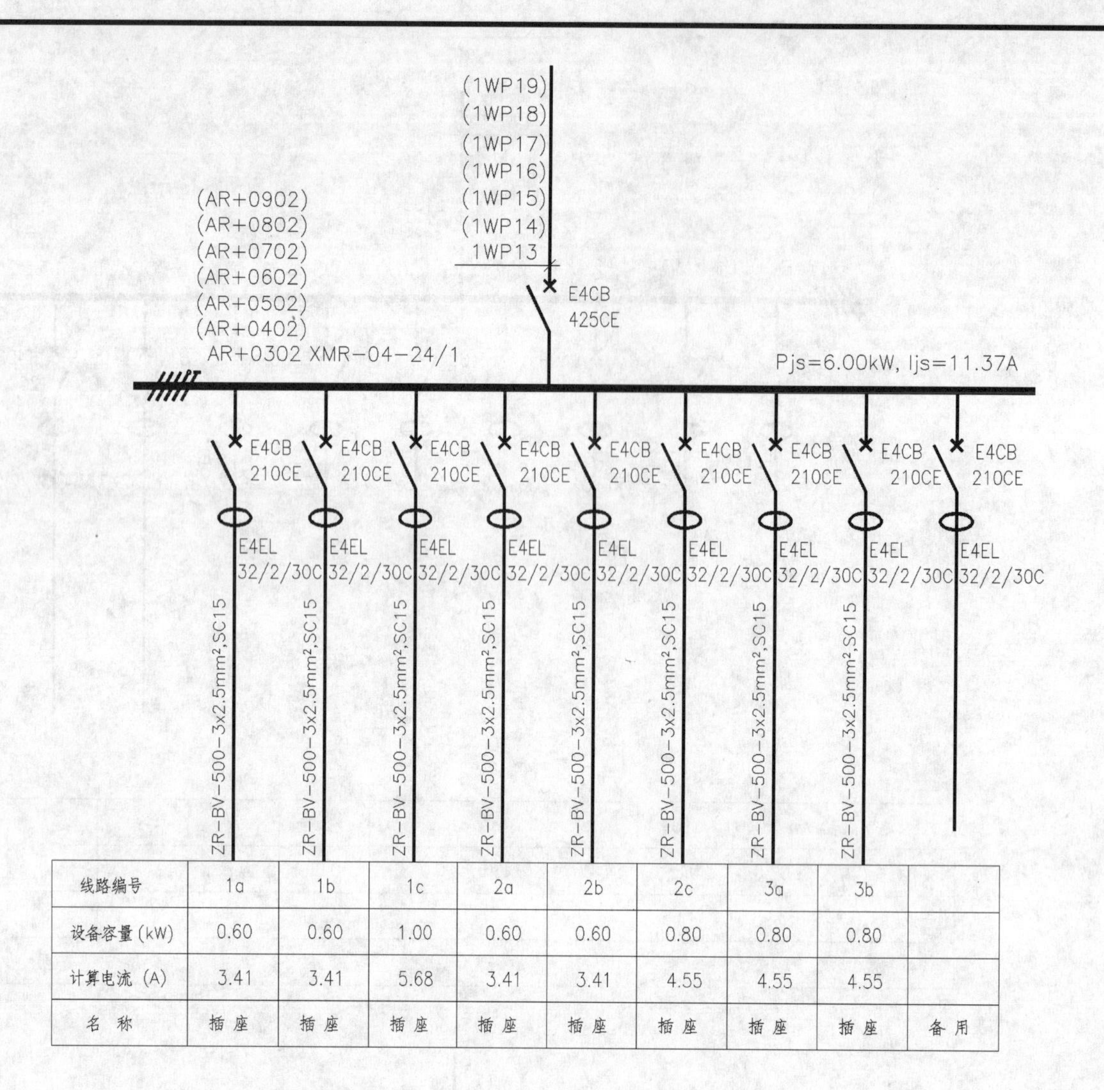

线路编号	1a	1b	1c	2a	2b	2c	3a	3b	
设备容量 (kW)	0.60	0.60	1.00	0.60	0.60	0.80	0.80	0.80	
计算电流 (A)	3.41	3.41	5.68	3.41	3.41	4.55	4.55	4.55	
名 称	插座	插座	插座	插座	插座	插座	插座	插座	备用

注：插座配电箱均带零线（N）、地线（PE）端子。

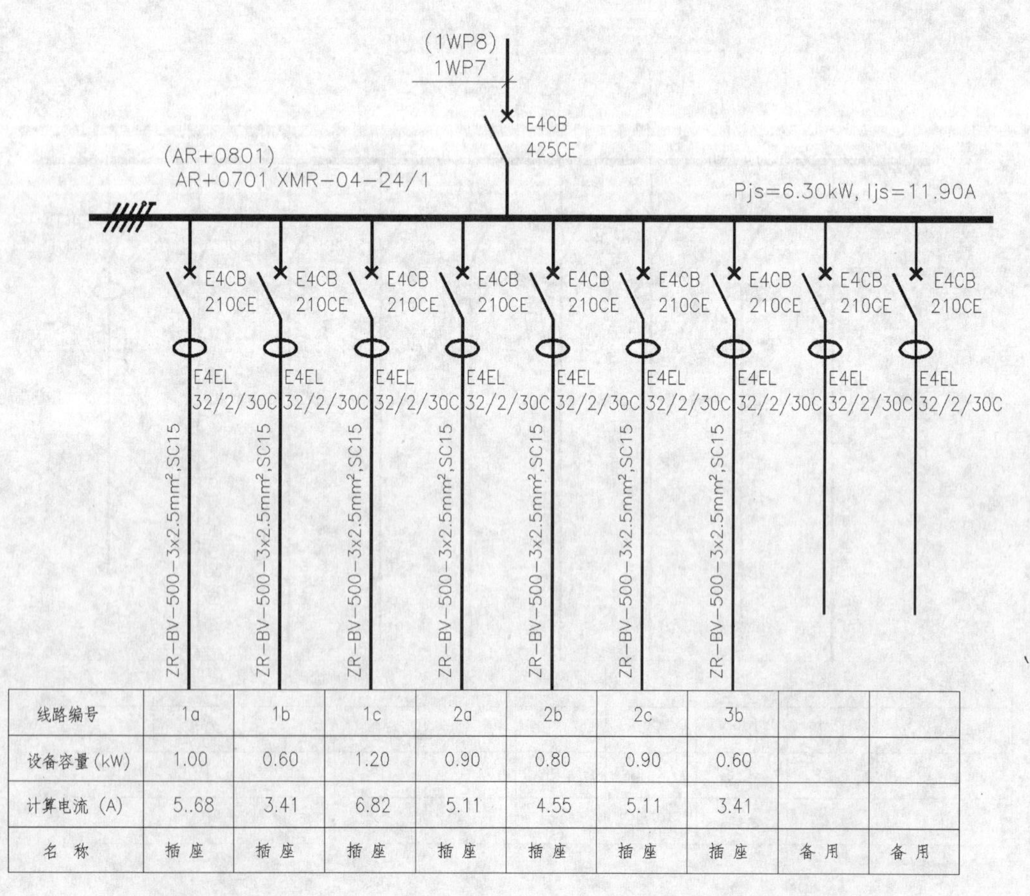

线路编号	1a	1b	1c	2a	2b	2c	3b		
设备容量 (kW)	1.00	0.60	1.20	0.90	0.80	0.90	0.60		
计算电流 (A)	5..68	3.41	6.82	5.11	4.55	5.11	3.41		
名 称	插座	插座	插座	插座	插座	插座	插座	备用	备用

图 名	三～九层插座配电箱系统图	图 号	3-63

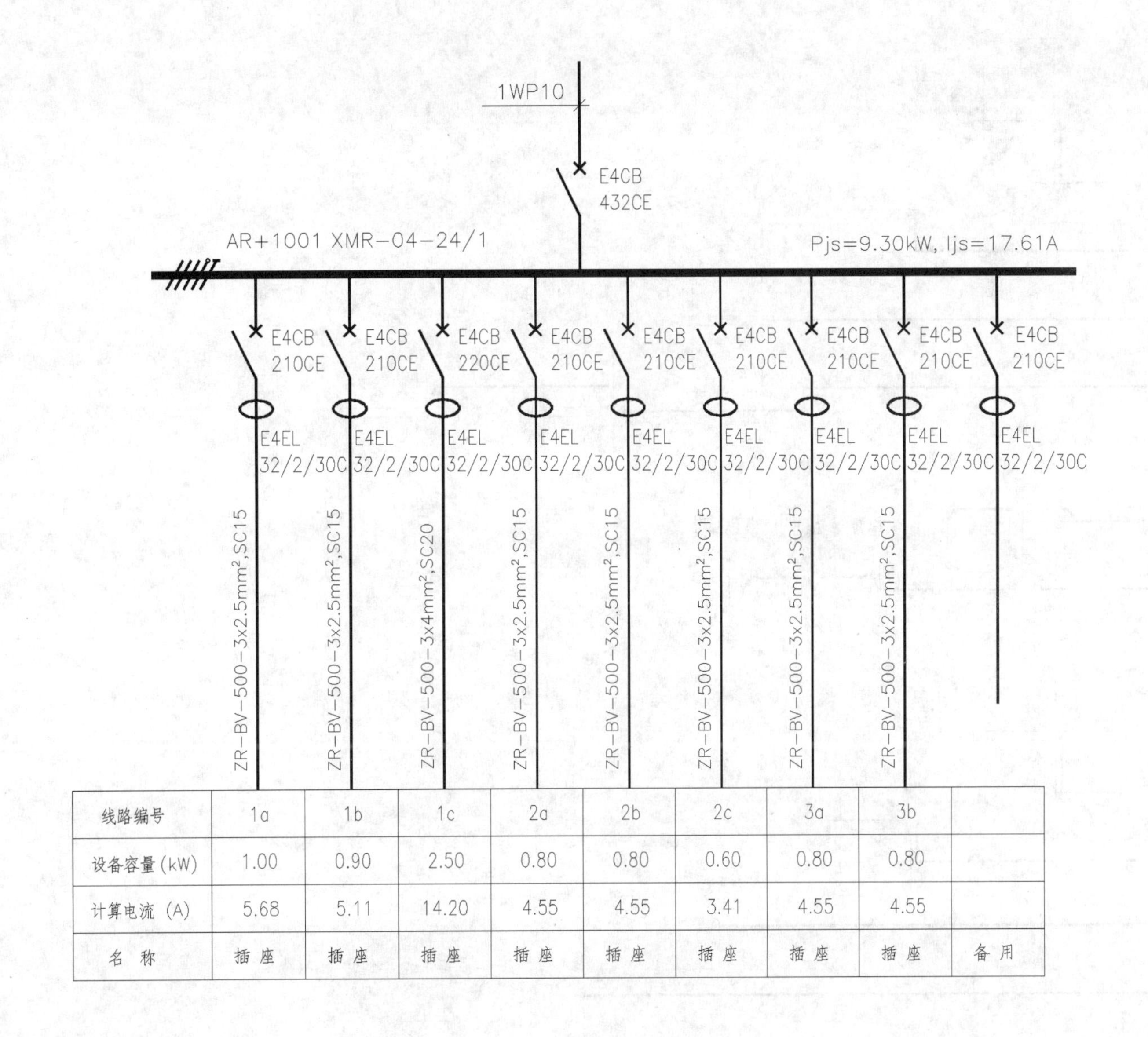

线路编号	1a	1b	1c	2a	2b	2c	3a	3b	
设备容量(kW)	1.00	0.90	2.50	0.80	0.80	0.60	0.80	0.80	
计算电流 (A)	5.68	5.11	14.20	4.55	4.55	3.41	4.55	4.55	
名 称	插 座	插 座	插 座	插 座	插 座	插 座	插 座	插 座	备 用

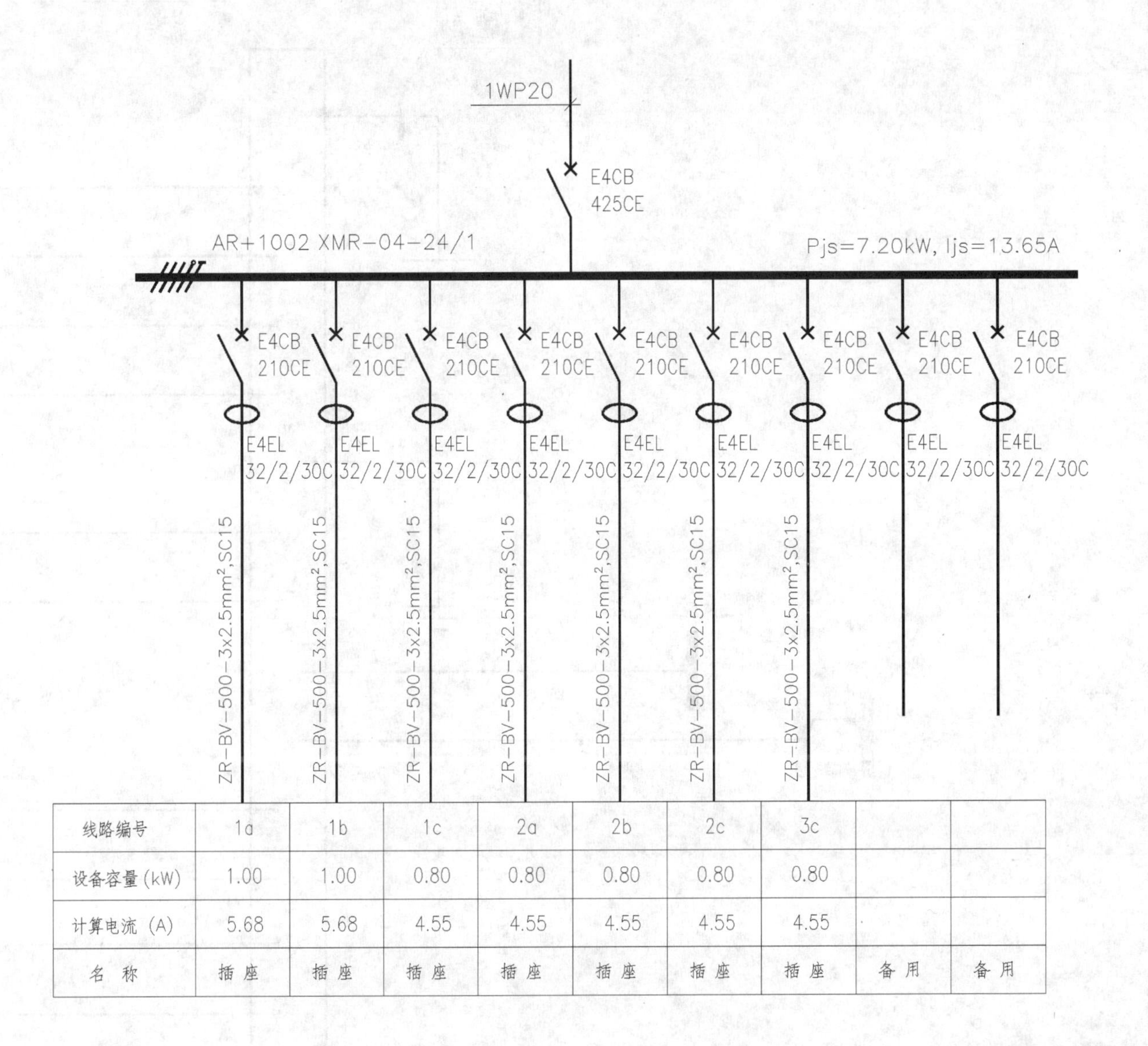

线路编号	1a	1b	1c	2a	2b	2c	3c		
设备容量(kW)	1.00	1.00	0.80	0.80	0.80	0.80	0.80		
计算电流 (A)	5.68	5.68	4.55	4.55	4.55	4.55	4.55		
名 称	插 座	插 座	插 座	插 座	插 座	插 座	插 座	备 用	备 用

注：插座配电箱均带零线（N）、地线（PE）端子。

图 名	十层插座配电箱系统图	图 号	3-64

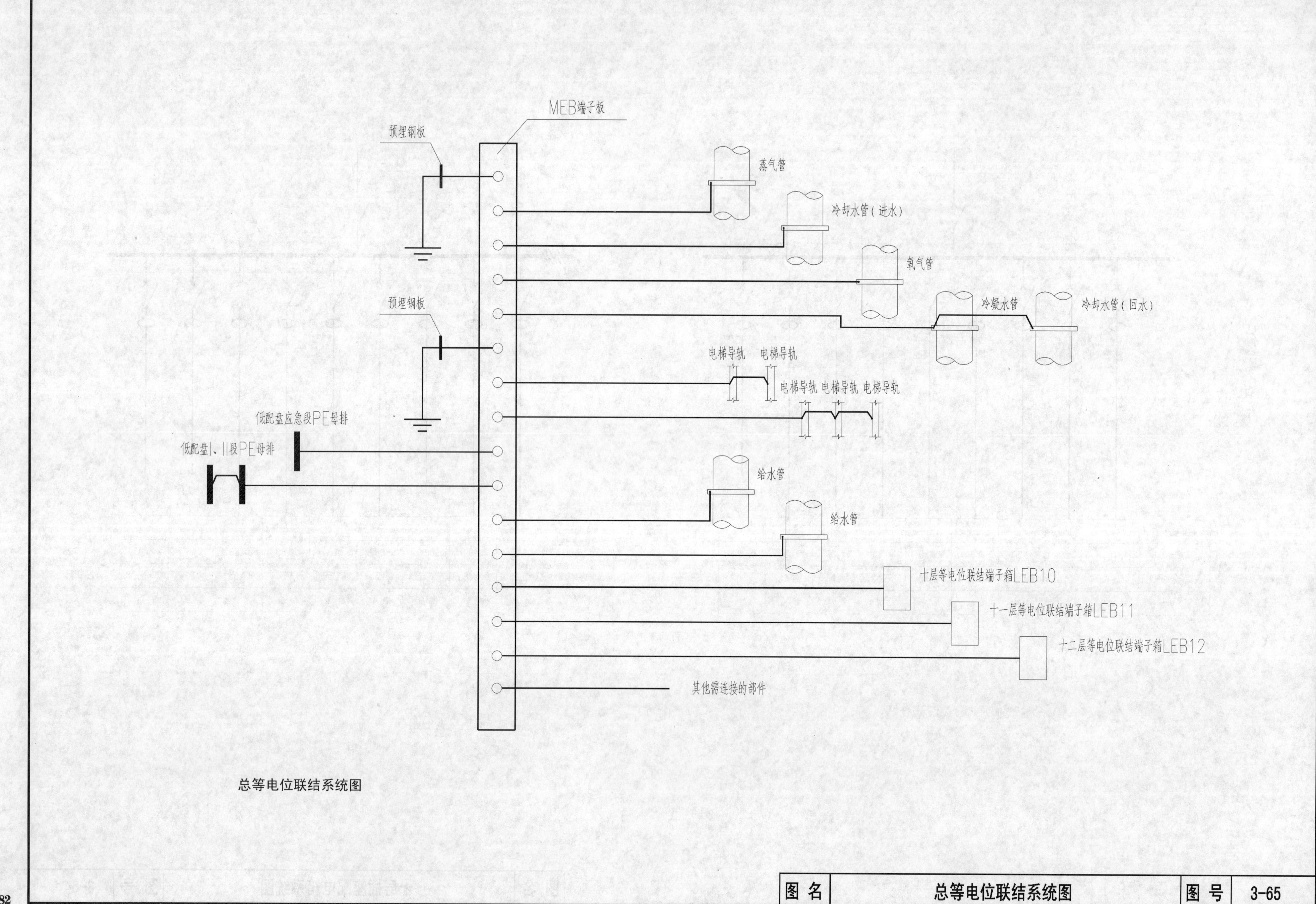

总等电位联结系统图

图 名	总等电位联结系统图	图 号	3-65

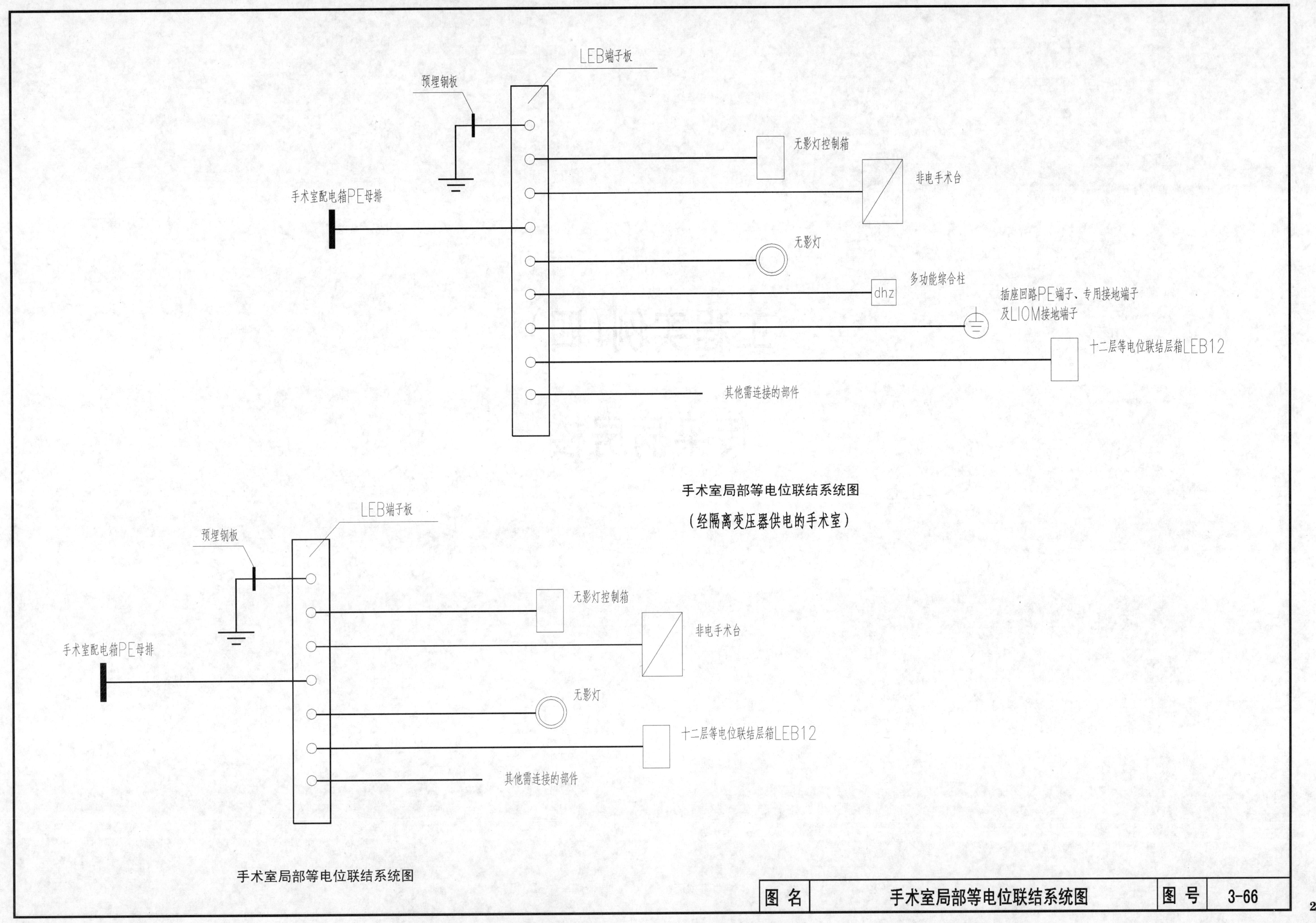

图 名	手术室局部等电位联结系统图	图 号	3-66

工程实例(四)

传染病房楼

发热门诊及病房电气设计要点

发热门诊及病房是主要针对非典型肺炎治疗需求的特殊建筑，电气设计也和普通医疗建筑有区别。根据卫生部的相关规定，电气设计应把握如下几点：

1. 应有可靠电源，供电负荷等级为一级。ICU、手术部配电负荷采用双路电源末端互投自动控制。
2. 应设应急照明系统，宜采用集中供电的 EPS 系统或自带蓄电池的灯具(供电时间 30min)。应有完善的出口指示和疏散指示。在功能分区(污染区、半污染区、清洁区)分界处指示灯表面宜有文字提示医护人员。
3. 吸引、污水处理、焚烧炉、中心供应、太平间、检验化验等用电负荷均应采用专线供电。
4. 空调负荷应采用专用进线回路，与照明进线回路分开。
5. 通风负荷用专线供电，宜在护士站集中控制。
6. 紫外线消毒灯每间病房设置一组，走廊每 4m 设置一个，治疗室、ICU、手术室均应设置紫外线消毒灯，紫外线灯设专用开关控制。
7. 和给排水专业配合，为医疗人员使用的洗手盆、洗脸盆、化验盆、小便器、大便器等的感应开关配电；需自动加药的化粪池预留必要的电源和设置控制装置。
8. 每间病房宜预留一单相五孔插座，作移动式 X 光机电源用；走廊内多设插座，作移动式消毒灯电源用。
9. 配电管线、线槽穿越隔墙处，应作密封处理，防止交叉感染。
10. 设置医护呼叫对讲系统、电话系统或综合布线系统、有线电视系统。
11. 低压配电采用 TN－S 系统。

设备材料表

序号	图例	名称	型号规格	数量	单位	备注
29		接地端子箱		1	套	
28		等电位端子箱		3	台	内含10个端子
27	xh	病床组合电气箱信号部分	甲方自定	433	台	
26	dh	病床组合电气箱插座部分	甲方自定	433	台	
25		照明配电箱	见系统图	41	台	
24		动力配电箱	见系统图	20	台	
23		插座箱	见系统图	1	台	
22	VH	电视箱	见系统图	10	台	
21		电话交接箱	见系统图	9	台	
20	TO	一位信息插座	A86-ZDH8	36	个	
19	TP	电话插座	A86-ZDH8	177	个	
18	TV	电视插座	86C-ZTV	52	个	
17		浴霸	2kW 甲方自定	433	个	
16		四位开关	86CG-K41-10	23	个	
15		三位开关	86CG-K31-10	26	个	
14		双位开关	86CG-K21-10	72	个	
13		单位开关	86CG-K11-10	93	个	
12		拉线开关	甲方自定	433	个	
11	K	空调插座	86C-Z223-16	102	个	
10		二孔加三孔插座	86C-Z223-10	433	个	
9		二孔加三孔防水插座	甲方自定	433	个	
8	F	脚灯	1X40W 甲方自定	150	套	
7		密闭灯	甲方自定	1	套	
6		壁灯	1X40W 甲方自定	47	套	
5		扁圆吸顶灯	DBB313d-2 1/40	150	套	
4		正常、应急 荧光灯	1X36W	20	套	自带蓄电池，供电时间>=30min
3		双管荧光灯	2X36W	2	套	
2	1	紫外线消毒灯	1X36W 甲方自定	116	套	
1		单管荧光灯	PKY5132 1/36	116	套	

图名	说明及材料表	图号	4-1

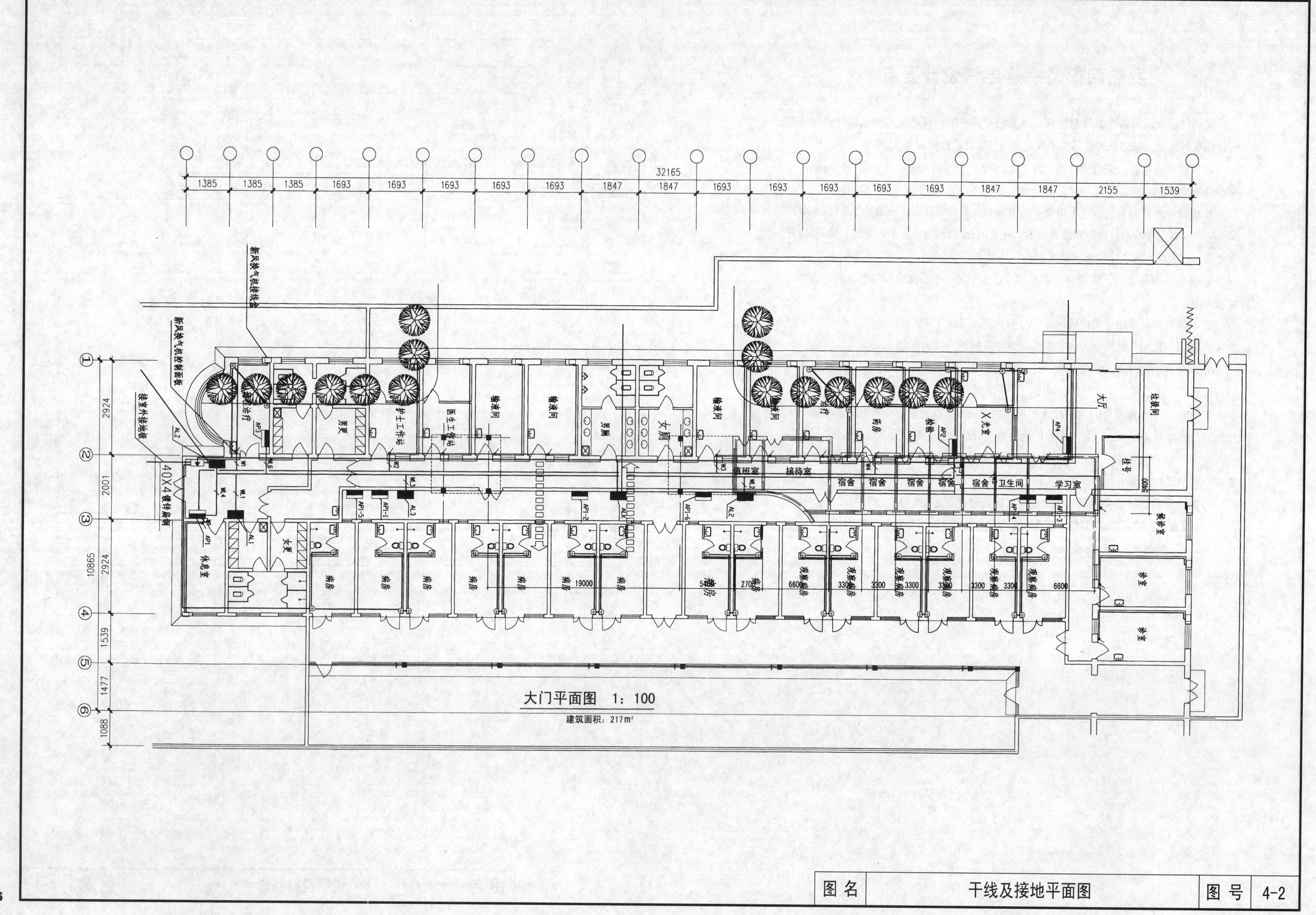

图名	干线及接地平面图	图号	4-2

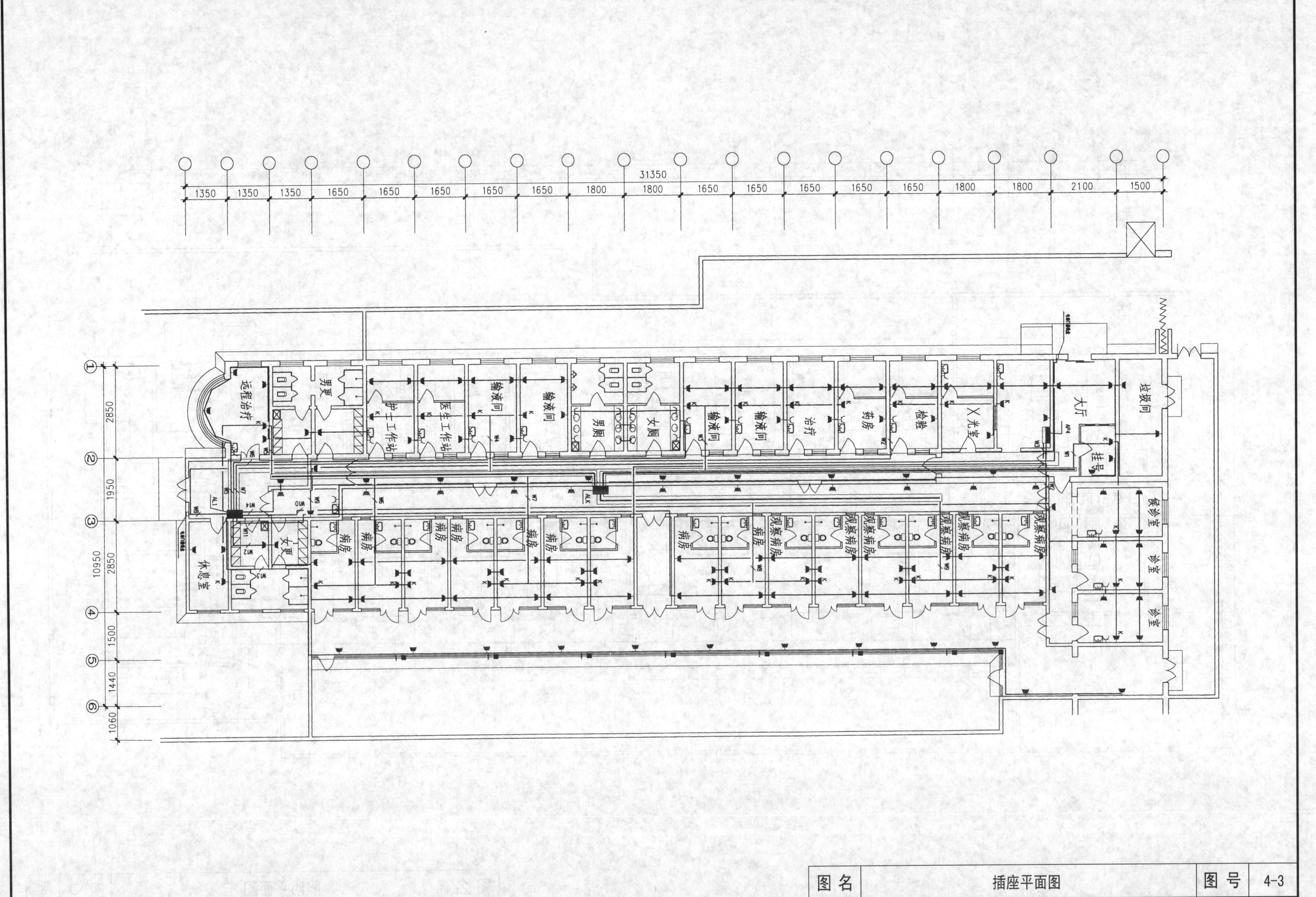

图名	插座平面图	图号	4-3

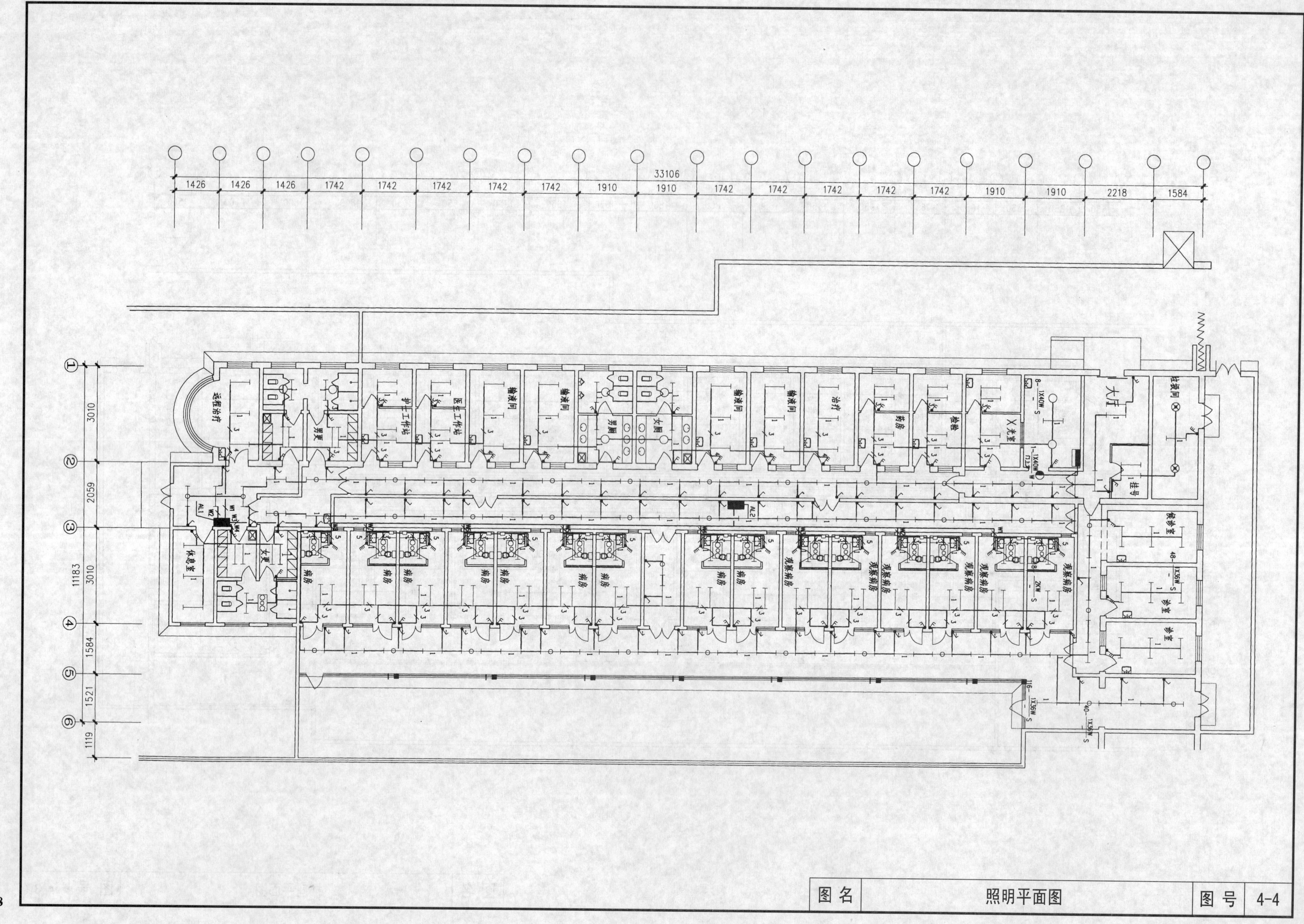

图名	照明平面图	图号	4-4

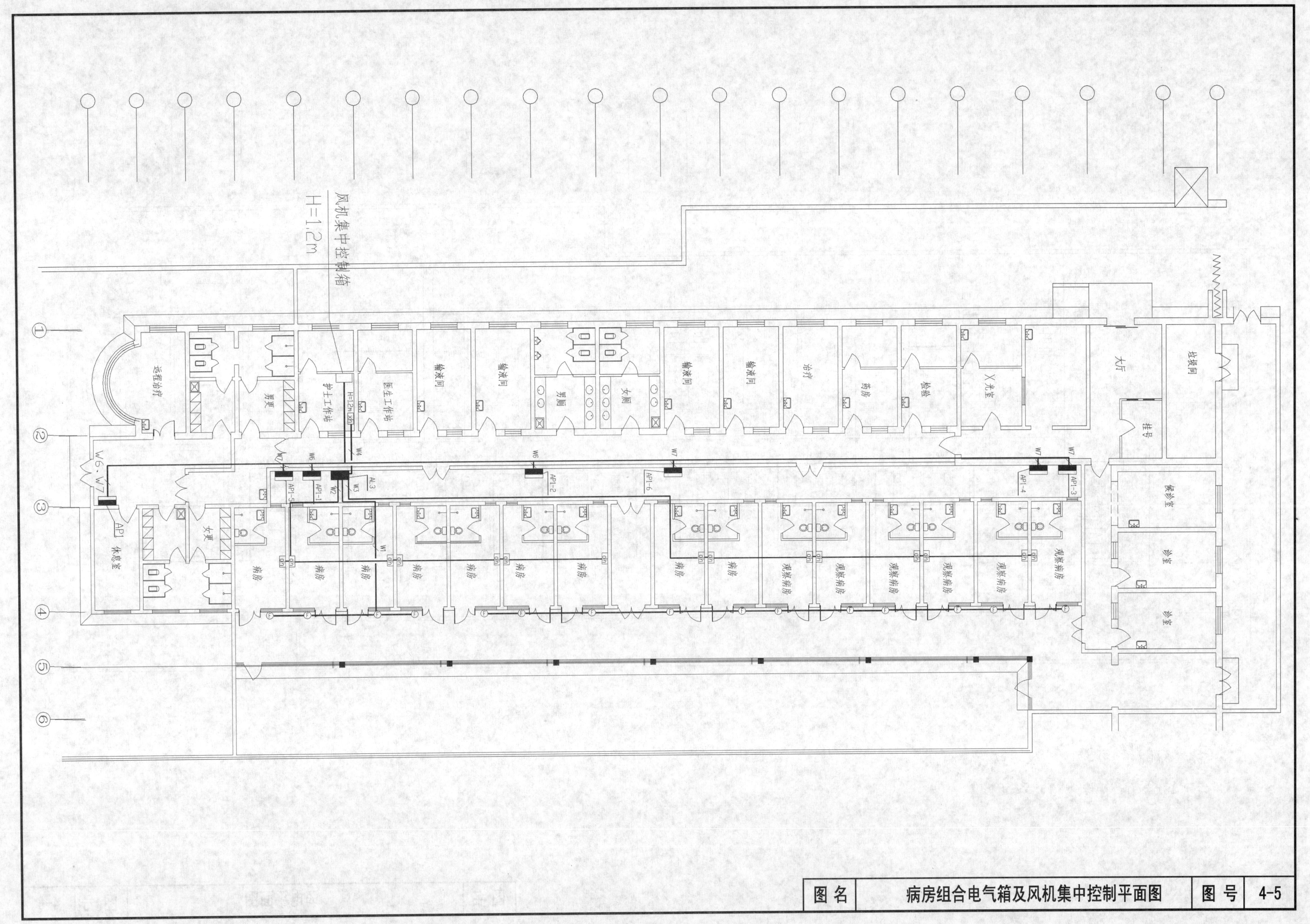

图名	病房组合电气箱及风机集中控制平面图	图号	4-5

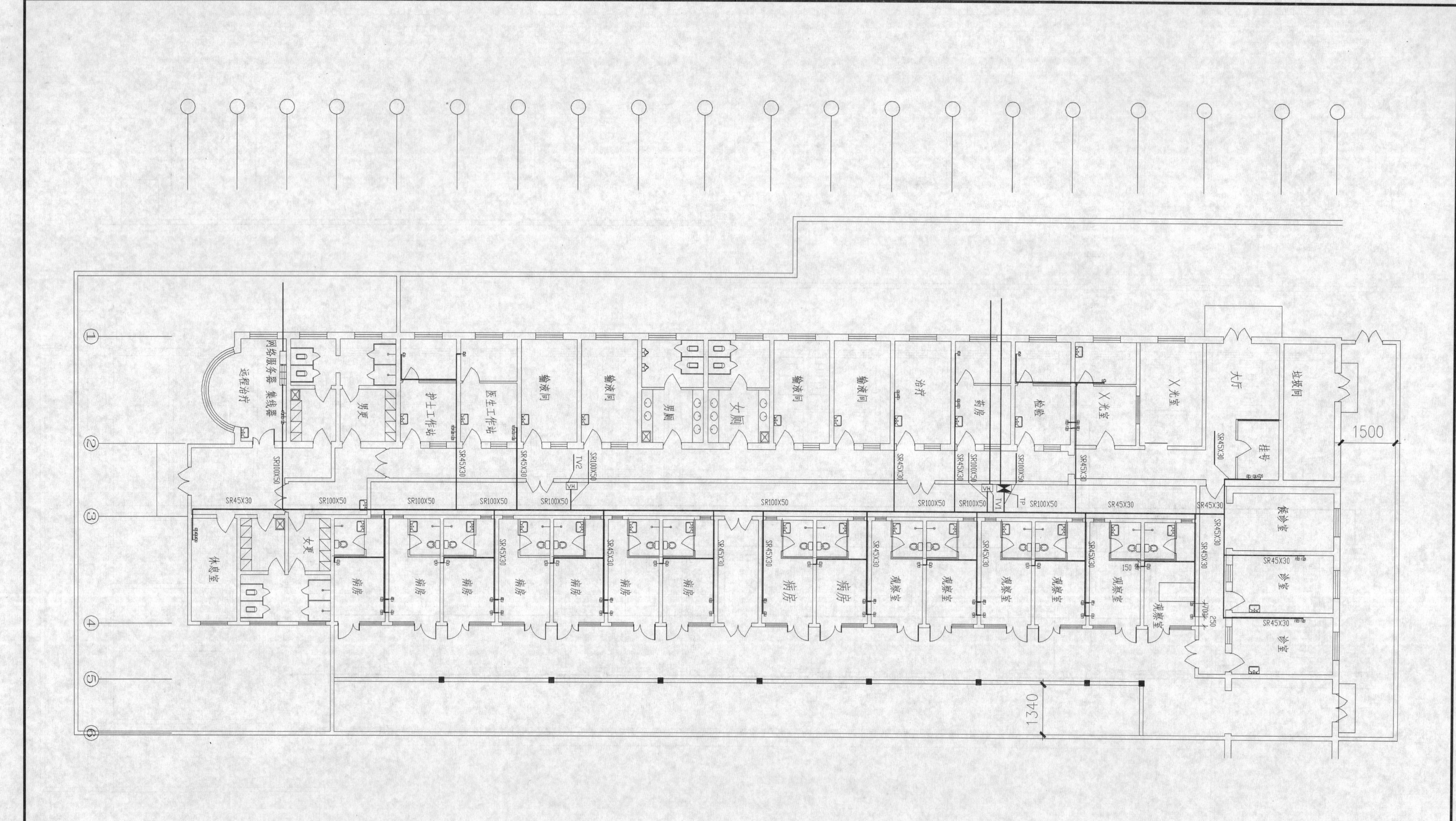

注：金属线槽安装高度：新建部分3.2m，在吊顶内沿墙上支架附设

旧房改造部分2.7m，沿墙明敷，线槽穿墙时要进行严密封堵。

图名	弱电平面图	图号	4-6

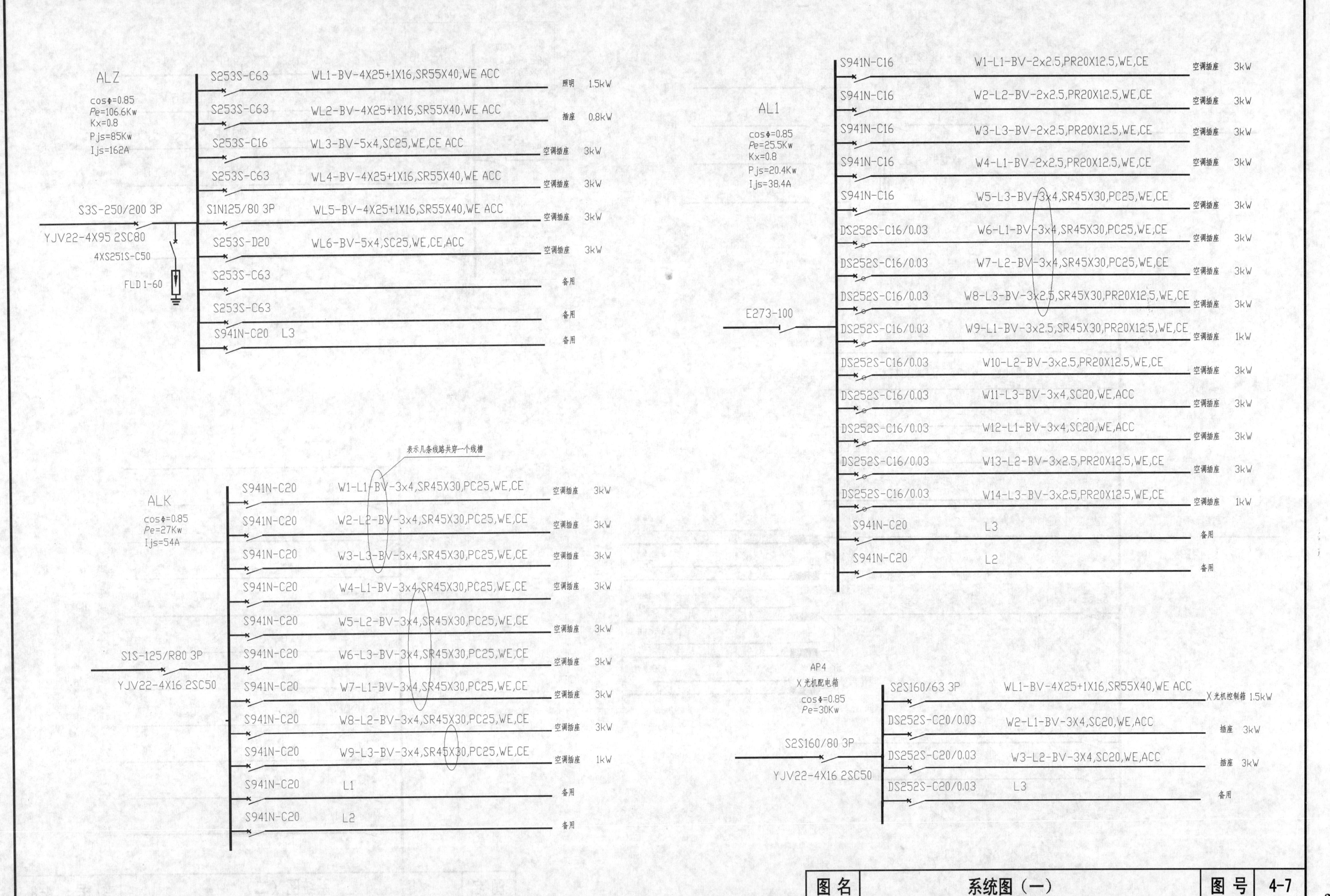
ALZ
cosφ=0.85
Pe=106.6Kw
Kx=0.8
Pjs=85Kw
Ijs=162A
S3S-250/200 3P
YJV22-4X95 2SC80
4XS251S-C50
FLD 1-60
S253S-C63
WL1-BV-4X25+1X16,SR55X40,WE ACC
照明 1.5kW
S253S-C63
WL2-BV-4X25+1X16,SR55X40,WE ACC
插座 0.8kW
S253S-C16
WL3-BV-5x4,SC25,WE,CE ACC
空调插座 3kW
S253S-C63
WL4-BV-4X25+1X16,SR55X40,WE ACC
空调插座 3kW
S1N125/80 3P
WL5-BV-4X25+1X16,SR55X40,WE ACC
空调插座 3kW
S253S-D20
WL6-BV-5x4,SC25,WE,CE,ACC
空调插座 3kW
S253S-C63
备用
S253S-C63
备用
S941N-C20 L3
备用
AL1
cosφ=0.85
Pe=25.5Kw
Kx=0.8
Pjs=20.4Kw
Ijs=38.4A
E273-100
S941N-C16
W1-L1-BV-2x2.5,PR20X12.5,WE,CE
空调插座 3kW
S941N-C16
W2-L2-BV-2x2.5,PR20X12.5,WE,CE
空调插座 3kW
S941N-C16
W3-L3-BV-2x2.5,PR20X12.5,WE,CE
空调插座 3kW
S941N-C16
W4-L1-BV-2x2.5,PR20X12.5,WE,CE
空调插座 3kW
S941N-C16
W5-L3-BV-3x4,SR45X30,PC25,WE,CE
空调插座 3kW
DS252S-C16/0.03
W6-L1-BV-3x4,SR45X30,PC25,WE,CE
空调插座 3kW
DS252S-C16/0.03
W7-L2-BV-3x4,SR45X30,PC25,WE,CE
空调插座 3kW
DS252S-C16/0.03
W8-L3-BV-3x2.5,SR45X30,PR20X12.5,WE,CE
空调插座 3kW
DS252S-C16/0.03
W9-L1-BV-3x2.5,SR45X30,PR20X12.5,WE,CE
空调插座 1kW
DS252S-C16/0.03
W10-L2-BV-3x2.5,PR20X12.5,WE,CE
空调插座 3kW
DS252S-C16/0.03
W11-L3-BV-3x4,SC20,WE,ACC
空调插座 3kW
DS252S-C16/0.03
W12-L1-BV-3x4,SC20,WE,ACC
空调插座 3kW
DS252S-C16/0.03
W13-L2-BV-3x2.5,PR20X12.5,WE,CE
空调插座 3kW
DS252S-C16/0.03
W14-L3-BV-3x2.5,PR20X12.5,WE,CE
空调插座 1kW
S941N-C20 L3
备用
S941N-C20 L2
备用
表示几条线路共穿一个线槽
ALK
cosφ=0.85
Pe=27Kw
Ijs=54A
S1S-125/R80 3P
YJV22-4X16 2SC50
S941N-C20
W1-L1-BV-3x4,SR45X30,PC25,WE,CE
空调插座 3kW
S941N-C20
W2-L2-BV-3x4,SR45X30,PC25,WE,CE
空调插座 3kW
S941N-C20
W3-L3-BV-3x4,SR45X30,PC25,WE,CE
空调插座 3kW
S941N-C20
W4-L1-BV-3x4,SR45X30,PC25,WE,CE
空调插座 3kW
S941N-C20
W5-L2-BV-3x4,SR45X30,PC25,WE,CE
空调插座 3kW
S941N-C20
W6-L3-BV-3x4,SR45X30,PC25,WE,CE
空调插座 3kW
S941N-C20
W7-L1-BV-3x4,SR45X30,PC25,WE,CE
空调插座 3kW
S941N-C20
W8-L2-BV-3x4,SR45X30,PC25,WE,CE
空调插座 3kW
S941N-C20
W9-L3-BV-3x4,SR45X30,PC25,WE,CE
空调插座 1kW
S941N-C20 L1
备用
S941N-C20 L2
备用
AP4
X光机配电箱
cosφ=0.85
Pe=30Kw
S2S160/80 3P
YJV22-4X16 2SC50
S2S160/63 3P
WL1-BV-4X25+1X16,SR55X40,WE ACC
X光机控制箱 1.5kW
DS252S-C20/0.03
W2-L1-BV-3X4,SC20,WE,ACC
插座 3kW
DS252S-C20/0.03
W3-L2-BV-3X4,SC20,WE,ACC
插座 3kW
DS252S-C20/0.03 L3
备用
图名 系统图（一）
图号 4-7